홍규덕 교수의
국방혁신 대전략

러시아의 우크라이나 침공과

한국의 국방혁신

필진

권태환 김광진 김규철 김종태
박종일 박주경 방종관 송승종
신경수 안재봉 양　욱 윤원식
이흥석 장태동 장원준 정재호
조현규 홍규덕

서문 : 우크라 전쟁 개요와 한국형 상쇄전략에 대한 함의

2022년 2월 24일 러시아가 우크라이나의 영토를 침공했다. 전쟁은 5주째 진행되고 있지만 러시아는 예상과 달리 전 전선에서 고전을 면치 못하고 있다. 아마도 후대 역사가는 이라크 전쟁과 함께 우크라 전쟁을 21세기 최악의 전쟁으로 기록할 것이다. 러시아의 푸틴은 "우크라 비무장, 돈바스 지역 내 러시아 보호, 우크라의 NATO/EU 가입 저지 및 중립 유지"를 명분으로 '특수군사작전'을 선언했다. 이후 우크라 수도 키이우를 비롯한 우크라 전역에 각종 미사일을 1,200회 이상 발사했다. 도시는 철저히 파괴됐으며 400만 이상의 난민들이 주변국으로 탈출하고 있지만 안전통로를 찾지 못해 전국 각지에 흩어진 집을 잃은 난민들이 1천 만에 이른다. 세계 각국은 러시아를 규탄하는 한편, 우크라에 무기지원과 전쟁 물자, 예산 및 인도적 지원을 제공하고 있다. 1991년부터 독립국으로 인정받았음에도 불구하고, 푸틴과 러시아 지도부는 여전히 우크라를 독립국가가 아닌 서방국가들의 '괴뢰국'으로 간주하며, 반드시 러시아가 서방국들로부터 수복해야 할 영토로 인식해 왔다. 2021년 7월, 푸틴은 러시아인과 우크라인이 "하나의 국민"이라는 자신의 견해를 밝힌 "러시아인과 우크라인의 역사적 통합에 대하여"라는 제목의 글을 발표했다. 서방측 역사가 및 전문가들은 푸틴이 알렉산더 두긴의 전통적 유라시아 우위 사상에 심취되어 있으며 러시아 제국주의, 또는 역사 수정주의를 표방하고 있다고 분석한다.

푸틴은 전쟁 목적을 우크라의 '탈나치화(denizification)'와 '탈무장화(demilitarization)'라고 주장했다. 2차 세계대전 당시 독일군이 파죽지세로 침공하자, 우크라가 독일군에 점령되어, 거의 3년 가까이 독일군 휘하에 있었다. 이때 일부 우크라인들은 적극적으로 저항하며 게릴라 활동을 했지만 일부는 독일을 환영하고 독일군에 부역을 했다. 그래서 지금도 이들을 나치주의자로 간주하고 있다. 그러나 이는 우크라인들의 저항정신을 간과한 것이다. 역사적으로 우크라는 코삭의 후예로 수없이 러시아와 대결했고 러시아에 패배했지만 그들은 몽테스키 보다 먼저 1710년 제정한 헌법에 민주주의를 표방하는 등 러시아의 제국주의 노선을 극렬하게 반대했다. 이러한 우크라의 도전정신을 눈에 가시로 여긴 푸틴은 현 젤렌스키 대통령을 비롯한 우크라 지도부를 제거하고, 러시아가 임명한 꼭두각시 정권으로 대체하겠다는 의지를 불태우고 있다. 한편 '탈군사화'란 우크라 전체를 굴복시켜 우크라의 자기방어 능력을 무력화하고 자치권을 빼앗겠다는 의미이다.

우크라 침략전쟁이 국제사회에 제기하는 가장 심각한 문제는 국제 평화와 안전의 수호를 핵심 가치이자 존재 이유로 삼는 유엔 안전보장이사회의 운영 원칙인 집단안보

(collective security) 원리가 작동하지 않는 것이다. 상임이사국인 러시아가 국제 평화와 안전의 파괴에 누구보다 앞장서고 있기 때문이다. 러시아와 같은 상임 이사국인 중국도 적극적인 중재나 침략전쟁의 저지에 반대하고 있다. 중국은 대러시아 경제제재에 적극적인 동참하기보다는, 러시아의 침략전쟁을 묵인 내지 방관하는 무책임한 행보로 일관하고 있다. 아마도 중국은 미국 및 서방세계와 러시아가 우크라에서 죽기 살기로 싸움을 벌여 최대한의 피해를 당하는 시나리오를 은근히 바라고 있을 것이다. 바이든 미국 대통령은 이번 우크라 사태를 통해 가장 혜택을 보고 있다. 민주주의 가치를 중심으로 NATO와 EU를 단합시키고 국내여론을 반전시키면서-정치적으로 완전한 승기를 잡았다. 지난 3월 16일(현지시간) 폴란드를 방문, 러시아의 푸틴을 '전범'으로 규정한 연설을 통해 국제사회의 반푸틴 연대를 강화하고 있다. 미국의 국가원수가 상대국 국가원수를 '전범'으로 호칭한 것은 현대사에서 유례를 찾기 힘든 이례적 사건이다. 그만큼 미국이 푸틴의 전쟁범죄 의혹을 심각하게 다룬다는 의미다. 이와 관련, 미 국방부는 러시아가 우크라에서 '전쟁범죄'를 저질렀다면서 이를 입증할 작업을 돕고 있다고 밝혔다. 일례로 러시아군은 3월 14일 우크라 마리우폴 극장에 수백명의 민간인이 대피한 극장이나 병원, 어린이 시설들을 무차별 폭격하는 만행을 저질렀다. 이번 폭격으로 800~1300명의 인명피해가 발생했으며 생존자는 130명가량으로 추정된다. 공격 직전 촬영된 위성사진에는 러시아어로 '어린이(дети)'라는 대형글자가 쓰여 있지만 러시아는 아랑곳 하지 않고 있다. 최근 부차에서 일어난 민간인 대량학살은 전 세계를 분노케 하고 있다. 러시아는 국제법상 사용이 금지된 대량살상무기인 진공폭탄과 집속탄을 사용했다는 혐의도 받고 있다. 앞서 영국의 발표에 의하면, 38개국이 우크라에서 벌어진 전쟁범죄에 대해 국제형사재판소(ICC)에 조사를 의뢰했으며, 이는 ICC 역사상 최대 규모로 알려진다. 핵심은 러시아가 정당한 이유 없이 우크라를 침략하는 과정에서, 무고한 민간인을 상대로 무차별적 군사력을 사용한 것이 전쟁범죄에 해당한다는 것이다. 만일 이것이 사실로 입증된다면, 마땅히 푸틴 정권이 책임을 져야 한다. 이번 전쟁이 심리전과 여론전이 주도하는 새로운 형태의 전쟁이며 특히 러시아가 우위를 점해온 하이브리드 전쟁과 회색지대 전략을 미국과 우크라이나가 오히려 더 적극적으로 활용하고 있다는 데 특징이 있다.

푸틴은 우크라 침공으로 분열된 서방세계가 제대로 대응하지 못할 것으로 오판했다. 그러나 푸틴이 우크라 침략을 감행한지 불과 1주일 만에 독일에서는 상전벽해(桑田碧海)의 상황이 벌어졌다. 숄츠 총리는 의회 특별회기 연설(2.26일)에서 푸틴이 불법적 무력침략을 감행한 "2022년 2월 24일은 유럽대륙의 역사에 "가장 치욕적인 전환점"이라고 선언하고, 우크라에 대전차 무기 1,000정과 지대공미사일 500기를 제공한다고 발표했다.

전쟁 위기가 고조되는 상황에서도 인명살상용 무기를 지원할 계획이 없다는 기존의 태도를 완전히 뒤집은 것이다. 이어 그는 "푸틴의 우크라 침략이라는 새로운 현실에 분명한 대응이 수반되어야 함"을 강조하며, 이를 위해 즉시 1천억 유로(약 134.5조원)의 예산을 투입하고, 연간 국방비를 GDP 대비 2% '이상'으로 상향하겠다고 밝혔다. 숄츠는 사태의 핵심을 과연 "법보다 주먹이 가까운지(whether power can break the law)"의 문제라며 정곡을 찔렀다. 그는 "푸틴 같은 전쟁광(warmonger)"이 날뛰지 못하게 한계를 설정하려면 "우리 자신이 힘이 필요"하다고 역설했다.

나아가 숄츠는 과감한 '시대전환(Zeitenwende)'을 선언했다. 미국·소련 중심의 냉전체제에서 독일은 NATO에 국방을 의존했다. 소련의 팽창을 막고 독일 재무장을 억누르기 위해서였다. 독일은 NATO의 비호하에 경제 강국이 될 수 있었다. 자국 군사력을 강화하지 않았고, 러시아에 에너지를 의존하는 지정학적 구조에 안주했다. 이에 유럽 일부 언론들은 "독일이 군사적 무능과 對러시아 에너지 의존으로 푸틴의 우크라 침략에 적합한 환경을 조성"했다고 비난하기도 했다. NATO/EU와 독일이 긴장하는 이유는 자유민주주의가 독재자에 의해 위협받으면, 고유가 등 시장경제 질서가 근본적으로 흔들리기 때문이다. 자유민주주의 질서가 의문시되면 극우·극좌가 준동할 수 있다. 유럽에는 아직도 히틀러 나치와 스탈린 악몽의 트라우마가 남아 있다. 숄츠의 전광석화와 같은 정책변화는 가히 충격적이다. 독일이 재무장화의 가능성을 열었다는 점에서 큰 변화이다.

EU도 러시아 위협의 본질에 대한 환상이 무너지면서 과감한 변신에 나섰다. 한때 대화와 협상을 압도적으로 선호하던 유럽의 국가들이 이제는 억제의 필요성을 인정하기 시작했다. 그야말로 지각변동과 같은 변화가 발생한 것이다. 불과 얼마 전까지만 해도 유럽 국들은 제3국 무기제공을 위해 「유럽평화기금(European Peace Facility: EPF)」이 필요하다고 주장했다. 이번 우크라 사태를 계기로 EU는 달라지고 있다. EPF 대신 전투기를 포함하여 우크라 무장에 필요한 4.5억유로의 기금을 책정했다. EU는 러시아의 침공이 "유럽에서의(in Europe) 전쟁일 뿐 아니라, 유럽정체성에 대한(against Europe) 전쟁"이란 사실을 깨달았다. 푸틴이 급기야 반세기 이상 유지되어 온 유럽 안보질서를 단 한번에 무너뜨리는 장면을 목격한 것이다. 이런 상황에서 우크라이나를 포함 주변국들의 EU 가입신청이 급속하게 확대되고 있다.

이와 함께 EU가 분쟁에 신속하게 대응하고 작전능력을 보유하기 위한 유럽군 창설 논의도 본격화되고 있다. 그간 EU는 미국 주도의 NATO 군사력에 안보를 의존했지만 자체 군사력을 보유해 '전략적 자율성'을 확대하려는 움직임이 새롭게 감지된다. 작년 11월 EU 회원국 외무·국방장관이 벨기에 브뤼셀에 모여 유럽군 창설과 운용 방안을 논의했다. 언론에 공개된 EU 집행위원회 문서에 따르면, EU는 2025년까지 5천명 규모의 유럽 합동군을 창설할 계획이다. 합동군 창설 계획 초안은 육·해·공군을 모두 포함한는 '신속대응군'이 적대적 환경에서 수색·구조·대피 또는 안정화 작전 같은 모든 스펙트럼의 군사적 위기관리 임무를 수행하는 내용을 담았다. 특히 군수품 보급, 장거리 공중 수송, 작전 통제 등 독자적인 작전 능력을 보유하는 방안에 중점을 두었다. 푸틴의 우크라 기습 공격 덕분에 지지부진하던 신속대응군 창설 움직임이 비로소 동력을 얻고 있다. 「전략적 나침반(Strategic Compass)」으로 명명된 유럽군 창설안은 금년 상반기 중으로 확정될 예정이다. 이렇게 되면 EU는 2023년부터 정기적으로 합동 군사훈련을 실시할 수 있다. EU는 1990년대 후반부터 자체 방위기구 창설을 추진하여, 5만~6만명 규모의 합동군 창설 계획에 합의하기도 했으나 비용 문제 등으로 지금까지 성사되지 못했다. 이번 우크라 사태를 계기로 당분간 유럽 안보에 대한 미국의 영향력은 증가할 것이나, 러시아의 우크라 침략으로 "유럽 안보의 유럽 해결" 원칙에 대한 공감대가 확산함으로써 유럽의 전략적 자율성 확대 노력은 계속될 것으로 보인다. 이와 관련, EU는 더 이상 "유럽의 안보 지형을 결정하는 자리에 관람객이 될 수" 없으며, "유럽 안보는 미국-러시아, NATO-러시아 문제가 아니라 EU가 관련된 문제"라고 강조했다. 또한 대부분의 EU국가들도 국방비 확대와 신무기 구입에 치중할 것으로 보인다.

푸틴의 우크라 침략으로 '미국이 30년 동안 누렸던 역사의 휴가'가 끝났다. 제2차 세계대전 이후 처음으로 미국은 유럽과 아시아에서 영토 및 세력권(sphere of influence)과 함께 과거의 영광을 되찾으려는 강력하고 공격적인 적대국에 직면하게 되었기 때문이다. 이는 70년간 강대국들 사이에서 평화를 지켜온 미국 주도의 국제질서에 대한 정면 도전이다. 미국은 더 이상 중국에 초점을 맞추는 것이 정치·경제·안보 이익을 보장한다는 환상에 안주할 수 없다. 미국은 아시아와 유럽의 적대국에 동시적·효과적으로 대처할 수 있는 새로운 안보전략을 수립해야 할 것이다.

상기 맥락에서 우크라 침공이 한반도 안보에 주는 시사점과 교훈을 도출하는 것은 매우 시의적절하다. 예컨대, 전력의 균형이론 과점에서 도출되는 시사점이다. 우리는 미국과 NATO가 우크라이나에 군사적 개입을 주저함으로써 억지력을 확보하는데 실패했다는 점을 잊어서는 안된다. 미국과 NATO와의 새로운 협력을 인도 태평양에서부터 확대해야 하지만 가장 중요한 교훈은 우리의 상쇄전략을 스스로 키워 나가야 한다는 점이다. 미국은 국내정치의 반대를 무릅쓰고 파병을 하는 모험을 피하고 있다. 특히 중국과의 대결은 3차 대전으로 확대될 수 있기에 더욱 조심할 가능성이 크다. 이번 우크라 사태를 통해 북한은 핵을 위협수단으로 활용하면서 기습을 시도한다면 승산이 있다고 판단할 수 있다. 특히 대만에 대한 중국의 위협이 본격화될 경우 이를 악용할 가능성이 크다. 미래 국방 혁신 방향도 본격적으로 재점검해야 한다. 이번 우크라이나 전에서 보여준 러시아와 우크라이나의 국방혁신 결과를 타산지석의 기회로 삼아야 한다. 값비싼 최신 무기 확보가 전부가 아니다. 급격한 병력감축과 모병제 도입, 대대단위전술단의 운용, 무엇보다도 제병협동의 부재 등 작전의 실패와 통신, 보급, 정보전에서 충격적 결과를 보여줬기 때문이다. 특히 모자이크전 수행양상에 대해 많은 고민이 필요하다. 국방개혁은 설계가 아무리 화려해도 실제 전투력으로 발휘되지 않는다면 아무 소용이 없기 때문이다. 우주전과 사이버전 차원에서의 정책적 시사점 또한 매우 크다. 우리가 그동안 고해상도 정찰위성 확보에 주력해왔지만 맥사 테크놀로지 사의 민간 위성에 의한 정보 획득과 실시간 영상을 전세계에 전파함으로써 세계 여론을 동원하는 방법은 전혀 생각하지 못했던 부분이다. NATO의 대응태세, EU의 안보 불감증에 대한 반성도 우리에게는 중요한 변화이다. 특히 이들은 가짜뉴스를 식별하고 영향력 공작을 차단하는데 매우 높은 우선순위를 두고 지역 차원에서 적극 협력하고 있다. 이번 사태는 러시아의 안보전략의 맹점과 작전 운영의 실패와 원인들을 파악함으로써 우리의 대비태세 점검에 유용한 기회가 됐다. 특히 방위산업의 신속획득체계 구현과 군수지원 관점에서 우리 군은 어느 정도 자신할 수 있는지를 판단할 수 있는 반면교사의 기회가 됐다. 이번 책자는 군사교리·예비전력 강화 차원에서 주는 시사점이 매우 크다. 대도시 방호와 시가전 등 미래 혁신과정에서 검토해야 할 다양한 정책 과제를 도출할 수 있게 됐다는 점은 큰 소득이다. 이번 사태는 지상작전 뿐 아니라 공지작전과 해군력 운용에도 큰 교훈을 얻었다. 무엇보다도 가짜뉴스와 사회분열을 초래하는 의도적 영향력 공작에 어떻게 효과적으로 대응할 수 있을지 큰 숙제를 안게 됐다. 아울러 정부와 군이 전시 언론보도와 여론관리에 대해서도 특별한 대책이 있어야 한다는 점도 배웠다. 특히 주변국 일본의 동향 파악과 중국 및 북한의 전략 분석도 매우 중요하다. 저자들이 이번 책자를 통해 다양한 관점과 시각에서 논의하고 분석한 결과들은 모두 정책부서에서 적시적이고 귀중한 자료로 활용할 것으로 기대된다. 무엇보다도 이번 우크라이나 사태는 국민과 정부가 왜 하나가 되어야 하며, 어떻게 통합할 수 있나를 보여주는 시금석이다. 그러한 점에서 새로 출범하는 윤석열 정부가 추진할 국방혁신 4.0에 좋은 밑거름이 되길 바란다.

contents

러시아의
우크라이나 침공과
한국의
국방혁신

목차

우크라이나전 관련 국방혁신을 위한 정책 제언

1. 우크라이나 전쟁이 주는 교훈 : 홍규덕 국제정책연구원장(숙대 교수)

가. 국제정치 측면의 우크라이나전 특징과 함의

- o 구소련의 부활을 외치는 푸틴이 미·중·러 3극 체제로의 확대를 시도하면서 러시아의 동유럽에 대한 패권을 복원함과 동시에 영향력 쇠락을 차단하고 과거의 영예를 회복하고자 하는 목적으로 힘에 의한 일방적 현상변경 시도
- o 하이브리드 전쟁의 반전이며, 그 결과 기습작전에 대한 억제는 향후 미국과 한국을 포함 민주주의 진영에 적지 않은 전략적 과제를 안겨주고 있음.
- o 초연결 기반의 동시 통합 비선형전에 대한 과제로서, 제병협동에 의한 도시작전의 중요성이 새롭게 대두
- o 전쟁 패러다임의 변화로서, 이번 전쟁은 심리전과 여론전의 역할이 그 어느 때보다 우위에서 국민을 단결시키고 상대방을 위협하거나 전의를 상실하게 만드는 영향력으로 나타나고 있음.
- o 중국과 북한에게 향후 군사전략을 가다듬을 수 있는 상당한 기준점들을 제시할 것이며, 특히 러시아 침공 과정에서 노출된 서방 국가들의 안보적 약점을 최대한 이용하려는 유혹에 빠질 가능성이 높아 이에 대한 전략적 배비가 필요함.

- ☞ 미래 부대구조를 과감하게 혁신하고 모병제의 요소를 수용하면서 과학 기술군으로 전환하고자 하는 한국군에게 많은 시사점을 주고 있어, 한국형 상쇄전략 차원에서 이를 분석하여 '국방혁신 4.0'에 반영하는 노력이 중요

나. 소결론 : 정책 제언

- o 이번 우크라이나 사태는 군에 있어 교육과 훈련이 얼마나 중요한시 보여줌.
- o 국제정세 인식과 전쟁을 위한 정보 판단의 중요성 실감
- o 전쟁에 대한 목적과 명분, 민군 일체화, 국민의 전쟁의지 가치 재인식
- o 민군 협력과 유사시 확대를 비롯한 예비전력 활용방안 강구

2. 러시아의 국가안보전략과 우크라이나전 : 김규철 박사(외대 교수)

가. 러시아의 국가안보전략(2021년 7월 대통령령으로 '신국가안보전략' 개정)

  o 전략적 우선순위 : 9개 과제 제시
   ① 국민 보호, ② 국가방어, ③ 국기 및 사회안보, ④ 정보안보, ⑤ 경제안보,
   ⑥ 과학기술 발전, ⑦ 환경안보 및 자연활용,
   ⑧ 전통적인 도덕적 가치 · 문화 · 역사적 기억 보호, ⑨ 전략적 안정 및 국제협력
  o 안보전략 측면에서 러시아에 대한 NATO의 군사적 압력 시도, 러시아 국경 주변
    에서 군사인프라 강화, 정찰활동 강화, 러시아에 대한 대부대 및 핵무기 사용계
    획 발전 등을 군사위협으로 명시
    * NATO의 확대에 대한 우려와 위협 인식으로 불신감 증대
  o CIS 국가, 그리고 국제적으로 미승인 국가인 압하지야와 남오세티야 공화국과 협
    력을 심화하고 동시에 유라시아경제연합(EAEU)과 집단안보조약기구(CSTO), 연
    합국가(러, 벨라루스)와의 협력 및 통합과정 심화를 주요 과제로 선정

나. 국가안보전략에서 제시한 주요 국방과제

   ① 현존 및 미래의 군사위험 및 위협을 적시적으로 파악
   ② 군사 계획 시스템 향상, 러시아에 대해 무력 사용 예방, 주권 및 영토적 완전성
     보호를 위한 각종 수단(정치, 군사, 군사기술, 외교, 경제, 정보 및 기타 수단)의
     실현 방안 준비
   ③ 충분한 수준에서 핵 억제력 유지   ④ 군사력의 전투적 사용 준비
   ⑤ 국가이익 및 외국 거주 국민의 보호
   ⑥ 군사력 구성요소의 균형적 발전, 방어 잠재력 향상, 현대적 군사력 증강
   ⑦ 동원준비 계획 향상, 군사기술의 적시적 개선 및 충분한 수준에서 기술력 유지
   ⑧ 현대전 및 분쟁의 성격 변화 경향을 적시적 고려, 군 전투능력의 완전한 발휘를
     위한 조건 형성, 새로운 전투수단과 미래 부대 요구 연구
   ⑨ 방위산업의 기술적 독립, 혁신적 발전, 신무기 개발/생산에서 지도적 위상 유지
   ⑩ 국가 및 지방의 경제 준비, 전시 무장공격에 대비
   ⑪ 무장분쟁 또는 분쟁 이후 위험으로부터 국민 및 물자 보호 방안 계획

⑫ 군인의 군사정치 및 심리 상태와 사기 유지

⑬ 국민에 대한 군사애국 교육 및 군복무 준비

⑭ 군인에 대한 사회적 보장 수준 향상 및 복무여건 향상

다. 정책 제언

o 발생 가능한 다양한 상황에 즉각 대비할 수 있는 군사력과 시스템 갖출 필요

　* 주변국에 대한 정보수집 및 분석 시스템 발전: 전문가 육성, 유사시 대상국에 대한 정확한 의도식별

o 북한을 비롯한 다양하고 우발적인 무력충돌사태 발생 대비 : 시나리오 개발

o 한국 상황 및 지형에 적합한 부대 및 전력구조의 발전

　* 우크라이나 사태에서 발생한 전투양상 연구하여 대량살상무기 상황 및 시가전 상황에서 공격 및 방어를 위한 부대 및 전력구조 실험 및 개발

o 비대칭전략 관점에서 상대적 우세와 억제력 유지를 위한 한국 특유의 신무기 개발

o 전국민 안보의식 및 대군 신뢰도 제고, 평화를 위한 억제대책과 젊은 층을 위시한 전국민 안보의식 제고를 위한 교육시스템 연구 발전 필요

3. 군사교리적 시사점과 정책 제언 : 안재봉 박사(연세대 항공우주전략연구원)

가. 군사교리적 시사점

o 현존하는 북 핵·미사일 위협과 미래 불특정 위협, 초국가적 위협에 능동적으로 대비하기 위해 신정부 출범과 동시에 국가안보전략서 등 기획문서 조기 발간 :『국가안보전략서』(국가안보실 발간)-『군사전략서』(합참 발간)-『군사기본교리』(합참 발간) 간 상호연계성 견지 하 발간

o 북 핵·미사일 위협에 효율적으로 대비하기 위해 현 정부에서 미진했던 3K전략 및 전력체계 지속 발전

　* 3K : 킬체인(Kill Chain), 한국형 미사일 방어(KAMD), 대량응징보복(KMPR)

o 강력한 억제력 확보 : 북한이 자주국방을 명분으로 핵과 미사일 전력을 지속 개발할

것에 대비, 북한의 도발 의지를 좌절시킬 수 있는 실시간 ISR능력과 적의 전략적 중심(Center of gravity) 타격할 수 있는 독침전력과 역 비대칭 전력 확충

* 독침 전력 : 유사시 적의 리더십을 정밀 타격할 수 있는 장거리 정밀유도무기
* 역 비대칭전력 : 북한의 핵·미사일전력을 무력화 할 수 있는 사이버전력, ISR전력, 국방우주력, 잠수함, 정밀지대지미사일 등

나. 정책 제언

o '국방개혁'이라는 용어 대신 '국방혁신'으로 개정하여 사용
* 개혁과 혁신의 사전적 의미 : 개혁(改革, Reform)이란 제도나 기구 따위를 새롭게 뜯어 고치는 것을 말하고, 혁신(革新, Innovation)이란 묵은 풍속, 관습, 조직, 방법 따위를 완전히 바꾸어서 새롭게 한다는 의미를 내포하고 있음.
o 현 국방여건 및 군사대비태세를 총체적으로 진단, 실질적인 국방혁신 추진
* 러시아-우크라이나 전쟁을 종합적으로 분석하여 대한민국의 국가안보에 주는 시사점 반영을 포함하여 국가안보 및 국방 전문가들을 통해
o 국방혁신 추진 범위로서 국방 정책(What to do?) + 군사전략(How to win?) + 군사교리(How to fight?) 병행 추진
* 과거 국방개혁은 군사전략과 군사교리에 대한 재정립 미흡 : 국방정책 중심 개혁
o 군사전략을 구현할 수 있는 한국군의 무기체계와 장비, 유류·탄약 비축량에 관한 일시 점검을 통해 현존전력 극대화 : 공군의 F-4, F-5 등 노후 전투기를 포함한 노후 전차 및 함정 등 일체 점검 긴요
o 미래전 대비, 작전 효율성 및 생존성 제고 방안 강구 : 국방우주력 강화와 우주 ISR 자산, 통신체계의 발전과 예비 수단 강구 및 주요 무기체계의 생존성 제고를 위한 능동 방호장비 확충 등

4. 우주전 관점에서의 우크라이나전 시사점과 정책 제언 :
김광진 박사(숙명여대 석좌교수)

가. 러시아와 우크라이나의 우주전 상황 : 미사일 프로그램 관련

o 탈냉전 초기에 우크라이나의 핵무기와 ICBM들은 미국과 러시아가 동참한 '넌 루가 협력적 위협감소 프로그램'에 의해 폐기되었고, 구 소련의 군사 우주력에 해당되는 미사일 프로그램과 유인 우주 기술에 해당되는 우주 정거장 프로그램 러시아로만 승계되었음.

 * 러시아 연방 우주국(Roscosmos)은 경제 제재에 대한 대응 조치로 국제우주정거장에 대한 러시아의 로켓 지원을 중단한다고 발표

o 우크라이나는 구소련 시절 드니프로(Dnipro)에 설치되었던 대규모 우주 시스템 제작 시설을 계승하였으며, 이러한 우주 인프라 생산능력은 우주 발사체 엔진부터 위성 제작과 우주선의 랑데부 시스템까지 다양한 요소를 포함하고 있음.

 * 우크라이나의 젤린스키 대통령은 2022년 1월만 해도 우크라이나를 우주 강대국으로 성장시키겠다는 목표를 언급하며, 국제시장에 적극 참여해 왔음.

o 러시아의 우크라이나 침공과 함께 시작된 대 러시아 경제 제재와 군사작전 지원은 미국 등 우방국 군대 뿐 아니라 민간 우주기업도 포함되었으며 역할이 주목됨.

- 앨런 머스크는 스페이스 X 소유 2000여개의 저궤도 소형 위성군으로 구성된 스타링크(Starlink) 시스템을 통해 우주로부터의 인터넷 서비스를 제공

- 맥사테크놀로지와 플래닛랩스 등의 인공위성 소유 민간 우주 기업들은 자사의 지구 관측 위성을 통해 러시아군에 대한 사진과 영상을 우크라이나 정부 뿐 아니라 언론에게까지 제공

- 미국의 지구관측위성 제작사인 카펠라스페이스는 위성영상레이더(SAR) 위성 자료까지 제공할 태세로 지원

- 빅테크 기업인 구글은 상용 위성을 통한 영상, 통신, 항법 자료에 접근해 왔는데, 러시아 군의 사용 가능성 등을 고려하여 자료 공유를 차단

o 우크라이나 전쟁은 국지적이고 단기적 성격의 재래식 전쟁으로 우주전 능력이 군사작전에 결정적인 영향력을 행사하고 있다고 보기는 어렵지만, 평소 예측하기 힘들었던 다양한 분야까지도 우주력이 포괄적인 영향력을 미치고 있음을 주목해야 함.

o 우크라이나의 정찰, 지휘통제, 통신 등에서의 부족한 역량과 기능을 보완해주는 것

은 물론 국제여론이 우크라이나군이 아닌 러시아군의 실수와 문제를 폭로하는 여건 조성 등 우주전 능력은 민군 협력 차원에서 적극 기여하고 있음.

o 우주전 능력은 다양한 출처들로부터 형성되어 국가안보를 여러 가지 방식으로 지원 하며, 이러한 광범위한 역할은 민군 겸용 기술, 민간 분야와 정부, 상업적 능력과 군 사적 능력 등 다양한 출처로부터 종합되는 우주력의 특성을 잘 반영하고 있음.

나. 정책 제언

o 민군 겸용 국가우주 전략 개발

- 현재까지의 과학기술 연구개발 중심 한국 우주 개발 정책으로부터 우주 시장 경쟁력 과 우주 안보 역량까지 조화시킬 수 있는 국가 우주 전략 발전

- 우선적으로 미래 전략환경 평가를 통해 우주 과학기술의 대외 영향력, 한미 군사동 맹에서의 우주력 역할, 북한 군사 위협 상쇄를 위한 우주력 역할, 우주 시장 진입을 위한 기술 이전 방안 검토

- 이어서 미래 전략환경 평가를 기초로 우주에서의 과학기술 연구개발 목표, 우주에서 의 군사안보 목표, 우주 시장 경쟁력 확대를 위한 투자 목표 식별

- 최종적으로 우주에서의 과학기술, 군사안보, 상업적 활동 목표를 달성할 수 있으면 서, 상호 시너지 효과를 극대화할 수 있는 우주 개발 전략 도출

o 지속 가능하고 조화로운 우주 개발에 필요한 기술 인력 인프라 구축

- 유사시 예측 못했던 새로운 전략 환경에 신속하게 맞춤형 대응 기술을 개발·시험·전 력화할 수 있는 국내 전문가들의 협업 플랫폼 마련

- 미예측 위협 대비 기술 개발을 위한 군·산·학·연 기술 협력체계와 기술 인력 양성 프로그램 마련

o 우주 정책 조정 기구 발전

- 과학기술, 군사안보, 상업 활동을 책임지는 정부 부처가 균형적으로 참여하는 국가 우주위원회 산하 사무국 편성

- 과학기술, 군사안보, 상업활동 관련 정부 부처의 국가 우주 개발 의사결정 공동 참여 를 보장하는 정부 부처 간 재원 분담과 협의 절차를 제공하는 법령과 제도 마련

o 국방우주와 민간 우주 과학기술 발전 프로그램 간 상호 보완 역할 식별 및 상생적

발전 추진

- 국방우주 관련 프로그램들은 제3차 우주개발 진흥 기본계획에서 제시된 우주 과학기술 발전 프로그램들 간 상호 공통점 및 공동의 목표 지향점 식별 후 상생 프로그램 추진

5. 아서 리케의 전략이론 관점에서 본 러시아 군사전략의 한계와 한국의 국방혁신 방향(부대 및 전력구조 중심) : 방종관 연구원(ADD)

가. 러시아의 군사전략 한계

 * 아서 리케(Arthur F. Lykke Jr.)의 군사전략 이론 관점에서 우크라이나전에 대한 평가를 반영하여, 우리의 기존 국방개혁의 성과와 한계를 냉철하게 제시

 o 푸틴 대통령의 최종 목표는 '우크라이나에 친 러시아 정권을 수립하고, 영구히 러시아의 영향력 아래 두는 것'이며, 현재 러시아군이 수행하고 있는 군사작전의 방법은 이에 부합한가라는 관점에서 분석

 o 러시아는 '속전속결'을 위해 3개 방면으로 전면 침공할 경우, '우크라이나 정부의 조직적인 저항의지가 조기에 와해될 될 것'으로 가정했을 가능성이 있음. 하지만 러시아의 희망적인(Wishful thinking) '가정'은 잘못된 것임이 드러났으며, 작전계획에서 가정이 잘못되면 '예비계획'으로 전환해야 하지만, 러시아의 군사 지도부가 예비계획을 준비했는지는 불분명함.

 * 러시아군의 작전수행 방법은 전쟁의 최종 목표와 부합하지 않음. 특히, 비 정밀 탄약을 활용한 공중 폭격과 포병공격은 민간인 피해를 급격히 증가시키고 있으며, 민간인 대피를 위해 설정한 '인도주의 통로 개설' 약속조차 제대로 지켜지지 않음.

 o 생화학 무기 사용 징후 등 국제사회와 국민적 반감은 러시아가 군사적으로 승리하더라도 장기적인 측면에서 정치적으로 패배한 전쟁이 될 가능성이 높아지고 있음.

 o 국방혁신 차원의 문제 제기와 시사점

 - 대대전술단은 강대국과의 전면전쟁이 아니라 지역분쟁 개입에 최적화된 부대편성으로서, 돈바스 지역의 분쟁 양상은 전투 강도가 격렬하지 않고, 적의 종심지역으로 깊이 들어갈 필요도 없었음. 그러나 키이우 수도권 확보에 나선 러시아군은 러시아

계 주민들의 지원이 거의 없는 종심지역에서 작전을 수행할 수밖에 없으며, 보급·정비능력 등의 한계에 직면하게 되었음.

- 러시아 정부는 징집(복무기간 12개월)과 모병제(계약에 의한 직업군인)가 같은 부대에서 근무시 제기되는 한계를 인식하여, 징집병들의 해외 원정작전의 참여를 법령으로 금지하고 있음. 그러나 전황의 불리에 따라 일부 징집병사들이 강압적인 분위기 속에서 '계약'으로 전환했으며, 전사자들 가운데 징집 병사들이 포함되어 있다는 언론 보도가 나오면서 대국민 불신과 사기 저하의 요인 뿐 아니라 전투력 발휘에 치명적인 약점으로 나타나고 있음.

* 미군은 모든 직업군인으로서 이러한 '균질성'은 소부대 전투력 발휘에 효과적임.

나. 정책 제언

o 부대구조와 전력구조 측면에서 국방예산의 부족, 일관성과 완결성에 대한 관심의 결여로 부실해진 정도 진단, 보완 방향 제시

o 유형전력의 혁신과 연계하여 무형전력(작전개념, 교리, 인재육성 등)의 혁신도 내실 있게 이루어졌는지 여부 확인, 보완 방향 제시

o 부대구조 측면에서는 2040년을 목표로 여단이 제병협동작전의 중심이 되고, 사단은 지휘통제에 전념하는 방식으로 혁신해야 함.

- 여단 규모(전시 완편, 보직율 110~120%)의 전투실험 부대를 창설하여 부대편성 실험 데이터 축적, 신형장비 시험적용 활성화 필요

- 현재 여단 편성에 수색대대·전투지원대대 등을 추가하고, 정보조직 등을 보강한 완전한 여단 편성방안 정립, 단계별 부대 수 확장 필요

o 전력구조 측면에서는 첨단 전략무기를 발전시키되, 한반도 전장 환경을 고려한 기반전력도 내실 있게 병행 발전시켜야 함.

- 각 군이 공통적으로 활용하는 정찰자산, 우주기반 항법 및 통신 네트워크 등은 합동참모본부에서 주도적으로 발전시키는 노력 필요

- 유사시 한반도에 증원되는 미 지상군의 규모 감소 가능성 등을 고려한 한국군 대대 이하 전력보강을 위한 특단의 대책 시행 필요

6. 우크라이나 전쟁의 모지이크전 수행양상과 국방개혁에의 함의

: 양욱(아산정책연구원)

가. 미래전쟁 대안으로서 모자이크전

o 모자이크전이란 "인간에 의한 지휘와 기계에 의한 통제를 활용하여, 분산된 아군전
  력을 신속하게 구성하거나 재구성함으로써, 아군에게는 적응성과 유연성을 제공하
  는 반면 적에게는 복잡성과 불확실성을 가져다주는 전쟁 수행개념임.
  * 다양한 수준의 전력을 적이 예측할 수 없는 시간과 위치와 방법으로 빠른 속도로
    공격하여 적의 의사결정체계를 무너뜨리고 전투에서 승리를 추구하기 위해, 분산화
    되고 네트워크화 된 결심중심의 전투를 수행하는 것
o 러시아는 칼리브르 미사일 등을 사용하는 정밀타격으로 우크라이나의 핵심 통신인
  프라와 지휘통제시설을 마비시켰으며, 우세한 화력으로 국경 방어선을 뚫고 주요도
  시들을 점령하고자 하였음. 지상전은 대대전술단을 중심으로 한 다정면공격으로 우
  크라이나 전역을 침공하였음.
o 우크라이나는 상대적으로 매우 취약한 전력임에도 불구하고 훨씬 더 막강하게 기동
  화된 러시아군을 상대로 선전을 펼치고 있음. 전력상 불리함을 극복하기 위하여 우
  크라이나군은 적의 진격을 허용하여 유인한 이후에 주요병목지대에서 차단선을 구
  축하여 적 병력을 무력화시키는 전술을 사용하고 있음.
  - 지휘통제시설의 타격을 받았음에도 불구하고 여전히 지휘통제네트워크를 유지하면
    서 러시아군의 핵심정보들을 매우 정확하게 파악하여 대응(미군과 나토 지원)
  - 적의 보급부대와 지휘부를 노리는 전술로서 급유차량을 포함하는 보급부대를 파괴
    함으로써 러시아군의 주요부대들은 2주만에 물자 고갈로 전력을 소진시켰으며, 러
    시아군 지휘소를 파악하여 정밀타격하는 '리더십 킬체인 작전(Leadership Kill
    Chain Operations)'으로 적의 혼란은 더욱 가중되었음.

나. 시사점과 정책 제언

o 종심전투교리로 다져진 러시아군은 기동의 중요성과 제한된 병력을 최대한 활용하
  기 위하여 BTG 편제(사단이나 여단을 대신하여 대대급)를 구성하여 속도와 충격을
  추구하였으나, 러시아군의 우크라이나전에서 문제는 바로 모자이크전의 핵심인 연

결성이 결여된 것이었음.

- 항공전력과 지상전력이 합동성은커녕 제병협동 수준에도 미치지 못하여 서로 연계되지 못했으며, 이에 따라 대공 및 대전차 휴대용무기에 노출되면서 상당한 피해를 입을 수 밖에 없었음.
- 넓게 분산된 BTG에 대한 보급문제를 해결하지 못하면서 일선부대는 장비를 전장에 유기하는 상황을 초래하였음.

o 우크라이나는 오히려 모자이크전에서 우월한 모습을 보여주었음. 정규군은 상대적으로 불리한 전력이었음에도 불구하고 정확한 전장정보를 바탕으로 러시아군 공세의 예봉을 꺾고 보급을 차단함으로써 적 전력을 조직적으로 소모시켰음. 뿐만 아니라 적의 지휘부를 간파하여 이를 정확히 타격함으로써 적을 혼란시키고 공세의지를 꺾어나가고 있음.

- 정보와 결심 우위에 바탕하여 전력을 창의적이고 유기적으로 결합한다면 상대적인 열세에도 불구하고 이를 극복하는 사례로서 북한과 중국에 대한 반영이 중요함.

7. 군수지원 차원에서 본 우크라이나 전쟁의 시사점과 정책 제언
: 박주경 전 육군군수사령관(KIDA 정책자문위원, 예육군중장)

가. 러시아의 국방개혁과 군수 능력 취약점

o 러시아군의 국방개혁은 작전지속지원 분야도 포함이 되었는데 군 조직 중 병참 및 보조 시스템의 경우 민간 업체들에게 최대한 이양하는 계획과 의무학교 폐지, 부대별 의무시설 통폐합, 수백개 감편부대 대신 60개 군사장비 보관기지 건설 등임.
 * 러시아의 국방개혁은 일부 성과를 나타낸 것으로 보이지만 아웃소싱 도입 과정에서의 부정부패, 의료지원체계 개편에 대한 반발 같은 문제점이 제기된 바 있고, 2014년 이후 국제사회의 제재로 러시아의 경제 사정이 나빠져 개혁의 속도를 지연시키는 결과를 초래하였음.
o * 2014년 대대전술단' 개념을 선 보였으나, 작전지속 능력이 부족하여 공격작전 과정에서 적 지역 종심 깊이 진출하는 것은 제한될 것으로 예견되었음.
o 미국 전문가에 의하면, 러시아의 군수부대 능력으로는 재보급을 위한 군수적 정지기간 없이 한 번의 신속한 침공으로 넓은 땅을 확보하기 어려움.

- 러시아군 부대는 동급 서방 부대에 비해 훨씬 더 많은 포병과 방공, 대전차 장비를 보유하고 있어 훨씬 더 많은 보급 소요가 필요하지만 군수지원 부대는 서방 동급 부대에 비해 그 규모가 작은 취약점이 있음.
- 러시아 트럭으로는 150km 이상의 보급선을 유지하는게 불가능하고
- 전투부대가 보급 없이 작전 가능한 시간은 2~3일에 불과함.

o 개전 초기 러시아의 보급은 실패한 것으로 보이며 이는 부족한 보급·수송 및 정비 능력, 예상 외의 강력한 우크라이나의 저항, 그리고 국제사회의 러시아 제재와 우크라이나 지원 때문임. 러시아 국방부 브리핑대로 향후 돈바스지역에 집중한다면 보급 여건은 개선될 것으로 보임. 한편, 우크라이나의 군수 능력 분쇄를 위해 러시아는 군수기지 공격과 보급로 차단을 시행하고 있는데 장기적으로는 영향을 미칠 것으로 판단됨.

o 러시아군은 충분한 장비도 없이 우크라이나로 진격했고, 장비들이 자주 고장이 났지만, 부품이 없고 정비 여건이 불비해 정비도 못 하는 상황까지 벌어졌음. 병참선 확보는 준군사요원인 국가방위군이 수행하는데, 방위군이 늦게 배치되었고, 즉시 병참선을 확보하지 못했음.

- 그러나 러시아는 손실을 대체할 수 있는 다수의 예비 장비를 보유하고 있고, 대부분은 교체될 수 있음.

o 한편, 정보화 시대 영향으로 각국 정부를 포함하여 심지어 민간단체까지 국제사회는 러시아에 대한 제재를 강화하고 있고, 우크라이나를 적극 지원하고 있음. 이로 인해 러시아는 전쟁에 필요한 자금과 물자 획득이 어려워진 반면, 우크라이나는 전쟁지속능력을 갖추게 되었음.

* 글로벌 기업과 커뮤니티들이 전쟁의 새로운 주체로 등장하였으며, 대통령이 직접 SNS와 외국(미국) 대통령 및 의회에 지원을 호소하는 현상이 생김.

나. 시사점 및 정책 제언

o 한국군 군수부대의 편성 및 능력 보강
 - 필요성: 싸울 수 있는 군대로 군의 체질 개선
 1) 러시아 국방개혁: 외부에 많이 선전되고 강군으로 포장되었으나 실상 노출
   (특히, 군수분야에 많은 문제가 발생하여 러시아군 공격기세 둔화)
 2) 지금까지 한국 국방개혁도 유사: 외부 홍보 의식, 장비 성능·수량에 치중

- 국방개혁의 새로운 중점 설정: 현존 전력 내실화(실제 싸울 수 있는 군대)
- 군수분야 보완 방향
 1) 기계화부대 군수부대 편성 및 능력 보강: 대대, 여단, 사단 등
    (유조차, 탄약운반 및 취급차량 수량과 능력, 운용 인력 적절성 확인 병행)
 2) 한국군 군수부대의 통신장비, C4I, GPS 보강(동원인원 고려하여 보강)
 3) 전문성 있는 군수인력 획득 및 양성(군수부대 인력 감축 시 實능력 고려)
 4) 국방개혁 시 군수부대 민영화 신중히 접근(병력이 줄어드는 상황에서 일정
    부분 민영화는 필요, 그러나 전시 고려 없이 평시 경제성만 고려는 안됨)
 5) 전투부대 후속군수지원 보장 조치들의 실효성 검증(ADC, ATSP, ATP 등)
 6) 비축·치장장비 관리 강화(국방개혁을 통해 다수부대 해체로 관리전환되는
    장비 수량을 고려한 시스템 구축)
 7) 전시 대비 창의적 아이디어 발전: 노획장비 활용, 이정표 전환, 민간참여 등
o 국제공조, 민군협력 등을 통한 전시조달·획득 발전
 - 초연결된 정보화 시대에 맞는 획득 활동(전시 해외조달) 전개 및 연구
 1) 전평시 국제 공조, 전시 전쟁법 준수 등 평화를 지향하는 국가 이미지 구축
 2) 적의 하이브리드전에 대응하고, 우리의 노력을 알리기 위한 홍보 활동
 3) 하이브리드전에 새로 등장한 글로벌 기업과 커뮤니티 등 활용 방법 연구
 - 동맹과 전시지원국 등 우호국들과 협력 강화, 지원 절차 발전 및 훈련
 - 동원이나 전시 국내조달의 문제점을 국방이나 국가 차원에서 검증
o 전시 군수부대와 민간 방산시설 피해 예방 및 복구 대책 강구
 - 군수부대 경계력 보강(군무원 총기 지급 대상 및 경계 시 활용 방안 마련)
 - 대형 군수기지와 주요 방산시설 피해 예방 및 복구 대책 강구
    (대신, 적 군수기지 및 주요 방산시설 전시 타격 방안 마련)

8. 사이버전 차원에서 본 우크라이나 전쟁의 시사점과 정책 제언
: 박종일 박사(전 사이버사 참모장, 예육군준장)

가. 사이버전과 가짜뉴스와의 전쟁

 o 사이버전 차원에서 러시아의 우크라이나 침공을 보면 이번 전쟁은 세계 최강의 능력

을 보유한 러시아의 사이버 공격에 대하여 사이버전 전담부대 조차 없는 우크라이나
가 효과적으로 대응한 전쟁으로 평가됨.
  - 우크라이나전은 사이버 공격자들이 군대보다 먼저 움직였으며, 이는 인터넷이 전쟁
    의 '최전방'이 되었다는 것을 의미하며, 사이버전과 가짜뉴스와의 전쟁으로 새로운
    양상으로 대두됨.
  - 러시아의 우크라이나 침공이 격화되는 가운데 양국을 포함한 전세계의 혼란을
    부추기는 가짜뉴스와 음모론이 사회관계망서비스(SNS)와 국영매체 등을 통해
    확산되고 있음.
o 러시아의 사이버전은 전례 없던 신기술이 선보인 것도 아니고 발사의 왼편(Left of
  Launch)과 같은 환상적인 작전도 없었으며, 러시아가 사용한 공격기술은 홈페이지
  변조(Deface), 디도스(DDoS), 랜섬웨어로 위장한 데이터 삭제 등임.
  - 이는 미국 정부와 글로벌 IT기업들의 차단 노력 덕이라는 평가도 있으나, 우크라
    이나는 다수의 사이버 침해를 극복한 경험을 바탕으로 강화된 사이버 복원력
    (Cyber Resilience)으로 러시아의 사이버 공격을 미리 잘 대비한 것으로 보임.
o 이번 전쟁에서 사이버전은 러시아와 우크라이나 사이의 전쟁이 아니라 러시아와 서
  방 진영과의 세계대전이 되어버렸음.
  - 글로벌 빅테크는 러시아에게 등을 돌렸고, 거센 국제적 비난이 러시아에게 쏠렸으
    며, 수십만 명의 IT군대와 어나니머스가 러시아의 주요 기반시설을 해킹하고 디도스
    공격을 가하였음.
  - 하이브리드 전쟁의 종주국이라고 불리는 러시아가 서방 해커들의 공격에 속수
    무책으로 당하면서 자국의 방어에는 매우 취약한 모습을 보이고 있음.

나. 정책 제언

o 사이버공격을 예견하고, 견뎌내며, 공격으로 인해 피해를 당하더라도 빠른 시간 내
  에 데이터를 복구하는 사이버 복원(Cyber Resilience) 강화 대책이 요망됨.
  * 우크라이나는 여러 차례에 걸쳐 러시아의 사이버 공격을 받았지만 신속히 피해를
    복구하고 시스템을 정상화할 수 있는 사이버 복원력으로 교전 5주 차가 지난 시점까
    지도 인터넷 등 주요 서비스가 차질없이 유지되고 있음.
o 사이버안보 국제협력 강화임. 우크라이나는 사이버전 전담부대도 보유하지 못하였
  지만 러시아의 해킹으로 정부 기관 웹사이트가 다운되자 미국, 나토, 호주, 캐나다

등과의 적극적인 국제협력으로 사이버보안 지원을 받아 신속히 피해를 복구하고 러시아의 추가 공격에 대비하였음.

* 글로벌 IT기업의 협조를 받아 러시아군이 인터넷을 군사작전용으로 사용하는 것을 제한하고 러시아군의 악의적인 흑색선전과 가짜뉴스에 적절히 대응이 가능

o 글로벌 사이버안보 리더십 강화임. 개전 초기에는 절대적인 열세에 있었던 우크라이나가 러시아의 사이버 공격을 안정시키고 니어기 방어에서 공세로의 선환까지 알 수 있었던 것은 디지털혁신부 장관의 글로벌 리더십 발휘 덕분이며, 이를 위한 핵심인재 육성이 필요함.

o 사이버 심리전 대응력 강화이다. 러시아는 사이버 공간을 활용한 가짜뉴스 전파와 심리전으로 사회 혼란을 부추기고 정부의 신뢰를 무너뜨려 전의를 상실케하는 사이버심리전을 구사하고 있음.

* 사이버사령부와 국정원 등이 정치 개입 댓글공작에 연루되면서 사실상 와해된 사이버심리전 역량을 복원하여 대응능력을 강화하는 방안의 검토가 필요함.

9. 예비전력 차원에서 본 우크라이나 전쟁의 시사점과 정책 제언
: 장태동 예비전력연구센터장(국방대)

가. 예비전력의 중요성과 우크라이나전 시사점

o 러시아의 경우 60여 개의 대대전술단(Battalion Tactical Group)을 동원하여 우크라이나 군을 능가하는 병력을 전투현장에 투입했지만, 출산율 저하로 인한 징집병 부족으로 적시에 필요한 보충병력을 채울 수가 없는 난관에 봉착

 - 우크라이나 현지 반군과의 협력에 의존하고 있고 우크라이나 접경지역 이외의 국경지대 병력을 크게 줄여서라도 차출할 수밖에 없는 자구책을 강구로 한계 노정

o 우크라이나도 전쟁의 초기전투에서 연속되는 패배를 당하고도 적극적인 대응을 할 수 없었음은 전쟁준비의 미비로 소요되는 자원에 대한 동원즉응태세가 정립되지 않았고, 예비군들의 관리와 훈련이 부실했으며, 무엇보다도 예비군용 장비와 물자, 무기 비축량이 절대 부족해서 실제 전쟁이 발발한 후에는 국토 방어를 위한 예비군들의 역할이 필요했지만 즉각 활용할 수 있는 상황과 훈련수준이 아니었음.

o 현재 우크라이나 시민들의 높은 애국심과 국제지원에 의한 장비와 물자 지원으로 러

시아의 무력공세에 맞설수 있는 것은 예비전력 조직화의 중요성을 반증하는 것임.

나. 정책 제언

o 전·평시 상시 가동될 수 있는 동원준비태세를 갖춰야 함. 러시아의 경우 우크라이나 를 너무 얕본 것도 있었지만 전쟁의 지속능력을 보장하려는 방안으로 현역병 징병만 을 고려하였는데, 청년인구의 감소로 징병이 불가능한 상황이 되어버렸음.
  - 차선으로 고려할 수 있었던 예비군 동원은 동원체제가 와해되어 적시적인 동원이 힘든 상태로, 상비전력으로만 전쟁을 치루려다 보니 우크라이나 전선 이외 지역에서 상비전력을 차출하여 전선에 투입하는 등 전쟁 효율성 및 사기 저하 초래
o 전쟁 초기에 투입되는 예비전력(동원긴요부대) 부대들을 상비전력과 동일한 수준으 로 전력화하고 훈련시켜야 한다는 것으로 즉각 활용할 수 있는 예비전력부대들을 집 중 육성하여 보유하고 있어야 할 것임.
  - 동원사단과 동원포병, 핵심 군수부대 등에 대해서는 상비부대와 동일한 수준의 무 기체계로 무장시키고 상비부대에 준하는 작전 운용계획이 수립되어 있어야 함.
o 비상근 예비군제도를 조기에 정착시키고, 제반 분야로 확대해야 함. 비상근 예비군 제도는 숙련된 예비역들을 해 전문분야에 적극 활용함으로써 경제적인 인력운영과 전투력 증강을 달성할 수 있는 미래 상비병력 감축에 대비하는 최선의 방책임.
o 예비전력 관련 법령의 시급한 정비로서 병력동원과 관련하여 국방부와 병무청으로 이원화되어 있는 법령을 동원기본법(가칭)으로 단일화하여 동원의 적시성과 정확성 을 달성할 수 있어야 할 것임.
o 직업이나 학업 등의 이유로 외국에 거주하는 예비군들이 적기에 군 동원에 응할 수 있도록 조치가 되어야 할 것임. 이들의 適期 귀국 및 입대는 첫째, 부족한 전투요원 을 채울 수 있으며, 둘째는 국민적 안보 공감대 확산과 결사항전 의지 고양임.
o 예비군들이 자긍심과 자부심을 가지고 예비군 복무와 훈련에 임할 수 있도록 해야 한다는 것이며, 이는 우크라이나 전쟁에서 러시아와 상대적으로 비교됨.

10. 방위산업 차원에서 본 우크라이나 전쟁의 시사점과 정책 제언
: 장원준 박사(산업연구원)

가. 방위산업의 중요성과 우크라이나전 시사점

o 2022년 2월 24일 러시아는 최신예 전투기 SU-35를 포함한 SU-30, SU-27, SU-25 및 SU-34 공격기, Ka-52, Mi-28, Mi-24 공격헬기, T-90 최신예 전차와 T-80, T-72 전차, Tu-160 블랙잭 및 Tu-22 백파이어 폭격기, 이스칸데르 탄도미사일, 킨잘 극초음속 미사일 등 최신 장비로 무장한 최정예 부대를 우크라이나에 두입하였으나, 전선이 정체되면서 전쟁이 장기화되고 있음.

o 러시아 대비 절대적인 군사력 열세에도 불구하고 우크라이나는 지상전에서의 대전차 미사일 및 무인드론, 러시아의 제공권 장악에 대한 지대공 미사일 대응 등을 통해 선전하고 있으나, 러시아의 첨단무기 군사역량은 미국 및 NATO 국가들이 병력 투입 등 우크라이나의 직접 지원을 제한하는 요인으로 작용

o 방위산업에서의 안정적인 공급망(supply chain) 유지는 전장에서 사용하는 주요 무기체계들의 연구개발과 생산을 통해 전투지속능력을 제고함으로써 전쟁에서의 승리를 보장케 하는 핵심 요소로서 미국 및 서방은 강력한 경제, 금융 제재로 러시아의 전쟁 지속능력을 제한하는 조치에 전력을 경주하고 있음.

 - 2월 25일 미 상무부는 러시아 국방 및 항공우주, 해양 분야를 포함한 반도체, 정보보안 장비, 센서 등 첨단기술 제품에 대한 전면적인 수출 제한 정책을 발표

 - 3월 22일에는 러시아 미사일 업체 등 48개 러시아 방산업체의 추가 제제안을 발표

o 러시아도 우크라이나의 방산 공급망 교란을 위해 주요 무기창고, 병참시설 및 유류고, 심지어 미국, NATO 등이 지원하는 군사장비 저장시설 등을 집중적으로 타격

 - 3월 18일 러시아 국방부는 우크라이나 남서부 지역에 위치한 대규모 미사일, 항공기 저장고, 연료 및 윤활유 저장소를 타격하였음.

o 최근 작전영역이 기존의 육·해·공 영역에서 우주와 사이버 영역으로 확대됨에 따라, 방위산업의 중요성도 확대되고 있으며, 특히 군 사이버산업이 주목됨.

 - 최근 국내 방산업체에 대한 해킹 사건 등을 고려해 볼 때, 우리나라도 향후 주변국들의 사이버 공격에 대한 보다 적극적인 대응책 마련이 시급

o 우크라이나전을 방위산업 공급망, 군 사이버 산업, 군 현대화, 무기획득시스템, 방산수출 측면에서 검토하며, 향후 전 세계적인 국방비 증액 등 새로운 국면이 예상됨.

나. 정책 제언

o 우방국과의 방위산업 공급망 강화가 요망됨. 러시아의 우크라이나 침공은 미국 및 우방국들의 전방위적인 금융, 경제, 공급망 제재를 야기, 조만간 러시아의 국가부도 (디폴트) 위기가 현실화될 전망임. 특히 첨단 무기체계 개발과 생산에 필수적인 반도체, 핵심소재, 부품의 수입 제재와 48개 러시아 방산업체, 군사은행 제재는 러시아 방산 공급망에 심대한 타격이 예상됨.

- (방위산업기반조사 강화) 주요 무기체계별, 핵심기술별로 대·중소·협력기업의 공급망 실태 분석을 통한 취약점 식별, 이에 대한 대응방안 마련 필요

- (한미 방산동맹 강화) 동맹국인 미국과 국가안보공급망협정(NTIB) 또는 상호방산협력협정(RDP-MOU) 체결을 통해 우방국간 글로벌 방산공급망 강화

o 군 사이버산업 경쟁력을 강화해 나가야 함. 러시아-우크라이나전은 사이버전을 포함한 새로운 '하이브리드전' 양상을 시현하고 있음. 우리나라 군 사이버 예산은 2021년 640억원(국방부)으로 미국의 0.6%, 국내 사이버보안산업의 0.7%. 방위력 개선사업 11.9조원(2021) 중 사이버 예산이 전무함.

- 군 사이버 무기체계 예산 편성과 방사청 내 사이버 무기체계 사업부서 신설, 사이버 방어, 공격 및 훈련, 분석체계 마련 필요. 신속획득사업에 사이버 분야 확대, 우수 사이버 인력 양성 및 적정 보직, 활용 확대

o 선택과 집중을 통한 '군 현대화'를 추진해 나가야 함. 러시아는 '국가무장계획 2020'을 통해 무기체계의 70% 현대화, 러시아-우크라이나전에서 첨단 무기체계(무인드론, 대전차미사일, 지대공미사일, 극초음속 미사일 등) 위력 확인. 최근 3년 (2020~2022)간 북한 핵·미사일 위협에 대응한 L-SAM 등 유도무기 사업 예산은 전체 방위력개선사업의 5.3~6.5%에 불과한 수준임.

- 다층적 미사일 방어체계 조기 확보, 우주를 포함한 정보감시자산 확보 등에 우선순위 상향, 노후도, 가용도 분석등을 통해 노후 전투기, 전차, 함정 등의 신형 교체 또는 성능개량 적극 추진, 합참의 '무기체계 소요 우선순위 선정 체계' 적절성 검토 필요

o 선진국 수준의 한국형 '신속무기획득시스템' 신설이 필요함. 러시아의 발빠른 무기획득시스템과 미국 등 선진들들의 주요 무기체계에 대한 신속무기획득시스템 벤치마킹 필요. 비교적 단기간(5년 이내) 개발 가능한 성능개량, SW 중심 개발, 진화적 개발사업도 대부분 전통적 무기획득방식(PPBEES)에 따라 장기간(10~15년) 소요. 최근 3년간 상기 3개 사업 비중은 전체 방위력개선사업 예산의 34~38% 차지함.

- 미국의 신속획득(MTA)을 벤치마킹하여 초기단계 소요를 반영하여 5년 이내 시제

품 개발 또는 전력화(야전배치)가 가능한 한국형 '신속무기획득시스템' 신설
- 개발 시제품에 대해 일정조건 충족시 후속양산사업 보장, 성능개량, SW 중심 무기
체계 들을 포함한 '신속획득 가능 무기체계(가칭)'에 대해서는 원칙적으로 신속무기
획득시스템 적용 명문화, 육해공 및 합참, 관련기관 내 신속획득부서 신설 및 전담기
관 지정 병행
o 방산수출 5대 강국 진입을 목표로 활성화 대책이 필요함, 미국의 러시아 금융, 경
제, 방산 제재로 세계 2위 방산수출 강국 위상에 큰 타격 예상, 러시아와 방산수출
경합권역(중동, 동남아, 북·동유럽)에서 호재
- 주요 방산수출국가 중심의 수출성과 제고, 러시아 주요방산시장 공략 병행, 무기개
발 초기단계부터 해외시장 선점 노력 강화(국제공동개발, 생산 등), 첨단무기 수입간
국내업체 참여 확대, 방위산업 컨트롤 타워 강화

11. 우크라이나전 관련 해군력 운용과 시사점 : 정재호 박사(국방부)

가. 보스포르스 해협의 국제법적 의미와 국제시스템 보장

o 흑해 관련 국가 간「몽트뢰 협약의 권리 및 의무」

터키	▲상선의 자유통항 보장 의무준수, 유사시 해협통제 및 관리 보유 ※ 전쟁 중 또는 침략 위협 시 외국 군함 통항 금지 가능
흑해 연안국	▲전·평시 민간선박 자유 통항 ▲항공모함 제외, 전·평시 해군 주력함 통항가능(8일전 사전통보→터키)
흑해 비연안국	▲전·평시 민간선박 자유 통항 ▲군함 통항 가능(단, 1회 9척 초과 및 총 1.5만톤 초과 금지, 1만톤 초과 단일함정 통항금지) ▲흑해 체류 비연안국 총 함정 배수량 4.5만톤 초과 금지(1개국 3만톤 초과 금지) ▲ 함정 흑해 체류기간 21일 초과 금지

o 러시아의 우크라이나 침공 이후 터키의 대응은 협약 적용에 대한 수위가 높아지고
있음. 2월 24일 우크라이나는 협약에 따라 러시아 군함의 해협 통과를 금지하도록
터키의 권한을 행사해 줄 것을 촉구하였으나, 터키의 초기 대응은 확고하지 않았음.
이후 28일 터키 외무장관은 푸틴의 침공을 전쟁으로 인정하였는데 이것은 협약 제
19조 발동이 임박하게 되는 근거가 될 수 있으며, 러시아와 우크라이나 뿐만 아니라

모든 군함의 해협 통과 금지 등 협약을 엄격하게 이행하고 있다고 강조했음.

나. 국제법에 기초한 국제시스템 보장의 필요성

o 협약 19조를 발동하고 이를 적절히 적용하는 것은 현재 우크라이나와 러시아의 군사력에 거의 영향력을 미치지 않을 것이지만, 상황이 장기화되면 오히려 러시아의 군사력 운영의 위기가 될 수 있으며, 반대로 터키의 해양안보는 강화될 수 있음.

o 28일 터키 외무장관이 언급한 모든 군함의 해협 통과 금지를 시사하는 것은 몽트뢰 협약 제19조에 따라 정당화될 수 없으며, 현재 터키가 제21조를 발동했다는 징후는 없음. 협약에 따라 교전국 당사국인 러시아와 우크라이나 군함은 일반적으로 기지로 복귀하지 않는 한 통과가 거부됨.

다. 러시아 흑해함대 해양전략과 흑해의 전략적 가치

o 2017년 7월 27일 발표된「2030년 러시아 연방 해군활동분야 기본정책」에도 흑해에서 해군의 역할에 대한 유사한 내용이 포함되어 있음. 러시아 연방의 전략계획 문서로서 총 55개 조항으로 이루어져 있음. 전 세계 해양에서 러시아의 국익보호와 세계 2위의 해군력 건설을 추진하는 것을 주요 목표로 설정함.

o 아조프해 인근 지역과 크림반도 서쪽 흑해 연안까지 러시아 군의 점령이 이루어진다면 우크라이나의 흑해 진출로는 모두 차단됨. 러시아에게도 흑해는 해양을 통한 전투력 지원과 보급로가 모두 차단될 수 있는 전략적 가치를 내포함.

라. 우리 해양안보를 위한 정책 제언

o 국제 해양법 컨퍼런스 활동 강화 및 해양법 전문가 육성
 - 보스포러스 해협과 관련된 '몽트뢰 협약' 사례에서 보듯이 한반도 주변 해양문제 해결에 관한 해양법의 국제적 공감대 확보와 지속적인 주변국 해양전문가 초청 국제 해양법 컨퍼런스 개최 노력 필요
 - 해상에서 군사충돌 발생시 해양문제를 논의하고 법적 근거를 뒷받침하는 해양법 관련 해양전문가 양성 시급

o 자주국방 실현을 위한 해양·해군력 강화에 대한 국민적 공감대 형성 추진
 - 해양력 열세는 해상에서의 모든 보급로 차단의 극단적 상황에 도달할 수 있다는 우
   크라이나전 사례를 교훈삼아 해양·해군전력 건설 추진 필요
 - 해군전력 강화는 정부의 의지도 중요하지만, 국민적 공감대가 최우선임을 명심. 즉, 국
   민의 해양안보의 중요성 인식 제고를 위한 방법 강구
o 해양안부협력을 위한 해상연합훈련 획대 추진
 - 한미연합훈련 강화를 지속적으로 추진해야 함은 물론, 다자국간 해양안보협력을 위
   한 연합훈련의 강화 및 확대 필요
 - 코로나 상황으로 제한되었던 인도주의적 차원의 양자·다자국 연합훈련 재개
o 신남방 및 신북방정책 구상에 해양안보 협력 강화 명시
 - 신남방 및 신북방정책은 관련 국가들과의 외교·안보분야 협력에서 출발, 북극항로
   및 해상이동로에 위치한 관련 국가와의 해양안보협력 강화 추진
 - 관련 국가와의 해군회의 확대는 물론, 해군연락관(해군무관) 파견 확대 추진 노력

12. 우크라이나전 관련 언론보도와 시사점 : 윤원식 박사(북극성안보연구소)

가. 전쟁과 언론, 위기관리 커뮤니케이션

o 전쟁은 언론의 가장 큰 뉴스거리임. 전쟁의 규모가 크든 작든 그것은 인간의 생명과
   재산에 대한 직접적인 피해를 유발하는 것이기에 먼 나라에서 벌어지고 있는 국제뉴
   스임에도 불구하고 언론은 뉴스 가치가 높다고 보고 큰 비중으로 취급됨.
 * 그럼에도 전쟁에 대한 언론의 보도는 객관성과 중립성 보다는 편견과 이념, 의도가
   그만큼 많이 작용되어 나타나며, 개인의 안전과 군사작전에 미치는 영향이 큼.
o 오늘날의 전쟁은 당사국만의 문제가 아니라는 것, 전쟁 수행의 주된 수단은 군 사력
   이지만 군사력 운용에 영향을 미치는 것은 전쟁의 명분과 정당성, 그리고 민간인이
   나 비전투원에 대한 비인도적 살상 행위로 인한 국내외의 여론, 국제기구의 압력 등
   복합적으로 작용하고 있음. 그리고 이러한 모든 것들은 거의 실시간으로 언론을 통
   해 세계 각국의 시청자 독자들에게 전파되고 있음
o 군사적 충돌이나 사태 발생시 군과 정부의 위기관리의 첫 번째 키는 언론을 통 대
   국민 여론관리이다. 여론의 향방이 군사작전에도 영향을 미치게 됨. 우크라이나 전

쟁의 사례에서 보는 현대전 · 여론전의 특징임. 현대전 · 여론전은 군과 정부의 공보 시스템이나 매스 미디어 외에도 개인과 민간 기구에 의한 개인 미디어나 SNS를 이용한 소셜 미디어가 자국과 전쟁 상대국은 물론 제3국의 세계인들에게 직간접적으로 미치는 영향이 매우 크므로 군사작전 못지않게 큰 비중을 차지하고 있음. 따라서 언론정책과 위기관리 커뮤니케이션 시스템을 발전시키는 것이 중요함.

나. 전쟁과 여론전, 심리전 · 하이브리드전

o 우크라이나 전쟁에 대해 러시아에서도 반전 여론이 일고 있고, 세계 각국에서 러시아의 공격행위에 대해 지탄하는 반전 행위가 늘고 있음. 반전여론 형성의 가장 큰 확산 수단은 언론이며, 전문가들은 '여론전' 또는 새로운 형태의 5세대 전쟁 양상인 '하이브리드전'을 주목됨.

o 군사적 도발이나 충돌사태 또는 하이브리드전이 발생할 경우 군과 정부, 언론은 상호간에 이성적인 쌍방향 커뮤니케이션이 필요함. 즉 조직적이고 효과적인 위기관리 커뮤니케이션 시스템을 가동하여 국민의 알권리를 충족시킴과 동시에 군과 정부의 신뢰가 훼손되지 않도록 해야 군과 언론의 갈등을 최소화 할 수 있고 국민의 정서적 혼란과 불안을 없앨 수 있음.

다. 우크라이나 전쟁보도의 시사점

o 젤렌스키 대통령은 우크라이나 자국민들에게 뿐만 아니라 미국을 비롯한 서방국가와 제3국의 국가들에게도 형식과 내용에 구애받지 않고 미디어를 통해 군사적, 경제적인 도움과 지원을 호소하고 있고, 상당한 효과를 얻고 있는 것으로 평가됨.

o 우리나라는 2010년에 발생한 천안함 포격사건이나 연평도 포격도발 사건의 재탕이나 이와 유사한 도발 같은 군사적 충돌이나 위기사태는 언제든지 재발할 가능성을 안고 있음. 그렇게 될 경우 북한은 언론을 통한 여론전, 심리전을 전개하여 동조세력과 우호세력들을 선동하고 내부 갈등과 분열을 획책하여 소기의 목적을 달성하고자 할 것임. 즉 특정 이데올로기나 가치관을 지닌 개인이나 집단이 반대 여론이나 심리적 왜곡을 목적으로 집요하게 활동에 나설 경우 혼란이 일 가능성은 늘 잠재되어 있음.

다. 정책 제언

o '전쟁의 첫 번째 희생자는 진실'(the first casualty of war is truth) 이라는 말이
있음. 그만큼 전쟁에 대한 언론의 보도는 편견과 이념, 의도가 개입된 여론전, 심
리전, 사이버전의 복합 형태인 하이브리드전으로서 언론 즉 미디어전이 필수 요소
이므로 이에 대한 대비가 필요함.

o 새 정부 출범을 앞두고 우리는 대통령 선거 후유증으로 인한 내부갈등이 해소되지
않고 있는 속에서 북한발 안보불안 정국과 긴장조성은 어떠한 형태이든 언론을
통한 또 다른 갈등과 분열을 불러올 개연성이 큼

o 따라서 언론을 통한 국민여론 관리는 안보불안 정국에 대한 위기관리에 새 정부의
가장 중요한 우선 순위로 다루어져야 함. 특히 국방안보 분야에서의 언론을 통한
대국민 위기관리를 위해 '민간 · 정부(군)· 언론계 · 학계 전문가들로 구성된 협의
기구를 구축하고 대언론 위기관리 커뮤니케이션 체계를 재정비 해야 함.

13. 우크라이나전 관련 북한의 대응과 시사점 : 이흥석 박사(국민대 교수)

가. 우크라이나의 비핵화와 러시아의 핵 강압 전략

o 우크라이나는 유럽에서 러시아에 이어 두 번째로 넓은 국가이며, 1991년 소련연방
이 붕괴되면서 핵무기를 승계하여 세계 3위의 핵무기 보유국이 되었으나, 미국이 주
도하는 협력적 위협감소 프로그램(Cooperation Threat Reduction, CTR)에 따라
1994년 12월 부다페스트 양해각서를 체결하고 핵무기를 폐기하였음.

o 부다페스트 양해각서에 따라 러시아로부터 원자력 발전에 필요한 핵연료 100톤을
제공받고 약 10억 달러로 추산되는 핵탄두 내 핵물질 가치에 상응하는 25억 달러
규모의 부채를 탕감받았으며, 미국으로부터 핵폐기 비용으로 6천만 달러를 지원받
음과 동시에 핵무기 폐기를 담보로 미국·영국·러시아·유엔이 공동으로 우크라이나
의 안전보장을 위해 주권과 독립을 보장한 것임.

o 하지만 푸틴이 집권한 후 러시아가 위상을 회복하면서 구소련제국의 부활을 도모하
는 팽창과정에서 우크라이나는 상시 안보위협에 노출되어왔으며, 2014년 크림반도
합병에 이어 결국 침공을 당하게 되었음.

o 푸틴 대통령은 금번 예상하지 못한 우크라이나의 항전과 국제사회의 대대적인 경제 제재에 부딪히자 핵무기 사용 가능성을 시사하며 핵미사일을 담당하는 전략군에 대해 경계태세 강화지시를 내렸으며, 전쟁이 장기화된다면 핵무기 사용 가능성을 배제할 수 없는 상황에 이르고 있음. 더욱 우려되는 것은 푸틴의 권위주의적 정책결정 성향이며, 향후 핵위기 가능성은 지속될 것으로 전망됨.

나. 북한의 대응과 시사점

o 북한이 러시아의 우크라이나 침공을 제국주의적 관점에서 인식하고 있는 것을 보면, 핵무기를 제국주의 특히 미국에 대한 억제력으로 간주하는 북한 지도부의 태도는 더욱 확고해질 것으로 보인다. 또한 2021년 1월 제8차 당대회에서 국방과학발전 5개년 계획을 공언한 후 최근 북한이 미사일 개발에 매진하고 있는 점을 고려해 보면 북한 비핵화는 더욱 어려울 것으로 전망된다.

o 러시아의 핵 강압전략은 북한의 군사전략과 핵태세를 공세적으로 변화하는 데 영향을 줄 것으로 보인다. 바이든 미 대통령은 러시아가 우크라이나에 대한 침공 가능성을 억제하는 과정에서 경제적 수단을 우선시했고, 군사적 수단은 배제하면서 러시아와의 군사적 대결은 3차 대전으로 확전될 것이라고 우려했음.

o 북한은 러시아의 우크라이나 침공에 대해 미국과 나토의 행보를 관찰하여, 강압수단으로서 핵무기의 가치와 군사적 개입의 한계성을 군사전략에 활용하고자 할 것으로 보이며,, 핵무기 중심으로 군사전략을 수정하여 기존의 재래식전력에서 핵전력과 재래식전력을 통합운용하는 전략을 구현할 것으로 전망됨.

 * 재래식공격으로 제한적 목표를 선점 후 핵 확전 위협으로 한미의 대응을 차단하고 동맹을 분리하고자 하며, 작전적 관점에서는 주일미군기지 등 양육 항만에 대한 핵 공격으로 증원전력을 차단할 것임. 전술적으로는 제한목표를 확보하거나 공방에 유리한 지역에 운용하여 전술적 이점을 작전적 성과로 확대하고자 할 것임.

다. 정책 제언

o 북한에 대한 유엔 경제재재의 실효성을 강화해야 함. 유엔 경제재재는 북한의 핵미사일 능력 고도화를 차단하고 비핵화 대화로 나오게 만드는 현실적으로 유용한 강제적 수단으로서, 북한이 러시아의 경제제재를 기회로 양국은 유엔제재를 무실화하면

서 원유 수출 등 경제협력 확대 가능성이 있어 이를 차단해야 함.
o 북한이 직면한 전략적 취약점을 레버리지로 활용하는 비핵화 중심의 대북정책 수립
과 추진이 긴요함.
- 현재 북한은 3중고로 인해 김정은 집권 후 최악의 경제상황에 직면해 있어 경제개
선이 시급한 사안이며 심화시 김정은체제의 내구성에 균열이 생길 수 있음.
- 북한의 전략적 취약전 즉 경제상황을 레비리지로 활용하는 재석과 낭근 전략을 구
사하여, 북한의 실제적 비핵화조치에 상응하는 경제지원과 제재를 병행하는 로드맵
을 구상해서 새로운 정부의 대북정책에 빈영해야 함.
o 북한의 국방과학발전 5개년 계획을 상쇄할 수 있는 국방개혁 추진방안을 마련하는
한국형 상쇄전략이 필요함.
- 북한은 작년 1월 열린 제8차 당대회에서 국방과학분야 발전 5개년 계획을 채택하
고 중점과업을 추진하고 있음.
- 한국군의 국방개혁 추진방안을 재검토하여 국방개혁의 성과가 북한의 국방과학발
전 5개년 계획을 상쇄하고 압도할 수 있도록 조정되어야 함.
o 북한의 핵전력과 재래식전력을 통합운용하는 군사전략의 변화를 추적하고 이에 대
비하여 동맹의 대북 억제력을 제고해야 한다.
- 북한의 핵전력 운용 관련 지휘체계가 김정은 중심의 중앙집권적 지휘체계에서 작전
부대로 분권화 위임 여부와 전략군과 포병부대의 편성 등 핵 전투준비태세 개편 징
후와 함께 핵과 미사일 능력 고도화에 대비할 수 있도록 동맹의 현안인 전작권 전
환, 맞춤형 억제, 연합훈련에 대한 실효성 등을 재검토해야 함.

14. 한미 동맹 차원의 우크라이나전 시사점 : 신경수 사무총장(전 주미 국방무관)

가. 우크라이나 전쟁과 인도 태평양 전략

o 미 백악관은 2022년 2월 러시아의 우크라이나 침공으로 유럽의 안보가 크게 위협받
는 상황에서 인도태평양전략을 발표했음. 바이든 행정부가 인도태평양 지역의 중요
성을 수없이 강조했지만, 백악관 이름으로 구체적인 전략 목표, 추진 방법, 행동과제
를 담은 전략문서를 발표한 것은 이번이 처음임.
o 러시아의 우크라이나 침공은 중국과 러시아의 전략적 공조를 더욱 공고히 하는 계기

가 되고 있으며, 중국은 월 18일 항공모함 산둥함을 대만해협 남서쪽 30해리까지 접근시키는 등 대만에 대한 위협능력을 과시하면서 중국의 영향력을 확대하고 나아가, 미국의 전략적 분산을 유도하여 러시아를 지원하려는 의도로 보임.

 * 러시아가 미국이 주도하는 다국적 공조에 밀리는 경우, 중국의 이러한 움직임은 오히려 미국의 동맹 및 우방국을 결속시키고 중국에 대한 경계를 강화하는 등 역효과를 가져올 가능성도 있음.

나. 한미동맹에 대한 함의

o 백악관 국제경제 담당 국가안보 부보좌관은 언론 인터뷰에서 러시아에 대한 미국의 억제, 외교 및 비용부과 전략 (deterrence, imposing costs and diplomacy strategy)에 대해 설명하였으며, 이번 우크라이나 전쟁에서 강조된 비용부과 전략은 향후 미국의 대외 전략에서 중심에 자리 잡을 전망

 - 억제를 달성하기 위한 전 방위적인 노력을 펼치면서, 억제가 실패했을 때에는 외교, 정보, 군사, 경제 등 국력의 모든 수단을 활용하여 전쟁을 승리로 이끌겠다는 것이 미국의 변함없는 전략이라고 강조하였음.

o 미국은 동맹 및 우방국 공조 등 다국적 노력을 통해 분쟁을 해결해 나간다는 확고한 원칙을 이번 우크라이나 사태에서도 보여 주었으며, 무엇보다 핵을 보유한 러시아에 대해 동맹 및 우방국 공조를 효과적인 대응 카드로 활용하고 있는 것임.

 * 미국은 북한에 대해서도 동맹 및 우방국 공조를 통한 대응을 강조할 것으로 예상되며, 이에 대한 우리의 전략적 입장 정립과 함께 미국과 사전 협의가 필요

o 우크라이나 사태는 동맹관계의 중요성을 크게 부각시켰으며, 한편 러시아는 우크라이나마저 나토 동맹에 가입할 경우 안보가 심각하게 위협받을 수 있다고 판단한 것으로 보임.

 * 미국은 동맹이 아닌 우크라이나에 직접적인 병력을 파병하지 않고 필요한 무기를 지원하나, 나토 동맹지역에는 안보보장 차원에서 병력 전개, 군사적 지원, 연합훈련 등을 시행함. 동맹관계는 최상의 억제 및 대응능력을 제공하는 것임.

다. 정책 제언

o 한반도 유사시 예상되는 미국의 대외전략 분석, 한·미 협의

- 한반도에 적용 가능한 미국의 억제, 외교, 비용부과 전략 분석
  (deterrence, imposing costs & diplomacy strategy)
- 중국의 인태지역 도발에 대한 미국의 경제 제재시 동맹의 가용옵션 발전
- 중국에 대한 우리의 경제 주권, 경제 안보 조기 확보
- 미국이 핵을 가진 북한과 직접 군사충돌 회피시 한국의 대응전략 발전

ο 공고한 한미동맹 관계이 지속성 보장
- 동맹 강화를 위한 대외 전략 커뮤니케이션 메시지 지속 개발, 발표
- 중국, 러시아의 동맹 이간책 방지를 위한 한·미·일 공조방안 마련
- 한·미 Fight Tonight 대비태세 구축, 연합 정보작전 능력 강화
- 북한의 다영역작전 대비 한미연합사 차원의 검토 및 대비

o 유엔사를 통한 한반도 다국적군체제 구축
- 유엔사령관의 유엔사 재 활성화 구상 적극 지원
- 한국군의 유엔사 참여를 전향적으로 확대
- 한미 연합연습 간 유엔사의 전쟁수행 조직과 능력 보완
- 한반도 유사시, 국제사회의 지지와 지원 기반 확보 계기

o 북한 도발 대비 경계 및 대비태세 강화
- 북·중 양국 간 전략적 공조를 약화시키기 위한 한·미 전략 발전
- 북한의 점증하는 사이버 공격에 대한 ·한미 연합방어능력 강화
- 한·미 맞춤형 확장억제 전략 이행을 위한 계획 보완, 연습 강화
- 한·미 연합 감시태세, 사이버 방호태세, 한·미 위기조치연습 강화
- 러시아 전쟁수행 분석 및 북한의 활용 가능성 대비
- 한미연합사 차원의 러시아-우크라이나 전훈 분석

o 북한도 우크라이나 전쟁의 진행 순서, 정보 작전, 사이버 공격, 나토군의 대응 등을
  연구하고 있을 것이며, 미군과 나토군의 전개 절차, 전력 운용, 지원된 무기체계의
  효율성 등을 분석할 것임. 한미도 러시아의 전쟁 수행에 대해 분석하고 북한이 활용
  할 가능성에도 대비하여 한미연합사 차원의 지속적인 전훈 분석과 평가가 필요함.

15. 우크라이나전 관련 유럽의 대응과 시사점 : 김종태 이사(한국국방외교협회)

가. 유럽의 대응

o NATO는 30개의 회원국으로 구성되어 유사시 나머지 회원국으로부터 자동 개입을 보장받도록 되어 있음.

- 북대서양조약기구(NATO)의 조약 제5조는 유럽과 미국, 캐나다 등 북미 사이에 공동 군사방위를 가능케하는 핵심 규정으로 이른바 '하나는 모두를 위해, 모두는 하나를 위해(one-for-all, all-for-one)' 조항임.

- 30개 동맹국 중 1개 국가 혹은 몇 개 국가가 외부로부터 무력 공격을 받았을 경우 이를 동맹 전체에 대한 공격으로 간주, 자위권 발동의 일환으로 동맹 전체 혹은 일부 회원국들이 피습 동맹국을 군사적으로 지원토록 규정

o 나토 사무총장은 러시아의 무력 침공을 강력히 규탄하고, 즉각 30개 회원국 정상회담을 소집하였으며, 창설 이래 처음으로 4만명으로 구성된 신속대응군을 활성화하여 우선 전투준비태세 최고수준부대(VJTF)를 위기 지역으로 신속히 이동할 것을 지시하였음.

o 미국은 5조의 상호방위공약에 따라 2만명 이상의 병력을 유럽으로 이동시켜 방어를 강화하는 등 최근 20년 만에 가장 많은 숫자의 병력을 유럽에 파견함.

 * 나토 회원국과 군사력 : 현역 3,292,810명, 예비군 1,108,950명 등

나. 증강전진 배치군(NATO Enhanced Forward Presence, EFP) 운용

o 2014년 러시아가 크림반도를 무력으로 합병하자 위협을 느낀 NATO가 2016년 폴란드 바르샤바 정상회담을 통해 발트해 국가를 대상으로 방어력 보강 차원에서 병력을 전진 배치하기로 결정하였으며, 2017년부터 영국, 캐나다, 독일, 미국이 다국적 대대급 전투단(4개)을 발트해 국가 및 폴란드에 상주하였음.

o 전투단 규모와 전력 제공국 현황

주둔국(도시)	주둔 병력 (총 4,615명)	전력제공국(핵심국 및 기여국)
에스토니아 (Tapa)	831	영국(828), 덴마크(2), 아이슬란드(1)
라트비아 (Adazi)	1,525	캐나다(527), 스페인(343), 이태리(200), 폴란드(175), 슬로베니아(152), 체코(56) 등
리투아니아	1,249	독일(620), 네덜란드(270), 벨기에(199),

(Rukla)		노르웨이(120), 체코(35)
폴란드 (Orzysz)	1,010	미국(670), 영국(140), 루마니아(120), 크로아티아(80)
※ 대대급 전투단은 기계화부대 + 지원부대로 구성		

다. 신속대응군(NATO Response Force, NRF) 및 NATO 통합부대

o NRF는 러시아의 잠재적인 침공 위협을 저지하고, 위기 관리 및 재난 대응을 위해 2002년 창설되었으며, 평소에는 순번제를 적용, 대상 회원국을 지정해 놓고 있는데, 2022년 기준으로 소집 가능한 병력은 약 4만명임.

o NATO는 신속대응군 선발부대인 '준비태세 최고수준부대(Very High Readiness Joint Task Force, VJTF)'에 수천명의 장병과 장갑차, 포병, 군함, 항공기로 무장시켜 NATO의 동쪽 측면을 보강하고 만일의 사태에 대비함.

o NATO군 통합부대(Force Integration Units, NFIUs)는 러시아 접경 8개 나토 회원국에 설치된, 유사시를 대비한 소규모 지휘통제 본부로서 2014년 러시아의 크림반도 병합 이후 창설되었음.

 * 설치 국가는 발트 3국, 폴란드, 슬로바키아, 헝가리, 루마니아, 불가리아이며, 우크라이나 방어 증강을 위해 배치된 신속대응군에게 그 역할을 입증하였음.

o 미국은 러시아의 크림반도 침공 직후인 2014년 4월에, 미 육군 유럽-아프리카 사령부는 7,000명의 병력을 유럽에 순환배치하여 국방부의 '대서양 리졸브' 지상 작전을 주도하고, NATO에 대한 방위 공약을 실천

 * 대서양 리졸브(ATLANTIC RESOLVE) 작전 시행 훈련

o 'Defender Europe' 훈련은 미국이 2020년부터 나토 회원국 및 유럽 파트너들과 진행하는 다국적, 대규모 합동연습으로 2021년 훈련의 경우, 26개국 28,000명이 훈련이 참가하였음.

 * 우크라이나가 나토 회원국들과 상호 훈련 협정 체결 등을 통해 자국 내에서 다국간 훈련을 실시했더라면 전쟁 억제에 도움이 되었을 것이라 판단됨.

16. 우크라이나전 관련 일본의 대응과 시사점 : 권태환 회장(한국국방외교협회)

가. 일본 정부의 대응

o 일본은 러시아의 우크라이나 침공과 관련 미국과 일체화된 대응을 신속히 발표함과 동시에 우크라이나 지원에 적극적 입장을 견지하였음. 국내 일부에서 '북방영토 문제' 해결을 위해 다소 신중한 대처를 요구하는 주장도 있었지만 '힘에 의한 일방적 주장과 국제법 위반이라는 기존 입장을 근거로 신속하게 대처함으로써 다시 한번 일본의 국제사회에서의 역할이 부각되는 계기로 활용하고 있음.

o 무기제공이 법적 제한을 받고 있음을 명분으로 1억불 차관과 함께 전후 최초로 방탄복과 비상식량 등 전투물자를 지원하였으며, 이는 일본의 국가전략의 기축인 미일 동맹을 강화하고, '인도 태평양' 전략의 핵심가치인 힘에 의한 일방적인 질서변경과 국제법 준수에 대한 국가 의지를 대변하는 것으로 현존하는 중국의 위협에 대한 명확한 의사표현으로 보임.

나. 주요 쟁점과 시사점

(쟁점 1 : 일본의 국가안보전략과 미일 동맹의 전략적 역할 분담)
o 러시아의 우크라이나 침공은 미일의 중국 견제를 중심으로 한 '인도 태평양 전략'에 새로운 과제로서, 중국의 위협에 초점을 두고 있던 미국의 군사적 전개에 있어, EU 지역에로의 전략적 분산이 불가피하게 되었음.
o 러시아의 최신무기에 의한 무차별적인 공격으로 이어지고 있는 상황과 결코 무관하지 않다는 견해가 대두되어, 북한의 탄도미사일 발사를 계기로 공론화된 '적기지 공격능력 보유'가 추진력을 받고 있음.

(쟁점 2 : 일본의 '핵 공유' 공론화 쟁점)
o 러시아의 침공 억제에 실패한 이유를 우크라이나의 비핵화로 보는 견해로서, 북한과 중국의 핵위협에 직면한 일본 내 쟁점은 '핵공유' 공론화이며, 독일 등 북대서양조약기구(NATO) 회원국 일부가 자국에 미국의 핵무기를 배치하고 공동운용하는 핵 공유를 일본에도 적용할 수 있다는 주장임.
o '핵 공유' 논의는 러시아의 우크라이나 침공이 향후 어떠한 방향으로 결말을

맺을지에 따라 재점화될 가능성이 있음. 미국의 '핵 확장억제'에 일방적으로 의존하고 있는 일본에 있어 중국, 러시아, 북한의 핵 위협 억제를 위해 확실한 보장을 요구하는 문제로서 향후 일본 내 공론화 동향이 주목됨.

(쟁점 3 : 러시아의 '하이브리드전' 재인식과 대처 능력)
o 러시아는 젤렌스키 정부의 NATO 가입과 친러 세력이 다수를 점하고 있는 「도네츠크 인민 공화국」 및 「르한스크 인민 공화국」의 독립돈바스 지역의 독립을 전쟁의 명분으로 활용하였으며, 전쟁 위협을 통해 NATO내 반대 여론을 생성하는 등 외교적 수단도 적극 강구하였음. 국경지역에서 위장부대를 운용하여 우크라이나가 선제적인 공격을 실시한 데 대한 대응과 우크라이나 내 러시아인 보호 등을 명분으로 활용하는 '하이브리드전'을 구사하였음.
o 일본은 대만에 대한 중국의 '회색지대 전략(Gray Zone Stretegy)을 주목하고 있으며, '기정 사실화'를 비롯하여 사이버공격 등을 병합한 여론전, 심리전, 법률전의 다양한 관점에서 우크라이나 사태를 분석하고 있음.

(쟁점 4 : 첨단전력 운용과 군수지원 능력)
o 러시아군은 초전에 우크라이나의 핵심시설과 목표물을 타격하고, 지상작전을 위해 대대전술단(Battalion Tactical Group)을 운용했음에도, 우크라이나군은 미국과 서방의 군사적 개입 없이도 열세한 군사력으로 첨단전력을 가진 러시아군을 상대하고 있음.
   * 러시아군은 군수물자 보급이 원활하지 못하며, '극초음속 미사일' 등에 의한 공격 등을 포함한 소모전으로 이행, 비난을 자초하면서 국제적 고립 자초
o 일본 방위성은 새로운 방위계획대강과 중기방위력정비계획을 수립함에 있어서 첨단전력의 도입과 군수지원 능력 등 제반 분야에서 우크라이나사태의 교훈을 반영해 나가기 위한 검토를 진행

다. 정책 제언

o 한미 동맹 중요성 재인식과 쟁점 현안 대안 마련
 * 일본 정부는, 미일 동맹을 명분으로 국제사회에서 일본의 역할을 확대와 국민 들에게 안보 쟁점에 대한 국민적 공감대를 계기로 현안 쟁점 적극 추진

o 국제안보정세에 부합한 새로운 국가안보전략의 조기 책정 추진 필요
  * 우크라이나전 관련 미국과 NATO의 대처, 일본의 역할 분담은 향후 미일동맹의 글로벌 차원 확대와 함께 핵 위협 대처 개념을 새로운 국가안보전략에 반영
o 새로운 정부의 '국방혁신 4.0'에 적극 반영 노력
  * 일본은 연내 방위정책의 방향과 방위력 목표를 제시(통상 10년)하는 방위계획 대강의 개정을 검토
o 언론의 역할과 국민적 공감대 확산 노력
  * 전장에서 언론의 역할과 국제사회에서 전쟁의 명분 확보와 국민적 지지를 확보하기 위해서는 언론과 군의 상관관계 인식과 인재양성 노력이 시급
o 한일 및 한미일 안보협력 정상화이다
  * 정부의 출범 이전이라도 우크라이나 사태 대처를 포함한 북한 핵 및 미사일 위협 대처 등을 위해서도 한일 및 한미일 안보협력이 조기에 정상화 추진 필요

17. 우크라이나전 관련 중국의 대응과 시사점 : 조현규 박사(전 주중 국방무관)

가. 중국 정부의 대응과 전망

o 중국은 2월 24일 우크라이나를 침공한 러시아를 두둔하고, 미국에 반대하는 입장을 분명히 하면서, 러시아의 군사 행동을 '침공(invasion)'으로 인정하지 않았음.
  * 3월 18일 화상으로 개최된 미-중 정상회담에서 조 바이든 미국 대통령은 시진핑 중국 국가주석과 영상 회담에서 중국이 러시아를 물질적으로 지원하면 미국은 물론이고 전 세계적으로 좋지 못한 결과에 직면할 것이라고 경고
o 러시아의 우크라이나 침공 직후 중국 정부는 일방적으로 러시아를 옹호하는 입장을 취하다가, 국제사회의 러시아의 주권국가에 대한 침략 행위 규탄, 이를 두둔하는 중국에 대한 비난, 서방국가들의 러시아에 대한 강도 높은 제재에 직면하자, 지금은 한 발 물러나서 '대화를 통한 문제 해결'이라는 양다리 걸치기식 입장으로 선회하고 우크라이나에 대한 인도적 지원도 추진하고 있음.
  * 미국과 서방은 중국의 러시아 지원에 대한 강력한 경고로 견제 지속

나. 시사점 및 정책 제언

o 중-러 관계 강화 또는 북-중-러 결속은 북핵 문제 해결에 부정적 영향을 미칠 것임.
 * 중국이 표면적으로는 중립적인 태도를 취하면서 '대화를 통한 문제해결'을 강조하
   고 있지만, 향후 러시아와의 긴밀한 협력관계를 지속할 것이며, 여기에 북한까지 가
   세하여 북-중-러 결속으로 이어질 것임.
o 중국에게 러시아의 우크라이나 침공은 적지 않은 부담으로 작용한다. 지난 수년간
   미-중 전략경쟁의 여파로 러시아와 전략적 협력관계를 공고히 한 상황에서 러시아
   의 일방적인 침공으로 인해 중국에 대해서도 비판적 여론이 높아가기 때문임.
 * 타국의 내정간섭과 주권 침해를 비판해온 중국의 원칙과도 배치되며, 우크라이나
   침공을 계기로 중국의 대만에 대한 군사 위협 등의 행위에 대한 국제사회의 비난이
   거세지고 있으나, 한편 중국의 영향력 확대의 계기가 될 수 있다는 시각도 있음.
o 한국은 미-중 전략경쟁에 더하여 미-러 갈등이라는 대외적으로 곤혹스러운 꾸면에
   처해 있음. 우크라이나 전쟁은 한반도 정세에 불확실성을 키우고 미-중 전략경쟁을
   더욱 가열시킬 수 있다는 점에 우리는 유의해야 함.

18. 우크라이나 전쟁 종결 시나리오 전망 및 함의
: 송승종 박사(대전대 교수, 전 유엔참사관)

가. 우크라이나 종결 관련 시나리오

o 뉴욕타임스(NYT)의 4개 시나리오
 ① 외교적 해결: 제재와 압박의 성과(최선의 시나리오)
 ② 전쟁 장기화: 느리지면 결국에는 무자비한 장악
 ③ 우크라 양분: 푸틴의 '플랜 A' 포기
 ④ 확전: 최악의 시나리오
o 파이낸셜타임스(FT)의 5개 시나리오
 ① 러시아 승리 및 젤렌스키 정부 전복
 ② 러시아의 부분적 승리 및 우크라 분단
 ③ 협상 타결
 ④ 러시아 퇴각과 푸틴의 몰락
 ⑤ NATO-러시아 전면전

o BBC의 5개 시나리오

 ① 단기전 ② 장기전 ③ 유럽전쟁(국경 밖으로 확대) ④ 외교적 해결

 ⑤ 푸틴 축출

o 워싱턴포스트(WP)의 6개 시나리오

 ① 우크라이나의 승리

 ② 러시아의 우크라 점령 및 공포 통치

 ③ 제2의 아프간

 ④ '비확전을 위한 확전(Escalate to De-escalate: E2D)' : 전술핵 사용

 ⑤ 제2의 러시아 혁명 : 내부 쿠테타 등

 ⑥ 중국의 개입 : 시진핑에게 러시아는 양날의 칼

나. 시사점과 정책 제언

o 북한의 E2D(Escalate to De-escalate), 즉 전술핵을 실제로 사용할 가능성에 대비해하기 위해, 북핵 대응전략에 패러다임의 대전환이 절실히 요구됨.

 - 작년 1월 김정은은 노동당 대회에서 "핵기술의 고도화·소형화·경량화·전술무기화"를 강조하며, 핵 선제타격/보복타격 능력의 고도화를 목표로 제시했음.

 - 아산정책연구원과 RAND 연구소가 발표한 시나리오에는 △ 핵협박으로 NLL 포기 강요, △ 서해5도 중 일부 점령 후, 핵공격 경고, △ 서울을 핵인질화하고, 주요도시 핵공격으로 주한미군 철수 강요, △ 정치·군사목표 핵타격 후 미국의 개입/반격 차단 등, 북한이 실전에서 전술핵을 사용할 가능성을 경고

o 대선 과정에서 본격적으로 제기되었던 부분적 모병제 도입, 병력 감축 등 핵심현안들을 우리 안보현실의 현 주소, 특히 이번 러시아의 우크라 침략과 예상되는 대만위기 상황 등을 고려하여, 신중하게 재검토해 볼 필요가 있음.

 - 우크라 전쟁 계기로 대만이 고질적 '안보불감증'에서 벗어나는 모습이 주목됨. △ 모병제(2018년)를 징병제로 전환, △ 복무기간 연장(4개월→1년), △ 예비군 훈련 강화(기간/강도) 등의 획기적인 상기 병역개혁안에 대만 국민의 70% 이상이 찬성

 - MZ 세대 장병들을 대상으로 '적과 싸워 이기는' 군대 육성의 필요성에 광범위한 공감대가 형성될 필요가 있음. 물리적 군사력이 압도적으로 우세한 러시아군을 상대로 한 우크라 국민들의 결사항전 의지는 감투정신, 대적관, 안보의식 등의 무형전력의 중요성을 새삼 일깨워주는 계기가 되고 있음.

우크라이나 전쟁이 주는 교훈:
국방 혁신에 대한 함의

홍 규 덕 (숙명여자대학교 교수)

Ⅰ. 서론: 문제제기

Ⅱ. 미국의 리더십: 가능성과 한계

Ⅲ. 국제정치 측면에서의 5가지 특징

Ⅳ. 미래 국방혁신에 주는 함의

Ⅴ. 결론

I. 서론: 문제 제기

우크라이나 전쟁이 발생한 지 벌써 한 달이 지났다. 러시아의 침공은 2022년 국제질서의 안정을 해치는 가장 위협적인 사건이 됐다. 이번 사태는 우리 정부와 군에게도 많은 교훈을 주고 있다. 러시아군은 일방적 우위를 전망한 초반 예상과는 달리 모든 전선에서 고전을 면치 못하고 있다. 급기야 러시아가 키이우 공략을 중단하고 돈바스를 병합하여 분할 통치를 시도하는 '한반도화 전략'을 취할 가능성이 있다는 정보가 빠른 속도로 퍼져 나가고 있다. 3월 29일 5차 평화 협상에 따라 키이우에 대한 러시아의 공세가 확연히 줄어들고 있지만 미국이나 젤렌스키 대통령은 경계를 늦추지 않고 있으며 러시아의 전열 재정비를 위한 숨고르기로 분석하고 있다. 이번 사태는 여전히 진행 중이지만 초강대국 러시아가 계획대로 군사작전을 수행하지 못하고 있다는 점에서 충격이다. 우크라이나군과 국민들의 결사항전, 젤렌스키 대통령의 강력한 지도력과 대국민 소통 능력이 과소 평가됐다. 전 세계 국가들이 참여하는 반러 정서와 강력한 경제제재와 중립국들까지 포함된 각종 무기, 탄약, 전쟁물자, 생필품과 예산지원은 러시아군을 더욱 곤경에 빠트리고 있다. 군구조 개혁을 위해 지난 15년 이상을 투자한 러시아와 우크라이나의 문제점들은 향후 군구조 개혁을 추진해야 하는 우리에게 살아있는 교훈이자 교과서이다.

러시아는 현재 전술핵 무기를 사용하겠다는 압박을 서슴지 않고 있다. 핵 문턱이 낮은 러시아의 거듭되는 위협에 대해 미국과 NATO는 핵 및 화생무기 사용이 실제 상황이 될 경우를 대비한 대응책 마련에 부심하고 있다. 이번 우크라이나 사태는 하이브리드 전의 가능성과 한계를 보여줬다. 2008년 조지아 전쟁과 2014년 크림반도 병합에 성공한 러시아로 인해 하이브리드 전략의 효과에 대해 미국을 필두로 많은 국가들의 전략검토를 했고 다양한 연구논문들이 쏟아졌다. 그러나 2022년 우크라이나 사태의 경우 러시아는 하이브리드전과 회색지대 전략이란 차원에서 그다지 큰 효과를 보지 못하고 있다. 아마도 미국과 우크라이나가 이미 학습효과를 얻었기 때문일 것이다. 특히 사이버 공격 역량에 관한 한, 세계 최강인 러시아가 사이버 방어에 관해서는 고전을 면치 못하고 있다. 중국과 러시아, 북한의 사이버 위협을 상시적으로 받고 있는 우리의 입장에서 이번 사태는 많은 시사점을 주고 있다. 심리전과 여론전, 가짜뉴스에 대한 대응 전략을 어떻게 만들어 가야 하는지 심각하게 고민해야 한다.

전문가들이 바라본 우크라이나 전쟁의 또 다른 핵심 쟁점은 과연 러시아가 핵의 문턱을 넘을 것인지에 달려 있다. 국제사회가 우크라이나 사태에 전전긍긍하고 있는 사이 김정은은 미 본토를 타격가능한 괴물급 ICBM인 화성 17호를 시험 발사했다. 한미 당국은 지난달 24일 발사한 미사일이 북한의 성공 주장에도 불구하고 화성 15라는 결론에 도달했지만, 조만간 다시 17호를 발사할 것이라는데 이견이 없다. 북한은 이에 그치지 않고 풍계리 갱도 공사를 재개하는 등 7차 핵실험을 시도할 가능성도 배제할 수 없다. 이러한 위기 속에서 5월 10일 출범하는 윤석열 정부는 단호한 의지와 적극적 전략으로 이러한 위협과 도전에 맞서야 한다. 이번 우크라이나 사태는 한국형 상쇄전략의 필요성을 새삼 확인시켜 주고 있다. 그간 우리는 정치적 이유로 한미 군사 훈련과 연습에 소홀했다. 각 군 중심의 최첨단 무기 획득에 치중한 결과 제병협동 차원이나 합동작전 역량을 극대화하는 노력이 매우 부족했다. 4월로 예정된 한미 야외 기동훈련의 복원은 이러한 새로운 연합억지력의 효시가 될 것이다. 이미 한국 공군은 25일 최신예 F-35A 28대를 동원 엘레펀트 워크를 시도하고, 미공군도 유사한 작전을 알래스카에서 진행했다. 4월 1일 서욱 장관은 육군 미사일 사령부를 미사일 전략사령부로, 공군의 방공사령부를 미사일 방어사령부로 각각 개편하고 병력과 장비를 증원하면서 추가 도발이 있을 경우, 선제타격을 포함 강력한 대응을 하겠다는 의지를 밝히고 있다. 미국 역시 30일 한미일 합참의장 회동을 통해 북한의 추가 도발에 대해 강력한 경고를 했다. 박인호 공군 참모총장이 3일부터 미공군과의 전략협조를 위해 미국을 방문한다. 이러한 시도는 지난 5년간의 소극적 자세와 확연히 구분된다. 미국 바이든 대통령은 30일 북한의 ICBM 발사 8일 만에 ICBM 개발을 주도한 로켓 공업부 등 4개 기관을 대상으로 추가 제재를 결정했다, 북한이 우크라이나 사태가 장기화됨에 따라 미국이 2개의 전구에서 작전하기 어렵다는 점을 악용하지 못하도록 사전에 철저히 대비한다는 차원에서 내린 예방적 조치로 볼 수 있다.

이번 사태가 우리에게 주는 가장 큰 교훈은 총력전의 중요성이다. 초강대국 러시아의 기습공격에도 불구하고 국민 단결과 리더십이 결사 항전의 의지를 확고히 보여줄 때 상대가 쉽게 극복하기 어렵다는 점을 웅변적으로 보여줬기 때문이다. 총력전을 승리로 이끌기 위해서는 민간인들과 군이 단합해야 한다. 키이우와 하르키우, 체르니이후, 메이우풀이 한 달 째 버틸 수 있는 것은 기적에 가깝다. 우리는 15년 째 국방개혁을 추진하고 있지만, 국방개혁 2.0 어느 구석에도 예비전력을 활용한 구체적인 주요 도시 방호계획이나 지구전에 대한 세부계획을 찾기 어렵다. 미 육군은 메가시티 전 교본에 이미 인천이나 서울과 같은 대도시 전투에 대한 모델을 제시하고 있지만, 우리는 아직 구체적인 시민 방호계획이나 민군 협력 방안에 대한 별도의 계획을 갖고 있지 않다.

이번 우크라이나 사태는 유사시 국제사회와의 연대가 얼마나 소중한지를 깨닫게 해준다. 특히 작전 지원과 병참에 관한 점검은 필수적이다. 문제는 한미연합연습에서도 이러한 부분에 대한 구체적인 점검은 통상 생략한채 진행하고 있다. 그동안 병력감축에 대한 민감성으로 전투부대 수를 최대한 유지하려다 보니 국방개혁 과정에서 군수지원부대의 감축은 감수해야 했다. 이번 전쟁에서 가장 두드러진 또 다른 특징은 통신장비의 중요성이다. 전문가들은 러시아의 야외 기동과 작전 과정에서 통신과 정보의 실패를 가장 중요한 패인으로 손꼽고 있다. 이는 비단 러시아만의 문제가 아니다. 한미연합작전을 수행해야 하는 우리의 입장에서도 별반 다르지 않기 때문이다. 현재와 같은 수준으로는 작전시 양국 간 상호 운영성을 담보하기 어렵다. 전문가들은 러시아의 보안 실패에 대해서도 지적하고 있다. 초연결 사회 보안의 개념이 확대되어야 하지만 융합 보안은 계획 상에만 존재하고 있다. 사이버 전을 대비한 컨트롤 타워의 필요성을 모든 전문가가 한결같이 지적하지만 사이버 안보 기본법안도 몇 년 째 국회를 통과하지 못하고 있다. 대한민국은 국가기밀보호법이 없는 거의 유일한 초격차 산업 강국이다. 신기술의 발전에 따른 다양한 위협이 확대되고 있지만 사이버 보안은 제 분야가 통합되지 않은 채 취약성이 확대되고 있다. 특히 군의 사이버 사령부는 공격에 대한 작전개념은 고사하고 주어진 영역에서 보안 기능을 유지하는 데 안간힘을 쓰고 있다.

이번 키이우 방어전, 하르키우, 체르니이후, 메이우풀 등 주요 시가전에 투입된 우크라이나의 10만 병력은 모두 정규군이 아니다. 수도 방어전에 참여하고 있는 부대는 시민군과 예비군으로 혼성이 되어 있지만, 미국과 NATO의 정보지원을 통해 효과적인 기습작전으로 큰 성과를 거두고 있다. 이들이 시가전에서 우위를 차지하고 있는 비결은 러시아군의 통신을 감청 할 수 있는 능력과 인공위성 등으로 전송된 위치 정보를 쉽게 다운로드를 받아 곧바로 적용할 수 있기 때문이다. 우리의 경우 군단급 수도방위사령부와 수도군단 등이 연례 단위로 기동 훈련은 정기적으로 진행하고 있지만, 시가지 전투를 가상한 시뮬레이션 등 실질적 훈련과 연습이 필요하다.

다행히 지난 30일 하와이에서 한미 양국 합참의장이 전통적인 작계 대신 새로운 위협에 대처하기 위한 작계를 만들기 위한 지침 작성(SPC)을 합의하고 이에 서명했다. 만시지탄이지만 다행이다. 어떤 방향으로 만들지에 대해 아직 구체적인 내용이 발표되지는 않았지만, 우크라이나 사태는 민간, 기업, 지자체 등과의 협력 가능한 군을 만드는 것이 매우 중요하다는 점을 깨우쳐 주고 있다.

이번 사태는 지도부의 빠른 결심과 소통 능력, 강력한 항전 의지가 첨단 무기의 확보보다 더 중요하다는 점을 보여 보여주고 있다. 최근 EU의 보고서에 의하면 우크라이나 국민 97% 이상이 돈바스를 러시아에 넘겨주는 것을 반대한다고 한다. 그들은 4천 4백만이 모두 가족이라고 주장하며, 위기 상황에서 가족을 보호하는 것은 당연한 국민의 의무라고 주장하고 있다. 구조적인 분열과 이념적 편향성에 익숙한 우리 사회와 대조점을 이룬다. 군은 민과의 협력과 신뢰 하에 힘을 발휘할 수 있다. 민주주의 가치를 함양하고 국민을 보호하기 위한 새로운 혁신 방안을 제시하는 것은 국방전문가들의 책무이다. 국민과 함께 싸울 수 있는 지혜로운 방법들을 찾고, 새로운 시대가 요구하는 국방혁신을 위한 구체적 방안을 제시해야 한다. 본 책자는 다수의 국방개혁 전문가들이 각자의 전문 분야에서 확인한 개선 방향을 담아냈다는 점에서 의미가 있다. 우크라이나전에 대한 선운 분석이 구체적인 정책으로 전환되기 위해서는 국민과의 공감대가 필요하며 이번 출판이 이러한 공감대 확산에 토대가 되어 주길 바란다.

II. 미국의 리더십: 가능성과 한계

이번 전쟁은 동맹국 미국의 가능성과 한계를 명확히 보여주고 있다. 미국의 우크라이나에 대한 비개입 선언과 같은 억지력 실패는 결코 가볍게 다룰 수 없다. 미국의 경우 위성정보에 의존, 수차례 침공 가능성을 예견했지만, 푸틴이 지난 2월 24일 새벽 전격적인 침공을 개시하리라고는 정확히 예측하지 못했다. 바이든 행정부의 낮은 지지도 역시 큰 관건이다. 지난달 2월 18일에서 21일 사이 시카고대학 여론조사센터(NORC)와 AP통신이 공동 조사한 여론조사에 의하면, 미국이 우크라이나 사태에 중요한 역할을 해야 한다는 질문에 불과 26%만이 찬성했다. 정당별로는 민주당이 32%, 공화당은 22%에 불과했다. 전체 응답자의 70%가 미국의 군사적 개입에 반대했다는 점이 푸틴의 결심을 앞당기는 데 결정적인 역할을 했을 것이다. 결국, 국내정치적 고려가 NSC나 국방성, 국무성이 판단하는 국제전략적 중요성을 항상 압도한다는 가설이 다시 한번 증명된 셈이다. 우리의 관심의 초점은 동맹국 미국이 푸틴의 호전적 태도를 관리하지 못했다는 점이다. 3차 대전에 연루되는 것을 두려워하고 있음을 볼 수 있다.

다행히 러시아의 작전 실패가 미국 바이든 행정부를 도왔다는 점은 패러독스이자 역설이 아닐 수 없다. 48시간 내 우크라 정부를 무너뜨릴 수 있다는 최초가정은 무너졌고, 그 사이 미국 내 여론의 변화를 가져왔다. 바이든은 3월 1일 상하 양원이 참여한 국정연설(The State of Union Address)에서 강력한 반 푸틴 정서를 내세워 국론을 통합하고 자신의 정치적 입지를 확고히 다지는 기회로 만들었다. 바이든의 입장에서 11월 중간 선거를 앞두고 미국의 대서방 리더십 회복과 유럽의 단합과 지지를 얻었다는 점은 매우 큰 선물이다. 또한 미중 양자 대결의 구도에서 벗어나 러시아에 대한 도덕적 우위를 통해 민주주의 동맹을 통한 '가치전쟁'에서 승리를 이끌 수 있게 됐다. 특히 독일을 러시아 에너지 의존 정책에서 떨어져 나가게 함으로써 서유럽의 대미 의존도를 확대하는 결과를 얻어냈다. 결국 우크라 사태는 경제 안보 차원에서 미국의 우위를 회복하는 전화위복의 계기가 됐다.

물론 한국은 미국과의 동맹국이며 한미연합전력에 의해 철통같은 방어선을 형성하고 있다. 그럼에도 불구하고, 북한이 기습에 의한 공격이나 핵 무력을 사용하며 유리한 고지에서 미국과 타협하고자 할 경우, 이에 대한 대책이 시급하다. 북한과 중국은 미국과 한국 간의 동맹 관계를 이간하기 위해 앞으로도 끊임없이 노력할 것이다. 한미동맹간 확장 억제를 위한 다각적 노력이 필요하지만 우리 스스로 문제를 해결할 수 있는 상쇄전략을 확대할 필요가 있다. 또한 각종 심리전이나 여론전을 통한 국론 분열을 시도하는 새로운 위협에 대처할 수 있는 대안모색이 필요하다. 이러한 분야에서 EU나 미국, 유엔 등과의 협력과 공동전략이 필요하다.

III. 국제질서의 변화: 5가지 경고

니얼 퍼거슨은 그의 신간 '재앙의 정치학'에서 향후 인류가 직면할 중요한 도전은 무극 질서 즉 중심국이 사라진 가운데 발생할 수 있는 약육 강식의 국제정치 상황이라 판단하고 있다. 그는 특히 중국의 대만 침공을 가장 가까운 시점에 발생 가능한 위협으로 간주하고 있고 한국이 이러한 위기에 어떻게 대응할지 관심을 표명하고 있다. 우크라이나 사태는 적어도 5가지 측면에서 새로운 경고를 제공한다.

첫째, 구소련의 부활을 외치는 푸틴이 미·중·러 3극 체제로의 확대를 시도하면서 발생하는 지각변동이다. 러시아는 동유럽에 대한 패권을 복원하면서 동시에 영향력 쇠락을 차단하고 과거의 영예를 회복하고자 노력한다. 이러한 푸틴의 도전과 야망은 국제체제의 불안을 대폭 확대시키고 있다. 우크라이나의 경제 병합에 그치지 않고 러시아가 몰도바, 조지아, 발트 3국, 폴란드 등 인근 지역에 영향력을 행사하거나 군사적 진입을 시도할 가능성이 더욱 커졌기 때문이다. 이미 러시아는 키이우 외곽 주둔 병력을 벨라루스로 철군하여 재정비를 시작했고 벨라루스 군 7,000명을 동원해 개입할 준비를 하고 있다. 이는 지역으로의 확전을 의미하며 폴란드와 헝가리, 발트 3국으로 전이될 수 있는 가장 위험한 시나리오가 될 수 있다. 이는 지구의 절반을 돌아 동아시아에도 직접적 영향을 미칠 수 있다.

둘째, 하이브리드 전쟁의 역설이다. 지난 2010년 이후 러시아가 동유럽지역에서 패권을 확보하는 과정에서 선보였던 하이브리드전과 기정사실화 전략에 대한 연구가 국제안보 분야에서 봇물처럼 쏟아지고 있다. 특히 미국을 필두로 러시아의 새로운 전략에 대한 연구가 꾸준히 발전해왔다. 그러나 이번 우크라 사태는 러시아가 과거 보여줬던 하이브리드전을 답습하지 않고 기습적 군사작전을 감행함으로써 서방세계의 안일한 대응에 의표를 찔렀다. 러시아는 왜 대규모 군사작전을 시도했을까? 하이브리드전의 한계 때문일까? 아니면 젤렌스키 대통령이나 정부 관료, 군지휘관, 지방자치제 장들이나 시장들이 러시아의 하이브리드 전 방시을 충분히 이해하고 적응했기 때문일까? 설론석으로 이번 우크라이나 전쟁의 핵심은 전쟁양상의 변화이다. 이번 전쟁은 심리전과 여론전의 역할이 과거 그 어느 때보다 우위에 있다. 하이브리드전의 핵심은 가짜뉴스와 여론전 심리전을 통해 국민을 단결시키고 상대방을 위협하거나 전의를 상실하게 만드는 것이다. 이러한 새로운 수단들이 지상에서 군의 작전 운용과 성과에 심각한 영향을 미치고 있다. 따라서 가짜뉴스를 식별하고 이들을 차단하면서 여론전 심리전을 통해 국민과 국제사회를 단결시켜야 한다. 이러한 작전외적 요소를 어떻게 관리해야 할지에 대한 전반적인 검토가 필요하다.

셋째, 핵을 보유한 국가에 의한 기습작전에 대한 억제는 향후 미국과 한국을 포함 민주주의 진영에 적지 않은 전략적 과제를 안겨주고 있다. 미국은 지난 30일 새롭게 공개한 미 핵태세 보고서 (NPR)을 통해 단일 목적 (Sole Purpose) 조항을 삭제하기로 했다. 바이든 대통령은 자신의 대선공약에 따라 미국과 미국의 동맹국과 파트너들의 근본이익을 방어하기 위해 극단적 상황에서만 핵을 사용하겠다는 원칙을 유지하고 싶어 했다. 지난 6개월간 한국을 포함, 많은 동맹과 우방국들이 지속적인 우려를 표명했지만, 확신하기 어려웠다. 다행히 이번에 극단적 상황에서는 핵무기로 선제 타격을 할 가능성을 열어둠으로써 결과적으로 바이든의 선거공약을 포기하게 됐다. 미국은 러시아가 우크라의 자포지라 원전에 대한 포격을 시도하거나 핵탑재가 가능한 킨잘과 같은 극초음속 미사일을 시험 발사한 행위를 매우 의도적인 위협으로 간주하고 있다. 이는 미국과 NATO의 군사적 개입을 차단하는데 목표를 두고 있기 때문이다. 이번 2022 NPR을 통해 생화확무기나 전술핵 사용 가능성에 대해 적극 대응할 수 있다는 가능성을 보여줬다는 점에서 향후 위기 확대를 방지할 수 있게 됐다. 특히 한미 양국도 대북 맞춤형 확장억제를 발전시키는데 유리한 고지를 확보하게 됐다.

넷째, 이번 사태는 각국의 군비경쟁 강화와 치열한 기술력 경쟁으로 이어질 것으로 전망된다. 이미 미국과 독일의 경우 전년 대비 대폭 국방비를 인상하기로 결정했다. 미국은 전년 대비 8.1 % 인상된 안을 의회에 요청했고 2023년도 약 1,000조 원에 육박할 것으로 보인다. 특히 인도 태평양사량부의 태평양억지계획에 61억 달러 약 7조 4천억원의 증액을 요청했고 첨단 신기술 연구에 최대 1300억 달러 약 185조 6천억을 요청하고 있다. 이러한 결정은 우크라이나 침공에 놀란 유럽연합 국가들에게도 영향을 미치고 있다. 오랜 숙원목표인 국내총생산 대비 2% 목표에 근접할 수 있게 됐다. 독일은 이미 2% 수준의 재무장을 결심했고 덴마크, 스웨덴, 이탈리아 등 대부분이 뒤를 따르고 있다. 이러한 현상은 일본과 중국 등 동아시아 지역으로 확대되면서 연쇄작용을 일으킬 가능성이 크다. 이미 중국이 지난해 대비 7.1% 늘린 1조 4504조위안을 국방비로 쓰기로 결정했고 일본도 GDP 1%의 벽을 넘어 1.24%에 육박할 것으로 전망하고 있다. 호주 역시 6% 상향 조정하고 있다. 대부분 국가들이 원유가 상승과 원자재 가격 상승으로 인한 스태그플레이션의 위협에 처한 상황에서 국방비 확대는 큰 부담이 아닐 수 없다. 이러한 첨단기술 경쟁은 재래식 무기나 병력 유지에 부정적 효과를 미치게 되며 특히 대규모 감군의 압박 속에 균형 있는 군사력 유지를 어렵게 만들 수 있다.

다섯째, 초연결 기반의 동시 통합 비선형전에 대한 과제이다. 우크라 사태로 인해 도시작전의 중요성이 새롭게 대두되고 있다. 러시아가 작전 실패를 거듭하며 제병협동에 의한 도시장악이 손쉽게 이루어지지 않자, 주요 도시를 대상으로 무차별 포격을 통한 대량학살을 염두에 두고 있다. 이는 민간인에 대한 명백한 반인도적 전쟁으로 국제법에 대한 정면 도전이다. 그러나 푸틴은 우크라이나 지휘부의 항전 의지를 분쇄하기 위한 차원에서 잔인한 공격을 시도하고 있다. 그러나 미국이나 NATO는 이러한 푸틴의 시도를 막을 뚜렷한 대안을 갖고 있지 못하다. 물론 국제사법재판소가 푸틴의 전쟁에 대해 반인륜적 시도로 규탄하고 범법행위로 간주했지만 실효력을 가지 못한다. 바이든이 폴란드 방문을 통해 푸틴의 행위를 전범에 해당한다고 강력하게 비판했지만 이를 막을 수 있는 특별한 방법이 없다. 특히 러시아는 국영방송과 모든 미디어가 우크라 사태 보도를 사실대로 보도하지 못하도록 강력한 보도 통제를 하고 있기 때문에 대다수 국민들이 자국의 침략행위를 정확히 알지 못하고 있다. 우크라이나 돈바스 지역과 메이우플에서 용감하게 저항하는 아조우 연대가 창설 초기 친 나치주의자가 포함되어 있다는 이유로 푸틴은 이들을 친나치주의로 간주하며, 우크라이나 개입을 이들을 소탕하기 위한 정당한 특수군사작전이라고 주장하고 있다. 러시아는 이미 마리우폴에 체첸 용병을 투입하고 있으며 도시전에 능한 시리아군 4만 명을 추가 투입하기 위한 준비를 갖추고 있다. 정의가 힘을 압도하기 어렵다는 점이 여실히 드러나고 있다. 지정학의 귀환으로 우크라이나는 민간인들의 고통이 도를 넘는 수준이며 국제사회의 온정에도 불구하고 푸틴의 침략을 제어하기 힘든 상황이 계속되고 있다.

IV. 미래 국방혁신에 주는 5대 함의

이번 우크라이나 사태는 중국과 북한에게 향후 군사전략을 가다듬을 수 있는 상당한 기준점들을 제시할 것이다. 특히 중국과 북한은 침공 과정에서 노출된 서방 국가들의 안보적 약점을 최대한 이용하려는 유혹에 빠질 가능성이 높다. 우리 정부와 군 당국도 우크라이나 침공의 원인과 과정을 면밀하게 분석해야 하며, 향후 국방혁신 과정을 재검토하고 실질적인 군사 억지력 확보와 동맹 강화 노력을 늦추지 말아야 한다. 따라서 향후 분석과정에서 누군가 레드 팀의 역할을 해야 한다. 중국과 북한의 입장에서 그들이 어떤 교훈을 얻을지, 어떻게 한국과 미국의 연합전력을 교란할지, 우리의 억제역량을 무력화할지 검토해야 한다. 국방혁신의 관점에서 볼 때, 이번 우크라 사태는 적어도 5가지 측면에서 정책적 함의를 준다.

첫째, 미래 부대구조를 과감하게 혁신하고 모병제의 요소를 수용하면서 과학 기술군으로 전환하고자 하는 우리 군에게 많은 시사점을 준다. 현재 우리 군은 군단 중심에서 부대구조를 단계적으로 슬림화 하고 있다. 군단과 사단을 폐지하고 전술재대를 여단 중심으로 재편하면서 전력을 강화하고 있다. 러시아가 채택한 대대전술단은 우리에게도 유용한 대안이 될 수 있다. 다만 러시아가 고안한 대대전술단이 왜 현장에서 실패했는지 구체적으로 살펴봐야 한다. 러시아의 실패로 대대전술단 운영 자체를 잘못된 개념으로 간주할 필요는 없다.

둘째, 러시아가 우크라이나에 비해 월등한 공중자산을 갖고 있으면서도 왜 공지작전을 효과적으로 전개하지 못했는지에 대한 분석이 필요하다. 수호이 35와 같은 첨단 전력이 제 기능을 다하지 못했다는 점은 치명적 약점이다. 미국이 No Fly Zone을 설정하지 못한다고 했지만 우세한 공중우세를 확보하지 못하면서 스스로 전쟁을 장기화했고, 지상에서의 우세를 돕는 데 실패했다.

셋째, 원거리 수송도 아닌 도로로 연결된 인접 국가에 대한 작전 지원이 왜 실패했는지도 명확한 분석이 필요하다. 수리부속과 전투식량, 탄약 및 유류 등 기본 요소들이 부족했다는 것은 어떤 이유로든 설명이 되지 않는다. 기동하는 병력에 대한 보급이 어느 정도 원활할지 다시 한번 검토해야 한다는 점은 4월 연합훈련을 앞둔 우리에게도 타산지석이 아닐 수 없다.

넷째, 한국형 상쇄전략 측면에서 볼 때, 미사일 방어에 대한 문제이다. 러시아는 지난 4주간 약 900여 기의 미사일 공격을 시도했다. 왜 상당한 양의 미사일을 발사했음에도 불구하고 주요 전략 타격을 무력화하지 못했을까? 이는 우리에게 어떤 교훈을 줄까? 첫째, 미사일 파괴력에 대한 지나친 공포심 대신 안전한 방호를 위한 시민들에 대한 교육과 안전시설을 확보할 필요가 있다. 둘째, 우리와 같이 인구과밀의 대도시에서 피해를 최소화 하면서 동시에 적의 제 2격을 최단시간내 무력화 시킬수 있는 전력과 수단이 필요하다.

다섯째, 러시아와 우크라이나 모두 모병제를 선택하면서 과감한 군의 감축을 시도했다. 특히 우크라이나의 경우 병력감축의 속도가 지나치게 급속하게 진행됐다. 1991년 약 78만의 병력에서 현재 20만 정도에 불과하다. 2014년 징병제를 폐지했지만 8개월 만에 다시 복원했다. 경제력이 부족한 상태에서 모병제의 효과를 기대하기 어렵기 때문이었다. 설상가상으로 빅토르 야누코비치 대통령은 병역기간을 18개월로 대폭 줄였고 전투력은 더욱 약화됐다. 비교적 우수한 전투력을 가신 아조우 언내도 현재 1,500명 정도 수주으로 거의 소진 상태에 있다. 키이우 방어작전이 현재 5주 차에 들어가고 있지만 훈련된 정규군은 찾아볼 수 없다. 시민군과 예비역이 함께 결사 항전을 하고 있다. 러시아 역시 지난 10년간 국방혁신을 위해 많은 재원을 투자하고 있지만 이번 우크라 사태는 작전의 성과는 너무도 초라하다는 점을 여실히 보여주고 있다. 과도한 병력을 가진 상대국들과의 대응전략을 짤 때 과학화에 대한 성급한 기대와 대규모 병력감축은 매우 신중해야 한다.

V. 결론

우크라이나 사태는 우리 군에게 훈련과 교육이 얼마나 소중한지를 잘 보여주고 있다. 러시아의 막강한 군사력에도 불구하고 시가전에서 유독 취약한 모습을 보여주고 있다. 5주차에 들어섰지만 방어선을 돌파하지 못하고 있으며 이르파 에서는 오히려 반격을 허용하고 있다. 급기야 벨라루스로 병력을 퇴각하여 전열을 재정비하고 있다. 아직 시리아 용병을 전선에 투입하지는 않았지만 이들 역시 새로운 환경에서 성공한다는 보장은 없다.

러시아가 국제사회의 비난에도 불구하고, 메이우폴과 기타 주요 도시를 파괴하면서 양민들에 대한 대량학살도 마다하지 않고 있다. 러시아가 자랑하던 "리틀 그린맨" 즉 친러 민병대와 체첸 출신 민병대의 투입에도 불구하고 별다른 전과를 올리지 못하고 있다. 흑해를 장악한 상태에서 오데사와 남부 주요 도시들을 포격하고 있지만, 우리가 생각했던 지상군에 의한 상륙작전은 시도하지 못하고 있다. 간헐적인 공수부대 투입도 결과는 마찬가지이다. 러시아가 자랑하던 FSB에 의한 정보 판단이 정확하지 못하다는 점은 충격 그 자체가 아닐 수 없다. 전쟁 지휘부가 전쟁 수행을 효과적으로 수행할만큼 정확한 정보가 올라오지 못할 뿐 아니라, 인의 장막에 가로막힌 푸틴이 합리적 판단을 하지 못하고 있다. 러시아 내 주요 기업들이 디폴트의 위기를 맞이하고 국민들의 불만이 고조되고 있지만 누구도 푸틴의 광폭 횡보를 저지하지 못하고 있다.

이번 우크라 사태는 왜 지도자를 중심으로 국민이 통합하고 단결해야 하는지를 보여주는 대표적 사례이다. 특히 국민과 군의 단합과 일체화가 얼마나 중요한지 잘 보여주고 있다. 그런 점에서 오늘날 우리의 민군 관계는 건강한 관계라 자부하기 어렵다. 그러한 점에서 민군 협력을 어떻게 확대하고 유사시를 대비할 예비전력 활용방안을 만들어 나갈지부터 고민해야 하며 신 정부 출범과 함께 기존 작계를 재검토해야 한다. 우리의 현실에 맞는 how to fight, how to win을 위한 구체적인 실행계획을 지금부터 만들어야 한다.

| 저자소개 |

홍규덕 | 숙명여자대학교 정치외교학과 교수

고려대학교 정치외교학과를 졸업한 후, 미국 사우스 캐롤라이나 대학교 국제정치학석사 및 박사 학위를 마치고 현재 숙명여자대학교 정치외교학과 교수로 재직 중이다. 주요 경력으로 제17대 대통령직 인수위원회 (국방, 외교통일)분과 국방담당 상임자문위원, 국방부 국방개혁실장, 민주평통 상임위 외교안보분과위원장, 아태안보협력이사회(CSCAP) 한국대표, 유엔체제학회 회장, 숙명여자대학교 사회과학대학장 및 교무처장 등을 역임하고, 현재 국제정책연구원(IPSI-KOR) 원장, 국가보안학회 회장, 제네바 DCAF 동아시아 SSG포럼 한국대표로 활동하고 있으며, 국방부, 합참, 공군, 해군, 외교부 정책자문위원으로서 한국 외교안보 정책의 최고 전문가로서 인정받고 있다. 주요 저서로는 대외정책론, 북한외교정책, 한국외교정책론, ASIA- PACIFIC ALIANCES IN THE 21ST CENTURY, 동아시아의 전쟁과 평화, 북핵에 대응한 국방개혁, 대전환의 파도 한국의 선택, 남북미소 등이 있으며, 방송, 기고, 강연 등을 통해 공공외교 차원에서 활발한 활동을 하고 있다.

러시아의 국가안보전략과 우크라이나전

김 규 철 (KDDA 러시아 센터장)

Ⅰ. 들어가는 말

냉전 종식 후 이루어진 미국 중심의 일극(一極) 체제가 끝나고 다극체제가 자리잡기 시작하고 있다. 특히, 코로나19 발생 이후 전세계의 생활패턴과 국제관계는 지대한 변화를 겪고 있다. 세계적인 양상을 볼 때, 전반적으로 세계화 추세보다 지역적 고립주의 성향이 더욱 강해지고 있다. 러시아는 2021년 세계 안보정세가 그 어느때보다 변화가 심하게 일어나는 것을 체감하고 기민하게 국가안보전략을 개정했다. 작년 7월 새로이 발표된 러시아의 국가안보전략은 코로나19 확산과 맞물려 세계질서에 지각변동이 일어나고 있으며, 현대 세계가 변혁의 시기(period of transformation)를 겪고 있다고 진단했다. 국가방어에 있어서는 미국·NATO를 최대의 군사위협으로 보고 적극적인 대응태세를 강조하였다. 또한, 외국 거주 자국민 보호를 주요 국방과제에 포함시켰다. 이러한 강조점은 결국 우크라이나 침공으로 연결되었다.

러시아는 작년 봄부터 대규모 군사훈련 후 병력을 철수하지 않고 긴장을 조성하며 미국과 NATO에 안보요구서를 제출하였으나 제대로 받아들여지지 않자 결국 2월 24일 '특별군사작전'이란 이름으로 우크라이나를 전면 침공했다. 미국을 비롯한 서방 국가들은 주권국가인 우크라이나를 공격한 러시아를 비난하며 다양한 제재를 가하고 있으나 제3차 세계대전을 회피하기 위해 직접적인 개입은 하지 못하고 간접적으로 우크라이나를 지원하고 있다. 이 글에서는 러시아의 국가안보전략이 우크라이나 침공에 어떻게 작용했는지 살펴보면서 러시아의 전략이 한반도와 한국의 국방개혁에 주는 함의를 도출해보고자 한다.

Ⅱ. 러시아의 국가안보전략 수정(2021년)

러시아는 2021년 7월 대통령령으로 신국가안보전략(이하 '안보전략'으로 기술)을 발표했다. 이는 2015년에 발표한 국가안보전략을 대체하는 공식적 전략문서로서 전반적인 세계 질서의 급격한 변화와 불안정성 강화 및 안보 위협 증대에 따라 국가이익 보장과 전략적 안정 유지를 위해 9개의 전략적 우선순위를 선정하였다. 안보전략에서는 중국의 부상을 직접 언급하지는 않았지만, 새로운 세계 및 지역적 지도 국가들(Leading Countries)의 위상 강화로 세계 질서가 변화하고 있다고 간파했다. 또한, 이러한 변화 속에서 미국을 비롯한 비우호적 국가들은 러시아를 고립 및 와해시키기 위해 군사적, 경제적, 정보적 압력을 가하고 있다고 보았다. 이러한 다양한 안보 위협하에서 러시아가 추진하는 해법은 자강(自强) 정신에 입각한 전략적 독립이라 할 수 있다. 선정한 과제는 ① 국민 보호, ②국가방어, ③국가 및 사회안보, ④정보안보, ⑤경제안보, ⑥과학기술 발전, ⑦환경안보 및 자연활용, ⑧전통적인 도덕적 가치·문화·역사적 기억 보호, ⑨전략적 안정 및 국제협력 등이며 각 과제별로 추진방향을 기술하였다. 이 중에서 군사문제와 관련된 것은 국가방어와 전략적 안정이다.

러시아의 안보전략이 제시한 9개 과제 중 최우선은 국민 보호 및 인적자원 발전이며, 국가방어는 그 다음이다. 국민보호는 삶의 질 향상, 소득 증가, 출산율 증가, 보건 및 의료보장 등 건강한 인구의 증가로 국력을 강화하려는 취지로 보이며 이러한 바탕에서 강한 러시아를 실현(自强)할 수 있다고 보는 듯하다.

1. NATO를 최대 군사위협으로 인식

안보전략에서는 러시아에 대한 NATO의 군사적 압력 시도, 러시아 국경 주변에서 군사인프라 강화, 정찰활동 강화, 러시아에 대한 대부대 및 핵무기 사용계획 발전 등을 군사위협으로 명시했다. 러시아는 탈냉전 시대의 NATO 확대에 대해 미·소 합의 위반으로 보고 있다. 1989년 독일 통일을 위한 협상에서 소련의 고르바초프 대통령은 독일 통일을 용인하는 조건으로 미국으로부터 NATO를 확대하지 않겠다는 약속을 받아냈다고 알려졌다. 문제는 공식문서 없이 구두로 협상했다는 점이다. 구소련 붕괴 이후 현재까지 러·NATO 관계는 기대와 배신을 반복하면서 결국 오늘의 적대 관계로 굳어졌다. 러시아는 소련 말기 고르바초프가 그랬던 것처럼 서방의 경제적 지원을 얻기 위해 서방과 협력하려 했으나 도리어 무시를 당했으며, NATO의 확대로 안보 불안을 느끼며 실망하는 과정을 수차례 경험했다. 이에 따라 러시아는 NATO를 냉전시대의 잔재로 보는 동시에 자국의 생존과 발전을 가로막는 위험으로 보고 있다. 러시아는 세계 평화와 안보를 위해 독일 통일을 돕고 국제테러리즘과의 투쟁 등 각종 현안에서 자국의 이익을 제한하면서까지 서방에 양보했으나 서방이 적절한 보답 대신 도리어 NATO 확장으로 자국의 안보를 위협하고 있다는 불신감을 가지게 되었다.

2. 국가안보전략의 최우선은 국민 보호

2021년 발표한 러시아의 안보전략은 이전과는 달리 국민보호를 최우선 과제로 선정했으며, 돈바스 지역의 친러 주민과 러시아 시민권 보유자는 러시아가 보호해야 할 대상이 되었다. 돈바스 지역은 2014년과 2015년에 체결된 민스크 협정에 따라 법적으로 정전(停戰) 상태였으며, 이를 감독하기 위해 OSCE(유럽안보협력기구) 감시단 약 700명이 파견되어 활동했다. 그러나 정전 규정 위반 사례가 지속해서 발생하고 있는 가운데 2021년 3월에는 우크라이나가 전차와 중포병을 포함한 10만 명 대규모 병력을 접촉선 주변에 집결하고 NATO 군의 함정과 항공기가 부근에서 정찰 작

[그림 1] 우크라이나와 돈바스 지도(침공 이전 상황)

전 및 훈련 활동을 강화하자, 러시아는 불시점검훈련을 이유로 2개 야전군(제58군, 제41군)과 3개 공수사단, 항공기 50대, 흑해함대를 포함한 발트함대, 북해함대, 카스피해 함대의 전투함정을 집결시켜 크림반도 사상 최대 규모의 훈련을 실시했다. 동시에 푸틴 대통령은 의회 국정연설에서 미국 및 서방을 비난하면서 '레드라인'을 넘지 말라고 경고하였다. 이렇게 무력 충돌 가능성이 고조되었으나 결국, 푸틴의 지시로 불시점검훈련을 종결하면서 무력 충돌 상황은 면했으나 긴장 상태는 여전히 지속되고 있었다.

3. 핵심이익 지역으로서 구소련 공간 강조

안보전략에서는 CIS 국가, 그리고 국제적으로 미승인 국가인 압하지야와 남오세티야 공화국과 협력을 심화하고 동시에 유라시아경제연합(EAEU)과 집단안보조약기구(CSTO), 연합국가(러, 벨라루스)와의 협력 및 통합과정 심화를 주요 과제로 선정했다. 특히, 러시아인, 벨라루스인, 우크라이나인과의 형제적 유대 관계를 강화해야 한다고 강조하고 있어 구소련 공간에서 슬라브 3형제 국가에 대한 러시아의 인식을 볼 수 있다.

안보전략에서 기술한 대외정책을 볼 때, 과거 안보전략에서 언급했던 미국 및 EU 관계와 협력 관련 내용이 신안보전략에서 사라졌다. 서방국가들과 적대적 자리매김(Positioning)을 명확히 한 셈이다. 동시에 중국 및 인도와의 협력을 거의 동등하게 취급하면서 상호 이익이 되는 대외관계를 추진할 의향을 내비추었다. 이는 전략적 독립이라 할 수 있으며, 장차 미중 경쟁에 연루되지 않고 다양한 국가들과 호혜적 관계를 모색할 것임을 추측할 수 있다.

4. 국방 주요과제 선정

러시아의 안보전략에서 제시한 국방 주요과제는 다음과 같다.

① 현존 및 미래의 군사위험 및 위협을 적시적으로 파악
② 군사 계획 시스템 향상, 러시아에 대해 무력 사용 예방, 주권 및 영토적 완전성 보호를 위한 각종 수단(정치, 군사, 군사기술, 외교, 경제, 정보 및 기타 수단)의 실현 방안 준비
③ 충분한 수준에서 핵 억제력 유지
④ 군사력의 전투적 사용 준비
⑤ 국가이익 및 외국 거주 국민의 보호
⑥ 군사력 구성요소의 균형적 발전, 방어 잠재력 향상, 현대적 무기/장비로 군사력 증강
⑦ 동원준비 계획 향상, 군사기술의 적시적 개선 및 충분한 수준에서 기술력 유지
⑧ 현대전 및 분쟁의 성격 변화 경향을 적시적 고려, 군 전투능력의 완전한 발휘를 위한 조건 형성, 새로운 전투수단과 미래 부대 요구 연구
⑨ 방위산업의 기술적 독립 보장, 혁신적 발전, 신무기 개발/생산에서 지도적 위상 유지
⑩ 국가 및 지방의 경제 준비, 전시 무장공격에 대비
⑪ 무장분쟁 또는 분쟁 이후 위험으로부터 국민 및 물자 보호 방안 계획
⑫ 군인의 군사정치 및 심리 상태와 사기 유지
⑬ 국민에 대한 군사애국 교육 및 군복무 준비
⑭ 군인에 대한 사회적 보장 수준 향상 및 복무여건 향상

요컨대, 러시아의 안보전략을 고려해볼 때, 러시아의 군사전략은 안보상황 변화와 NATO 위협에 대응하기 위해 핵전력을 포함한 군사력을 최대한 활용하여 NATO의 동진확대를 막고, 돈바스를 비롯한 세계 전 지역에서 자국민의 권리와 이익을 수호하는 것으로 해석할 수 있다.

Ⅲ. 러시아의 우크라이나 침공 원인 및 경과

1. 러시아의 우크라이나 침공 원인

가. 돈바스 주민 보호

2021년 11월부터 소위 '우크라이나 위기'가 수개월째 진행되었다. 러시아는 훈련을 이유로 우크라이나 국경 지역에 약 19만 명의 병력을 집결하여 위기를 고조시키다가 결국 2022년 2월 24일 '돈바스 주민 보호를 위한 특별군사작전'이란 이름으로 우크라이나를 전면 침공했다. 이와 같은 러시아군이 자전 명칭에서 알 수 있듯이 우크라이나 침공의 직접적인 원인과 목적은 돈바스 주민 보호 또는 돈바스 지역의 해방이다.

돈바스 지역의 루한스크 및 도네츠크 공화국은 2014년 크림공화국의 성공적인 러시아 편입을 목격하고 크림공화국과 같은 길을 걷고자 했다. 그러나 우크라이나 정부군의 강경 진압에 따라 무력투쟁 상황이 지속되자, 두 차례에 걸쳐 민스크협정을 체결하였으나 정전 규정 위반 사례가 매주 약 200건씩 지속해서 발생하고 있었다. 결국 러시아는 2014년부터 2022년까지 8년간 우크라이나 정부가 돈바스 지역 주민을 공격하는 등 민스크협정에 대한 준수 의지가 없다고 판단하게 되었다. 따라서 최종적으로 돈바스 지역 주민 보호를 위해 독립국으로 인정하게 되었다.

러시아는 푸틴의 영도하에 국제사회의 제재를 받으면서도 침공을 계속하고 있다. 국제사회는 우크라이나를 도와 성공적으로 방어하도록 하고, 동시에 대러 제재를 강화하여 러시아의 숨통을 조여 굴복하게 하고 전쟁을 중단하게 되기를 기대할 것이다. 그러나 러시아 국민은 경제재재로 인한 어려움을 일시적 불편으로 간주한다. 그들은 1990년대에는 훨씬 더 어려웠다고 얘기하며 우크라이나를 침공한 푸틴에게 80퍼센트 지지를 주고 있다.

나. NATO 동진 확대에 대한 뿌리 깊은 위협인식

2014년 크림합병의 원인도 NATO 확대와 깊은 관련이 있다. 러시아는 당시 친러 야누코비치 정권을 축출한 유로마이단 혁명을 미국의 공작으로 보고 있다. 결국 친서방 정권이 들어서자 위기감을 느낀 크림공화국은 러시아 편입을 위해 주민투표를 추진하였으며, 결국 러시아의 지원으로 주민투표를 시행하고 96%의 찬성으로 독립 선언 및 러시아로 편입에 성공했다. 러시아의 지정학자인 두긴은 크림합병을 서방에 대항하여 '사느냐 죽느냐'를 가름하는 필사적 전투로 보았다.

러시아는 탈냉전 시대의 NATO 확대에 대해 미·소 합의 위반으로 보고 있다. 1989년 독일 통일을 위한 협상에서 소련의 고르바초프 대통령은 독일 통일을 용인하는 조건으로 미국으로부터 NATO를 확대하지 않겠다는 약속을 받아냈다고 알려졌다. 문제는 공식문서 없이 구두로 협상했다는 점이다. 이 때문에 최근 푸틴 러시아는 NATO에 대하여 동진 확대 중지를 문서로 약속하라고 요구하고 있다.

다. 강대국으로서의 위상과 역할 요구

러시아는 국제사회에서 강대국으로서의 위상과 역할을 차지하려는 의도를 가진 것으로 보인다. 2022년 2월 4일 푸틴 대통령은 중국의 제24차 동계올림픽 개회식에 참가하면서 시진핑 주석과 정상회담을 가지고 나서 '신시대 국제관계 및 세계발전에 관한 러중 공동성명'을 발표했다. 그 내용 중에서 "일부 소수 국가는 국제문제 해결에서 일방적인 접근, 무력 선호, 내정간섭 등으로 인류 발전을 저해하고 있다"라고 했다. 여기서 소수 국가는 미국을 지칭하는 것이다. 이는 러중 양국이 미국에 대해, 시대 변화에 역행하여 단극체제를 유지하고자 하는 구시대의 소수 국가로 매도하고 있는 것으로 풀이된다. 양국은 세계질서가 변화하여 새로운 시대가 도래했으며, 이제부터는 러시아와 중국이 이상적인 강대국 관계를 유지하며 새로운 질서를 주도해나가겠다는 의지를 표현한 것이다. 이러한 맥락에서 러시아의 우크라이나 침공은 자국의 안보를 넘어 세계적 강대국으로서 유럽의 안보 질서를 러시아에 유리하게 재형성하려는 의지의 발로로 볼 수 있다.

러시아는 2021년 12월 미국과 NATO에 각각 안보 제안서를 보냈다. 주요 내용은 ① NATO가 우크라이나를 포함하여 구소련 국가들에 회원국 자격을 부여하지 말 것, ② 러시아-NATO 협정을 체결했던 1997년 수준으로 NATO의 군사력 배치를 되돌릴 것, ③ 러시아 고유 세력권인 CIS 지역에 무기 지원 금지 및 군사기지를 설치하지 말 것 등이었다. 미국 및 NATO는 한 달 후 이에 서면답변을 제출하였다. 그 내용은 전반적으로 러시아의 제안대로 응하겠다는 것이 아니라 이를 논의할 수 있다는 것으로, 대화를 통해 차후에 해결하자는 논조로 작성이 되었다. 러시아 외무부는 "미국 측의 답변은 건설적이지 못하다"라고 언급하면서 "러시아 제안을 무시하는 처사"로 비난했다. 또한, 러시아가 주장하는 것은 '안보 불가분의 원칙'으로서 이는 "자국의 안보를 위해 타국의 안보를 손상하면 안 된다는 것인데 미국의 답변에는 이러한 원칙을 준수하겠다는 의지가 보이지 않는다"고 주장했다. 요컨대, 러시아는 미국의 답변에서 자국의 안보 제안이 무시당하고 있으며, 또한, 우크라이나 정부에 돈바스 지역 문제의 해결 의지가 없는 점 등을 종합하여 도네츠크 공화국과 루한스크 공화국의 승인, 그리고 우크라이나 침공을 최종적으로 결심하였다.

2. 러시아의 우크라이나 침공 경과

외국 군사전문가들은 러시아와 우크라이나의 전력 수준 차이를 고려하여 러시아가 단기간에 우크라이나 수도 키이우를 점령할 것으로 예상했다. 그러나 2월 24일부터 3월 28일까지 33일에 걸친 러시아의 공세에 대해 서방 언론은, 결사 항전으로 대응하는 우크라이나에 의해 대량 피해를 보며 작전이 실패한 것처럼 보도하고 있다.

[그림 2] 러시아군 공격 상황(ISW, 3.28): 붉은 표시가 점령지역임.

그러나 실제 작전 현황을 보면 러시아의 작전 실패라고 단언할 근거가 부족하다. 러시아군의 공격은 크게 3개 방향에서 이루어지고 있다. 먼저, 북부에서는 대도시 키이우(수도)와 하르키우 공격을 진행하고 있다. 키이우는 서쪽 및 동쪽에서 포위공격을 하고 있으며, 우크라이나 지도부의 방어 의지를 꺾는 중요한 작전이다. 하르키우는 3월 28일 현재 거의 봉쇄된 상태이다. 동부의 돈바스 지역 2개 공화국은 서쪽으로 진격하면서 점령지역을 지속적으로 확대하고 있다. 루한스크 공화국은 초기에 루한스크주의 41%를 점령하고 있었으나 현재는 93%를 장악하고 있으며, 도네츠크 공화국은 초기의 32%에서 현재까지 54%를 장악했다. 남부는 흑해 연안에서 북쪽으로 공격하여 헤르손 점령을 완료했으며, 마리우폴은 완전히 고립되었다. 우크라이나군은 돈바스 지역에서 근위수비대인 '아조프'

부대가 저항하고 있으나 거의 포위당한 상태에서 전투력이 약화하고 있다. 3월 25일 러시아 국방부 발표에 의하면, 우크라이나의 해공군은 전멸했으며, 지상군도 24개 연합부대(사단/여단급)가 소멸하였다. 전반적인 우크라이나군의 피해를 보면 더 이상 방어할 능력을 상실한 것으로 보인다. 특히 돈바스 지역을 방어하는 우크라이나군은 초기에 59,300명이었으나 사망 7,000명을 포함한 16,000명이 피해를 입어(26%) 전투력이 현저히 약화한 데다가 전투근무지원 통로가 차단된 상태에 있다.

〈표 1〉 우크라이나군 피해 현황(러시아 발표, 3.25)

구분	최초 보유 현황(2.24)	피해현황	피해율
병력	260,200명	30,000명 (사망 14,000, 부상 16,000)	11% (5%, 6%)
전차 및 장갑차	2,416대	1,587대	65%
다연장포	535문	163문	29%
항공기	152대	112대	73%
헬기	149대	75대	50%
무인기(바이락타르)	36대	35대	97%
방공포	180문	148문	82%
전자전기지	300대	117대	39%

　러시아군의 공격을 목격한 외국 전문가들은 러시아의 기동 속도 지연, 보급 실패, 대량 피해 등을 이유로 러시아의 전쟁을 실패한 것으로 규정하는 분위기이다. 그러나 푸틴 대통령과 쇼이구 국방장관 등 러시아의 지도부 언행이나 SNS 및 각종 방송에서 러시아 측 전문가들의 인터뷰를 보면, 자국의 작전이 "계획대로 진행되고 있다"라고 보고 있다. 그리고 무엇보다 지도에서 보는 것처럼 점령지역이 점차 확대되고 있다. 현 작전상황에 대해 러시아와 우크라이나는 각자의 성과를 부풀려 발표하는 경향을 띠며 언론전 또는 선전전을 병행하고 있어 전황을 정확히 파악하기는 곤란한 상황이다. 그러나 점령지역의 추이는 객관적 전황 파악의 근거가 되며, 양국의 초기 전력과 개략적인 피해현황을 계산하면 현재 보유 역량을 짐작할 수 있으며, 현재의 상대적 전투력은 러시아가 절대적으로 우세하다.

　특히, 여론 및 선전 측면에서 러시아의 발표보다 서방 언론의 발표를 맹신함에 따라 사실에 근거한 객관적 평가가 이루어지지 못하는 사례가 발생하고 있으며, 이에 따라 정확한 상황 평가 및 교훈 도출에 실패할 가능성이 있다. 우려가 되는 몇가지를 지적하면 다음과 같다. 첫째, 러시아는 전쟁을 하지 않고 돈바스 주민보호를 위한 특수작전을 하고 있다. 서방은 이를 간과하고 전쟁 측면에서 분석함으로써 적절하지 않은 분석을 내놓고 있다. 러시아는 원칙적으로 민간인 피해를 최소화하기 위해 제한된 표적에 대한 타격을 하고 있으며, 이에 따라 작전속도가 비교적 느리게 진행되고 있다. 그러나 외국 전문가들은 러시아군의 전쟁수행능력이 부족하다고 평가하고 있다.

둘째, 러시아의 작전 목적은 돈바스 지역 주민보호가 최우선이며, 기타 지역은 우크라이나가 돈바스 지역을 지원하지 못하도록 차단하는 개념으로 고려하고 있다. 이러한 작전목적은 2월 24일 작전 초기부터 공식적으로 발표했다. 그러나 서방 언론이나 전문가들은 러시아의 작전 목표를 "속전속결로 우크라이나의 젤렌스키 대통령을 축출한 뒤 친러 정권을 수립하여 사실상 속국으로 만드는 것"이라 자의적으로 해석했다. 러시아는 작전 개시 한달 후인 25일 제1단계 작전을 성공적으로 완료하고 이후 돈바스 작전에 집중한다고 발표하자, 서방 전문가들은 자신의 오판을 인정하지 않고 "작전이 여의치 않자 러시아가 출구전략을 위해 작전목표를 축소조정했다"고 아전인수식 해석을 하고 있다.

셋째, 미국의 전문가들은 러시아가 소위 '대대전술그룹(BTG)'을 편성하여 증강된 대대를 작전의 기본단위로 하는 공격작전으로 진행함으로써 종심 깊은 제병협동작전과 병참지원에 실패하여 공격에 실패했다고 분석을 했다. 그러나 이는 정형화된 모델을 기초로 워게임을 하는 데 익숙한 서방의 사고방식이다. 러시아는 돈바스 지역에서 대대전술그룹을 운용한 사례는 있지만 그러한 편성을 일률적으로 적용하는 것을 경계하고 있다. 러시아군 총참모장 게라시모프 대장은 "모든 전쟁은 각각 독립된 사례로서 각자 특유의 논리와 독특성을 지니고 있다"고 했다.[1] 그의 논리는 "한번 승리한 방법은 두 번 다시 반복되지 않는다"는 손자병법의 전승불복(戰勝不復)과 일치하며, 실제로 러시아가 수행한 조지아 평화강요작전, 크림합병 특수작전, 시리아 IS 격멸작전 등 모든 작전의 형태는 당시 상황과 지역 및 시기 등 작전환경에 따라 각각 달리 운용했다. 현재 수행하고 있는 '특수군사작전'에 대한 국방부의 브리핑에서도 대대전술그룹을 언급한 적이 없으며, 현재까지는 2008년 군개혁 시 대부분의 사단급 부대를 해체하고 여단급 상비부대를 전투의 기본단위로 개편한 이후 현재까지 다른 변화는 없다.

넷째, 서방은 러시아군의 열악한 보급 사정을 자주 거론하고 있다. 이는 일부 부대에서 유효기간이 지난 전투식량이 발견된 이후 확산되었으나 부분적 사례를 일반화하면 오류가 생길 수 있다. 러시아는 돈바스 지역은 물론이고 키이후, 체르니히루, 하리키우, 마리우폴 등 전지역에서 점령지역이 확보되면 주민들을 대상으로 인도적 지원을 하고 있다.

---

1) Герасимов Валерий. 2013.02.26. "Ценность науки в предвидении." https://www.vpk-news.ru/articles/14632 (검색일: 2020.11.2.).

최근까지 총 617회에 걸쳐 5,043톤의 생필품과 의약품 지급, 의료봉사 등을 지원하고 있다. 전방에서는 전투를 하면서, 후방에서는 보급품이 부족하면 불가능한 민사활동을 하고 있다.

마지막으로 러시아군의 피해에 있어서 서방에서는 약 1만명으로 파악하고 있으나, 러시아 국방부는 사망 1,351명, 부상 3,825명이라고 발표했다. 물론 선전용으로 피해규모를 축소해서 발표할 수도 있지만 어느 한 쪽의 발표를 맹신하면 정확한 평가가 되지 않기 때문에 균형된 시각이 필요하다. 국내의 많은 언론과 유튜브 등에서는 러시아군의 작전 실패와 다양한 약점으로 쿠데타 발생 가능성까지 거론하고 있다. 이러한 현상은 정보실패를 야기하여 건전한 정책 구상을 방해할 수 있기에 신중하고 장기적인 시각을 갖고 판단할 필요가 있다.

Ⅳ. 결론 및 함의

우크라이나를 포함한 구소련 지역은 러시아가 추구하고 있는 유라시아 강대국의 근본 토대이다. 따라서 러시아는 강대국 부활과 자신의 안보를 위해 구소련 지역을 자신의 영향력하에 두기 위해 무력을 사용하고 있다. 우크라이나 사태를 목격한 전 세계국가들은 군사력의 중요성을 자각하고 군비증강에 관심을 두게 되었다. 첫째, 미국과 중국·러시아가 세계 패권을 다투는 21세기 그레이트 게임 한가운데서 신정부 출범을 앞두고 있는 한국은 발생 가능한 다양한 상황에 즉각 대비할수 있는 군사력과 시스템을 갖추어야 할 필요가 있다. 이를 위해서는 우선 주변국에 대한 정보수집 및 분석 시스템을 발전시켜야 하며, 전문가를 육성하여 기본적인 연구 데이터를 축적하고 유사시 대상국의 의도를 정확히 식별할 수 있어야 한다. 최근 우크라이나를 침공한 러시아의 의도를 분석함에 있어 미국이나 한국의 안보전문가들이 내놓는 분석은 비교적 정확하지 못하고 자기식 또는 아전인수식 판단이 많다. 러시아를 비롯한 주변국들과 우발적인 무력 충돌 사태 발생에 대비해야 한다. 그러한 상황을 다양한 시나리오로 발전시켜 대응능력을 개발 및 준비할 필요가 있으며, 억제대책이 실패했을 경우의 방책까지 준비해야 할 것이다.

둘째, 한국 상황 및 지형에 적합한 부대 및 전력구조의 발전이 필요하다. 우크라이나 사태에서 발생한 다양한 전투양상을 연구하여 대량살상무기 상황이나 시가전 상황에서 공격 및 방어를 위해 필요한 부대 및 전력구조의 실험 또는 개발이 필요하다. 특히, 게임체인저가 되는 신무기를 개발 및 보유할 필요가 있다. 최근 러시아는 극초음속무기에서 미국을 능가하고 있으며, 기타 순항미사일, 무인기, 로봇무기, 전자전 장비 등을 적극적으로 개발하고 각종 훈련에서 시험하고 있다. 기타 주변국들과 북한도 극초음속무기와 각종 정밀무기 개발을 추구하고 있다. 한국의 경우에도 비대칭전략에 입각하여 선택과 집중을 통해 상대적 우세를 달성하고 억제력을 유지하기 위해 자기만의 독특한 신무기를 개발하여 보유할 필요가 있다.

마지막으로, 전국민의 안보의식과 대군 신뢰도 제고를 위한 대책이 필요하다. 러시아는 국가안보전략에 언급한 바와 같이 국민저 단합과 기치긴 이지를 위해 다양한 사업을 진행하고 있으며, 특히, 젊은층의 애국심 함양을 위해 소년군(Youth Army) 활동, 초중등 교과에 안보 및 안전 관련 과목 편성을 통해 군복무 사전교육 효과를 달성하고 있다. 또한, 군인에 대한 봉급 및 연금 인상 등 사회적 보장을 통해 사회의 유능한 인재를 군으로 유인하기 위한 실제적 활동을 전개함으로써 군에 대한 사회적 신뢰도를 높이고 있다. 한국의 경우도 현실 파악 및 문제점에 대한 조치가 필요하다. 특히 젊은 층의 건전한 국가관 및 안보관을 정립할 수 있는 교육시스템에 관한 폭넓은 연구 및 실천 대책이 필요하다.

참고 자료

고재남, "러시아의 대유럽정책," 홍완석 엮음, 『현대 러시아 국가체제와 세계전략』, 서울: 한울 아카데미, 2005.

김규철, "흑해 일대 러시아-NATO의 군사 대결," Russia-Eurasia FOCUS 제643호 (2021.7.26.).

두진호·구하영, "최근 러시아와 서방의 갈등 분석: 우크라이나를 둘러싼 쟁점과 전망," 『동북아안보정세분석』, KIDA(2022.1.28.).

러시아 국가안보전략, "Указ президента РФ О Стратегии национальной безопасности Российской Федерации." http://www.kremlin.ru/events/president/news/66098 (검색일: 2021.7.3.).

러시아 국방부 페이스북 홈페이지 https://www.facebook.com/mod.mil.rus/

ISW 연구소, https://www.understandingwar.org/

"Заявление Межведомственного координационного штаба Российской Федерации по гуманитарному реагированию на Украине," https://antimaydan.info/2022/04/zayavlenie_mezhvedomstvenno-go_koordinacionnogo_shtaba_rossijskoj_federaci_1471397.html   (검색일:2022.4.6.).

"Лавров: Договор с Украиной должен исключить продвижение НАТО на восток," https://vz.ru/news/2022/4/5/1152268.htm (검색일: 2022.4.5.).

"Обращение Президента Российской Федерации," http://www.kremlin.ru/events/president/news/67843 (검색일: 2022.2.25.).

"Совместное заявление Российской Федерации и Китайской Народной Республики о международных отношениях, вступающих в новую эпоху, и глобальном устойчивом развитии," http://www.kremlin.ru/supplement/5770 (검색일: 2022.2.4.).

"Текст российских проектов документов по обеспечению правовых гарантий безопасности со стороны США и НАТО," https://www.ng.ru/world/2021-12-17/100_docs17122021.html   (검색일: 2022.1.17.).

| 저자소개 |

김규철 | 한국외국어대학교 러시아연구소 초빙연구원, 한국외국어대학교 국제지역대학원 외래교수, 한국국방외교협회 러시아센터장,

김규철 박사는 육군사관학교 노어과 졸업, 러시아 총참모대 안보과정 졸업, 국방대학교 국제관계학 석사, 한국외대 국제지역대학원 박사, 전 주러시아 한국대사관 육군무관, 전 국방정보본부 러시아 분석관 등을 역임했다. 주요 논문으로는 "러중 군사협력, 동맹인가 일시적 협력인가"(2020), "러시아의 군사전략: 위협인식과 군사력 건설 동향"(2020), 『러시아의 사이버안보』(공저, 2021), 『Russia Report』(공저, 2012년부터 한국외대 러시아연구소에서 매년 발간) 등이 있다.

러시아-우크라이나 전쟁, 군사교리적 시사점과 정책 제언

안 재 봉 (연세대 항공우주전략연구원)

Ⅰ. 시작하면서

우크라이나(Ukraine)는 지정학적으로 유럽 동부와 러시아 연방의 접경에 있는 국가로, 1917년 우크라이나 소비에트 공화국으로 출발하였다. 1922년 12월에 구소비에트 사회주의 공화국 연방의 창립회원국이 되었고, 1991년 구소비에트 사회주의 연방의 해체에 따라 독립국가가 되었다. 우크라이나는 러시아를 제외한 유럽 전체에서 영토가 가장 넓고 인구도 동유럽에서 가장 많다. 특히 밀, 옥수수, 보리, 사탕무 등을 대규모로 경작하는 곡물 수출 국가이며, 국제정치적으로는 친서방 정책을 지속하면서 유럽연합(EU)과의 협력을 강화해 나가고 있다.

러시아 블라디미르 푸틴 대통령은 2014년 4월에 도네츠크 인민공화국과 루간스크 인민공화국을 독립국으로 승인한 뒤, 8년이 지난 2022년 2월 21일 동부 우크라이나의 돈바스 지역에 군대를 진주시켰다. 3일 뒤인 2월 24일 04:50(현지 시각)에 푸틴 대통령은 "우크라이나의 비무장, 돈바스 지역 내 러시아인 보호, 우크라이나의 북대서양 조약 기구(NATO)·EU 가입 저지 및 중립 유지"를 목표로 우크라이나의 수도 키이우(Kiev)를 비롯한 주요 도시에 미사일공격을 감행하였다. 동시에 지상군을 북부, 북동부, 남부 등 4개 축선에 동시다발적으로 투입, 진격하였다.

러시아가 우크라이나를 침공할 당시에 대부분의 군사전문가들은 러시아의 압승을 예상했다. 러시아군은 세계 최강으로 평가받는 미군 다음의 강군으로 평가받기 때문에 상대적으로 약체인 우크라이나군을 제압하는 것은 손쉬운 일일 것이라고 판단했기 때문이다. 침공과 함께 러시아군이 키이우로 진군하자 미 국방부를 비롯한 서방 정보당국은 짧으면 몇 시간, 길면 며칠 안에 키이우가 함락될 것이라는 전망을 쏟아냈다. 그러나 키이우는 전쟁이 발발한 지 한 달이 지나도 함락되지 않았고, 러시아는 하르키우, 마리우폴, 오데사, 체르니히우 등 헤르손을 제외한 대도시들을 지금까지도 무너뜨리지 못하였다. 거기에다 전쟁 수행 과정에서 전장(戰場)에 유기되는 러시아의 기갑차량, 제 역할을 수행하지 못하는 항공우주군, 부실한 보급체계 등 러시아군의 열악한 실체가 드러나면서 세계의 군사전문가들을 당혹케 하고 있다. '왜 이러한 상황이 전개되고 있을까?' 의문이 생기지 않을 수 없다.

러시아는 2008년 조지아전에서 승리했으나 작전 수행 간 러시아군의 지휘체계상 효율성과 전투부대의 반응속도 지연, 무기체계의 노후화, 지휘통제의 혼선, 전투원의 훈련 부족 등의 문제가 노정되었다. 이러한 문제점을 개선하기 위해 2009년부터 2019년까지 무기체계 및 장비의 현대화와 부대구조의 개편, 지휘통제체계의 단순화, 우주방어 시스템 구축 등 국방개혁을 강도 높게 추진했다.[2] 그럼에도 불구하고 러시아군의 무기체계 및 장비 현대화가 국방개혁 목표대로 추진되지 않았고 지휘통제 및 통신체계에서도 많은 문제점이 드러난 것으로 추정된다.

따라서 본 논문의 목적은 이와 같은 러시아-우크라이나 전쟁을 군사력 운용에 있어 가장 기본적인 원리와 원칙인 군사교리적 관점과 걸프전 이후 수행되었던 현대전 수행 방식 차원의 프리즘을 통해 대한민국의 국가안보와 신정부 국방혁신 추진에 있어, 시사점과 정책제언을 식별하는 데 있다.

II. 군사교리(Military Doctrine)[3]

제2차 세계대전이 한창이던 1945년 1월, 제21폭격단 사령관으로 취임 후 도쿄 대공습을 주도했으며, 훗날 미 공군참모총장을 역임한 커티스 에머슨 르메이(Curtis Emerson LeMay, 1906~1990) 장군은 "전쟁의 심장부에 교리가 있다.(At the very heart of war lies doctrine.)"라는 명언을 남겼다. 모든 전쟁은 군사교리에 의해 수행된다는 점을 역설하면서, 군사교리의 중요성을 강조한 것이다.

미국의 메사추세츠 공과대학(MIT : Massachusetts Institute of Technology)의 베리 포젠(Barry R. Posen, 1952~)은 "군사교리가 만일 당시의 정치적 환경이나 적의 능력, 또는 유용한 군사기술 등의 변화에 제대로 대응하지 못한다면, 그리고 국제정치의 경쟁적이고 역동적인 환경에 맞추어 적절히 혁신하지 못한다면 그 국가의 안보에 피해를 줄 수 있고, 전쟁이 발발한다면 패전의 요인이 된다."[4]고 지적하였다. 또한 "군사교리는 국가안보정책이나 대전략의 결정적인 요소이며, 대전략은 정치-군사, 수단-목적의 연결고리로서 한 국가가 자체의 안전보장을 이룩하기 위한 최선의 방법에 관한 이론"[5]이라고

---

2) 네이버, "러시아의 국방정책", 『지식백과』
   https://terms.naver.com/entry.naver?docId=5773162&cid=43860&categoryId=43862, (검색일 : 2022.3.26)

3) 군사교리(Military Doctrine) 개념에 대해서는 군사교리의 개념, 군사교리의 수준 및 역할, 합동교리체계 등에 대하여 정확하게 이해하고 있지 않으면 많은 논란이 있을 수 있다. 각 군간 군사교리에 관한 이해와 시각이 다르기 때문이다. 우리 군은 각 군에서 적용하고 있는 교리를 바탕으로 1990년대 들어 합참 주관으로 한국군의 합동교리체계를 정립하였다. 따라서 본 논문에서는 1990년에 우리 군의 최상위 교리로서 최초 발간했던 『군사기본교리 연구(Ⅰ)』이후 몇 차례 개정을 거쳐 가장 최근에 발간한 『군사기본교리』(합동교범 0, 2014.12) 수준에서 논의하고자 한다. 이에 대한 보다 상세한 내용은 아래의 저서(著書)를 참고바람.
   안재봉, 『새로운 패러다임의 군사교리』, (대전: 충남대학교 출판문화원, 2019)

4) Barry R. Posen, *The Sources of military doctrine : France, Britain, and Germany between the World Wars*(New York : Cornell University Press, 1986), pp.29~31.

5) Ibid.

하였다.

　교리(敎理, Doctrine)라는 용어의 사전적 의미는 종교적인 원리나 이치 또는 각 종교의 종파가 진리라고 규정한 신앙의 체계를 말한다. 이는 신앙의 진리로서 공인된 종교적인 신조라는 의미를 지니고 있지만, 종교계뿐만 아니라 정치, 군사 등 사회의 여러 분야에서도 활용된다. 정치적인 의미로는 정치적 기본방향을 제시하는 중요한 지침이라는 의미를 내포하고 있으며, 대표적인 것으로는 트루먼 독트린(Truman Doctrine)과 닉슨 독트린(Nixon Doctrine)이 있다.

　군사교리(軍事敎理, Military Doctrine)는 교리를 작성하는 기관에 따라 또는 학자들의 관점에 따라 여러 가지로 정의하고 있으나, 한국군의 최고 군령기관인 합동참모본부에서 발간한 『합동·연합작전 군사용어사전』(2014)에 의하면, "군사력으로 국가목표를 달성하기 위하여 공식적으로 승인된 군사행동의 기본원칙과 지침. 권위는 있으나 적용 시에는 판단이 요구됨. 군사교리에는 합동교리와 각 군 교리가 있음."[6]으로 정의하고 있다.

　군사교리를 발간하는 목적은 국가목표를 군사력으로 달성하기 위해 수행하는 군사행동이나 군사력을 운용하는 원칙과 지침을 의미하며, 군사교리는 권위 있는 국가기관에서 발행하지만 실전(實戰)과 실무(實務)에 적용할 경우에는 당시의 상황에 따라 현장 지휘관의 판단에 의해 적용해야 한다고 명시함으로써 융통성(flexibility)[7]을 강조하고 있다. 또한 군사교리는 육·해·공군이 합동으로 적용하는 합동교리와 각 군의 군사력 운용에 적용되는 각 군 교리로 구분되며, 전쟁의 수준과 용병술(用兵術) 체계에 맞도록 기본교리, 작전교리 또는 운용교리, 전술교리 또는 세부 운용교리로 분류한다.

　군사교리의 연구를 통해 강한 군으로 거듭 난 사례는 여러 가지가 있지만, 가장 대표적인 사례가 1982년에 미군의 공지전투(ALB : Air Land Battle) 개념을 창안해 낸 미육군으로부터 찾을 수 있다. 공지전투개념은 냉전기 미국을 중심으로 한 북대서양조약기구(NATO : North Atlantic Treaty Organization) 소속의 국가들에 의해 창안된 작전개념이다. 당시 NATO와 바르샤바조약기구(WTO : Warsaw Treaty Organization)는 가까운 시일 내에 구(舊)동독과 서독의 국경에 위치한 풀다(Fulda) 지역에서 결전(決戰)을 벌일 것으로 상정되었다. 그런데 유럽 대륙에서는 미국의 육군전력은 구(舊)소련은 물론 동독에 비해서도 수적으로 열세였고, 지정학적인 거리의 이격(離隔)으로 반응시간 면

---

6) 합동참모본부, 『합동·연합작전 군사용어사전』, (서울 : 합동참모본부, 2014), p.73.
7) 융통성은 변화하는 상황에 신속하게 적응하여 전장을 원하는 방향으로 조성하도록 하는 특성이다. 융통성은 군사력의 공세적 운용으로 극대화되며, 전장에서 주도권을 확보하고 유지하는 것과 밀접한 관계가 있으며, 융통성을 효과적으로 발휘하기 위해서는 중앙집권적 통제와 분권적 임무수행이 이루어져야 한다.

에서도 불리했다. 따라서 새롭고 획기적인 작전개념과 전술을 창출하지 않고서는 구소련을 상대로 이길 수 없다는 것이 중론이었다.

이에 미국의 정치관료, 학자, 고위 장교들의 힘을 한 데 모았다. 새로운 개념과 군사교리를 연구하여 현존 전투력을 극대화하겠다는 의도에서 미 육군은 1973년에 드퓨이(William E. DePuy, 1919~1992) 장군을 사령관으로 하여 육군훈련교리사령부(TRADOC : United States Army Training and Doctrine Command)[8]를 창설하였다. 미국의 육군훈련교리사령부의 창설은 군사교리 연구에 대한 관심을 확산시켰으며, 특히 월남전 패배의 분석과 중동전쟁에서 기갑부대의 성공적인 운용사례 등을 분석하여 기동전을 바탕으로 한 공지전투의 확산을 가져오는 계기가 되었다.

스태리(Donn A. Starry, 1925~2011) 장군이 이끄는 연구팀은 이러한 새로운 개념의 전쟁을 제3물결전쟁(Third Wave War)[9] 이라는 용어로 설정하고, 새로운 방법으로 사고(思考)하고 싸울 수 있도록 군사교리를 재정립하여 새롭게 정립된 군사교리에 따라 군인들을 훈련시키고, 그들이 필요로 하는 무기체계를 식별해 내는 일에 집중하였다. 이에 힘입어 지상전 연구를 위한 각종 프로젝트와 연구소가 발족되었고 지휘참모대학의 위상이 강화되었으며, 후에 미 육군의 군사교리 개혁의 구심점이 된 고등군사학교의 신설 등이 추진되었다. 또한 군사-전쟁연구 분야에 충분한 예산과 제도, 인력을 투입한 것과 때를 같이하여 다련장포(MLRS : Multiple Launch Rocket System), AH-64 공격형 헬기, A-10 지상공격지원 항공기 등과 같은 우수한 공격형 무기들도 본격적으로 전력화되기 시작했다. 미 육군으로부터 전폭적인 지원을 받아 선발된 장교단들은 풀다(Fulda) 평원에서의 전투를 전혀 다른 방향에서 바라볼 수 있도록 풀다 갭(Fulda Gap)[10] 워게임

---

8) 육군훈련교리사령부는 1973년 7월 1일, 미 전력사령부(FORSCOM : United States Army Forces Command)와 더불어 미 육군의 주요 사령부 중 하나로 버지니아주의 포트 먼로(Fort Monroe)에 창설되었다. 본디 대륙 육군사령부의 부서였으나 베트남전 이후 대륙 육군사령부의 임무가 너무 광범위해짐에 따라 해단(解團)되면서 육군 교육사령부와 육군사령부로 분리됨에 따라, 대륙 육군사령부의 전술개발사령부의 직무이던 개별 훈련임무와 소속 군 교육학교도 물려받게 된 반면, 육군사령부는 본토 육군사령부가 맡고 있던 미 본토 주재 사령부 산하 군단 및 사단들의 작전수행태세 임무를 물려받게 되었다. 주요 임무는 군인들과 지휘관, 그리고 민간 군무원들의 교육 및 훈련, 개발 등을 통해 각 부대들의 작전능력, 부대 구성과 다양한 장비들의 효율적인 통합을 지원함으로써 미 육군을 최상의 군대로 강화시키는 데 있다.

9) 앨빈 토플러(Alvin Toffler)는 제1물결 시대의 전쟁 형태는 백병전이나 근접 전투였고, 제2물결 시대의 전쟁은 대량파괴 또는 대량 살육(殺戮) 전쟁이었으며, 제3물결 시대의 전쟁은 걸프전쟁과 같은 하이테크 전쟁으로 정의하였다.

10) '풀다 갭(Fulda Gap)'이란 1985년 독일에서 가상으로 일어난 나토(NATO)와 바르샤바 동맹(WTO) 국과의 전투를 배경으로 한 전략적 워게임(War Game)을 말한다. 풀다(Fulda) 지역은 독일 영토의 정중앙에 해당되는 곳으로서, 동서남북 어디로든 교통의 요충지에 해당된다. 나폴레옹이 러시아 정벌을 떠날 때 풀다지역을 거쳐서 갔고, 라이프치히 전투에서 패하여 퇴각할 때도 풀다를 거쳐 갔다. 이러한 전략적 요충지로서의 중요성 때문에 동서독 분단 시절에는 풀다가 군사적 요충지이기도 했다. 당시 풀다는 서독 영토의 동쪽 끝, 즉 동독과의 국경에 거의 인접한 도시였다. 당시 소련군이 서쪽으로 침략하는 통로가 될 수 있어서 미군이 풀다를 특히 집중적으로 방어하

을 개발하였다. 이들은 평면적이고 단선적이었던 종전의 전투개념을 탈피하여 공중과 지상의 결정적인 시간과 장소에서 구소련과 바르샤바 조약국들을 상대로 우세를 달성하여 전역(戰役, Campaign)에서 승리할 수 있는 기반을 마련하였다. 그 결과, 미 육군훈련교리사령부의 창설과 함께 1980년대부터 1990년대까지 주요 작전개념으로 자리 잡았던 적극방어와 종심전장(Deep battlefield) 개념의 공지전투교리가 개발되었다. 이는 모토(Motto)나 캠페인(Campaign), 구호와 정책으로서 이루어진 것이 아니라, 군사교리 연구에 대한 투자로부터 시작되었다.

공지전투교리의 핵심은 전투지역을 확대하고, 전장 전체에 걸쳐서 공중과 지상작전의 동시 통합을 강조한다. 주요 개념은 주도권(Initiative), 종심(Depth), 민첩성(Agility), 동시통합성(Synchronization)을 적용하는 것으로서 특히 주도권의 확보를 중시하였다. 공지전투는 과거의 전쟁경험 요소들을 통한 상대적 기동을 중시함에 따라 전략과 전술을 연계시켜 주는 작전술(作戰術, Operational Art) 개념을 도입하였다. 공지전투교리가 처음 등장한 이래로 여러 차례 보완되거나 재정립되었고, 교리의 명칭도 변경되었다. 최초에 정립되었던 공지전투가 적의 후방부대들을 와해시키는 것을 목표로 한 데 반해, 보다 발전된 개념인 공지작전(ALO : Air Land Operations) 교리는 아예 전쟁 초기부터 항공작전을 수행하여 적의 후방부대들이 편성되지도 못하도록 강요하는 개념이다. 이 작전의 연구는 1987년부터 시작하여 사담 후세인이 쿠웨이트를 침공하여 세계를 놀라게 한 지 1년 후인 1991년 8월 1일에야 공식적인 군사교리로 정립되었다. 이 교리의 가장 두드러진 특징은 군사력을 고속으로 적 종심에 투입할 수 있는 역량을 강조했으며, 각 군의 합동작전과 동맹군 간 연합작전의 필요성을 역설하였다. 그리고 주도권 장악 범위의 확대와 시간을 가장 중요한 관심사항으로 제기하면서 동일보조의 동시적 공격(Synchronized simultaneous attacks)과 실시간의 지휘 통제를 강조했다. 또한 지휘관들은 작전 템포(Tempo)를 통제해야 하며, 가장 중요한 것은 개선된 정보 및 통신을 바탕으로 한 지식의 절대적인 중요성을 강조했다.

Ⅲ. 현대전 수행 개념 분석

걸프전 이후 발발한 주요 현대전은 기존의 전쟁 패러다임을 완전히 바꾸어 놓았다. 첨단 과학기술의 발달과 함께 새롭게 등장한 정밀유도무기가 전쟁의 양상을 크게 변화시켰기 때문이다. 전쟁에서 군사작전이 의도하는 바는 궁극적으로 정치적 목적을 달성하기

였고, 이 침략 루트를 도시 이름을 따서 '풀다 갭'이라고 부르기도 한다.

위한 것이며, 정치적 목적은 전쟁 수행의 목적과 전쟁이 수행되는 지역이 사막, 산악지형 등 전장환경에 따라 상이하게 나타났다. 걸프 전쟁, 코소보 전쟁, 아프가니스탄 전쟁, 이라크 전쟁의 특징을 한 눈에 볼 수 있도록 전쟁 목표, 전쟁 원인, 전쟁 기간, 전장 환경, 작전수행 단계, 작전적 특성 및 전력 운용 등을 비교 분석한 전쟁 패러다임의 변화는 〈표 1〉과 같다.

〈표 1〉에서 보는 바와 같이, 걸프전 이후 현대전을 수행하는데 있어, 최초의 개전(開戰) 전력과 초전 승패를 좌우하는 관건은 공중우세와 제공권 확보를 위한 항공우주력이었으나, 전쟁의 목적에 따라 지상 및 해상전력과의 합동작전, 우방국과의 연합 및 다국적군 작전을 수행함으로써 시너지효과를 창출하는 등 작전수행의 효율성과 융통성을 제고하기 위해 다양한 방법을 강구해 왔다. 이와 함께 첨단 과학기술의 발달과 함께 새로운 무기체계가 발달함에 따라 전쟁 수행기간이 획기적으로 단축되었다.

전쟁수행 방식 측면에서 작전 수행 단계를 보면 걸프 전쟁, 코소보 전쟁, 아프가니스탄 전쟁에서는 4단계로 작전을 수행했으며, 이라크 전쟁에서는 3단계로 작전을 수행하였다. 여기에서 공통점은 초전에 정보전, 전자전, 사이버전을 수행하면서 동시에 항공력과 장거리 정밀유도무기를 사용하여 적의 전쟁지휘본부, 지휘통제시설, 방송국 등 핵심 시설을 파괴하여 무력화했다는 점이다. 또한 전쟁의 성격과 전장의 특성에 따라 새로운 개념의 맞춤형 무기체계가 등장하였다. 예컨대, 걸프 전쟁에서는 F-117 스텔스 전폭기를 비롯하여 함정에서 발사하는 순항미사일인 토마호크와 공중발사순항미사일(ALCM : Air Launched Cruise Missile) 등이 사용되었고, 사막지역에 위치한 표적을 효율적으로 공격하기 위해 지하 깊숙이 침투한 후에 폭발하는 벙커 버스터(GBU-28)가 최초로 사용되었다.

정밀유도무기는 걸프 전쟁에서 전체 무장의 7.8%를 사용하였으나 이라크 전쟁에서는 68%를 사용함으로써 정밀유도무기의 사용비율이 급격히 증가하였다. 특히 코소보 전쟁에서는 전장지역이 주로 산악지형임을 고려하여 정밀 유도폭탄인 합동정밀직격탄(JDAM), 합동원거리무기(JSOW : Joint Stand Off Weapon), GBU-24 등이 사용되었으며, 유고정부가 인간방패 등을 이용한 '비대칭전'으로 대항함에 따라 인명피해를 최소화하기 위해 비살상무기인 흑연폭탄 등이 최초로 사용되기도 하였다. 또한, B-2 스텔스 전폭기는 미국 본토로부터 출격하여 폭격 후에 다시 본토로 귀환함으로써, 조종사가 집에서 출퇴근하면서 전쟁을 수행하는 새로운 패러다임의 전쟁수행 방식을 제시해 주었다.

〈표 1〉 전쟁 패러다임의 변화[11]

구 분	걸프 전쟁	코소보 전쟁	아프가니스탄 전쟁	이라크 전쟁
전쟁 목표	쿠웨이트 실지회복	코소보 해방	·탈레반정권 축출 ·카에다 제거	후세인 정권 제거
전쟁 원인	이라크, 쿠웨이트 점령	·세르비아군 침공 ·알바니아계 인종청소	알 카에다, 9·11테러	·후세인, 테러지원 ·WMD 개발 의혹
전쟁 기간	'91.1.17~2.28(42일)	'99.3.24~6.10(78일)	'01.10.7~12.22.(77일)	'03.2.20~5.2(43일) * '11.12.15. 안정화작전 종료
전장 환경	·사막 지형 ·고온 건조 ·페르시아만 연결	·산악 지형 ·대륙성 기후 ·고산지대	·산악 지형 ·대륙성 건조기후 ·내륙지역	·사막 지형 ·고온건조 ·페르시아만 연결
작전 수행 단계	[4단계 작전] ·전략적 항공전역 ·전구내 전과확대 ·지상전역 준비 ·공세적 지상전역	[4단계 작전] ·준비 단계 ·여건 조성 ·유고군 고립 ·유고군 격멸	[4단계 작전] ·여건 조성 ·초지 전투 ·결정적 작전 ·안정화 작전	[3단계 작전] ·전쟁 준비 ·결정적 작선 ·안정화 작전
작전 및 교리적 특성	·항공작전후 지상작전 개시 ·공지작전 교리 적용 ·심리전 수행 ·효과중심작전(EBO) 개념 최초 적용	·EBO 수행 ·외과수술적 정밀타격을 이용한 공중·미사일전 ·Clean war 개념 적용 ·사이버전 수행 * 지상군 미투입	·특수전, 산악전 수행 ·항공력-지상전력 間 긴밀한 합동작전 수행 ·심리전 수행	·EBO 강화 ·전략적 마비 추구 ·공-지 합동작전 확대 ·사이버·심리전 강화 ·RDO 개념 최초 적용 ·도시 CAS 수행
전력 운용 측면	·PGM/스텔스기 운용 ·전자전기 운용 ·사이버전 수행 -해킹 및 바이러스 유포 -적 방어체계 교란 ☞최초 사용 무기체계 -F-117전투기 -GBU-28(벙커버스터), ALCM, 토마호크 등 -패트리어트 유도탄	·무인정찰기 운용 ·연합 정찰위성 운용 ·스텔스 성능 향상 ☞최초 사용 무기체계 -B-2 스텔스 폭격기 -JDAM, JSOW, 흑연폭탄, GBU-24 등	·무인정찰기 본격적 운용 ·공중급유기 운용 확대 -긴급표적 타격능력 신장 ·전자전·심리전 수행 -EC-130 전자전기 운용	·PGM의 GPS 사용 확대 ·PGM 투발수단 확대 ·PAC-3 운용 ·전자전 무기체계 운용 -EMP탄 ☞최초 사용 무기체계 -CBU-105/107
PGM 사용 비율	7.8%	35%	56%	68%

<hr>

11) 안재봉, 앞의 책, p.127.

이라크 전쟁에서는 산재(散在)해 있는 이라크의 전차 및 장갑차를 효과적으로 공격하기 위해 개발된 바람수정 확산탄(WCMD : Wind Corrected Munitions Dispenser)인 CBU-105[12]/107을 최초로 사용하였으며, 해군의 함재기인 F-18 전투기를 전자전기로 개량한 EA-18G(Growler) 전투기가 최초로 운용되었다.

이와 같은 현대전의 수행 방식이 러시아-우크라이나 전쟁에서는 적용되지 않고 있다는 점이다. 러시아-우크라이전 전쟁에 대해서는 다음 장에서 분석하기로 한다.

Ⅳ. 러시아-우크라이나 전쟁

1. 러시아-우크라이나 전쟁 경과

러시아 푸틴 대통령은 2022년 2월 24일 04:50을 기해 우크라이나 수도 키이우를 미사일로 공습함과 동시에 지상군을 전격 투입하는 등 전면 침공을 감행하였다.

푸틴 대통령은 우크라이나 대통령 젤렌스키를 제거하기 위해 '참수 작전' 특수부대를 수도 키이우로 침투시켰고, 젤렌스키를 권좌에서 끌어내리고 친러시아 정권으로 교체하려는 시도로 전쟁을 기획했다. 세계의 군사전문가들은 양측의 전력 차이를 근거로 이 전쟁은 다윗과 골리앗의 싸움으로 비유하면서 러시아가 단기간 내에 승리할 것으로 전망했지만, 전쟁 발발 3주가 지났는데도 아직 끝나지 않았다. 오히려 우크라이나 젤렌스키 대통령의 SNS 등을 활용한 여론전, 심리전 등으로 러시아가 우크라이나에 밀리는 반전이 일어났으며, 이에 따라 러시아는 전쟁의 결과와 상관없이 '이기지 못하면 지는 전쟁'을 수행하고 있다.

현재 전 세계의 많은 언론은 우크라이나 국방부와 시민들이 SNS 등을 통해 올린 영상이나 사진들을 주로 보도하고 있다. 러시아 MI-24 공격헬기가 초저공 비행을 하다 우크라이나군의 MANPADS 대공미사일에 피격된 직후 화염에 휩싸여 추락하는 모습을 포착한 영상은 세계인의 관심을 끌었다. 대전차 미사일 재블린(Javelin, FGM-148) 공격을 받고 처참하게 파괴된 러시아의 전차, 대공미사일에 의해 격추된 러시아의 첨단 전투기 및 헬기, 포로가 된 러시아 병사 등의 모습을 담은 영상이 우크라이나 군 당국은 물론 시민들의 적극적인 SNS 홍보로 전 세계에 신속하게 퍼지고 있다. 새로운 형태의 공보전,

---

12) CBU-105는 바람수정 확산탄으로써 발사 후 디스펜서에서 분리돼 그냥 떨어지는 것이 아니라, 자탄에서 분리된 탄두가 엔진 등 차량이나 전차 등 열원(熱源)을 감지하고, 그 열원을 향해 폭발해 정밀 미사일처럼 정확히 타격할 수 있다. 1발 투하로 최대 40대의 전차를 파괴할 수 있으며, 4만 피트 상공에서 9~10마일 떨어진 곳에 위치한 적 전차부대를 정확하게 공격할 수 있다.

여론전, SNS전이 수행된 것이다.

이번 전쟁에서 가장 주목받는 인물은 단연 우크라이나의 젤렌스키 대통령이다. SNS를 통해 "탄환을 보내 달라."는 그의 호소는 전 세계인들에게 알려졌고, 자진해서 의용군을 자처하는 우크라이나 국내외의 젊은이들이 몰렸으며, 우크라이나에 대한 성금 모금 및 가상화폐 기부도 이어지고 있다. 우크라이나 젤렌스키 대통령이 미 바이든 대통령뿐만 아니라, 미 의회 지도부 및 의원들과 직접 통화를 통해 우크라이나에 대한 지원을 호소하는 장면은 이전의 전쟁에선 볼 수 없었던 장면이었다. 국제 해커 조직인 어나니머스(Anonymous)는 국제 IT의병으로 우크라이나 지원에 나섰고, 세계 각국에서 젊은이들이 국제의용군으로 참여하고 있다. 가짜 뉴스도 성행하고 있는데, 러시아는 전쟁 당위성에 대한 가짜 뉴스에 집중하고 있으며, 우크라이나는 전생 영웅담에 대한 가짜 뉴스를 통해 전투의지를 고양하고 있다. 이제까지 경험해 보지 못한 새로운 형태의 하이브리드전이 수행되고 있는 것이다.

개전 한 달이 지난 지금, [그림 1]에서 보는 바와 같이, 러시아군은 우크라이나군의 강한 저항에 부딪혀 주요 도시 어느 곳 하나 제대로 점령하지 못하고 고전하고 있다.

[그림 1] 러시아-우크라이나 전쟁 상황(2022.3.27. 현재)[13]

13) https://www.bbc.com/news/world-europe-60506682, (2022.3.29)

수도 키이우 포위 시도도 며칠째 진전이 없는 가운데 러시아 군이 후퇴하는 상황이 발생하자, 월스트리트 저널은 러시아군 자체가 대규모 공격을 수행할 준비가 안 돼 있다고 지적하기도 했다. 러시아군은 암호화된 통신장비가 제대로 작동하지 않자 일반 전화나 무전기를 사용함에 따라, 러시아군의 이동경로나 작전이 노출되었으며, 러시아군의 차량 이동시 좁은 간격으로 줄지어 이동하다가 적에게 노출되는 빌미를 제공하여 휴대용 대전차미사일로 공격을 받는 등 막대한 피해를 입고 있다. 또한 전투기, 헬리콥터, 전차 등 주요 전투장비에 피아식별장비와 자체 생존성을 확보할 수 있는 장비가 갖추어져 있지 않아 피격되는 사례가 많았다.

전쟁이 장기화 되면서 탄약과 연료, 식량 보급에도 문제가 생겼고 전투원들의 사기도 크게 떨어져 러시아가 당초 계획한 대로 전개되지 않고 있다. 이에 따라 세계의 많은 군사전문가들은 러시아군이 국면 전환을 위해 민간인에 대한 무차별 공격을 자행하고 있으며, 머지않아 생화학무기와 전술 핵무기를 사용할 가능성도 배제할 수 없다는 점을 우려하고 있다. 그나마 다행스러운 것은 러시아와 우크라이나가 전쟁 중에도 평화협상을 지속하고 있다는 점이며, 2022년 3월 29일(현지 시간) 터키 이스탄블에서 5차 평화협상이 진행 중에 있고, 여기에 전 세계인의 관심이 집중되고 있다.

2. 러시아-우크라이나 전쟁 특징

금번 러시아-우크라이나 전쟁은 이제까지의 현대전 수행 개념에서 보면 이해하기 힘든 방법과 수단으로 전개되고 있어, 많은 군사전문가들의 이목을 집중시키고 있다. 즉 새로운 패러다임의 전쟁이 수행되고 있는 것이다. 과거의 전쟁과 현대전이 혼합되어 있고, 군사와 비군사적 수단이 혼재되어 있으며, 군인과 민병대, 인터넷과 소셜미디어(SNS), 정보전, 사이버전, 민간 위성 등 우주자산을 활용한 전쟁이 융복합적으로 수행되고 있는 것이다. 이와 같은 특징을 군사교리적 차원에서 식별하였다.

가. 전쟁기획 차원에서 러시아의 오판

금번 전쟁에서 러시아군의 가장 큰 실책중 하나가 푸틴 대통령의 오판을 들 수 있다. 푸틴 대통령은 러시아군의 국방력을 너무 과신한 나머지 우크라이나 수도인 키이우를 단기간에 함락시킬 수 있다고 판단했으나, 우크라이나 젤렌스키 대통령과 국민들의 강한 항전의지와 대응으로 러시아의 예측을 깨고 장기전에 돌입하였다. 또한 미국을 비롯한 주요 국가들이 강력한 경제제재에 참여함에 따라 러시아 경제는 깊은 수렁에 빠졌고, 머지않아 국가채무 불이행(Default) 위기를 맞아 전쟁수행능력을 상실할 것이라는 예측이 지배적이다.

더욱 안타까운 것은 러시아군의 군수보급능력이 급격히 떨어져 진격을 제대로 못한다는 것이다. 푸틴 대통령은 단기전을 가정하고 며칠 안에 전쟁이 끝날 것으로 예상했으나, 우크라이나의 강한 저항으로 러시아군의 장비가 우크라이나 영토 곳곳에서 고립되고 있다. 전투원에 대한 식량 보급이 끊기고 기동장비에 대한 연료가 고갈됨에 따라 러시아군은 수송 차량, 전차, 장갑차, 미사일 등을 유기하거나 방치하고 있다. 그나마 기동할 수 있는 전차, 장갑차량 등이 포장도로로 이동하게 되면 우크라이나 군에 쉽게 노출되어 재블린 대전차미사일로 무장한 우크라이나 민병대에 의해 공격을 받는 사례도 빈번했다.

러시아는 300여만 명의 정규군과 예비군을 보유하고 있는 국가지만 광활한 국경으로 인해 모든 병사들을 우크라이나에 배치할 수는 없었다. 금번 우크라이나 침공시 25만 명 정도가 투입된 것으로 추정되나 이 중에는 체첸군이나 시리아군 그리고 전투훈련 경험이 없는 사관생도, 계약병, 징집병, 국제의용군 등이 포함된 것으로 알려지고 있다. 반면 우크라이나 군은 젤렌스키 대통령의 SNS를 통한 전쟁 수행 독려와 사기진작으로 정규군과 세계 각국에서 몰려든 민병대가 합심하여 효율적으로 전투를 수행하고 있다.

나. 새로운 형태의 하이브리드전(Hybrid Warfare) 수행

러시아-우크라이나 전쟁은 걸프전 이후 자리 잡았던 현대전의 특성, 즉 적의 지휘통제시설, 방공체계, 전쟁지도부 등을 집중적으로 타격하여 무력화하는 형태의 전쟁수행방식을 배제하고 [그림 2]에서 보는 바와 같이, 새로운 형태의 하이브리드전을 전개하였다.

[그림 2] 하이브리드전 형태[14]

현대전 수행 개념 관점에서, 전쟁이 발발한 직후 대부분의 군사전문가들이나 전 세계 여론은 러시아의 압승을 예상하였다. 그렇지만 우크라이나는 국가총력전을 전개하여 전 세계의 예상과는 다르게 정규전, 비정규전, 사이버전, 정보전, 경제전, 외교전 등을 융복합한 하이브리드전으로 공격하는 러시아를 상대로 선전하고 있다. 하이브리드전은 기존의 정규전과 비정규전의 이분법적인 사고에서 벗어나 대리행위, 범죄행위, 그리고 사이버 공격까지 포함하는 다양한 형태의 작전들이 동시에 복합적으로 전개되는 특징을 갖는다. 이는 기존의 '제4세대 전쟁'이나 '복합 전쟁' 이론 보다 발전된 개념이다.15)

특히 주목할 점은 비인도적 전쟁에 대한 글로벌 차원의 정부, 금융기관, 테크기업들의 전방위 다차원적 대응을 들 수 있다. 러시아가 우크라이나를 침공한 이후 미국과 유럽 등 서방 세계는 전방위적 제재를 실시하였다. 주요 금융기관의 자산을 동결하고, 서구 자금에 대한 러시아의 접근을 차단했다. 또한 주요 금융기관을 국제금융결제망(SWIFT)에서 퇴출했고, 미국 기술이 사용된 반도체의 러시아 수출을 금지했다. 이에 발맞추어 주요 테크기업들도 러시아 제재에 나섰다. 전 세계적 기업 메타(Meta Platforms)의 CEO 마크 주커버그(Mark Zuckerberg)는 러시아 국영 매체가 페이스북과 인스타그램에 광고를 싣거나 수익을 창출하지 못하게 막았다. 폭력을 조장하는 발언을 금지하는 콘텐츠 정책도 러시아에 대해서는 완화했다. 트위터도 허위정보를 막기 위해 우크라이나와 러시아에서 광고를 중단하였다. 러시아 국영 미디어 기사를 링크한 트위터에는 경고를 보냈고, 조직적으로 친러 트윗을 올린 계정은 정지시켰다. 구글과 유튜브로 러시아 국영 미디어 계정의 수익화를 차단하고 넷플릭스는 러시아 서비스를 중단했다. 뿐만 아니라 애플, 삼성전자, 인텔도 러시아에서 제품 판매를 중단했으며, 비자와 마스터카드도 러시아에서 사용할 수 없게 되었다. 세계 인터넷 트래픽의 25%를 처리하는 글로벌 기간 통신사 중 하나인 코젠트는 러시아 국영 통신기업 로스텔레콤과 트랜스텔레콤과의 접속을 끊었다. 이와 같은 모든 조치는 비인도적 전쟁에 대한 항의 표시일 수도 있으나, 가장 큰 이유는 사이버 공작에 능한 러시아가 소셜미디어를 통해 정보공작을 하지 못하게 막으려는데 있다.16)

---

14) https://www.geopolitica.ru/en/article/hybrid-warfare-hybrid-lawfare, (검색일 : 2022.3.19)
15) https://terms.naver.com/entry.naver?docId=6597826&cid=60344&categoryId=60344, (검색일 : 2022.3.19)
16) 이코노미스트, "러시아-우크라이나 전쟁의 나비효과…인터넷에 국경 그어질까?", 『이코노미스트』2022년 3월 25일자.
https://economist.co.kr/2022/03/19/column/expertColumn/20220319180006491.html, (검색일 : 2022.3.27)

다. 우크라이나-NATO의 상호운용성(Interoperability)[17] 효과

NATO는 냉전 이후, 대규모 군의 상시 운용 개념에서 탈피해 군대 규모를 축소하되, 위기가 발생할 경우에 점증적으로 대응하는 개념을 발전시켰다. 그 중에 하나가 NATO 의 신속대응군(Response Force)[18]이다. 이에 맞춰 부대 편성도 국가 단위 대신 전투기능 단위로 제대를 구성하는 방식으로 개편하였다. NATO의 상호운용성은 전략, 작전, 전술적 목표를 달성하기 위해 동맹국이 긴밀하게 연결돼 효과적이고 효율적으로 행동할 수 있도록 하는 모든 능력을 의미한다. NATO는 상호운용성을 제고하기 위해 정보 지원, 지휘체계, 계급구조, 무기체계, 장비 및 물자, 언어, 문화 등을 총체적으로 고려하여 증진시키며, NATO 가입을 희망하는 국가는 기존의 동맹국과 상호의존성을 증진하기 위해 지체적으로 군의 개혁을 요구 받기도 한다.[19]

우크라이나는 2014년 러시아의 크림반도 강제병합을 계기로 NATO 가입 의사를 피력한 바 있고, 정치적 파트너십에 머물지 않고 실질적 군사협력을 통한 높은 수준의 상호운용성 확보를 위해 연합훈련을 실시하는 등 다각적인 노력을 경주해 왔다. 금번 전쟁에서 우크라이나가 군사전문가들의 예상을 깨고 선전하고 있는 이유 중의 하나가 바로 상호운용성에서 찾을 수 있다. NATO가 보유하고 있는 강력한 팀워크, 연합훈련을 통한 우수한 통합작전 수행 능력, 우주자산을 이용한 다양한 ISR 정보지원, 지휘통제능력 신장, 무기체계 및 장비의 호환, 민간 IT 기술 활용 등을 통해 효율적으로 항전하고 있다.

라. 러시아 첨단 항공우주력[20]의 무용지물론(無用之物論) 초래

---

17) 상호운용성(Interoperability)이란 서로 다른 체계 또는 부대, 각 군 간에 정보, 서비스, 무기체계 등을 교환 사용하여 효과적으로 작전에 기여하도록 하는 특성과 능력을 말한다,
합동참모본부(2014), 앞의 책, p.251.
18) NATO의 신속대응군(NATO Response Force)은 북대서양 조약 기구가 2002년 창설한 다국적 군사 조직으로, NATO의 단일 작전권 아래에 두는 최초의 부대이다. 전 세계 어디든지 5일 안에 1차 선발부대를 투입할 수 있고, 나머지 병력은 약 1개월 이내에 배치할 수 있다. 도널드 럼즈펠드 미국 국방장관이 기획하였으며, 2002년 11월 프라하에서 열리는 나토 정상회의에서 조지 부시 대통령이 대응군 창설을 정식 제안하였다.
https://ko.wikipedia.org/wiki/NATO_%EB%8C%80%EC%9D%91%EA%B5%B0, (검색일 : 2022.3.26)
19) 황윤임, "러시아-우크라이나 전쟁을 통해 본 상호운용성의 중요성", 『국방일보』, (서울 : 국방일보사), 2022년 3월 24일자.
20) 러시아의 항공우주군(Воздушно-космическими силами)은 러시아의 공군 장거리 공군 연합, 전선 공군 연합, 군사 수송 항공군 연합, 공군 예비군, 방공군, 우주군 등으로 구성되어 있으며, 구소련 공군과 방공군의 후신으로서, 두 군종을 통합시켜 계승했다. 또한, 육군항공대가 보유하고 있던 헬기 전력도 2003년부터 공군으로 통합되었다. 2015년 8월 1일부로 독립 군종이던 우주군이 공군 예하로 통합되었고, 공군의 정식 명칭도 '항공우주군'으로 변경되었다.
https://namu.wiki/w/%EB%9F%AC%EC%8B%9C%EC%95%84%20%ED%95%AD%EA%B3%B5%EC%9A%B0%EC%A3%BC%EA%B5%B0, (검색일 : 2022.3.26)

금번 전쟁에서 가장 큰 특징은 러시아의 항공우주군(Воздушно-космич ескими силами)이 우크라이나 공군보다 훨씬 많은 전투기와 최첨단 전투기를 보유하고 있음에도 불구하고 우크라이나에서 제공권(공중우세)을 확보하지 못하고 있다는 점이다. 전쟁이 발발한지 한 달이 지난 3월 24일 현재, 러시아와 우크라이나 항공력의 손실이 이를 입증해 주고 있다. 러시아 측이 주장하는 항공기 손실은 고정익 항공기 15대, 헬리콥터 35대이지만, 우크라이나 공군이 주장한 바에 따르면 러시아군의 고정익 항공기 81대, 헬리콥터 95대가 손실되었다. 반면 우크라이나 공군은 고정익 항공기 12대, 헬리콥터 1대가 손실되었다.[21]

그럼, 왜 이와 같은 현상이 발생하였을까? 현대전 교훈을 분석하는 프리즘으로는 이해하기 어렵다. 현대전에서 승리를 달성하기 위한 필수적 요소는 초전에 제공권을 확보하는 것이다. 러시아는 제공권을 초전에 확보하지 못한 탓에 지상군의 침공 및 진격에 차질이 생겼고, 이로 인해 조기경보통제기와 폭격기 운용, 공수부대 투입에 제한을 받았다.

러시아 항공우주군은 Look down 광역 감시 및 조기경보통제능력을 보유하고 있는 A-50M AWACS를 보유하고 있고, 80여 대의 SU-35S 공중우세임무 전투기와 110여 대의 SU-30SM(2) 다목적 임무 전투기를 보유하고 있어, 공세제공(OCA) 임무와 방어제공(DCA) 임무가 가능했으나 전쟁 초기에 제공권 장악과 적의 전략목표 타격임무를 제대로 수행하지 못했다. 그 이유는 여러 가지가 있겠지만 우크라이나의 방공체계, 조기경보체계, 지휘통제시설 등을 파괴할 수 있는 정밀유도무기(PGM)가 절대적으로 부족하여 첨단 전투기가 무용지물에 불과했다. 정밀유도무기가 아닌 일반폭탄(GP)을 사용하다보니, 전투기가 상대적으로 생존성에 취약한 저고도 전술을 구사할 수밖에 없었고, 이 때 우크라이나 측의 MANPADS 대공미사일에 의해 첨단 전투기가 격추되는 수모를 겪었다. 또한 러시아 지상군이 운영하는 지상기반 SAM의 활동으로 인해 러시아 항공우주군의 대규모 출격을 안전하게 수행할 정도로 피아식별장비(IFF)가 충분하지 못했고, 각 군간 합동작전수행능력 부족, 공지통신체계 미비, 공지합동작전을 수행할 만큼 숙달된 훈련이 미흡했다.

또 하나 중요한 것은 러시아 항공우주군이 보유하고 있는 첨단 전투기 조종사들의 연간 비행훈련시간이 절대적으로 부족하여 실전에서 비행기량을 제대로 발휘할 수 없었다. 러시아 조종사들의 평균 연간 비행훈련시간은 100~120시간으로 비교적 장시간 체공임

---

21) David roza, After training together for years, Air Force pilots are watching Ukrainian friends fight for their lives, 『TASK & PURPOSE』, 2022.3.23. https://taskandpurpose.com/news/ukraine-air-force-pilots-fight-russia/?fbclid=IwAR0s3cbzaBhy0 d5K79nna9_13rD-QrToW9kTmZxG5Vu9hbRM4vLf866CTts, (검색일 : 2022.3.29)

무를 수행하는 수송기, 헬리콥터 조종사를 제외하면 전투기 조종사들의 비행시간은 평균 100시간 미만이 될 것으로 추정된다.[22]

또한 보급물자 수송이나 주요 목표물을 타격하기 위해 저공비행 중인 헬리콥터 분대가 우크라이나 시민군에게 MANPADS 대공무기로 피격당하는 일이 발생하였다. 우크라이나 의용군은 민수용 드론을 띄워서 전황을 살핌으로써 이를 저지하지 못한 러시아군은 정보의 우위마저 우크라이나 군에 내주었다. 러시아가 사용하고 있는 전용 GPS 위성항법체계인 GLONASS(Global Navigation Satellite System)가 우크라이나 군에 해킹되어 상용 GPS를 항법용으로 사용하면서, GLONASS의 지원을 받는 정밀유도무기의 사용이 제한되었고, 지상에서 기동하는 전차 또한 잘못된 정보를 제공받아 기동에 심각한 장애를 받기도 하였다.[23]

반면 우크라이나 공군은 러시아 항공우주군 전투기에 비해 15:1이라는 숫적 열세에도 불구하고 강한 면을 보여 주었다. 그 이유는 우크라이나 공군 조종사들의 항전의지와 공지통합작전 수행능력 그리고 우수한 비행기량을 들 수 있다. 우크라이나 공군은 1993년부터 미국에서 미 공군 전투조종사들과 지속적인 정보 교류와 함께 연합 공중전투훈련을 실시해 왔으며 미국, 폴란드 공군과도 'Safe Skies' 연합훈련을 실시해 오고 있었다. 또한 NATO 공군과도 연합훈련을 실시하면서 우수한 비행기량을 축적해 왔고, 그 과정에서 서방의 진화된 전술교리를 적용해 왔다.[24] 이렇듯 양국 간 조종사들의 정신력과 전투의지, 비행기량, 그리고 제공권을 획득하기 위한 전술교리 차원에서도 우크라이나 공군이 러시아 공군을 앞섰다.

마. 사이버 및 정보전의 중요성

현대전에서 사이버전, 정보전은 전쟁의 승패를 좌우했다. 국제 해커 조직인 어나니머스(Anonymous)는 2월 24일 개전과 동시에 러시아에 사이버전쟁을 선포하였다. 이들은 25일 러시아 국방부 데이터베이스를 해킹했고, 이어서 러시아 정부의 웹사이트와 관영

---

22) 영국 공군(RAF), 미 공군 전투기 조종사들의 연간 비행훈련시간은 180~240시간이며, 여기에 더하여 전투기 환경과 유사한 시뮬레이터 비행훈련 시간을 합치면 러시아 항공우주군 전투기 조종사들보다 훨씬 많은 시간을 실전과 같은 훈련에 집중하고 있다. Justin Bronk, *"The Mysterious Case of the Missing Russian Air Force"*, RUSI, 28 February 2022.
23) Justin Bronk, *"Ukrainian Air Defence Options in the Event of a Russian Attack"*, RUSI, 8 February 2022.
24) David roza, *op.cit.*
https://taskandpurpose.com/news/ukraine-air-force-pilots-fight-russia/?fbclid=IwAR0s3cbzaBhy0d5K79nna9_13rD-QrToW9kTmZxG5Vu9hbRM4vLf866CTts, (검색일 : 2022.3.29)

언론에 대한 디도스 공격을 감행했다. 26일에는 러시아의 국영방송을 해킹하여 우크라이나 국기가 휘날리고 국가가 울려 퍼지게 하였다. 3월 2일에는 러시아 군사위성과 위성업무를 총괄하는 우주국을 해킹하여 통제했으며, 이를 통해 러시아 전쟁지도부와 전선사령부와의 실시간 소통이 제한 받았고 러시아 정부는 우크라이나에 대한 사이버 공격보다는 자국의 사이버 방호에 치중하였다.25) 이로 인해 러시아는 기술정보와 지형공간정보를 얻을 수 없었고, 전술적인 정보습득 또한 제한된 상태이다. 이제 사이버전도 지상과 공중을 넘어 우주 영역까지 확장되었다.

러시아는 정보전에서 완패하여 위성조차 사용하지 못한 반면, 우크라이나는 스페이스 X 민간위성 등 서방국가의 군사·비군사적 정보력을 통해 러시아군을 능가할 수 있었다. 급기야 3월 10일에는 러시아 전쟁지휘소의 C41SR체계를 구성하는 암호장비를 우크라이나 측에게 해킹 당했다. 러시아군은 마치 권투선수가 눈을 가리고 싸우는 격이 된 것이다. 러시아는 우크라이나를 침공하기 이전에 세 차례에 걸쳐 정부 부처, 국영 은행 등에 대한 디도스 공격과 랜섬웨어로 데이터 삭제 등 사이버전을 광범위하게 수행하였음에도 불구하고, 우크라이나가 빠르게 복구한 이유는 우크라이나의 우수한 사이버 복원력과 국제협력에 의한 신속한 복구, 글로벌 리더십 등을 들 수 있다.

바. 새로운 무기체계의 시험장

통상적으로 새로운 무기체계가 개발되면 전쟁을 통하여 소개되면서 실전경험을 축적해 오고 있다. 금번 러시아-우크라이나 전쟁에서도 예외는 아니다. 우크라이나가 터키로부터 수입한 TB-2 바이락타르 무장 UAV의 활약이 컸던 것도 그 중 하나다. 이 무인기는 길이 6.5m, 날개폭 12m로, 최대 속도는 시속 220㎞이며, 27시간 비행이 가능하다. 무장능력은 4개의 대전차미사일이나 로켓, 정밀유도무기를 탑재할 수 있다. 우크라이나는 TB-2로 러시아군 전차의 기동을 제한하는데 상당한 역할을 했으며, 러시아의 지대공 미사일포대를 격파하는 전과를 올렸다. 이 또한 러시아가 우크라이나에서의 제공권을 확보하지 못한 결과이다.

또 하나는 러시아군이 극초음속 미사일을 최초로 사용하였다. 음속의 5배 이상 속도로 사실상 요격이 불가능해 '게임 체인저'로 불리는 극초음속 미사일 '킨잘(Kinzhal)'을 우크라이나 서부 이바노 프란키우스크 지역에 있는 우크라이나군의 미사일과 항공용 탄약

---

25) https://terms.naver.com/entry.naver?docId=6597826&cid=60344&categoryId=60344, (검색일 : 2022.3.19)

지하 저장고를 파괴하기 위해 최초로 사용하였다. 킨잘 미사일은 2018년 푸틴 러시아 대통령이 직접 발표해 세상에 공개된 극초음속 미사일로 전술 핵탄두도 탑재할 수 있어, 큰 파장을 일으키고 있다.

사. 장비의 생존성과 전장(戰場)에서 지휘관 동선의 중요성 입증

금번 러시아-우크라이나 전쟁에서 러시아의 첨단 전투기가 휴대용 대공미사일에 의해 격추되었고, 저공 비행중인 헬리콥터가 휴대용 대공미사일에 의해 피격되었다. 지상작전을 수행하는 많은 전차가 재블린 대전차미사일에 의해 피격을 받은 사례도 많았다. 그 이유는 여러 가지가 있겠지만 공중전력의 경우에는 지대공 미사일이나 휴대용 대공미사일에 효율적으로 대응할 수 있는 재밍(jamming) 장비나 지향성 적외선 방해장비(DIRCM : Directional Counter Measures) 등이 구비되어 있지 않았거나 미흡했을 개연성도 배제할 수 없다. 또한 전차의 경우에도 대전차 미사일과 대전차 로켓에 효율적으로 대응할 수 있는 능동방호체계(Active Protection System)가 제대로 구비되어 있지 않아 피해를 키운 것으로 추정된다.

또한, 러시아-우크라이나 전쟁을 일컬어 '장군들의 무덤'또는'탱크의 무덤'이라는 말도 있다. 탱크의 무덤이라는 말이 나오게 된 배경은 앞에서 소개한 바 있으며, 장군들의 무덤이라는 말은 금번 전쟁에 참여하고 있는 러시아 장군이 총 20명인데, 그 중에서 7명이 우크라이나 저격수에 의해 사살된 것을 두고 말한다. 이렇게 많은 장성들이 저격을 당한 이유는 러시아군의 구조상 지휘관인 장성들이 모든 책임을 지고 의사결정을 하는 중앙집권적인 체제이다 보니, 전투원들의 사기진작을 위해 장성들이 최전선에 나가게 되었고, 반면 우크라이나 군은 적군 지휘관(장성)들의 동태를 면밀히 파악하는 특수정보팀을 운영하고 있어 적 지휘관의 동선을 세밀하게 파악하여 저격수를 투입했기 때문이다.

IV. 시사점 및 정책 제언

1. 시사점

금번 러시아-우크라이나 전쟁은 기존의 현대전 개념을 완전히 바꾸어 놓았다. 즉 과거의 재래식 전쟁 수행방식과 현대전 수행개념을 총망라하여 군사적 수단과 비군사적 수단, 군사력과 기술력·정치력·경제력을 바탕으로 정규전과 비정규전, 미디어전, 사이버전,

정보전, 전자전, 우주전, 여론전 등이 혼재된 새로운 형태의 하이브리드전이 수행되고 있다. 금번 전쟁을 한국의 국가안보와 새로운 정부의 국방혁신 차원에서 식별한 시사점은 다음과 같다.

첫째, 새로운 형태의 하이브리드전에 전방위적으로 대비해야 한다. 러시아-우크라이나 전쟁에서 수행되고 있는 하이브리드전은 기존의 개념을 뛰어 넘어 매우 광범위하고 포괄적으로 진행되고 있다. 그럼에도 불구하고 민새 대한민국 군의 최고 수준의 군사교리인 『군사기본교리』와 『합동·연합작전 군사용어사전』에서조차 하이브리드전에 대한 개념을 명시하지 않고 있다. 즉 하이브리드전에 대한 명시적인 개념 정립은 물론, 수행방법, 대비방법 등에 대해 구체적으로 정립되지 않은 채, 담론으로만 형성되고 있다는 점이다. 차제에 군사-비군사, 우주-사이버 영역을 포함하여 광의의 하이브리드전 개념에 대한 심층적인 연구와 한국적 상황에 적합한 수행개념 및 대비책이 신속하게 전방위적으로 강구되어야 할 것이다.

둘째, 북한에 대한 군사대비태세의 패러다임을 완전히 전환해야 한다. 우크라이나는 냉전 종식 직후 미국, 러시아에 이어 세계에서 세 번째로 많은 핵무기 보유국이었다. 당시 구소련의 핵무기 보관소였기 때문이다. 그런데 소련이 붕괴되고 우크라이나가 독립되면서 우크라이나의 핵무기는 2012년에 러시아로 넘겨지게 되었고, 핵무기를 넘겨주고 1년 뒤에 러시아의 공격을 받아 크림반도를 내 주었다. 이번 러시아의 침공을 두고 만약에 우크라이나가 핵무기를 보유하고 있었다면 러시아가 침공했겠느냐고 반문하는 사람들도 없지 않다. 북한은 금번 러시아-우크라이나 전쟁을 반면교사로 핵 보유국으로서의 지위를 확보하려는 노력을 지속할 것으로 예상된다. 그동안 북한이 견지해 온 '우리식 자주국방'을 내세우며 현 상황을 활용하여 대외적으로는 중국과 러시아와의 관계를 강화하고, 대내적으로는 자주국방 강화와 우주개발을 명분으로 미사일 실험을 지속할 것이다. 아울러, 국제정세를 관망하다가 협상의 유리한 상황 조성을 위해 결정적인 시기에 핵실험을 감행할 수도 있다. 따라서 새롭게 시작하는 정부에서는 현 정부의 대북정책으로부터 과감히 탈피하여 강력한 억제력을 바탕으로 북한의 오판을 방지할 수 있는 새로운 패러다임의 대북정책을 강구해야 한다.

셋째, 굳건한 한·미 동맹을 강화해야 한다. 미국의 인도·태평양지역 중시전략에도 불구하고 중국과 대만 관계가 악화될 경우 중국-대만 간 분쟁 가능성도 배제할 수 없다. 미국은 대만해협을 통해 중국을 적극적으로 견제하고 있다. 3월 18일 조 바이든 미국 대통령은 중국의 시진핑 주석과 전화 통화에서 중국의 대만해협 도발 가능성에 대해 우려하면서 "대만해협 내 분쟁에 대해 반대한다."고 밝혔다. 러시아와 국경을 맞대고 있는 우크라이나와는 달리, 중국과 대만은 폭 180km의 해협을 사이에 두고 있어, 중국의 도발을 사전에 억제할 수 있다는 점을 강조한 것이다.26) 우리는 여기에 주목하지 않을 수 없다. 현 정부의 북한 및 중국 친화적인 정책으로 인해 상대적으로 혈맹인 미국과의 관계가 느슨해 진 것은 사실이다. 그러나 금번 러시아-우크라이나 전쟁에서 미국을 비롯한 유럽 국가들의 러시아에 대한 민첩한 경제제재는 동맹의 중요성을 입증해 주고 있으며, 경제제재 당사국인 러시아에 치명타를 주면서 러시아군의 전쟁 수행능력을 급격히 저하시키고 있다. 국제사회에서 미국의 강력한 힘과 리더십이 작용한 결과이다. 따라서 차제에 군건한 한·미 동맹을 더욱 강화해 나가야 한다.

넷째, 군사전략과 군사교리를 통한 강도 높은 국방혁신을 추진해야 한다. 그동안 국방개혁은 4차 산업혁명기술의 적용, 우주력 구축 등 새로운 기술의 발전과 현대전 교훈을 바탕으로 지속적으로 추진해 왔다. 또한 새로운 정부가 출범할 때마다 국방개혁을 강도 높게 추진해 왔다. 그럼에도 불구하고 대부분 용두사미로 끝나고 말았다. 그 이유는 여러 가지가 있겠으나 가장 중요한 것은 보여 주기식 국방개혁, 또는 답을 정해놓고 추진하는 형식의 국방개혁을 추진해 왔기 때문이다. 예컨대 노태우 정부에서는 육군 중심의 통합군제를 추진하다가 실패했으며, 노무현 정부에서는 전시작전통제권 전환을 목표로 국방개혁을 추진했으나 미완으로 끝났다. 이명박 정부에서는 북한의 천안함 피격사태와 연평도 포격사건을 계기로 우리 군의 상부지휘구조를 효율적으로 개편한다는 명분으로, 노태우 정부에서 추진하다 실패했던 통합군제를 재추진하였으나 실패하였다. 문재인 정부에서는 노무현 정부에서 추진하다가 미완으로 끝났던 "국방개혁 2020"을 구현한다는 명분으로 "국방개혁 2.0"으로 명명하고 국방개혁을 추진하였다. 그러나 병사봉급 인상, 군인권 개선, 병사들에게 휴대전화 개방 등 주로 병사들의 복지에 중점을 두고 실시한 결과, 오히려 군이 약화되었다는 평가를 받고 있다. 그동안 정부에서 추진해 왔던 국방개혁이 용두사미로 끝나거나 미완으로 종료된 데에는 여러 가지가 있겠으나 한국군의 싸우는 방법, 즉 군사전략과 군사교리의 현실적 정립에 소홀했다는 점이다. 따라서 금번 러시아-우크라이나 전쟁을 비롯한 현대전을 종합적으로 분석하여 한반도 안보상황에 적합한 군사전략과 군사교리의 재정립을 바탕으로 실질적인 군사혁신 추진이 무엇보다 중요한 시점이다.

마지막으로 중요한 것은 한국군의 무기체계를 총체적으로 점검하여 현존전력을 극대화하고 미래전 수행전력을 중·장기적으로 구축해야 한다. 지난 1월 공군의 F-5 전투기 사고를 계기로 노후전투기 교체 필요성이 제기 되었다. 공군 뿐만 아니라 정치권, 당시

---

26) 세계일보, "'대만과 우크라이나는 다르다'…중국·대만, 같은 말 다른 속내", 『세계일보』, 2022년 3월 22일자.

대통령 후보로서 유일하게 순직한 조종사 유가족을 조문한 윤석열 후보도 그 자리에서 노후전투기의 교체 필요성을 언급했다. 노후 장비 및 무기체계 문제는 공군에만 해당되는 것이 아니다. 매년 국정감사때만 되면 이와 같은 문제점이 노정되지만 개선되지 않고 있는 것이 현실이다. 육군의 경우 K 시리즈 전차중 상당수가 노후화되어 'Fight tonight?'에 많은 문제점이 있으며, 해군의 경우도 많은 장비 및 무기체계가 노후화 되어 있다. 차제에 우리 군이 보유한 무기체계의 강·약, 민약, 유규 등을 총체적으로 점검하여 현존전력을 극대화해야 한다. 이와 함께 현재 추진하고 있는 425위성과 연계하여 초소형 군집위성 등 ISR 자산을 확충하고, 주요 무기체계의 생존성 제고를 위해 공중전력에 대해서는 지향성 적외선 방해장비(DIRCM)을 보강하고, 지상 및 해상전력에 대해서는 능동방호체계(APS) 등 자체 생존장비를 다각적으로 강구해야 한다.

2. 정책 제언

러시아-우크라이나 전쟁을 계기로 국가안전보장에 대한 관심이 새롭게 부각되고 있다. 국가안전보장이란 국가의 궁극적인 목적인 생존과 번영을 추구하는 데 있어 기본적으로 필요한 국가의 안전과 평화가 확보된 상태를 의미한다. 국가는 국가목표를 달성하고 국가가 추구하는 제(諸) 가치를 보존 또는 향상시키기 위하여 정치·외교, 정보, 군사, 경제, 사회·문화, 과학기술 등 국가안보의 요소들을 종합적으로 운용해야 한다. 국가는 이러한 요소들을 통하여 당면한 위협을 효과적으로 배제하고, 장차 발생할 수 있는 위협을 미연에 방지함은 물론, 불의의 사태 발생에 적절히 대체할 수 있는 것이다. 이 같은 관점에서 국가안전보장은 아무리 강조해도 지나치지 않다.

현 상황은 국내외적으로 매우 엄중하다. 국외적으로는 러시아-우크라이나 전쟁, 코로나 팬더믹, 코로나로 인해 침체된 경제 부흥을 위한 포스트 코로나 상황 대비 등 어려운 상황에 직면해 있으며, 국내적으로는 코로나 상황 극복과 함께 새로운 정부의 출범을 앞두고 있는 대전환기이다. 이에 따라 엄중한 현 상황을 직시하여 이를 효율적으로 타개할 수 있는 방안으로 국가안보와 국방혁신 차원에서 제시한 정책제언은 다음과 같다.

먼저, 국가안보 차원에서의 정책 제언으로
o 현존하는 북 핵·미사일 위협과 미래 불특정 위협, 초국가적 위협에 능동적으로 대비하기 위해 신정부 출범과 동시에 국가안보전략서 등 기획문서 조기 발간 : 『국가안보전략서』(국가안보실 발간)-『군사전략서』(합참 발간)-『군사기본교리』(합참 발간) 간 상

호연계성 견지 하 발간

o 북 핵·미사일 위협에 효율적으로 대비하기 위해 현 정부에서 미진했던 3K전략 및 전
  력체계 지속 발전
  * 3K : 킬체인(Kill Chain), 한국형 미사일 방어(KAMD), 대량응징보복(KMPR)
o 강력한 억제력 확보 : 북한이 자주국방을 명분으로 핵과 미사일 전력을 지속 개발할
  것에 대비, 북한의 도발 의지를 좌절시킬 수 있는 실시간 ISR능력과 적의 전략적 중심
  (Center of gravity) 타격할 수 있는 독침전력과 역 비대칭전력 확충
  * 독침 전력 : 유사시 적의 리더십을 정밀 타격할 수 있는 장거리 정밀유도무기
  * 역 비대칭전력 : 북한의 핵·미사일전력을 무력화 할 수 있는 사이버전력, ISR전력,
  국방우주력, 잠수함, 정밀지대지미사일 등

국방혁신 차원에서의 정책 제언으로는

o '국방개혁'이라는 용어 대신 '국방혁신'으로 개정하여 사용 : 신정부가 출범할 때마다
  추진해 왔던 '국방개혁'이라는 용어는 국민들에게 식상한 느낌을 주는 바, 이를 '국방
  혁신'으로 수정하여 사용하는 방안을 제안함.[27]
  * 개혁과 혁신의 사전적 의미 : 개혁(改革, Reform)이란 제도나 기구 따위를 새롭게
  뜯어 고치는 것을 말하고, 혁신(革新, Innovation)이란 묵은 풍속, 관습, 조직, 방법
  따위를 완전히 바꾸어서 새롭게 한다는 의미를 내포하고 있음.
o 국방혁신 추진 방식 : 현 정부의 안보관에 대한 국민적 우려를 불식시키기 위해 현
  국방상황에 관한 실태진단을 통해 국방혁신 추진방향을 설정한 후, 강도 높은 국방혁
  신 추진
  * 러시아-우크라이나 전쟁을 종합적으로 분석하여 대한민국의 국가안보에 주는 시사
  점을 토대로, 국가안보 및 국방 전문가들을 통해 현재의 국방여건 및 군사대비태세를
  총체적으로 점검하고 진단하여 향후 추진해야 할 국방혁신 목표와 방향을 수립하여 실

---

27) 그동안 새로운 정부가 출범할 때마다 강도 높은 국방개혁을 추진해 왔으나 대부분 성공하지 못했다. 그 이유
는 여러 가지가 있으나 논자의 입장에서 분석해 볼 때, 방법론 측면에서 현상을 정확히 진단하여 그 처방으로 국방
개혁을 추진하지 않고 미리 목표(답)를 정해 놓고 밀어 붙이다 보니 미완(未完)으로 끝난 것이다. 예컨대, 노태우
정부에서 추진했던 '818계획'의 핵심은 통합군을 추진하는 것이었으나 실패했고, 노무현 정부에선 '국방개혁
2020'으로, 그 핵심은 전작권 전환이었으나 목표를 이루지 못했다. 이명박 정부에서는 '307계획'으로, 당시 천안
함 피격사건과 연평도 포격사건을 계기로 군정과 군령으로 분리되어 있던 상부지휘구조를 바로 잡는다는 명분으로
통합군을 추진했으나, 뜻을 이루지 못하였다. 이렇듯 실패할 수밖에 없었던 이유는 국방개혁은 국방정책(What to
do?), 군사전략(How to win?), 군사교리(How to fight?)가 삼위일체(三位一體)로 동시에 추진되어야 하는데,
국방정책에만 중점을 두고 추진한 결과라 생각한다. 국방개혁에서 가장 중요한 것은 보여주기식 개혁이 아니라,
전투원들에게 적과 싸우면 반드시 이길 수 있도록 싸우는 방식(How to fight?)을 올바르게 정립하는 것이다.

질적인 국방혁신 추진

o 국방혁신 추진 범위 : 국방 정책(What to do?) + 군사전략(How to win?) + 군사교리(How to fight?) 병행 추진

  * 과거 정부에서 국방개혁에 실패한 가장 큰 요인 : 군사전략과 군사교리에 대한 재정립 없이, 국방정책 중심으로 개혁 추진

o 군사전략을 구현할 수 있는 한국군의 무기체계와 장비, 유류·탄약 비축량에 관한 일시 점검을 통해 현존전력 극대화 : 공군의 F-4, F-5 등 노후 전투기를 포함한 노후 전차 및 함정 등 일체 점검 긴요

o 미래전 대비, 작전 효율성 및 생존성 제고 방안 강구 : 국방우주력 강화와 우주 ISR자산, 통신체계의 발전과 예비 수단 강구 및 주요 무기체계의 생존성 제고를 위한 능동 방호장비 확충 등

참고 자료

김경순. "러시아 하이브리드전: 우크라이나 사태를 중심으로", 『한국군사』제4호(2018)

국가안보실. 『문재인 정부의 국가안보전략』. 서울: 국가안보실, 2018.

국방군사연구소. 『걸프전쟁 분석』. 서울: 국방군사연구소, 1992.

국방대학교. 『한국군 사이버전 대비방향 연구』. 서울: 국방대학교, 2009.

권영근. 『한국군 국방개혁의 변화와 지속』. 서울: 연경문화사, 2013.

송승종. "하이브리드 전쟁과 북한에 대한 시사점: 우크라이나 사태를 중심으로", 『국방연구』제59권 제4호(2016)

안재봉. 『새로운 패러다임의 군사교리』. 대전: 충남대 출판문화원, 2019.

양욱 외 공저. 『한반도, 평화를 말하다』. 서울: eBook, 2021.

합동참모본부. 『군사기본교리』(합동교범 0). 서울: 합동참모본부, 2014.

합동참모본부. 『연합·합동작전 군사용어사전』(합동교범 10-2). 서울: 합동참모본부, 2014.

함메스 지음, 하광희 외 옮김. 『21세기 전쟁: 비대칭의 4세대 전쟁』. 서울: 국방연구원, 2010.

홍규덕. 『국방혁신 대전략 01』. 서울: 로얄컴퍼니, 2022.

    . 『국방혁신 대전략 02』. 서울: 로얄컴퍼니, 2022.

황윤임. "러시아-우크라이나 전쟁을 통해 본 상호운용성의 중요성", 『국방일보』, 2022년

3월 24일자.

Bronk, Justin, "The Mysterious Case of the Missing Russian Air Force", RUSI, 28 February 2022.

Bronk, Justin, "Ukrainian Air Defence Options in the Event of a Russian Attack", RUSI, 8 February 2022.

Drew, Dennis M.. & Snow, Donald M. Making 21st Century Strategy: An Introduction to Modern National Strategy Processes and Problems. Maxwell AFB: Air University Press, 2006.

Posen, Barry R.. The Sources of Military Doctrine: France, Britain, and Germany Between the World Wars. New York: Cornell University Press, 1986.

Roza, David, After training together for years, Air Force pilots are watching Ukrainian friends fight for their lives, 『TASK & PURPOSE』, 2022.3.23.

UK Air Staff Ministry of Defence. 『British Air and Space Power Doctrine』. London: UK for HMSO, 2009.

United States Air Force HQ. Air Force Basic Doctrine, Organization, and Command. Washington D.C.: United States Air Force HQ, 2011.

뉴시스 1, 『NEWSIS 1』, 서울: 뉴시스 1, 2022년 2월 24일자.

세계일보사, 『세계일보』, 서울: 세계일보사, 2022년 3월 22일자.

이코노미스트, 『이코노미스트』2022년 3월 25일자.

https://economist.co.kr/2022/03/19/column/expertColumn/20220319180006491.html, (검색일 : 2022.3.20)

https://ko.wikipedia.org/wiki/NATO_%EB%8C%80%EC%9D%91%EA%B5%B0, (검색일 : 2022.3.26)

https://namu.wiki/w/%EB%9F%AC%EC%8B%9C%EC%95%84%20%ED%95%AD%EA%B3%B5%EC%9A%B0%EC%A3%BC%EA%B5%B0,(검색일 : 2022.3.26)

https://taskandpurpose.com/news/ukraine-air-force-pilots-fight-russia/?fbclid=IwAR0s3cbzaBhy0d5K79nna9_13rD-QrToW9kTmZxG5Vu9hbRM4vLf866CTts, (검색일 : 2022.3.29)

https://terms.naver.com/entry.naver?docId=5773162&cid=43860&categoryId=
43862, (검색일 : 2022.3.26)

https://terms.naver.com/entry.naver?docId=6597826&cid=60344&categoryId=
60344, (검색일 : 2022.3.19)

https://terms.naver.com/entry.naver?docId=6597826&cid=60344&categoryId=
60344, (검색일 : 2022.3.19)

https://www.bbc.com/news/world-europe-60506682, (2022.3.29)

https://www.geopolitica.ru/en/article/hybrid-warfare-hybrid-lawfare, (검색일
: 2022.3.19)

| 저자소개 |

안재봉 | 연세대학교 항공우주전략연구원 부원장

공군제2사관학교를 졸업 후 제11전투비행단에서 F-4D 팬텀 전투기 후방석 조종사로서 비행생활을 했으며, 이후 공군전투발전단 전략기획담당, 공군본부 장기전략/교리담당, 합동참모본부 군사전략과 공중전략담당, 공군작전사령부 작전사령관 정책보좌관, 공군본부 비서실 지휘관리과장, 공군본부 국방개혁TF장을 역임했으며, 현 공군항공우주전투발전단장 직을 끝으로 2013년 12월 공군준장으로 전역했다. 군 복무 중에도 한국방송통신대학교 법학사, 국방대학원 안전보장학 석사를 취득했으며, 전역 후 충남대학교 대학원에서 군사학 박사학위를 취득하였다.

전역 후에는 국방과학연구소(ADD) 전문위원, 공군사관학교 초빙교수를 역임했고, 현재는 연세대학교 항공우주전략연구원 부원장으로 재직하고 있다. 저서로는『새로운 패러다임의 군사교리』(충남대 출판문화원, 2019)가 있으며, 논문으로 '한국군의 군사기본교리 정립방안에 관한 연구' 등 다수가 있다.

우주전과 우크라이나 전쟁의 시사점과 정책 제언

김 광 진 박사 (숙명여대 석좌교수)

Ⅰ. 러시아와 우크라이나, 그리고 소련의 유산

냉전이 끝나고 소련이 해체되면서, 분리 독립의 길을 걷기 시작했던 러시아와 우크라이나는 2022년에 전쟁 상대로 다시 만나게 되었다. 그리고 현재 러시아와 우크라이나는 국제정치학에서 통용되는 경험적 데이터 베이스에서 전쟁으로 규정하기 시작하는 전투 사상자 1000명 이상의 국가간 충돌 상대이기도 하다. 이와 같은 국제정치학의 전쟁 정의에 부합될 규모의 국가 간 충돌 자체가 21세기 들어 처음이기도 하다. 그런데 이러한 전쟁 당사자인 러시아와 우크라이나는 사실 냉전 이후 여러 종류의 소련 유산을 공유해 온 국가들이기도 하다. 두 나라에 지금까지도 이어져 온 소련의 유산에는 무기체계 뿐 아니라 구 소련 체제에서 대규모로 투자되어왔던 우주 프로그램도 포함된다. 소련 해체 당시 우크라이나의 페르보마이스크(Pervomaysk)는 핵무기 저장소로 유명했고, 파블로그라드(Pavlograd)는 구 소련 최고의 ICBM 설계 및 생산 기지가 있던 곳이었다. 그러나 탈냉전 초기에 우크라이나의 핵무기와 ICBM들은 미국과 러시아가 동참한 넌 루가 협력적위협감소 프로그램에 의해 폐기되었고, 구 소련의 군사 우주력에 해당되는 미사일 프로그램은 러시아로만 승계되었다. 그리고 구 소련이 냉전 말기에 집중 투자했던 유인 우주기술에 해당되는 우주 정거장 프로그램들도 모두 러시아로 계승되어졌다. 그런 가운데서도 구 소련 시절 우크라이나의 드니프로(Dnipro)에 설치되었던 대규모 우주 시스템 제작 시설은 우크라니아로 계승되어졌다. 드니프로의 우주 인프라 생산능력은 우주 발사체 엔진부터 위성 제작과 우주선의 랑데부 시스템까지 다양한 요소를 포함하고 있다. 우크라이나의 젤린스키 대통령은 2022년 1월만 해도 우크라이나를 우주 강대국으로 성장시키겠다는 목표를 언급한 바 있다.[28] 그리고 탈 냉전 시대 러시아와 우크라이나는 모두 상업적 위성 발사를 수주하는 국제 시장에 참여해 왔고, 전 세계 위성 발사량을 우주 발사체 보유 국가들에게 할당하는 발사할당협정(launch quota) 체결 당사국들이기도 하다. 이처럼 러시아와 우크라이나는 우주력을 포함한 소련의 유산을 함께 물려받은 국가들이다. 이런 러시아와 우크라이나가 2022년에 본격적으로 전쟁에 돌입함에 따라, 전쟁의 발발 책임부터 전쟁 수행 방식의 구분과 전쟁 행위자의 구성에 이르기까지 다양한 쟁점들이 나타나고 있다. 그리고 소련 우주력 유산을 공유하는 두 나라 간의 전쟁이었기 때문에 우주 영역과 관련된 쟁점도 드러나고 있다. 이렇듯 우크라이나 전쟁은 21세기 들어 전례를 찾기 힘들 정도의 대규모 국가간 충돌이기도 하고, 소련 유산을 공유하는 국가

---

28) Tatyana Woodall, "Ukraine was about to revive its space program. Then Russia invaded" *Popular Science*, March 3, 2022.

간의 전쟁이라는 특징도 있다. 그런 의미에서 우크라이나 전쟁에서 논의될 수 있는 쟁점들을 식별하는 것은 오늘날 국가 안보와 미래 전쟁에 관한 시사점과 정책 아이디어를 얻는데 도움이 될 것이다.

II. 주요 쟁점들

1. 전쟁 발발 책임

러시아의 우크라이나 침공으로 인해 발생한 전쟁의 원인은 다양하게 설명되고 있는 중이다. 그런 가운데 전쟁 발발의 책임에 관해서는 두 가지의 구분되는 설명이 있을 수 있다. 그 두 가지 설명은 전쟁 발발 책임을 러시아에서만 찾을 것인지, 아니면 우크라이나까지 고려해야 할 것인지로 구분되고 있다. 이러한 분류에서의 한쪽 편은 러시아 침공의 불법성 측면을 강조하고 있고, 다른 한쪽 편은 러시아 행동의 당위성을 어느 정도 지지하는 입장이기도 하다. 러시아의 행동을 일부 긍정하는 입장에서는 국제정치학에서의 공격적 현실주의 시각을 갖고 우크라이나 사태를 미국과 유럽의 책임으로 보는 경우이다. 이런 부류의 설명에서는 우크라이나 사태는 미국과 유럽이 NATO를 동유럽으로 확대하여 러시아의 전통적인 영향권을 위협했기 때문에 발생한다는 주장이 대표적이다.[29] 이와 같은 관점은 모든 강대국들이 생존을 위해서 패권과 권력을 적극적으로 추구한다는 공격적 현실주의 생각에 기초하고 있다. 이런 입장에 의하면, 우크라이나 정치 지도자는 너무 무책임하게 러시아를 무시하는 친서방 정책을 노골적으로 펼친 것으로 평가되고, 그와 같은 정치적 선택은 국가 안보에 큰 지장을 초래할 수 있다고 해석되기도 한다. 즉, 우크라이나의 평소 신중하지 못한 대외 정책과 잘못된 판단에도 전쟁 발발의 책임이 있다는 의미이다. 중대한 안보 위협에 노출되어진 국가의 잘못된 정책 판단은 전쟁을 유발할 수 있고, 그로 인한 전쟁의 피해는 전 국민들에게 오롯이 돌아간다는 의미이기도 하다.

이와 다른 또 하나의 시각은 러시아 침공의 불법성과 국제 규범 위반을 강조하고 있다. 여기서의 기본 입장은 우크라이나 전쟁은 독립 국가에 대한 국제적으로 용납될 수 없는 명백한 주권 침해 현상이라는 것이다. 그리고 이와 같은 입장에서는 2004년 오렌지 혁명 이후로 우크라이나 정치 체제가 서서히 민주주의로 전진하고 있었던 사실도 함께 주목한다. 그런 의미에서 러시아의 우크라이나 침공은 권위주의 체제 국가가 민주주의

---

29) John J. Mearsheimer, "Whay the Ukraine Crisis Is the West's Fault" Foreign Affairs September/October 2014.

체제 국가를 침공한 것으로 간주되어진다. 이렇게 되면 전쟁 전 우크라이나 정부의 정책 결정들은 대부분 장기적으로 민주화와 세계화를 목표로 삼아왔다는 당위성을 갖게 된다. 그리고 비록 우크라이나 국민들은 전쟁의 피해를 입을 수는 있지만, 우크라이나가 장기적으로 더 나은 미래를 위해서 전쟁을 감수할 수도 있다는 해석도 가능해진다.

이처럼 우크라이나 전쟁 발발 책임에 대한 쟁점은 러시아 행동의 당위성과 불법성을 가려내는 것 뿐 아니라, 침공을 받게 된 우크라이나 정책의 저실성까지 포함하고 있다. 우크라이나 입장에서는 결과적으로 젤린스키 대통령의 친 서방 정책과 반 러시아 정책이 전쟁을 불러온 것이라고 볼 수 있는데, 이와 같은 정치적 선택이 필요한 것이었는가에 대한 쟁점이 드러난 것이다. 이때 우크라이나의 선택은 장기적인 규범적 가치와 현실적인 안보 이익 사이에서의 교환이 일어나는 구조 속에서 이루어졌다고 보여진다. 우크라이나가 장기적으로 민주화와 함께 개방적인 자유 시장 질서에 편입되기 위해서는 EU와 NATO와의 협력이 필요했다. 반면 그와 같은 협력은 인접한 군사 강대국이면서 전통적 우방국을 자임하고 있는 러시아와의 안보 위기를 불러일으킬 수 있었다. 그런 의미에서 우크라이나의 정치적 선택들은 장기적 이익과 단기적 위험 관리 사이에서 이루어져 왔다고 할 수 있다. 이렇듯 우크라이나 정책이 상이한 가치들 간의 교환을 전제로 선택되었다는 것은 유사한 안보 환경에 위치한 국가들이 정책 대안을 개발할 때 고려할만한 시사점이 될 수 있다.

2. 전쟁 수행 방식

우크라이나 전쟁에서 또 하나의 쟁점은 러시아의 군사적 선택이 2014년 크림 반도 합병과 돈바스 전쟁 당시의 하이브리드 전쟁 방식으로부터 2022년에는 재래식 전쟁 방식의 문턱을 넘었다는 것이고, 핵 전쟁 문턱에도 가까워졌다는 것에 있다. 러시아는 최근 들어 게라시모프 독트린으로 알려진 군사 수단과 비군사 수단이 혼합되는 하이브리드 전쟁 방식을 발전시켜 온 것으로 알려져 있다.[30] 러시아는 2014년 크림 합병과 돈바스 지역 분쟁에 참여할 때도 정규 군사작전보다는 비군사 수단과 비정규 군사작전이 혼합된 방식의 하이브리드 전쟁 방식을 수행한 것으로 보여졌다. 러시아는 크림 합병 당시 광범위한 사이버전과 정보심리전을 구사하면서 특수작전군과 정보부의 은밀한 군사 행동을 통해 상황을 통제해 나갔다. 크림 합병 직후부터의 돈바스 사태에서 러시아는 우크라이

---

30) Timothy Thomas, "Russia's Forms and Methods of Military Operations" Military Review May-June 2018. pp.31-32.

나에 저항하는 친 러시아 민병대를 보다 적극적으로 지원하면서, 공식적으로는 휴가 중인 러시아 병사들과 함께 탱크 등 중장비들을 투입하였고, 특수 수색 작전도 수행하였다. 당시 러시아는 민간군사기업 용병도 투입한 것으로 보였고, 결과적으로 러시아의 하이브리드 전쟁 수행 방식은 우크라이나에 위협적이었던 것으로 평가되었다.

따라서 2022년에도 러시아가 우크라이나에 대규모 사이버 공격을 감행하면서 접경 지역에 대규모 군대를 배치하고 군사훈련을 시행하고 에너지 수급을 제한하겠다고 위협하는 행동들은 모두 하이브리드 전쟁 수행의 일환으로 해석되어졌다. 그런데 러시아는 2월24일에 전쟁을 선포했고, 그때부터 하이브리드 전쟁 수행 방식으로부터 재래식 전쟁 수행 방식의 문턱을 넘었다고 볼 수 있다. 이런 결정은 하이브리드 전쟁 가운데서 우크라이나 내 친 러시아 분리주의자들이 점차 우크라이나 군에게 패배하고 있었고, 러시아의 체제 전복 시도에도 불구하고 우크라이나가 정치적으로 약화되지 않았기에 선택된 것으로 보여진다.

러시아가 재래식 전쟁으로의 문턱을 넘은 직후 시점에서 러시아의 목표는 우크라이나 정치 체제 전복이었는데, 러시아는 최소한의 군사 공격만으로도 목표 달성이 가능하다고 판단한 듯 했다. 따라서 러시아군은 전쟁 초에 우크라이나 전역을 마비시키기 위한 대규모 화력이나 대량 공군력 운용은 하지 않았다. 그래서 러시아 공수부대와 탱크 전력은 대규모 항공 지원없이 진출하여, 우크라이나의 비행장 등 주요 거점들을 점령하고자 했다. 그러나 러시아의 초기 예상과 달리, 우크라이나 정치 지도부는 쉽게 굴복하거나 전복되지 않았고, 항전 의지를 불태우며 전국적인 저항을 독려했다. 그리고 우크라이나군은 시간과 공간을 교환하는 방식과 함께, 대규모 반격 대신 도시와 마을 내 시가전을 포함한 소규모 차단 공격 방식으로 저항하고 있는 중이다. 이로 인해 러시아군이 기대했던 신속한 전략적 거점 점령 계획은 좌절되었고, 전쟁은 러시아의 예상보다도 장기화되고 있다. 그런 가운데, 러시아군은 원활하지 않은 군수 보급의 약점을 노출하고 있다. 또한 양과 질에서 우크라이나보다 훨씬 우세한 러시아 고정익 항공기들을 대규모로 투입하는 항공 작전도 시작하지 않고 있으며, 우크라이나 방공망은 여전히 생존해 있다. 이와 같은 상황은 부분적으로 러시아군의 평시 군수 보급 체계가 부정부패와 연루되어있었다는 분석과 함께, 러시아 공군이 대규모 작전 계획을 세울 시간적 여유가 없었다는 것과 그런 방식의 작전에 필요한 경험이나 훈련도 결여되었기 때문이라는 분석도 공개되고 있다.[31] 그리고 러시아 군의 사기 저하와 리더십 부족으로 이해될만한 현상들도 일부 나타나고 있다. 그러자 러시아군은 전략적 교착을 타개하기 위해 우크라이나 도시들의 식량과 에너지 공급

---

31) Zack Beauchamp, "Is Russia losing?" Vox, Mach 18, 2022.

을 차단하면서, 많은 인명 피해가 수반될 대규모 화력 공격 돌입이라는 카드를 빼어 든 것처럼 보인다. 그런 가운데 러시아는 군의 핵무기 대비태세에 관한 경고도 한 바 있다.

이렇게 재래전 상황이 전개되는 가운데 러시아의 핵무기 사용 문턱이 낮아지거나 핵무기 사용 가능성이 높아졌다는 분석들도 출현하고 있다. 러시아는 탈 냉전 이후 취약해진 재래식 군사력을 보완하기 위해, 전술 핵무기의 선제적 사용과 전략 핵무기 공격 위협을 혼합하여 양보를 받아낸다는 '확전을 통한 분쟁 완화(escalating to de-escalating) 전략'을 채택해 온 것으로 알려져 있다. 러시아는 2020년부터 탄도미사일 공격 징후와 같은 주요 군사 위협시 핵무기를 사용한다는 입장이며, 2017년에 미국 매티스 국방장관은 분쟁이 일어날 때 러시아가 전술 핵무기 사용을 주저하지 않을 것이라고 예상한 바도 있다.[32] 현재 러시아는 전술 핵탄두 2000여개를 보유하고 있는 것으로 알려져 있으며, 이스칸데르-M과 같이 전술 핵무기 투발이 가능한 탄도미사일과 순항미사일들이 우크라이나 접경에 배치되어져 있다. 사실 러시아는 탈 냉전 이후 오랫동안 재래식 전쟁에서 핵전쟁으로 전환하는 방식을 훈련해왔고, 그 결과 러시아 군은 핵무기 사용을 주저하지 않는 경향을 갖게 된 것으로 평가되고 있다.[33] 최근 미국이 러시아의 화학무기 사용 가능성을 경고한 것은 러시아군이 그만큼 재래식 무기를 넘어서서 화학무기와 핵무기 사용 가능성에 한발 더 가까워졌음을 의미하는 것일 수 있다. 현재 미국과 NATO에서는 러시아가 핵무기의 공해상 폭발과 같은 무력시위 성격의 핵 사용을 포함한 다양한 핵 옵션 실행에 대비해야 한다는 주장도 들려오는 상황이기도 하다.[34]

이렇듯 우크라이나에서 러시아의 전쟁 수행 방식에서는 하이브리드 전쟁의 특징부터 재래전의 특징이 모두 나타나면서 화학무기와 핵무기 사용도 멀지 않았을 것 같아 보이는데, 러시아군의 교리와 훈련 경험에 의하면 이런 서로 다른 전쟁 수행 방식이 전환되는 레드 라인이나 기준들도 명확해 보이지 않는다. 더구나 러시아의 하이브리드 전쟁 수행 방식에는 우세한 재래식 능력을 갖춘 상대에 대해서 핵무기 사용 문턱을 낮추는 것도 포함되는 것으로 알려져 있다.[35] 현재 러시아는 하이브리드 전쟁으로부터 재래식 전쟁으로 전환했다고 할 수 있지만, 여전히 비군사적이고 비공개 작전이 병행되고 있다. 그리고 재래식 전쟁 중에 핵무기가 사용될 수 있는 임계점은 명확하지 않은 상태이다. 이것은 러시

---

32) Lawrence Freedman and Jeffrey Michaels, *The Evolution of Nuclear Strategy: New, Updated and Completely Revised*, (London: Palgrave, 2019), p.639.

33) David E. Sanger, "The Smaller Bombs That Could Turn Ukraine Into a Nuclear War Zone" New York Times, March 22, 2022.

34) Herbert Lin, "Responding to a Russian demonstration of nuclear muscle-flexing" The Bulletin.org, March 15, 2022.

35) Peter Rautenbach, "The Subtle Knife: A Discussion on Hybrid Warfare and the Deterioration of Nuclear Deterrence", The Journal of Intelligence, Conflict, and Warfare 2:2, 2019, p.20.

아군에게 있어 하이브리드, 재래식, 핵전쟁 수행 방식이 명확히 구분되기보다는 서로 상호 의존적이고 혼합적 성격이라는 의미이기도 하다. 따라서 우크라이나 전쟁의 특징 중의 하나는 전쟁 수행 방식의 혼합성이라고 할 수 있고, 가까운 미래의 전쟁을 대비해야하는 국가들 입장에서는 이런 현상으로부터도 시사점을 찾을 수 있을 것이다.

3. 전쟁 행위자의 문턱

러시아-우크라이나 전쟁에서는 러시아와 우크라이나 정부 이외에도 미국과 유럽이 시작한 경제 제재와 함께 다양한 행위자가 참여하고 있다는 특징이 있다. 미국이 주도하고 많은 국가들이 참여하고 있는 경제 제재로 인해 러시아는 제한적인 전쟁을 수행하는 중임에도 불구하고, 총력전을 수행할 때와 같은 정도의 국력 소모가 일어날 수도 있을 것으로 보인다. 현재 러시아는 전체 군사력의 일부인 약 20퍼센트 수준만을 우크라이나와의 전쟁을 위해 전개시켰고, 국내에서 대규모 징병이나 국가 동원 등은 시행하지 않고 있다. 즉 러시아는 제한적인 전쟁을 수행하는 중인 것이다. 그러나 경제 제재의 효과로 사실상 러시아가 총력전을 수행할 때 발생하는 규모의 국력 소모도 예측되고 있다. 러시아는 전쟁 전에 경제 제재 가능성을 대비하여 달러를 대체할 외환 보유량을 늘리고, 국제금융결제 시스템인 SWIFT를 우회하기 위한 중국과의 금융결제 시스템을 구축하는 노력을 해 왔다. 그러나 미국과 유럽의 본격적인 경제 제재가 시작되자, 러시아가 노력해왔던 조치들은 모두 한계가 있는 것으로 밝혀졌고, 러시아는 미국의 경제 제재를 우회하여 돌파할 방법을 찾지 못하고 있다. 이런 상황 속에서 러시아는 경제 제재로부터 지속적이고도 심각한 피해를 입는 것으로 평가되고 있다.

대 러시아 경제 제재가 심각한 피해를 유발할 수 있는 이유 중의 하나는 국가 행위자 외에도 많은 민간 기업들이 경제 제재에 자발적으로 참여하고 있다는 점과도 관련이 있다. 현재 경제 제재에 동참하고 있는 세계적 빅 테크 기업을 포함한 여러 민간 기업들은 러시아에서의 투자 회수, 협력 중단, 철수 등의 조치를 하는 중에 있다. 그리고 대형 기업들은 자국 정부의 통제 조치를 넘어선 적극적 조치도 취하고 있고, 러시아 에너지 개발 프로젝트에 참여해왔던 기업들의 철수와 IT 기업들의 서비스 중단 및 러시아 주도의 사이버 공격의 방어를 지원하는 조치도 이어지고 있다.[36] 즉 직접적인 전쟁 행위자인 러시아와 우크라이나 이외에 미국과 유럽 국가들이 정부 차원의 경제 제재에 동참하고 있는 가운데, 다국적 기업과 민간 기업들도 전쟁에 심각한 영향을 미칠 수 있는 행위자로서의

---

36) 이왕휘, "우크라이나 전쟁과 경제 제재" 국제문제연구소 이슈브리핑 No.176. 2022.3.21. p.3.

역할을 하고 있는 것이다. 이것은 우크라이나 전쟁에서 민간 행위자들의 영향력이 국가의 영향력과 혼합되고 있음을 의미한다.

전쟁에서의 국가 행위자와 민간 행위자 영향력의 혼합 현상은 우주 영역에서도 두드러지게 나타나고 있다. 러시아의 우크라이나 침공과 함께 시작된 대 러시아 경제 제재에 참여한 민간 기업 중에는 우주 기업도 포함되어 있다. 전쟁 시작 직후 우크라이나 부통령은 우크라이나의 인터넷이 계속 작동될 수 있도록 우주 기업 스페이스 X의 소유주인 앨런 머스크에게 직접적인 지원을 요청했다.37) 그러자 앨런 머스크는 스페이스 X 소유 2000여개의 저궤도 소형 위성군으로 구성된 스타링크(Starlink) 시스템을 통해 우주로부터의 인터넷 서비스를 제공해 주기 시작했다. 그리고 전쟁 발발 후부터 스페이스 X는 우크라이나를 위해 민간 위성 영상을 제공하고 통신 서비스도 함께 제공해주고 있다. 맥사테크놀로지와 플래닛랩스 등의 인공위성 소유 민간 우주 기업들은 자사의 지구관측 위성을 통해 러시아군에 대한 사진과 영상을 우크라이나 정부 뿐 아니라 언론에까지 제공하고 있다. 또한 미국의 지구관측위성 제작사인 카펠라스페이스는 위성영상레이더(SAR) 위성 자료까지 제공할 태세이다.38) 빅테크 기업인 구글의 경우 상용 위성을 통한 영상, 통신, 항법 자료에 접근해 왔는데, 러시아 군의 사용 가능성 등을 고려하여 자료 공유를 차단하는 중에 있기도 하다. 이런 상황 속에서 러시아 연방 우주국(Roscosmos)은 경제 제재에 대한 대응 조치로 국제우주정거장에 대한 러시아의 로켓 지원을 중단하겠다는 발표를 한 바 있다. 러시아는 이미 유럽과 협조해왔던 모든 러시아 소유즈 로켓의 발사를 연기하고 있는 중이기도 하다. 이렇듯 우주 영역에서는 군, 정부, 민간 기업, 그리고 민간 우주 연구개발 기관까지도 전쟁에 영향을 미치는 행동을 하고 있는 중이다. 그런 가운데 이미 우크라이나에서의 우주 기반 항법시스템 GPS 사용은 재밍을 받고 있는 중이고, 러시아 역시 자국의 우주 기반 항법시스템 GLONASS가 재밍 받을 것으로 예상하고 있는 중이다.39) 이렇듯 우크라이나 전쟁은 우주 영역까지 포함하고 있고, 민간 우주 기업과 우주 연구 개발 기관까지도 전쟁 행위자가 되어 가는 현상이 나타나고 있다. 즉 우주 영역에서의 전쟁 행위자들은 전쟁 당사국 정부 뿐이 아니라 여러 다양한 주체들이 혼합되어져 구성되고 있는 것이다. 이와 같은 현상들은 미래 전쟁을 대비하면서 우주력 개발에 나서고 있는 국가들에게 시사하는 바가 크다.

---

37) Timothy Goines, Jeffrey Biller, and Jeremy Grunert, "The Russia-Ukraine War and the Space Domain" Lieber Institute West Point, March 14, 2022.
38) 김상배, "미래전의 시각으로 본 우크라이나 전쟁" 국제문제연구소 이슈브리핑 No.176. 2022.3.21., p.6.
39) Mark Hilborne, "Ukraine war: how it could play out in space - with potentially dangerous consequences" The Conversation, March 10, 2022.

Ⅲ. 시사점과 정책 제언

지금까지 살펴 본 러시아-우크라이나 전쟁에서의 쟁점들을 통해서 다음 네 가지의 시사점과 정책 아이디어를 제시하고자 한다. 첫째, 전쟁 발발 책임 쟁점에서 알 수 있었듯이, 우크라이나의 정치적 선택이 어떤 결과로 이어질 것인지를 명확하게 평가하기는 어렵다. 우크라이나와 같이 주변에 안보 위협이 존재하면서, 주요 강대국들이 경쟁하는 상황 속에 위치한 국가의 안보 정책은 간결하고도 명확한 기준으로 결정되기는 어려울 것이다. 우크라이나의 경우 중요 정책 결정은 장기적인 이익과 단기적인 위험이 항상 교차되는 상황에서 이루어지고는 했다. 따라서 우크라이나 전쟁으로부터 우리가 간결하고도 명확한 안보 교훈을 얻고자 하는 것 자체가 부적절할 수 있다. 우크라이나는 민주주의 동맹으로의 편입과 세계화라는 가치를 향해 당면한 안보 위협에 정면으로 맞서는 행동을 취했는데, 이 선택으로 인한 손실과 이익을 현재 시점에서 정교하게 계산한다는 것은 어려운 문제이다. 따라서 우크라이나 전쟁으로부터의 안보 교훈은 정치적 선택의 결과에 대한 평가보다는 무수한 교환 가치가 존재하는 복잡한 정책 결정 환경에 대한 이해를 높이는 것이 아닐까 싶다. 이렇듯 복잡한 환경에서의 정책 결정에서는 다양한 요소들을 검토할 수 있는 인재 풀도 필요하겠지만, 정책 결정 결과를 실제로 부담해야 할 대다수 국민들로부터 공감을 얻으려는 노력 역시 대단히 중요할 것이다.

둘째, 우크라이나 전쟁에서 전쟁 수행 방식들이 혼합되고 있다는 점에 주목할 필요가 있다. 이런 현상으로부터 미래를 예측해 볼 수도 있을 것이다. 즉, 앞으로의 안보 위협은 전시와 평시가 구분되기 어려운 상황으로 구성될 것이고, 평시부터 등장하는 하이브리드 전쟁 수행 방식은 예측하지 못한 시점과 단계에서 재래식 전쟁 수행방식을 동반할 수 있고, 핵전쟁의 문턱도 예측보다 낮아질 수 있다는 것이다. 따라서 위기관리나 군사대비 계획에 있어 세부적이고 구체적인 상황들을 여러 유형으로 상정하여 준비하는 것보다 여러 종류의 위협이 혼재하면서 다양한 방향으로 확대되는 상황에 대처하는 노력이 필요할 수 있다. 이러한 상황에 대처할 수 있는 역량은 풍부한 상상력이 적용된 연습 시나리오와 함께, 다양한 경력을 지닌 전문가들과의 협업에 기초한 계획 발전과 훈련을 통해 얻어질 것이다.

셋째, 우크라이나 전쟁에서는 전쟁 수행 방식의 혼합만이 아니라 전쟁 행위자 간의 혼합이라는 것도 두드러진 현상이었다. 특히 다국적 기업을 포함한 민간 분야 행위자의 전쟁에서 역할이 돋보였다. 우크라이나의 민간 공직자들은 국가 방위와 도시 방어에서 러시아 군의 공격이 교착되도록 하는데 의미있는 역할을 하였고, 민간 분야에서 제공되는 통신망과 개인 통신수단들은 국가의 전쟁 지속에 필요한 지휘통제와 사기 유지에 기여했다. 또한 상업용 우주 자산 등의 민간 역량은 부족한 군사 역량을 빠르게 보완해주는 역할도 담당해주었다. 이것은 국방 분야에서도 민간의 역할이 단순하게 인력과 예산을 제공해주는 지원에만 있는 것이 아닐 수 있으며, 국방력 건설과 운용에 있어 군과 민간의 새로운 관계 설정이 필요해졌음을 알려주고 있다. 이런 측면에서 우리의 국방개혁 정책 설계와 검토에 있어서 민간과의 협업 분야를 더 확대해야 힐 필요가 있어 모인나. 이때 협업의 대상은 민간 공직자와 전문가 뿐 아니라, 민간 기업과 해외 다국적 기업까지 포함될 수 있으며, 효과적인 협업을 위해서는 관련 행위자들 간의 정보 공유 체제 구축이 필요할 수 있다.

넷째, 우크라이나 전쟁은 현재는 국지적이고 단기적 성격의 재래식 전쟁이라 할 수 있는데, 여기서 우주력이 군사 작전에 결정적인 영향력을 행사하고 있다는 증거는 아직 찾기 힘들다. 그렇지만, 평소 예측하기 힘들었던 다양한 분야까지도 우주력이 포괄적인 영향력을 미치고 있는 것은 분명하다. 우크라이나의 정찰, 지휘통제, 통신 등에서의 부족한 역량을 보완해주는 기능부터 전 세계 여론이 우크라이나군이 아닌 러시아군의 실수와 문제를 주로 뒤쫓을 수 있도록 하는 여건 조성 등에서 우주력은 크게 기여하고 있는 중이다. 그리고 이와 같은 광범위한 역할을 수행 중인 우주력은 민군 겸용 기술, 민간 분야와 정부, 상업적 능력과 군사적 능력 등 다양한 출처로부터 얻어지고 있다. 결국 우주력은 다양한 출처들로부터 형성되어 국가안보를 여러 가지 방식으로 지원한다고 할 수 있다. 그런 측면에서 우리의 우주력 건설시에도 다양한 출처로부터 종합되는 우주력이라는 특성이 잘 반영되어야 할 필요가 있다. 즉 우리의 국방 우주와 민간 우주 과학기술 개발 프로그램들이 보다 긴밀하게 조화되고 연계되어야 할 필요가 있는 것이다. 현재 우리의 국방중기계획이 공개될 때 함께 소개된 국방우주 관련 프로그램들은 군 전용 정찰위성, 군 위성통신체계, 한국형 위성항법체계, 고출력 레이저 위성 추적 체계, 레이더 우주 감시체계, 우주 기상 예보 및 경보 체계 등이다. 그리고 제3차 우주개발 진흥 기본계획에서 소개된 우리의 우주 과학기술 발전 프로그램들은 우주발사체 기술 자립, 달 탐험 등 우주 탐사 시작, 한국형 위성항법체, 위성 관측 주기 단축 등의 인공위성 활용 서비스 및 개발 고도화에 관련된 것들이다. 이들 개별 프로그램들은 현재에도 일부 공유되는 부분도 있지만, 앞으로는 국방우주와 민간 우주 과학기술 발전을 위한 프로그램들이 각각 서로 어떤 상호 보완적인 역할을 하며 상생 효과를 만들어 낼 수 있는지를 구체적으로 검토하여 발전시켜야 할 것이다. 그와 같은 노력이 있어야만 우리의 우주력이 다양한 출처로부터 구성되어질 수 있고, 그렇게 되어야 예측 못한 복잡한 상황에서도 우리 안보를 위해 우주력이 적시적으로 활용될 수 있을 것이다.

참고 자료

김상배, "미래전의 시각으로 본 우크라이나 전쟁" 국제문제연구소 이슈브리핑 No.176. 2022.3.21.

이왕휘, "우크라이나 전쟁과 경제 제재" 국제문제연구소 이슈브리핑 No.176. 2022.3.21.

Beauchamp, Zack. "Is Russia losing?" Vox, Mach 18, 2022.

Freedman, Lawrence., and Jeffrey Michaels, The Evolution of Nuclear Strategy: New, Updated and Completely Revised, (London: Palgrave, 2019)

Goines, Timothy., Jeffrey Biller, and Jeremy Grunert, "The Russia-Ukraine War and the Space Domain" Lieber Institute West Point, March 14, 2022.

Hilborne, Mark. "Ukraine war: how it could play out in space - with potentially dangerous consequences" The Conversation, March 10, 2022.

Mearsheimer, John J. "Whay the Ukraine Crisis Is the West's Fault" Foreign Affairs September/October 2014.

Lin, Herbert. "Responding to a Russian demonstration of nuclear muscle-flexing" The Bulletin.org, March 15, 2022.

Rautenbach, Peter. "The Subtle Knife: A Discussion on Hybrid Warfare and the Deterioration of Nuclear Deterrence", The Journal of Intelligence, Conflict, and Warfare 2:2, 2019.

Sanger, David E. "The Smaller Bombs That Could Turn Ukraine Into a Nuclear War Zone" New York Times, March 22, 2022.

Thomas, Timothy. "Russia's Forms and Methods of Military Operations" Military Review May-June 2018.

Woodall, Tatyana. "Ukraine was about to revive its space program. Then Russia invaded" Popular Science, March 3, 2022.

| 저자소개 |

김광진 | 숙명여대 석좌교수

공군사관학교 졸업 후 F-16 전투기 조종사부터 3훈련비행단장과 공군대학 총장까지 역임하고 공군 준장으로 전역하였다. 국방대학교 군사학 석사와 미국 미주리 대학교 국제정치학 박사 학위를 받았고, 하버드 대학교 국제문제연구소 객원연구원으로 있었다. 합동참모본부에서는 핵WMD 대응센터 차장과 대북군사정책 과장 등을 역임했고, 국방부에서는 미국정책과에서 근무했다. 한글 단행본 '민주국가의 전쟁', '제복과의 전쟁'과 영문 단행본 The Stages of Development and the Termination of Wars between States을 출간했으며, 국방연구원에서 북핵 대비 TF와 공군본부에서 미래 우주력 발전 TF 총책임자로 있었다. 현재 국방과학연구소 국방우주기술센터 연구개발 자문위원, 합참 정책자문위원, 세종연구소 객원 연구위원, 헤럴드 경제 객원 에디터로 학술 활동을 하고 있다.

우크라이나 전쟁에서 식별된
러시아 군사전략의 한계와 한국의 국방혁신 방향
(부대구조와 전력구조를 중심으로)

방 종 관 (국방과학연구소 겸임연구원)

Ⅰ. 서론

3월 9일(현지시간), CNN은 "러시아가 단기적으로 우크라이나에서 달성하는 전술적 성과(tactics gain)에 상관없이 장기적으로는 전략적 패배(strategic defeat)로 고전할 것임을 확신한다."라는 블링컨(Antony J. Blinken) 국무장관의 언급을 보도한 바 있다. 러시아의 전략적 실패를 확신하는 근거는 무엇일까? 군사전략 이론 측면에서 러시아의 군사작전을 분석해 보면 일정한 해답을 찾을 수 있을 것이다.

아서 리케(Arthur F. Lykke Jr.)는 '군사전략'을 아래 그림과 같이 '다리가 3개 달린 의자'에 비유하고 있다.40)

Figure 3. The Lykke Model

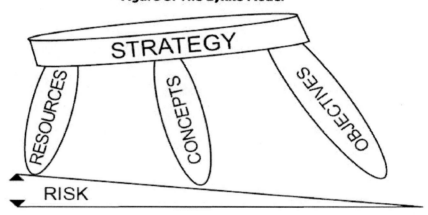

"군사전략(Military Strategy)은 최종목표(Ends) · 수단(Means) · 방법(Ways) 이라는 3가지 요소가 균형(Balancing)을 이루어야 한다."는 의미이다. '최종 목표'는 궁극적으로 무엇(Objectives)을 달성해야 하는지를 의미한다. '방법'은 최종 목표를 어떻게 (Concept) 달성할 것인지를 설명하는 것으로 작전수행개념 혹은 행동방책을 의미한다. '수단'은 최종 목표 및 방법과 연계하여 어떤 자원(Resources)을 사용할 것인지를 설명하는 것이다. 수단에는 유형적인 요소(장비·병력 등)뿐만 아니라 무형적인 요소(전쟁의지·훈련수준 등)을 포함한다. 만약 이 3가지 요소가 균형을 이루지 못하면 군사전략의 실패(Risk) 가능성도 높아진다. 즉, 불균형이 발생했을 경우는 이를 회복하는 조치를 취해

---

40) THE U. S. ARMY WAR COLLEGE GUIDE TO NATIONAL SECURITY ISSUES VOLUME Ⅰ : THEORY OF WAR AND STRATEGY(4th Edition), J. Boone Bartholomees, Jr. Editor, July 2010

야 하며, 그렇지 못할 경우 의자가 넘어지듯 군사전략이 실패할 수밖에 없다는 의미이다.

4차 중동전쟁(1973년 10월 6일 ~ 25일)에서 이집트군의 사례가 대표적이다. 나세르에 이어 집권한 사다트 대통령은 이집트군의 능력과 한계를 냉철하게 인정하고 군사전략을 수립했다. 첫째, 전쟁의 최종 목표(Ends)를 제한했다. '이스라엘의 멸망'이라는 기존의 최종목적을 과감하게 포기하고, 시나이 반도의 일부를 신속하게 점령하고 협상을 통해 원하는 것을 얻기로 했다. 둘째, 방법(Ways)은 이집트군의 수준에 맞췄다. '기동전'을 포기하고 방어를 통한 '소모전'을 통해 이스라엘군의 피해를 강요하기로 했다. 그래서 수에즈 운하를 신속하게 도하하여 시나이 반도에 견고한 방어진지(교두보)를 편성함으로써 역습해 오는 이스라엘군에게 막대한 피해를 가하는 작전을 구상했다. 셋째, 수단(Means)은 이스라엘의 공군과 기갑부대에 대한 대응능력을 강화했다. 소련으로부터 대량으로 도입한 지대공미사일(SA-2/6)과 대전차유도미사일(AT-3) 등이 대표적이다.

이집트는 군사전략의 '균형 원칙'을 철저하게 준수한 덕분에 전쟁 초기에 주도권을 확보할 수 있었다. 하지만 전쟁 중반부터 시리아와 요르단의 정치적 압력을 못 견딘 이집트가 기존의 수세적인 군사전략을 벗어나 '공세'로 전환했다. 이러한 과정에서 발생한 수단과 방법의 불균형으로 이집트 군의 공세는 실패하고 주도권은 오히려 이스라엘로 넘어가게 된다. 그럼에도 불구하고, 이집트는 전쟁 초기의 성과 덕분에 협상을 통해서 수에즈 운하와 시나이 반도를 회복할 수 있었다. 결국 전쟁의 최종 목표를 상당부분 달성한 것이다.

Ⅱ. 러시아 군사전략의 한계

1. 최종 목표(Ends)는 '전쟁을 어떤 상태에서 전쟁을 종결할 것인지'를 미리 명확하게 설정하는 것이 중요하다.

전쟁을 시작하는 것도 어렵지만, 전쟁을 종결하는 것은 더욱 어렵다. 그래서 전쟁을 시작하기 전에 '어떤 상태에서 종결할 것인지'를 합리적으로 설정하고, 전투원들을 포함한 국가 구성원들이 공감하는 것이 중요하다.

2월 21일(우크라이나 침공 3일전), 러시아 국가안보회의 영상은 이러한 원칙이 지켜지지 않고 있음을 보여주고 있다. 푸틴 대통령은 나르쉬킨(Sergey Naryshkin) 해외정보국장에게 "그게 무슨 뜻인가? 협상을 시작하자고 제안하는 건가? 말을 해봐, 말을!"이라며 반복적으로 다그친다. 결국 궁지에 몰린 나르쉬킨 국장이 "네, 저는 그들(도네츠크 공화국과 루간스크 공화국)의 독립을 인정하자는 제안을 지지합니다."라고 답변한다. 푸틴 대통령은 그제야 "좋다. 자리에 가서 앉으라."고 말한다.

미국 뉴욕타임스(NYT)는 이날 회의에 대해 "푸틴 대통령이 주요 의사결정에서 측근들을 배제하는 것 같은 모습을 보였다."라고 분석했다. 권위주의적인 의사결정 시스템은 푸틴과 참모들 사이에, 그리고 전쟁 지도부와 현장 전투부대(전투원) 사이에 전쟁의 '최종 목표'에 대한 인식의 격차(Gap)을 만들어낼 수 있다. UN 회의에서 "이건 긴짜 전쟁이에요. 나 무서워! 그들은 우리를 파시스트라고 불러요"라는 어느 러시아 병사의 휴대폰 문자가 공개된 적이 있다. 전쟁의 최종 목적에 대한 크렘린 궁과 전투현장의 간격을 상징적으로 보여주는 사례라고 생각한다.

2. 최종 목표(Ends)에 부합하는 방법(Ways)이 적용되어야 한다.

푸틴 대통령의 최종 목표를 간단하게 요약하면, '우크라이나에 친 러시아 정권을 수립하고, 영구히 러시아의 영향력 아래 두는 것'이라고 할 수 있다. 그렇다면 현재 러시아군이 수행하고 있는 군사작전의 방법은 이에 부합한다고 볼 수 있을까?

'속전속결'은 이를 위한 가장 기본적인 전제조건이라고 할 수 있다. 러시아는 3개 방면으로 전면 침공할 경우, '우크라이나 정부의 조직적인 저항의지가 조기에 와해될 될 것'으로 가정했을 가능성이 있다. 하지만 러시아의 희망적인(Wishful thinking) '가정'은 잘못된 것임이 드러났다. 작전계획에서 가정이 잘못되면 '예비계획'으로 전환해야 한다. 러시아의 군사 지도부가 예비계획을 준비했는지는 불분명하다.

하지만, 러시아군이 수행하고 있는 작전수행 방법은 전쟁의 최종 목표와 부합하지 않은 것은 분명하다. 특히, 비 정밀 탄약을 활용한 공중 폭격과 포병공격은 민간인 피해를 급격히 증가시키고 있다. 포위된 대도시의 민간인 대피를 위해 설정한 '인도주의 통로 개설' 약속조차 제대로 지켜지지 않고 있다.

물론 러시아군의 민간인 공격이 우크라이나 정부의 저항 의지를 약화시키기 위한 고도의 계산된 작전이라는 주장도 있다. 하지만 친 러시아 정부가 들어선다 하더라도 추위와 굶주림 속에서 대규모 민간인 피해를 경험한 우크라이나 국민들의 반감을 극복하고 정권을 유지할 수 있을까? 향후, 러시아군이 하리키우·키이우 등을 대상으로 대규모 도시지역 작전을 전개하는 과정에서 최악의 대규모 민간인 피해가 발생할 수 있다. 3월 21일 (현지시간), "푸틴이 생화학 무기를 사용하려는 명확한 징후를 식별하고 있다."라고 바이든 대통령이 직접 경고한 것은 상황의 심각성을 증명하고 있다.[41] 결국 러시아가 군사적으로 승리하더라도 장기적인 측면에서 정치적으로 패배한 전쟁이 될 가능성이 높아지고 있다.

3. 군사전략의 수단(Means)은 방법(Ways)에 부합해야 한다.

우크라이나의 전면 침공은 2014년의 크림반도 병합이나 이후 전개된 돈바스 분쟁과는 차원이 다른 규모의 전쟁이다. 러시아군은 돈바스 지역에서 운용하던 대대전술단(BTG) 형태로 부대를 편성하여 우크라이나에 투입했다. 이러한 조치가 작전수행 '방법'에 부합하는 '수단'이라는 측면에서 적절한 것일까?

대대전술단은 강대국과의 전면전쟁이 아니라 지역분쟁 개입에 최적화된 부대편성이다. 돈바스 지역의 분쟁 양상은 전투 강도가 격렬하지 않고, 적의 종심지역으로 깊이 들어갈 필요도 없었다. 더욱이 친 러시아 반군들로부터 '경계 · 정찰'뿐만 아니라 '보급 · 정비'까지도 일부 지원받았다. 따라서 소규모 단위의 부대라도 단점 보다는 장점을 발휘할 수 있었다. 전차를 중심으로 편성된 대대전술단의 개략적인 구성은 아래와 같다.[42]

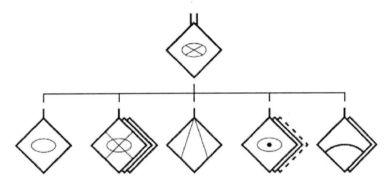

하지만 우크라이나 전면 침공에 나선 러시아군은 러시아계 주민들의 지원이 거의 없는 종심지역에서 작전을 수행할 수밖에 없다. 그러다 보니 대대전술단의 한계가 드러나기 시작했다. 보급 · 정비능력의 한계가 대표적이다. 미군의 제병협동작전 수행 중심제대는 여단이고, 여단 예하에는 보급 · 정비를 전담하는 지속지원대대가 편성되어 있다. 덕분에 여단의 작전지속능력이 시간과 공간적으로 확장될 수 있다. 하지만 러시아군의 대대전술단은 미군 여단의 약 1/5 규모에 불과하다. 그 예하에 보급 · 정비를 전담하는 조직을 충분히 편성할 수 없는 구조이다.

41) 2022년 3월 22일, 연합뉴스, "[우크라 침공] 바이든 "푸틴, 생화학무기 쓰려는 명확한 징후 있다"
42) Fox, Amos C.. "Russian Hybrid Warfare and the Re-emergence of Conventional Armored Warfare: Implications for U.S. Army's Armored Force", July-September 2016

또 다른 문제는 징집(복무기간 12개월)된 병사와 계약을 통해 직업군인으로 입대한 병사가 같은 부대에서 근무한다는 것이다. 미군은 모든 구성원이 직업군인으로서 이러한 '균질성'은 소부대 전투력 발휘에 효과적이다. 러시아 정부도 이러한 한계를 인식하고 징집 병사들의 해외 원정작전의 참여를 법령으로 금지하고 있다. 하지만 일부 징집병사들이 강압적인 분위기 속에서 '계약'으로 전환했고, 전사자들 가운데 징집 병사들이 포함되어 있다는 언론보도가 나오고 있다. 결국 군사전략이 '수단'이 작전수행 '방법'에 적합하지 않은 측면이 드러나고 있는 것이다.

전쟁 지도부는 군사전략의 3가지 요소 사이에 불균형 발생여부와 이에 따른 위험요인이 무엇인지를 지속 점검해야 한다. 불균형이 식별되면, '균형' 회복을 위한 조치를 취해야 한다. 실제로 러시아군은 3월 초·중순에 대대전술단을 추가 투입(수단)하거나, 도심지역을 화력으로 집중 타격(방법)하기도 했다. 그럼에도 불구하고 전황이 교착상태에 빠지자 3월 25일(현지시간)에는 최종목표의 변경 가능성을 시사했다.[43]

III. 한국의 군사혁신 방향

새로운 정부는 현재 추진 중인 '국방개혁'을 내실 있게 마무리하면서, 2040년을 지향하는 광범위한 '국방혁신'의 기반을 구축해야 한다. 이러한 변곡점에서 발생한 우크라이나 전쟁은 한국의 국방혁신에 실전적인 교훈을 제공하고 있다. 특히, 2006년부터 시작된 국방개혁의 핵심 분야가 '부대구조와 전력구조'임을 고려하면 더욱 그러하다.[44] 지면의 한계를 고려하여 2가지 질문에 답변하는 방식으로 국방혁신 방향을 제시하고자 한다. 첫째, 부대구조 측면에서 '제병협동작전 수행의 중심제대'를 어디로 할 것인가? 둘째, 전력구조 측면에서 '전차'의 시대는 저물고 있는가? 그리고 우선적으로 보완해야 할 분야는?

1. 제병협동작전 수행의 중심제대는 '여단'이 되어야 하면, 한국군 여단은 부대구조의 완전성 보장을 위해 대폭 보강되어야 한다.

2021년 2월 22일, 국방부는 "2020년 12월1일 부로 육군의 사단 예하 '연대'를 '여단'으로 개편했다."라고 발표한 바 있다. 하지만 한국군의 사단 예하 보병여단과 미군의 보병전투여단(IBCT)은 아래와 같이 현격한 차이가 존재한다.[45]

---

43) 러시아 총참모부는 "1단계 작전의 주요과업이 완료되었고, 돈바스 해방에 집중하겠다."라고 발표했다.
44) 그럼에도 불구하고 유형전력과 무형전력은 반드시 연계되어야 하고, 균형을 유지해야 한다.

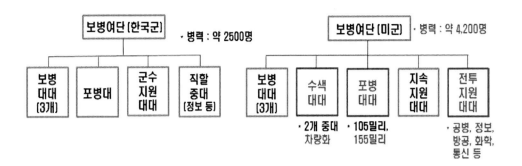

한국군은 기존 '여대' 편성에 정보중대와 포병대 등을 추가하여 '여단'로 명칭을 변경한 것이다. 이러한 부대구조는 1990년대 걸프전쟁 전후의 미군 부대구조 수준이라고 보는 것이 객관적이다. 현재 한국 육군의 사단 예하 보병여단은 미군의 보병전투여단에 비해 수색대대가 없고, 정보·화력자산이 부족하며, 공병·통신부대 등도 아직 사단 직할대의 지원을 받아야 한다. 부대의 전투력 발휘는 가장 넘치는 기능이 아니라 가장 부족한 기능의 수준에 맞춰진다. 특히, 전투 현장에서는 적이 나의 가장 취약한 부분을 공격하기 때문에 그 부분이 가장 치명적 약점이 될 수 있다.[46]

따라서 한국군은 제병협동작전 수행의 중심 제대를 '여단'으로 하면서, '사단'은 직할부대 없이 전투지휘에 전념하는 제대로 발전시켜야 한다. 특히 여단의 완전성을 보강하기 위해 수색대대, 전투지원대대 등을 추가할 필요가 있다. 이를 위해 필요한 병력을 확보하기 위해 향토사단(해안경계 임무를 해경에 인계)을 포함한 일부 사단의 숫자를 줄이는 것도 감수할 수 있어야 한다.

부대구조 개편은 오랜 기간을 필요로 한다. 즉시 가능한 것은 '전투실험 전담여단'을 창설하는 것이다. 전투실험이라는 본래 목적을 달성하기 위해서는 전시 '완전편성' 기준이어야 하고, 휴가에 상관없이 연중 전투실험을 계속할 수 있도록 보직비율은 110~120% 수준이 되어야 한다. 그리고 전투실험 결과를 기초로 여단전투단의 편성을 유형별로 구체화하면서, 단계별로 창설해나가는 접근방법이 바람직할 것이다.

2. 러시아군의 제병협동작전 수행능력의 미숙함과 러시아 전차의 취약성이 주요 원인이다. 전차는 여전히 효과적인 무기체계이다.

---

45) 국내외 언론에 공개된 자료를 종합하여 작성한 자료이다.(청색 글씨 : 한국군과의 주요 차이점)
46) 이러한 성격은 독일의 리비히((Justus von Liebig)가 식물의 성장 과정에서 발견한 '최소량의 법칙(Law of minimum)'과 유사성을 가지고 있다.

3월 중순까지, 서방국가가 우크라이나에 제공한다고 발표한 대전차유도무기의 수량은 미국의 재블린(Javelin)·영국의 NLAW 등을 포함하여 최소 10,000발 이상으로 알려지고 이다.47) 우크라이나가 터키에서 구매한 무장드론(TB2)도 러시아 전투차량 타격에 운용되고 있다. 이로 인해 발생한 러시아 전차의 피해는 현재까지 명확하지 않다. 3월 15일(현지 시간), 블룸버그(Bloomburg) 통신이 프로젝트 그룹 오릭스(Oryx)의 집계를 근거로 보도한 바에 의하면 전차 214대를 포함하여 전투차량 1,292대이다. 일부 언론은 이러한 러시아의 피해현황과 속전속결의 실패한 현재의 전쟁 경과를 연계하여 '전차 무용론'을 주장하고 있다.

1973년 4차 중동전쟁 초기, 이집트의 대전차유도무기(AT-3)의 위력에 직면했던 이스라엘군의 대책은 '제병협동작전의 회복'이었다. 전차부대 선두에 기계화보병부대를 앞세워 매복 지점을 선점하거나 박격포 등으로 위력수색을 실시하면서 전진했다. 현재도 이스라엘의 메르카바(Merkava) 전차는 세계에서 유일하게 60밀리 박격포를 장착하고 있다. 1980년대부터 미군은 사단 예하에 항공여단(공격·수송 헬기대대)을 편성하여 기갑부대 진출을 공중에서 엄호하고 있다. 하지만 우크라이나에서 파괴되는 러시아군 전차의 영상에는 이와 같은 전형적인 제병협동작전의 수행 모습을 찾아보기 어렵다.

전차의 '방호능력 보강'도 또 하나의 개선방향이었다. 특히, 전차를 향해 날아오는 대전차미사일을 소형 레이더로 탐지하여 요격하는 '능동방호장치(APS : Active Protection System)'가 대표적이다. 서방국가에서 개발한 능동방호장치는 탐지 및 요격 범위가 넓어 전차의 상부를 타격하는 대전차유도미사일도 방호 가능한 것으로 알려지고 있다. 이스라엘군의 '트로피(Trophy)'는 2009년부터 전력화되어 이미 실전 운용되었으며, 미군도 2018년부터 M1A2 전차에 동일한 방호체계를 장착하기 시작했다. 향후에는 브래들리 장갑차, 스트라이크 장갑차까지 단계별로 확대한다는 계획을 갖고 있다. 2010년대 초, 한국군도 능동방호장치를 개발하여 운용시험까지 실시한 바 있다. 향후 K-2 전차 성능개량 과정에서 장착될 가능성이 높다.

러시아도 '아레나(Arena)'라는 능동방호장치를 개발하여 T-90 전차에 장착하기 시작했다는 보도가 있다. 단위당 5~10억원에 이르는 비용문제 등을 고려하면, 일부만 장착되었을 가능성이 높다. 더욱이 서방국가의 능동방호장치에 비해 탐지 및 요격 범위가 좁아 재블린의 상부공격에는 방호능력이 거의 없다는 전문가 의견이 있다. 또한, 러시아군 전차의 설계 우선순위는 기동력과 화력이 높은 반면, 방호능력은 낮은 것이 특징이다. 예

---

47) 3월 15일(현지 시간), 블룸버거 통신이 밝힌 현황은 영국 NLAW 3615발, 독일 Ty Milan 1,000발, 노르웨이 종류 미상 2,000발, 스웨덴 종류 미상 5,000발, 미국 종류 및 발수 미상 등이다.

를 들면, 러시아군의 T-70 및 T-80 계열 전차는 전체 중량이 40톤 중반에 불과하여 장갑을 강화하는데 한계가 있지만, 미군의 M1A2 전차는 70톤에 근접하여 방호능력 보강에 매우 유리하다. 그럼에도 불구하고 국지 방공망과 연계한 기계화부대의 대(對) 드론 능력 강화는 필요하다. 향후 상당기간 동안 전차를 대체할 수 있는 새로운 무기체계가 등장하기는 쉽지 않을 것이다.

또 하나의 문제점은 러시아가 전략무기에 우선순위를 과도하게 집중하는 과정에서 제병협동작전수행을 위한 기반전력에 충분한 재원을 투입하지 못했을 가능성이다. 2020년 국방백서에 의하면 러시아의 국방예산은 482억 달러이고, 미국은 6,846억 달러이다. 미국의 7%에 수준에 불과하다. 그럼에도 불구하고 러시아는 미국을 능가하는 전략무기 개발을 공개적으로 추진하고 있다. 2019년 12월 24일, 푸틴 러시아 대통령이 공식적으로 대륙간탄도미사일(ICBM)에 탑재되는 극초음속비행체 아방가르드(Avant-Garde)의 실전 배치를 선언한 것48)이 대표적이다. 군사력 건설에는 '기회비용'이라는 원리가 작동한다. 한국도 국방혁신 과정에서 전략무기에 집중하는 과정에서 기반전력이 부실해지는 과오를 범하지 않도록 유의해야 한다.

각 군이 공통적으로 사용하는 전력은 합동참모본부가 주도적으로 나서지 않으면 안 된다. 특히, 저궤도 통신위성49)은 유무인 복합체계 등의 운용에 필수적인 우주기반 네트워크이므로 최우선 관심이 필요하다. 또한, 지상군의 창끝 전투력에 해당하는 대대 이하 전투력(예 : 워리어 플랫폼, 소형 드론 봇, 고(高) 기동 전술차량 등)의 보강도 중요하다. 우크라이나 전쟁에서 할 수 있듯이 미국의 지상군 투입 가능성은 갈수록 낮아지고 있으며, 투입하더라도 최소 규모가 될 것이 명백하기 때문이다.

Ⅳ. 결론

세계 대부분의 국가들이 미군을 지향점으로 군사혁신을 추진하고 있다. 러시아군도 2000년대 중반 이후 군사개혁 과정에서 다양한 분야에서 미국식 모델을 참고한 바 있다. 하지만 세계 2위 군사력을 보유한 러시아가 우크라이나에서 고전하는 모습을 목도하면서 "미국식 전쟁은 미국만이 할 수 있구나!"라는 생각을 하게 된다.

1970년대부터 한국군도 미군과의 연합방위체제에서 괄목할 만한 발전을 이룩한 바 있

---

48) 국회입법조사처, 극초음속 무기체계 국제개발동향과 군사안보적 함의(현안분석 145호), 2020. 6. 9
49) 일론 머스크가 우크라이나에 지원한 스타링크(Starlink)가 대표적이다. 고고도 정지궤도 통신위성에 비해 전송속도, 용량 등을 혁신적으로 증대시킬 수 있고, 수신 단말기 소형화가 가능하다.

다. 새로운 정부 출범과 함께 광범위한 국방혁신을 추진하기 위해 준비하고 있다. 이러한 준비과정에서 가장 선행되어야 할 것은 지금까지 우리가 추진해온 국방개혁의 성과와 한계를 냉철하게 분석하는 노력이라고 생각한다.

특히, 세계 최첨단의 미군을 참고하는 과정에서 초래될 수 있는 한국군 군사전략의 '불균형' 가능성도 경계해야 한다. 즉, 군사전략의 3개 요소 측면에서 한국군이 구현할 수 있는 것과 할 수 없는 것을 냉철하게 구분해 볼 필요가 있다는 의미이나. 이것이야발로 진정한 '한국적 국방혁신'의 출발점이 될 것이다.

| 저자소개 |

방종관 | 국방과학연구소(ADD) 겸임연구원

방종관 연구원은 서울대학교 미래혁신연구원 산학협력교수, 한국국방연구원(KIDA) 객원연구원 등으로 전쟁사 · 무기체계 · 국방혁신을 연구하고 있다.

1988년 육군사관학교 졸업과 동시에 포병 소위로 임관하여 2021년 육군 소장으로 전역했다. 이라크 파병을 포함하여, 각급 제대 지휘관과 국방부 군사보좌관, 합동참모본부 전력기획과장, 전력기획 1처장, 전략기획차장, 육본 기획관리참모부장 등 국방부 · 합참 · 육본에서 정책 · 전략 · 전력기획 업무를 수행했다. 미국 합동참모대학을 수료했으며, 「히틀러의 비밀무기 V-2」를 번역하였다.「미중 패권경쟁과 한국의 생존전략」(유용원 저)의 대담자로 참여하였으며, 중앙일보 안보·국방 분야 필진으로 활동하고 있다. YTN '뉴스멘터리 전쟁과 사람' 프로그램에 무기체계 및 전쟁사 전문 패널로 출연하고 있다.

우크라이나 전쟁의 모자이크전 수행양상과 국방개혁에의 함의

양 욱 (아산정책연구원)

Ⅰ. 새로운 전쟁의 양상

1. 전쟁과 평화 사이의 새로운 분쟁

우크라이나-러시아 전쟁은 2014년부터 계속된 러시아의 우크라이나 확보를 위한 공세의 일환이다. 러시아는 2014년 3월 선석인 크림반도 병합에 이어 우크라이나를 혼돈에 빠트리기 위한 저강도분쟁인 돈바스 전쟁을 일으키면서 전세계를 경악케 하였다. 당시 러시아가 수행했던 비밀스럽고도 전격적인 군사작전은 하이브리드전(Hybrid Warfare)으로 불렸다.

러시아의 하이브리드전 전략은 러시아의 총참모장인 발레리 게라시모프 대장의 이름을 딴 게라시모프 독트린(Gerasimov Doctrine)에 바탕하고 있다고 평가된다. 게라시모프 독트린은 미국과 서구가 주도하고 있다고 러시아가 생각하는 '컬러혁명'에 대한 대응전략으로 구상되었다.[50]

이 독트린의 핵심은 전쟁과 평화의 이분법적 사고에 갇힌 서구가 본격적인 전쟁으로 인식하고 이에 대응하기 이전에, 군사적 수단에 한정하지 않고 비군사적 수단까지 적극 통합하여 정치적 목적을 달성하는 것이다. 이는 서구의 전통적 전쟁관으로는 대응할 수 없는 비대칭전략으로, 실제로 2014년 크림반도 병합시에 서구는 러시아의 의도를 인지 못하고 대응하지 못함으로써 커다란 실패를 경험했다.

크림전쟁의 승리 이후 러시아는 좀더 과감한 군사적 행보를 거듭하기 시작하여, 2015년에는 시리아 내전에 참전하면서 자국이 보유했던 다양한 첨단무기체계를 시험했다. 러시아군은 칼리브르 순항미사일이나 KAB-500Kr 광학유도폭탄 등을 투발하면서 미군에 뒤지지 않는 정밀타격 능력을 과시하고자 했다. 또한 러시아는 대대전술단(Battalion Tactical Group)이라는 독특한 제대개념을 제시하면서 이러한 하이브리드전의 수행을 위한 군 부대구조를 다져나가기도 했다.

2. 미래 전쟁에 대한 준비의 가속

게라시모프 독트린에 기반한 하이브리드전이 부각된 이후 미래전쟁에 대한 탐구와 준비는 더욱 심화되고 있다. 우선 전쟁영역의 다변화와 교차 그리고 확대가 추구되었다. 미래 전장은 지상·해양·공중의 기존 영역에 사이버·전자기파 영역까지 추가되면서 군종이

---

50) Charles K. Bartles "Getting Gersimov Right", *Military Review* Jan-Feb 2016

확대되었다. 중국의 경우에는 심지어 인지영역까지도 전장영역으로 삼으면서 삼전(심리전·여론전·법률전)과 같은 변칙적인 전쟁형태를 추구하고 있다.

특히 평화와 전쟁 사이의 중간지대에서 전쟁수행양상이 증가했다. 글로벌 경제가 진전함에 따라 패권경쟁국 간의 경쟁이 곧바로 치열한 군사적 충돌로 이어질 가능성은 낮아졌다. 반면 평상시의 모든 활동이 경쟁을 넘어 분쟁화하고 있다. 이렇게 중간지대의 분쟁이 증가하면서 비정규전, 비대칭전, 비선형전 등 모호한 수단과 형태의 전쟁 형태가 정착되었다. 국가가 보유한 수단이라면 합법과 비합법을 가리지 않고 모두 동원하여 수행하는 경향도 급증했다. 중국이 내세우고 있는 초한전이나 러시아의 하이브리드전은 불법적이고 범죄적 수단까지도 적극활용하고 있다.[51]

한편 인구감소도 전쟁의 형태에 영향을 미치어 소부대로 최대의 효과를 추구하는 경향이 더욱 강해지고 있다. 전투원의 수는 감소하지만 단일무기체계의 성능은 향상되면서 더욱 작은 단위부대에서 더욱 넓은 지역을 담당하여 전투하는 경향이 증가한다. 따라서 부족한 병력을 감당하기 위하여 무인/자율무기체계를 탐구하고 있으며, 전력 운용의 효율성을 높이기 위하여 과거보다 훨씬 더 광역화되고 연결성이 높은 C4I 네트워크를 추구하고 있다. 따라서 머지않은 미래에는 유·무인 복합체계를 바탕으로 한 전투가 일반화될 것이다.

3. 미래 전쟁의 대안으로서의 모자이크전

전장영역의 확대, 전투원 감소에 따른 전장의 통합과 효율성의 추구, 특히 인지영역에 대한 공격과 같은 새로운 전쟁양상에 대응하여, 미국도 새로운 전쟁 수행양상을 제시했다. 중국의 초한전 삼전 전략에 대응하여 전쟁이전의 단계에서 적의 공격능력을 무력화하고 공격의도를 차단해야할 필요성이 제기되었다. 미국은 패권경쟁국들이 자국의 인지능력과 여론을 흐림으로써 군사적 판단과 결심을 흐리게 만드는 형태의 도전을 수행하고 있음을 인지했다. 이에 따라 걸프전 이후 중심이 된 네트워크중심전의 개념을 발전시켜, 더욱 진화한 결심중심전을 추구하게 되었다. 이런 결심중심전을 구체화하는 전투형태 중 하나가 바로 모자이크전이다.

모자이크전이란 "인간에 의한 지휘와 기계에 의한 통제를 활용하여, 분산된 아군전력을 신속하게 구성하거나 재구성함으로써, 아군에게는 적응성과 유연성을 제공하는 반면

---

51) 손경호·양욱 외, 『국방비전 2050 구상을 위한 "2050년 미래전 양상과 합동작전 수행개념"』 (논산: 국방대학교, 2021), p.8~9

적에게는 복잡성과 불확실성을 가져다주는 전쟁 수행개념"52)으로 정의할 수 있다. 좀 더 세분화하여 설명하면 모자이크전은 다양한 수준의 전력을 레고 블록처럼 조합하여 적이 예측할 수 없는 시간과 위치와 방법으로 빠른 속도로 공격하여 적의 의사결정체계를 무너뜨리고 전투에서 승리를 추구한다. 적국의 무기체계가 고도화하고 현대화함에 따라 이에 대응하기 위하여 분산화되고 네트워크화 된 결심중심의 전투를 수행하는 것이다.

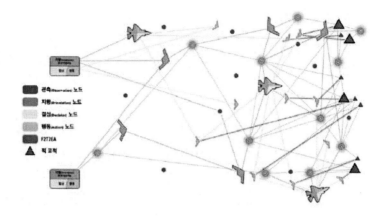

[그림 1] 모자이크전의 작전개념

모자이크전의 핵심은 대체가능한 모자이크 타일을 넓혀서 창의적으로 신속하게 전투를 수행하는데 있다. 즉 작고 저렴하며 유연한 무기체계들과 일선제대들을 신속하게 그리고 창의적으로 조합하여 스스로의 영역을 교차하면서 승리를 쟁취한다. 따라서 모자이크전은 속도의 지속, 예측불가성, 치명성 등을 특징으로 한다. 따라서 과거 킬체인(Kill Chain)으로 표현되던 교전구조가 킬웹(Kill Web)으로 진화하면서, 하나의 노드(node)가 차단되더라도 다른 노드를 구성하여 전투의 우위를 구성할 수 있게 된다.

II. 2022년 러시아-우크라이나 전쟁

1. 전쟁의 개관

러시아는 2022년 1월부터 벨라루스와 크림반도 등 접경지역에 병력을 배치하면서 우

---

52) Bryan Clark et al., *MOSAIC WARFARE: Exploiting Artificial Intelligence and Autonomous Systems to implement Decision-Centric Operations* (Washington DC: Center for Strategic Budgetary Assessments, 2020), p.27

크라이나를 압박하기 시작했다. 푸틴은 애초에 우크라이나는 소련에 의해 만들어진 고대 러시아의 땅이며 소련 붕괴 후 러시아가 강탈당한 지역으로, 꼭두각시 정부에 의해 지배되는 미국의 식민지라고 주장했다. 그리고는 도네츠크와 루간스크 공화국의 평화유지를 명분으로 전쟁을 시작했다.

애초에 돈바스 지역에 교전이 제한될 것이라는 관측과는 달리, 러시아는 2월 24일 우크라이나 전역에 대한 전면전을 개시하였다. 애초에 세계 2위의 군사력으로 평가되는 러시아에 대하여 우크라이나의 병력은 절대적으로 부족했다. 미국과 서구는 러시아의 침공을 비난하되 막상 직접적인 병력지원을 하지는 않았다. 대신 러시아의 SWIFT 퇴출, 노르드스트림2 가스관 취소, 국외자산 동결, 첨단부품 공급차단 등 정치적·경제적 제재조치에 집중했다.

한편 전쟁 자체의 전개양상은 독특했다. 대규모의 기갑·기계화전력을 앞세운 러시아는 북부와 동부, 그리고 남부 전선의 3개축으로 공세를 가했으며, 이에 따라 북동부의 수미, 북부의 코토노프, 남부의 헤르손 등 주요지역이 개전 2주 내에 점령당했다. 하지만 전쟁의 초기 승리를 좌우할 키이우 점령은 전쟁수행 1달이 넘도록 이뤄지지 않고 있다.

2. 러시아의 전쟁 수행양상

러시아는 칼리브르 미사일 등을 사용하는 정밀타격으로 우크라이나의 핵심 통신인프라와 지휘통제시설을 마비시켰으며, 우세한 화력으로 국경 방어선을 뚫고 주요도시들을 점령하고자 했다. 기본적으로 러시아의 접근방법은 대대전술단을 중심으로 한 다정면공격으로 우크라이나 전역을 유린하는 것으로 평가할 수 있다.

남부전선에서는 크림반도를 발판으로 곧바로 헤르손 지역을 점령했고, 동부전선에서는 도네츠크와 루간스크를 발판으로 개전 2주차까지 주요도시들을 점령하거나 포위하는 데까지 성공했다. 한편 북부전선에서 러시아는 최단기간의 승전을 위하여 체르니히우 등 배후의 도시를 건너 뛰고 곧바로 키이우로 진격했다.

그러나 불과 2주만에 탄약과 물자 등이 바닥나면서 공세의 예봉은 꺾였다. 병력과 장비의 손실도 상당하여, 3월 19일까지 전차 466대, 장갑차 1,470대, 전술차량 914대, 야포 213문, 다연장 72문, 전투기 95기, 헬기 115기, 드론 17기, 방공무기 44대 등에 더하여 무려 14,400명의 병력 손실이 추정되었다.[53] 더욱 놀라운 것은 러시아군 장성들이

---

53) "Total Estimated Losses of the Enemy as of March 19", Ukraine Crisis Media Center, https://uacrisis.org/en/total-estimated-losses-of-the-enemy-as-of-march-19 (검색일: 2022.3.22)

잇달아 전사하고 있다는 점이다. 3월 19일까지 무려 6명의 장군이 사망했는데, 이 중에는 제8군 사령관인 안드레이 모르드비초프 중장까지도 포함되어 있었다.

이에 따라 러시아군은 투입한 것으로 알려진 120여개의 BTG 가운데, 단순합계만으로 최대 47개의 BTG가 무력화된 것으로 보인다. 전투력 지수를 50%까지 낮춰 평가하면 모두 94개의 BTG가 운용이 어려운 상황이며, 1/2 수준으로 재편성한다고 해도 결과적으로 60개의 BTG가 무력화된 것으로 볼 수 있다.

[그림 2] 우크라이나-러시아 전쟁상황도 (2022년 3월 21일 기준)

3. 우크라이나의 전쟁 수행양상

우크라이나는 상대적으로 매우 취약한 전력임에도 불구하고 훨씬 더 막강하게 기동화된 러시아군을 상대로 선전을 펼치고 있다. 전력상 불리함을 극복하기 위하여 우크라이나군은 적의 진격을 허용하여 유인한 이후에 주요병목지대에서 차단선을 구축하여 적 병력을 무력화시키는 전술을 사용하고 있는 것으로 보인다.

특히 우크라이나군은 지휘통제시설의 타격을 받았음에도 불구하고 여전히 지휘통제네트워크를 유지하면서 러시아군의 핵심정보들을 매우 정확하게 파악하여 대응하고 있다. 오히려 러시아군보다 우크라이나군이 정보우세를 보이는 이면에는 미국과 NATO의 정찰전력이 있다.[54] 미국과 NATO의 정찰항공기가 우크라이나 인근을 비행할 때 우크라이나군이 주요한 승전을 거두고 있다는 점이 그러한 근거로 볼 수 있다. 또한 우크라이나

---

54) Ken Klippenstein & Sara Sirota, "U.S. quitely assists Ukraine with Intelligence, avoiding direct confrontation with Russia", The Intercept (Mar 18, 2022), https://theintercept.com/2022/03/17/us-intelligence-ukraine-russia/ (검색일: 2022.3.20)

군은 적의 보급부대와 지휘부를 노리는 전술을 효과적으로 사용해오고 있다. 무려 60대에 가까운 급유차량을 포함하는 보급부대를 파괴함으로써 러시아군의 주요부대들은 2주 만에 물자 고갈로 전력을 소진했다. 또한 러시아군 지휘소를 파악하여 정밀타격하는 '리더십 킬체인 작전(Leadership Kill Chain Operations)'으로 적의 혼란을 더욱 가중시켰다.[55]

이러한 우크라이나군의 활약에는 당연히 서구와 미국의 보이지 않는 지원이 큰 것으로 보인다. 서구는 외교적으로 러시아를 고립시키고 경제적으로 러시아를 압박하면서 러시아의 전반적인 전쟁수행역량을 급격히 감소시켰다. 또한 우크라이나는 비군사적 역량을 러시아보다 적극 활용하여 전장의 우세를 점해나가고 있다. 물리적 통신망이 파괴되었지만 일론 머스크의 스타링크 위성을 활용하여 통신망을 복구했고, 글로벌 패스드푸드업체나 제약업체의 도움으로 식량과 의약품 문제 등을 해결해나가고 있다. 즉 가용한 최적의 자원을 군과 민간의 구분없이 활용함으로써 장기전을 수행하면서 '지지 않으면 이기는' 전쟁을 추구하고 있다.[56]

Ⅲ. 전쟁의 교훈과 우리 군에의 함의

우크라이나-러시아 전쟁은 미래전쟁의 새로운 전형을 보여주고 있다. 특히 모자이크전의 관점에서 함의가 매우 크다. 전술했듯이 모자이크전이란 다양한 전력을 창의적으로 결합하여 신속한 교전을 이어가면서 최종적으로 적의 의지를 꺾고 아군의 우위를 확장해나가는 전쟁방식이다.

러시아의 하이브리드전은 분명히 모자이크전의 요소를 포함하고 있다. 애초에 종심전 투교리로 다져진 러시아군은 기동의 중요성을 인지했으며, 특히 제한된 병력을 최대한 활용하기 위하여 BTG 편제를 구성했다. 러시아는 사단이나 여단을 대신하여 대대급인 BTG처럼 상대적으로 작은 독립전투부대를 구성하여 속도와 충격을 추구했다.

그러나 러시아군의 가장 큰 문제는 바로 모자이크전의 핵심인 연결성이 결여되었다는 점이다. 우선 항공전력과 지상전력이 합동성은커녕 제병협동 수준에도 미치지 못하여 서로 연계되지 못했다. 이에 따라 대공 및 대전차 휴대용무기에 노출되면서 상당한 피해를

55) Federico Borsari, "Hunting the Invader: Ukraine's Special Operations Troops", Analysis & Commentary of Center for European Policy Analysis (Mar 15, 2022), https://cepa.org/hunting-the-invader-ukraines-special-operations-troops (검색일: 2022.3.22)
56) 조상근, "우크라이나-러시아 전쟁 분석(1), 우크라이나 전쟁 수행에 영향을 미친 DIME 요소", 『NAVER 무기백과사전』 (2022년 3월 8일) https://terms.naver.com/entry.naver?docId=6597826 (검색일: 2022.3.20)

입을 수 밖에 없었다.

　여기에 더하여 드넓게 분산된 BTG에 대한 보급문제를 해결하지 못하면서 일선부대는 장비를 전장에 유기하는 상황에까지 이르게 되었다. 이미 3월초에 제1파공세가 공세종말점에 이르러 작전적 중지에 이를 수밖에 없었다. 이후 제2파 공세가 2주간 지속되었지만 이 또한 3월 20일을 기점으로 또다시 공세종말점에 다다른 것으로 보인다. 이제 제3파 공세마저 축차투입으로 소모된다면 러시아는 더 이상 공세를 지속하기 어려울 것으로 보인다.

　한편 우크라이나는 오히려 모자이크전에서 우월한 모습을 보여주었다. 정규군은 상대적으로 불리한 전력이었고, 상대적으로 조직화가 부족할 수 밖에 없는 자원병까지 투입하여 전투를 수행해야만 했다. 그럼에도 불구하고 정확한 전장정보를 바탕으로 러시아군 공세의 예봉을 꺾고 보급을 차단함으로써 적 전력을 조직적으로 소모시켰다. 뿐만 아니라 적의 지휘부를 간파하여 이를 정확히 타격함으로써 적을 혼란시키고 공세의지를 꺾어나가고 있다.

　우크라이나-러시아 전쟁은 모자이크전이 가지는 잠재적 역량을 확인시켜주었다. 정보와 결심 우위에 바탕하여 전력을 창의적이고 유기적으로 결합한다면 상대적인 열세에도 불구하고 충분히 전선을 유지할 수 있음을 증명하고 있다. 이는 정보우위에서 결심우위로 진화한 군대가 그렇지 못한 군대를 압도할 수 있음을 보여주는 사례이며, 우리가 북한이나 중국과 같은 거대한 전력의 군을 대적할 때 취할 수 있는 대안을 제시하고 있다.

| 저자소개 |

양욱 | 아산정책연구원 외교안보센터 부연구위원
　서울대학교 법과대학을 졸업했으며, 국방대학교에서 국방전략과 군사전략으로 석·박사 학위를 취득 후에 현재 아산정책연구원에서 재직 중이다. 군사전략과 무기체계 전문가로서 방산업계와 민간군사기업 등 주로 민간영역에서 활동해왔으며, 대한민국 1세대 민간군사기업 중 하나인 인텔엣 지주식회사를 창립하여 운용하기도 했다. 회사를 떠난 후 TV와 신문 등 각종 매체를 통해 다양한 군사이슈와 국제분쟁 등을 해설해왔으며, 무기체계와 군사사에 관한 다양한 저술활동을 해왔다. 특히 한국국방안보포럼의 연구위원이자 WMD센터장으로 북한의 군사전략과 WMD 무기체계를 분석해왔고, 이러한 활동을 바탕으로 국방부, 합참, 방사청, 육해공군 등의 정책자문위원으로 활동해오고 있다. 현재는 국방대학교, 육군사관학교, 한남대학교 국방전략대학원 등에서 군사혁신론, 현대전쟁연구, 전쟁과 비즈니스 등을 강의하며, 각 군과 정부에 자문활동을 계속하고 있다.

우크라이나 전쟁:
군수지원 차원에서 본 시사점과 정책 제언

박 주 경 (전 육군 군수사령관)

Ⅰ. 러시아군의 전쟁 전 군수 준비

1. 러시아군의 국방개혁과 군수

2008년 10월말 안드레이 세르듀코프 러시아 국방장관은 군을 개조하는 국방개혁안을 발표하였다.[57) 이에 따라 2012년까지 러시아군 전체 병력 규모를 100만명으로 줄이고, 기존에 사단으로 운용되었던 군 조직을 여단 단위로 재편하였으며, 대규모 동원체제 모델을 폐기하고 상비군체제로 전환하였다. 지상군 규모가 1/11로 감소했고, 육군의 1,187개의 부대 중 189개만 남았다.

러시아군의 국방개혁은 작전지속지원 분야도 포함이 되었는데 군 조직 중 병참 및 보조 시스템의 경우 민간 업체들에게 최대한 이양하는 계획과 의무학교 폐지, 부대별 의무시설 통폐합, 수백개 감편부대 대신 60개 군사장비 보관기지 건설 등이다.

이러한 러시아의 국방개혁은 2014~2015년 크림반도 합병과 돈바스 전쟁에서 일부 성과를 나타낸 것으로 보이지만 아웃소싱 도입 과정에서의 부정부패, 의료지원체계 개편에 대한 예비역 및 참전용사들의 반발 같은 문제점도 나타났다.[58) 옐친 전 대통령 밑에서 외무장관을 지냈던 코지레프는 트위터에 "크렘린은 지난 20년간 러시아군을 현대화한다고 돈을 썼지만, 상당수는 중간에서 빠져나가 호화요트를 사는 데 사용됐다"고 비판하기도 했다.[59) 또한 2014년 이후 국제사회의 제재로 러시아의 경제 사정이 나빠져 개혁의 속도를 지연시키는 결과를 초래하였다.

---

57) 러시아가 국방개혁을 추진하게 된 배경은 조지아전쟁뿐 아니라 체첸전쟁의 경험과 미국 국방개혁의 영향이 작용하였다. Aleksandr Golts는 러시아의 급격한 인구감소로 징집 대상인 18세 인원 감소가 군개혁에 영향을 미쳤다고 판단한다.('Modernization versus mobilization',『The Russian Military in Contemporary Perspective』, Strategic Studies Institute and Army War College Press, 2019). 이 문서에 러시아 국방개혁 내용과 과정이 잘 나와 있다. 러시아 국방개혁은 인구 감소라는 배경과 추진 내용이 한국과 유사한 점이 많다. 한편, 럼스펠드 미국 국방장관은 국방개혁을 통해 재래식 무기와 병력 중심의 미군 구조를 최첨단 무기체계가 강화된 신속대응군 개념으로 전환하고 사단을 여단으로 개편하였다. 또한 '이빨 대 꼬리 비율'(the teeth-to-tail ratio)에서 '이빨'인 전투병력 숫자 유지를 위해 '꼬리'인 지원인력을 민간인으로 대체하였다. 그러나 2003년 이라크전에서 지원 임무를 맡은 PMC(민간군사기업)는 제대로 지원이 되지 않아 현장 지휘관들의 불만의 대상이었으며, 비용 대비 효과 면에서도 좋지 않은 결과를 보인 것으로 평가된다.

58) 국방개혁을 전면에서 추진한 세르듀코프 국방장관도 불륜 및 부정부패 스캔들로 2012년 11월 낙마하였다. 러시아는 군납 비리와 부패로 늘 보급이 부족 한데다, 그 질도 교도소보다 못하다는 말까지 나온다. 정치전문지 폴리티코는 "러시아군에 식량을 납품하는 회사는 푸틴 대통령의 최측근인 예브게니 프리고진이 운영하고 있다"고 했다. 러시아군에서 '제2의 통화'라고 불리는 기름은 장병들이 중간에 빼내 팔아먹는 일이 다반사로 일어나고 있다고 한다.(유용원, '20년 지난 전투식량 배급… 제트기엔 구식 무기 장착', 조선일보, 2022.3.10.).러시아에서 부패는 고질이다. 크렘린 정치인들은 부하들에게 부패의 기회를 제공하면서 충성을 확보한다. 부패 때문에 군은 수준 이하의 장비를 공급받는다.(우태영, '공간 주고 시간 번다! 러 발목 잡은 우크라이나의 전략', 주간조선, 2022.3.25.)

59) 고일환, '[우크라침공] "최강인줄 알았는데"…러시아군 재평가하는 유럽', (연합뉴스, 2022.3.19.)

한편, 러시아는 2014년 하이브리드전을 구사하여 별다른 전투 없이 크림반도를 합병하였다. 크림반도 합병에서는 친러시아 민병대와 PMC(민간군사기업) 직원들을 적극 활용하였다. 2014년 우크라이나 동부지역 분쟁에 개입하면서는 '대대전술단'(BTG: Battalion Tactical Group) 개념을 선 보였다. 전차 중심의 '대대전술단'은 1개 전차중대, 3개 기계화보병중대, 대(對) 전차중대, 2~3개 포병중대, 2개 방공중대 등과 소규모 정보·공병·통신·의무부대도 포함돼 있다. 전체 병력은 약 600~1000명이다. 병사들의 3분의 1은 지원병으로 근접전투가 가능한 전차·보병·포병·전자전 부대 등에 배치되고, 3분의 2는 복무기간 1년의 징집병으로 전투지원 및 전투근무지원부대에 배치된다. 대대전술단의 취약점은 작전수행 병력이 부족하여 경계, 정찰 등을 기동력과 화력이 부족한 현지 민병대에 의존하는 것이다. 또한 정보, 지휘통제, 정비, 의무 관련 조직이 취약해서 작전지속 능력이 부족하다. 따라서 공격작전 과정에서 적 지역 종심 깊이 진출하는 것은 제한될 것으로 예견하였다.[60]

2. 러시아군의 평시 서부방면 군수분야 전쟁 준비 상태

러시아군은 서부방면에서 공격작전을 치루기에는 평시 군수분야 능력이 부족한 것으로 판단된다. 작년 11월 알렉스 베르시닌(Alex Vershinin)은 러시아의 우크라이나 침공 가능성이 언급되는 시기에 발트 3국이나 폴란드에 대한 가상적인 침공을 상정하여 군수분야 준비상태를 아래와 같이 분석하였다.[61]

러시아군은 신속한 침공으로 최대한 넓은 땅을 점령하고 NATO가 대응하기 전에 기정사실화를 시도할 가능성이 높다. 하지만 러시아의 군수부대 능력으로는 재보급을 위한 군수적 정지기간 없이 한 번에 이러한 목표를 달성하기 어렵다.

러시아군 부대는 동급의 서방 부대에 비해 훨씬 더 많은 포병과 방공, 대전차 장비를 보유하고 있지만, 이는 곧 훨씬 더 많은 보급 소요를 의미한다. 그러나 러시아군의 군수지원 부대는 다음 표에서 보듯 서방 동급 부대에 비해 그 규모가 작다.

---

60) 방종관, '미군도 못해본 파격…지역분쟁 딱 맞춘 '푸틴 대대전술단' 위력', (중앙일보, 2022.02.15.). 대대전술단 편성을 보면 보급, 정비 등 군수부대가 보이지 않는데, 임무를 부여 받으면 상급부대에서 지원되는 것으로 보인다. 대대전술단의 취약점과 미국 BCT와 비교는 CPT Nicolas J. Fiore가 작성한 'Defeating the Russian Battalion Tactical Group'에 잘 나와 있다.

61) https://warontherocks.com/2021/11/feeding-the-bear-a-closer-look-at-russian-army-logistics/(dcinside.com 군사갤러리, '러시아의 군수보급 능력 부족을 지적하는 작년 11월 분석'(2022.2.27.)에서 재인용. 원문을 보면 분석이 더 상세하게 되어 있다. 표는 원문 번역). 베르시닌중령은 이라크와 아프가니스탄 전투 경험과 NATO 연합군 훈련센터 근무 경력이 있는 워게임과 시뮬레이션 전문가로 미 육군 미래사에 근무하다가 2022년 1월 전역하고 민간인이 되었다.

기동 제대	미국 지원 제대	러시아 지원 제대
대대	중대	소대
연대	대대/대	중대
여단	대대	대대
사단	여단	대대
군단	여단	없음
제병협동군	해당 없음(N/A)	여단

이런 단점을 보완하기 위해 서방에는 없는 철도여단을 운영하지만, 철도를 통한 군수 지원은 방어전에서만 쓸 수 있고 적대지역을 침공할 때는 사용할 수 없다. 현재 러시아군 이 보유한 트럭으로는 150km 이상의 보급선을 유지하는게 불가능하다.

러시아군 전투부대가 보급 없이 작전 가능한 시간은 2~3일에 불과하다. 유류의 경우 전술송유관을 이용해 비교적 빠르게 공급할 수 있으나, 이들 장비가 설치되려면 적어도 3~4일이 소요되므로 최소 한 번은 트럭을 통해 유류보급을 받아야 한다.

만일 발트 3국이 시가전을 시도한다면 러시아군에 필요한 보급량은 매우 증가한다. 조 지아 전쟁에서 러시아군 일부 부대는 불과 12시간만에 기본휴대량의 탄약을 전부 소모 했다. 이 속도라면 매 12~24시간마다 새로 보급 받아야 할 것이다.

러시아군의 군수부대 능력에 작전 템포를 맞추기 위해서는 공세에 동원하는 병력 규모 를 줄여 보급 소요를 낮추거나, 2~3일마다 작전을 멈추고 바닥난 탄약과 연료를 보충해 야 한다. 어느 쪽이든 신속한 점령과 기정사실화는 달성하기 어렵다. 게다가 군수부대는 매복과 공습, 차량 고장 등으로 지속적인 손실을 겪을 것이다.

다른 군관구에서 지원병력을 끌어모을 수도 있지만, 그리 많이는 하지 못할 것이다. 게 다가 새로 증원될 군수부대 역시 각자 보급해줘야 할 전투부대가 할당되어 있다. 러시아 에는 전투부대에 할당되지 않은 예비 트럭이 거의 없다. 예비군과 민간 트럭을 징발하는 방법도 있다. 하지만 이는 러시아 내부 정치적으로 시행이 어렵다.

3. 러시아군의 우크라이나전 군수분야 전쟁 준비

러시아군은 군수분야를 포함하여 전쟁 준비를 제대로 못했거나, 아니면 전쟁이 조기 종결할 것으로 오판한 것으로 보인다. 조기 종결할 것으로 오판했더라도 군은 항상 예비 계획을 준비해야 하는데 그러지 못했다. 러시아는 우크라이나 수도 키이우를 침공 48시 간 이내에 장악할 것으로 예상한 것으로 보인다. 영국 일간 더타임스는 "러시아군은 개전 당시 3일치 보급품만 받았다"고 했다.62) 이러한 잘못된 판단은 푸틴에게 제공된 정보의 오류로 보인다. 러시아군 수뇌부와 군내부에서 조차 푸틴이 실제 공격 개시 명령을 내리지 않을 것으로 생각했다는 말도 있다.63)

한편 2021년 12월초 미국 CNN이 미국정보기관 관리를 인용해 보도한 바로는 현지에 축적된 군수품만으로도 대규모 공세를 7~10일 정도 수행이 가능하고 파견된 전투지원부대는 1달은 활동이 가능한 규모라고 평가했다. 또한 장기작전을 위해 필요한 군수 및 의무체계를 수립하기 위한 부대와 장비들이 현지로 이동하고 있다고 했다.64) 미국이 2월 16일을 공격개시일로 예상한 것이 맞다면 러시아는 공격을 위해 준비했던 물자들을 2월 24일까지 추가로 소모한 결과가 된다. 미국의 정보 사전 공개에 대한 반응이었는지, 아니면 중국과의 관계 때문에 베이징 동계 올림픽이 끝난 2월 20일 이후를 고려한 것인지는 몰라도 공격개시 일자의 변경으로 군수 면에서 연료, 식량, 수리부속 등이 최초 계획보다 많이 소모되었을 것으로 판단된다.

2월 20일 러시아 군인권단체에 의해 우크라이나 국경에서 약 20km 거리에 위치한 시골역인 돌비노역에 무더기로 모여서 비참한 상태로 지내고 있는 러시아군 장병들의 사진이 공개되었다. 20만에 육박하는 병력을 모으다 보니 제대로 된 병영을 갖추지 못했고, 제대로 된 잠자리도 없이 뒤엉켜서 맨바닥에서 거주하고 있었으며, 식사는 사비로 해결해야 했지만 그중 일부는 이미 바닥난 상태였다고 한다.65)

또한 전쟁 개시 후 영국 이코노미스트는 "정밀 유도무기 재고가 충분치 않아 러시아 제트기가 구식 폭탄을 싣고 저공 비행을 하는 경우가 많다"고 했는데, 러시아는 시리아전 등 이전의 전쟁에서 정밀 유도무기를 다수 소모하였고, 추가적인 생산은 부족했던 것으로 보인다. 그리고 대대전술단 중 상당수가 포병이나 통신 등 제대가 작전 투입 전 완편되지 않은 상태로 투입된 것으로 보인다.66)

II. 러시아군의 전쟁 수행 간 군수전

전쟁 수행 간 군수전은 아군에 대한 군수 활동을 보장하는 것과 적의 군수 능력을 분

---

62) 우리군도 작전시 병사들이 실제로 휴대하는 것은 탄약 기본휴대량과 전투식량 3일분 정도이므로 보도된 3일 치 보급이 휴대능력의 고려인지, 작전기간의 고려인지, 물자의 부족 때문이었는지는 추가 확인이 필요하다. 그러나 재보급이 제대로 되지 않은 것은 분명하다.
63) 침공 직전까지 러시아 내에서조차 실제 가능성은 높지 않다는 분석이 많았다. 김형준, '[안보열전]우크라 침공 열흘째, 우리 군은 뭘 배워야 할까'. (CBS노컷뉴스, 2022.3.5.)
64) https://blog.naver.com/sundin13/222587792073
65) https://blog.naver.com/sundin13/222653976727
66) https://www.youtube.com/watch?v=7g0B47alAkY

쇄하는 것으로 구분된다. 아군에 대한 군수 면에서 개전 초기 러시아군은 실패한 것으로 평가된다. 러시아군의 실패는 부족한 보급·수송 및 정비 능력, 강력한 우크라이나의 저항, 그리고 국제사회의 러시아 제재와 우크라이나 지원이 원인으로 판단된다. 적의 군수 능력 분쇄를 위해 러시아는 우크라이나의 군수기지 공격과 보급로 차단을 하고 있는데 장기적으로 우크라이나에 영향을 미칠 것으로 판단된다.

1. 러시아군의 보급·수송 및 정비 능력

가. 러시아군의 보급·수송

전쟁 개시 전 군사전문가들은 러시아가 단기간 내에 승리할 것으로 전망하였으나 3월 초가 되자 공격 기세는 현저히 둔화되었고 전쟁이 장기화되었다. 이것은 속전속결을 준비했던 러시아군의 사기, 보급, 제공권 등의 문제로 확대되어 결과적으로 러시아군의 작전적 정지(Operational Pause)를 불러일으켰다고 평가된다.[67]

3월 초 우크라이나 수도 키이우에서 27km 떨어진 곳에서 러시아군이 며칠 째 64km 길게 늘어선 채 진군을 못하고 있는 현상이 보도되었다. 원인으로는 러시아군의 연료 부족, 장비 고장, 예비 부품 및 타이어 등의 보급 실패, 식량 공급 문제와 함께 우크라이나군의 강력한 저항, 러시아군의 사기 저하 등이 영향을 미쳤을 가능성이 제기되었다. 영국 일간지 텔레그래프는 '라스푸티차' 현상과 관련, 타이어 관리나 유지·보수가 잘 되지 않은 러시아 군용차들이 진흙탕에 갇혀 이동에 어려움을 겪었을 것이라 분석했다.[68] 심지어는 사기 저하나 연료 부족 등으로 장비를 버리고 도망가기도 했다.

러시아는 공격 전 부대 이동이나 배치는 주로 철도를 활용하였지만 우크라이나 내에서는 주로 육로를 활용할 수밖에 없다. 수송을 위한 도로 상태는 좋지 않다. 우크라이나는 대부분(95%)이 평지이지만 포장도로가 제한되고, 우회로도 라스푸티차 등으로 제한된다. 자고로드뉴크 전 우크라이나 국방장관은 "대규모 병력을 북쪽에서 키이우로 보내는 것은 숲에 난 길을 따라 이동시키는 격"이라며 "선두만 공격하면 부대이동이 멈출 수밖에 없고

---

67) 조상근, '우크라이나-러시아 전쟁 분석(2) #2. 러시아 전쟁 수행에 영향을 미친 DIME 요소', (2022.3.18.)
68) 이하린, '키이우 앞 멈춰있던 64㎞ '미스테리' 차량 행렬…뿔뿔이 흩어졌다'(매일경제, 2022.3.11.). 라스푸티차는 '진흙의 계절'로, 비나 눈의 융해로 진흙이 생겨 3월 중·하순과 10월 중·하순부터 볼 수 있는 현상으로, 몽골, 나폴레옹, 독일의 러시아 침공 시 영향을 미친 것으로 유명하다. 지구 온난화의 영향으로 3월 초순 발생한 것으로 추정하고 있다. 러시아군 타이어 관련 미 국방부 출신 전문가는 버려진 러시아 차량들이 유난히 타이어 옆면이 찢어진 것이 많은데, 차량을 장기간 보관할 때 제대로 관리하지 않고 직사광선에 노출됐을 때 발생하는 현상이라고 했다.

공격은 소멸되는데 이런 패턴이 반복됐다"고 말했다.[69] 포장도로나 우회할 수 있는 도로들이 이미 노출이 되어 있는 상태에서 미국 등의 정보자산이 러시아군의 이동 상황을 실시간 감시하여 우크라이나에 제공하여 위치가 노출된 러시아군이 우크라이나군이나 민병대의 표적이 될 수밖에 없다.

우크라이나군은 러시아군의 보급과 통신이 약점임을 알고 보급과 통신을 노렸다. 민병대에게까지 러시아군 연료트럭 정보를 주고 타격하도록 했고, 러시아군이 연료 및 보급 트럭들을 민간트럭으로 위장하자 그 정보도 공유했다. 철도가 러시아군 보급의 핵심임을 알고 있던 우크라이나군은 개전 초기에 러시아에서 우크라이나 내부로 들어오는 모든 철도망을 파괴하였다. 아마추어 무선통신가, 해커, 우크라이나군은 러시아군이 구형 비암호화 아날로그식 무전기를 많이 사용하는 것을 알고 해킹하여 정보를 획득하였다.[70] 영국 텔레그래프는 민간 데이터 정보업체가 제공한 러시아군 통신감청 내용을 보도했다. 러시아군이 무전기가 부족하여 일반전화나 무전기를 사용하고, 심지어 중요한 부대들에 보급된 무전기조차 보안이 취약한 중국산 무전기라고 한다. 일부 시민들은 도로이정표를 없애거나 방향을 바꾸어 길 잃은 러시아군을 우크라이나군이 미리 화망을 구축한 '킬 존(kill zone)으로 유도하였다.[71]

러시아 군수에서 주요 역할을 하는 철도 및 파이프라인은 아직 구축되지 않은 것으로 보인다. 대부분의 철도는 도시 지형을 통과하는데 지금까지 러시아 군대는 소수의 도시만 점령했기 때문이다. 현재 남부 일부 도시만 러시아가 철도를 운용하고 있다. 러시아군은 철도가 가동되면 군수 문제를 극복할 가능성이 높다.[72]

3월 17일 우크라이나 대통령 고문인 아레스토비치는 러시아가 장악한 크림반도와 우크라이나 남부를 잇는 철도를 비롯해, 우크라이나 동부와 벨라루스 접경 지역의 철로와 장비를 파괴하는 "전면적인 철로 전쟁"을 하라고 지시했다. 카미신 우크라이나 철도청장은 지난 19일 "벨라루스 제2의 도시인 남부 호멜과 우크라이나 수도 키이우를 잇는 철도는 파손됐다"고 밝혔다. 2월24일 러시아 침공이래, 러시아 군수품의 상당 부분은 호멜~키이우 철도를 통해 들어왔다.[73] 벨라루스 철도 파괴는 러시아의 동맹국인 벨라루스 철도 노동자에 의해 행해졌다.

69) 권민철, '키이우, 러시아군에 방탄도시된 비밀 풀렸다', (CBS노컷뉴스, 2022.3.13.)
70) https://www.youtube.com/watch?v=b4wRdoWpw0w
71) 신인균, '러시아 대대전술단 막은 우크라이나 '인민전쟁' 전술', (주간동아, 2022.3.7.)
72) Alex Vershinin, 'RUSSIA'S LOGISTICAL PROBLEMS MAY SLOW DOWN RUSSIA'S ADVANCE—BUT THEY ARE UNLIKELY TO STOP IT', (Modern War Institute at West Point, 2022.3.10.) 베르시닌은 이 글에서 러시아군이 심각한 군수 문제에 직면하고 있지만, 지금까지 러시아의 지상기반 군수는 여전히 작동하고 있다고 평가하고 있다.
73) 이철민, ''러시아, 공세 종말점 도달'… 우크라가 이기고 있다는 근거 보니'', (조선일보. 2022.3.23.)

한편, 대대전술단은 개전 당시 3일치 보급품만 받았는데, 전투가 길어지자 즉각 연료와 탄약, 식량 부족 문제가 불거졌다. 2014년 돈바스 지역에서는 친 러시아 반군들로부터 '경계 · 정찰'뿐만 아니라 '보급 · 정비'까지도 일부 지원받았다. 우크라이나에서는 러시아계 주민들의 지원이 거의 없는 종심지역에서 작전을 수행하다 보니 대대전술단의 보급 · 정비능력 등 한계가 드러나기 시작했다.74) 또한 100개나 되는 대대전술단이 소규모로 넓은 지역에서 작전을 하다 보니 원래 부족한 러시아의 후속군수지원이 너무 어려워진 것으로 보인다. 보급능력의 부족뿐 아니라 열악한 통신도 한 몫을 하고 있다.75) 러시아의 보급 시스템이 할당보급이어서 분산된 소규모 부대들의 소요를 정확히 파악하기도 어렵고, 충족시키기도 어려울 것이다.

제공권이 장악되어 있다면 공중보급이라도 시도할 수 있을텐데 지금은 그마저도 어렵다. 또한 공항 점령도 우크라이나의 항전에 막혔다. 개전 첫날 러시아 VDV(공수군)는 호스토멜 공항을 점령했고, 이는 항공보급을 위한 것이었으나 그날 밤 우크라이나에 의해서 재탈환되었다. 이후 공항은 계속해서 주인이 바뀌고 격전이 계속되어서 공항을 보급 허브로 이용하려던 러시아의 계획은 좌절되었다.76)

남부 전선의 러시아군은 친러 세력이 장악한 크림반도와 돈바스 지역이 가까워 상대적으로 보급 상황이 나은 것으로 알려졌다. 그러나 북부 전선에서는 수백km 떨어진 러시아에서 보급품을 실어 날라야 하는 데다, 연료 부족으로 보급부대의 기동도 느려 보급 문제가 훨씬 심각한 상황이다.77)

한편 러시아 병사들이 하르키우, 헤르손 등 다수의 상점에서 먹거리와 옷가지를 약탈하는 영상이 올라왔다. 포로로 잡힌 러시아 병사가 주민들이 준 빵을 허겁지겁 먹으며 우는 영상도 화제가 되었다. 러시아군이 보급 받은 전투식량은 심지어 유효기간이 20년이 지난 것도 있었다. 러시아군 밥차가 우크라이나군에 노획되었는데 오이피클, 당근, 양파, 싹이 난 감자가 전부였다. 이러한 현상은 근본적으로 부족한 보급과 함께 탄약이나 유류에 비해 식량 보급 우선 순위가 밀려 나타난 현상일 수도 있다. 전시에 수송차량의 대부분은 탄약에 우선 할당된다. 또한 정밀 유도탄약 대신 구식 탄약을 사용하게 되면 목표물 타격이 어려워 탄약의 소모가 늘어나게 된다.

---

74) 방종관, '세계 2위 강군도 비틀대는 이유…국방혁신, 러 실패서 배워라', (중앙일보, 2022.3.15.)

75) 3월 7일(현지시간) 영국 일간 더타임스에 따르면 FSB 내부고발자가 보내왔다는 보고서와 서한에는 "러시아군 전사자가 이미 1만명을 넘었을 수 있지만, 러시아군 주요 사단과의 통신이 끊긴 탓에 러시아 정부조차 정확한 사망자 수를 파악하지 못하고 있다"는 내용이 담겼다. '[우크라 침공] 러 비밀보고서 유출?…"이번 전쟁, 출구 없어" (연합뉴스, 2022.3.7.) 서구에 비해 인명을 덜 중시하는 러시아지만 사상자 파악이 이 정도라면 정확한 보급 소요의 파악은 더욱 어려울 것이다.

76) https://www.youtube.com/watch?v=b4wRdoWpw0w

77) 유용원, '20년 지난 전투식량 배급… 제트기엔 구식 무기 장착', (조선일보, 2022.3.10.)

미 국방부 관계자는 러시아군 병사들에게 피복도 제때 지급되지 않아 동상에 걸린 경우도 적지 않다면서 "러시아군이 갖가지 전선에서 사투를 벌이고 있다"고 가디언에 말했다. 우크라이나 국방부는 22일 러시아군이 우크라이나에서 보유한 식량, 연료, 탄약 등 군수 물자가 사흘치에 불과하다는 주장을 하였고, 영국 일간지 가디언은 서방 정보당국이 신빙성이 있는 것으로 보고 있다고 보도했다.[78]

유럽 주둔 미군 사령관을 지냈던 벤 하지스 예비역 준장과 네덜란드 국방대학원의 아이젠하워 석좌 교수인 줄리안 린들리-프렌치 교수는 지난 14일 "러시아군은 3월 15일이면 '공세 종말점(攻勢終末點•culminating point of attack)'에 근접한다"고 분석했다. 탄약•식량•병력•연료 등의 보급 문제, 방어 측의 완강한 저항, 병사들의 체력 소진•피로감으로 인해 더 이상 공격이 힘들다는 것이다. 서방 군사 전문가들은 현재 러시아군이 "교착 상태(stalemate)에 빠졌다"고 평가한다.[79]

반면 상대적으로 우크라이나는 구형장비이긴 하지만 장비나 물자가 많다. 우크라이나 정규군은 각 지역 무기고를 열어 시민들에게 무기를 쥐어줬다. 소련 시절 우크라이나 소비에트공화국은 소련 전체 군수품 생산의 30%를 담당했다.[80] 러시아군이 초기 공격에 실패함으로써 우크라이나군은 미국이나 NATO 등에서 휴대용 대전차화기, 대공화기, 전투장비, 물자를 지원받는 시간을 확보하여 방어력을 강화하기도 했다. 생필품도 영토 내이기 때문에 비교적 확보가 쉬우며, 외국의 지원도 된다.

러시아 점령지역에서는 전투로 인해 기존 식량 유통망이 파괴되었다. 러시아는 군이 아닌 다른 정부부처 지원으로 점령지대의 호응을 얻기 위해 주민들에게 인도적 지원을 동시에 하고 있다. 3월 25일 러시아 국방부 브리핑에 따르면 총 5,043톤의 생필품과 약품을 점령지역 주민들에게 지급하였다.[81]

러시아군이 심각한 보급 문제에 직면하고 있지만, 작전적 정지 후 재편성을 한 것으로 보이며, 우크라이나는 제한된 공군력으로 러시아 육군 기동부대에 결정적 타격을 할 수

---

78) 이영호, '교착상태 빠진 러시아…"식량·연료·탄약 사흘치뿐"', (한국경제TV. 2022.3.23.)
79) 이철민, '"러시아, 공세 종말점 도달"… 우크라가 이기고 있다는 근거 보니"', (조선일보. 2022.3.23.) 이 보도에 따르면 엘리엇 코언 미 국제전략문제연구소(CSIS)의 석좌 교수는 오히려 우크라이나군이 이기고 있다고 주장했다. 서방의 전문가들이 러시아군에 대한 기술적 우위, 숫자 등은 잘 알지만 2014년 크림전쟁 이후 서방의 지원을 받은 우크라이나의 준비에 대해서는 모르기 때문이라는 것이다. 코언 교수는 "전쟁은 인적 자원에 의해 좌우되고, 특히 현대전은 기술과 규율이 강력한 부사관 집단이 주도한다. 이들이 군 장비•무기의 정비와 보수를 확실히 하고, 분대 작전에서 지도력을 발휘한다. 코언은 "러시아 부사관 집단은 과거에도 그랬고 지금도 약하고 부패했다"며 "능력있는 부사관 집단이 없으면, 아무리 기술적으로 정교한 무기 체계•차량들이 그럴듯한 교리에 따라 배치돼도, 결국 파괴•방치되고 병력은 매복을 받아 패배하거나 항복한다"고 밝혔다.
80) 신인균, 앞의 글
81) 한국국방외교협회, '주간 국제 안보군사 정세(22-3-4호, 통권191호)' 물자가 충분하지 않은 상태에서 시행되기 때문에 알렉스 베르시닌은 군보급에도 부정적 영향을 미칠 것으로 보고 있다.

없기 때문에 기동 저지에는 한계가 있다. 향후 러시아군의 작전지역 및 점령지역 안전 확보 여부에 따라 보급 성패가 좌우될 것이다. 또한 3월 25일 러시아 국방부 브리핑대로 돈바스지역에 집중한다면 보급 여건은 개선될 것으로 보인다.

나. 러시아군의 정비

러시아군은 작년 3월 돈바스 우발상황에 대비한다는 명목 하 '불시 전비태세검열' 형태로 서부·남부군관구 병력을 러시아-우크라 인근 국경 지역에 집결, 대규모 군사훈련을 실시하였다. 쇼이구 러시아 국방장관은 전비태세 검열 이후 돈바스 지역의 상황 악화 대비 목적으로 우크라이나 국경 인근에 일정 규모의 병력을 상시 배치토록 지시하였다.[82] 그로부터 지금까지 1년 동안 러시아군은 수 많은 야전훈련과 병력 배치를 위한 부대 이동을 하였다.

빈번한 야외기동과 장비 대기는 장비의 고장을 일으키고, 수명을 단축시킨다. 러시아나 우크라이나의 도로 상태로 보아 포장도로보다는 야지기동이 많을 것인데, 장비 고장은 더욱 많아진다. 물론 러시아가 국경 인근에 군수기지를 건설하였다고는 하지만 15만 병력과 많은 장비들이 주둔지에서 멀리 이격하여 정비를 제대로 받았을지가 의문이다. 그런 상태에서 장비를 실제 운용하는 장병들은 훈련으로 인식하고 전쟁에 투입되었고, 예상보다 많은 피해를 보았다. 작전기간도 길어지고 있다.

러시아군은 충분한 장비도 없이 우크라이나로 진격했다. 탱크와 장갑차들이 자주 고장나는 바람에 멈춰서야 했고, 부품이 없어 수리도 못 하는 상황까지 벌어졌다. 심지어 '라스푸티차' 현상에도 대비하지 못했다.[83] 구난도 어렵다. 전차를 구난하기 위해서는 구난 전차나 다른 전차가 투입되어야 하는데 다른 전차를 투입하는 것은 근접전투 상황에서 불가능하다.

작전지역이 장악되지 않아 우크라이나군이나 민병대의 위협이 상존하기 때문에 정비부대가 이동이나 정비를 하기 위한 여건도 좋지 않다. 러시아에서 병참선 확보는 전시 후방지역 안보를 담당하는 준군사요원인 국가방위군이 수행하는데, 방위군이 늦게 배치되고, 즉시 병참선을 확보하지 못했다. 러시아 대대전술단은 평균적으로 하나의 경구난 차와 중구난차를 가지고 있다, 연대나 여단에는 추가 장비가 있다. 근거리 정비 작업에서는 우군의 경계를 제공 받기 때문에 신속하게 장비를 복구하여 재투입할 수 있지만 종심

82) 두진호, '우크라이나 전쟁 평가 및 시사점', (국방대학교 군사전략학과 세미나, 2022.3.16.)
83) 이장훈, '졸전 거듭한 러시아군, 퇴로 없는 '제2 아프간戰' 수렁 빠지나', (주간동아 1331호, 2022.3.19)

깊은 작전에서는 대대나 연대의 능력을 초과하여 파괴된 차량이 버려지기도 했다. 전방 정비소를 설정하는 것도 위험하다. 수리가 시작되면 차량이 움직이지 못하는데 적의 간접 화력이나 특작부대에 취약하다. 적어도 하나의 러시아 전방정비소는 이미 파괴된 것으로 보인다.[84]

유기된 장비들을 우크라이나군이 노획하여 재정비 및 재사용하고 있다. 우크라이나에서는 러시아군의 취약점을 알고 보급로 차단과 유기된 장비 획득을 장려하고 있다고 한다. 우크라이나 국가부패방지국(NAPC)에서는 노획한 러시아군 장비들이 과세 신고 대상이 아니라고 선언했다.[85] 우크라이나는 구 소련연방 국가였기 때문에 유기된 러시아의 장비를 운용할 수 있는 능력이 된다. 소련 시절 해군에서 근무한 한 민간인은 키이우 고철 폐기물 처리장에서 러시아군이 버린 군사장비를 재활용하기 위한 정비소를 총괄하고 있다. 젤렌스키 대통령도 "러시아는 우리 군수물자의 주요 보급처 중 하나"라고 말하기도 했다.

우크라이나에 투입된 러시아군의 무기가 구식이어서 고장이 잘 난다는 관측이 나온다. 파이낸셜타임스(FT)는 서방 군사정보 당국자를 인용해 "우크라이나 침공이 갑작스럽게 결정된 바람에 국경에 배치한 러시아 군용 차량 자체의 정비 상태가 좋지 않았고, 그들이 갖고 있던 타이어나 예비 부품들도 저품질이었다"고 전했다. 우크라이나군의 공격을 받지 않은 러시아군 탱크가 기동성이 떨어져서 스스로 진흙탕에 빠져 있거나 타이어나 차축이 파손된 군용 차량들도 많다. 민간 군사전문매체 오릭스는 지난달 24일 이후 3월 20일까지 러시아군이 소실한 군사 장비는 약 1660대로 집계했다. 이 중 포획되거나 버려진 무기는 절반인 831대에 이른다.[86]

그러나 러시아는 손실을 대체할 수 있는 다수의 예비 장비를 보유하고 있고, 대부분은 차세대 전차와 보병전투차량으로 교체될 것으로 보인다. 러시아 공장은 전투지역에서 멀리 있어 손실을 대체할 수 있다. 새로운 철도가 설치되면 러시아군은 대체 차량을 철도로 운송하고 전투력을 재생할 가능성이 높다. 또한 방위군이 점령지대의 안전을 확보함에 따라 버려진 차량 중 일부를 회수할 가능성이 높다.[87]

2. 국제사회의 러시아 제재와 우크라이나 지원

84) Alex Vershinin, 앞의 글
85) 정윤주, '우크라 부패방지국 "러시아군 탱크 등 노획해도 비과세"', (연합뉴스, 2022.3.3.)
86) 김서원, '러군이 버리고 간 우라간 로켓, 우크라가 재활용해 쐈다"', (중앙일보, 2022.3.21.)
87) Alex Vershinin, 앞의 글

정보화 시대에 국제사회는 개방되고 연결되어 있다. 언론을 통해서뿐만 아니라 SNS를 통해서도 전장 실상이 생생하게 전파되고 국제 여론에 영향을 미치고 있다. 2014년 크림반도 반도 점령이나 돈바스 전쟁과는 달리 이번 우크라이나 전쟁에서 러시아는 국제사회의 호응을 얻지 못하고 있다. 이러한 영향으로 각국 정부를 포함하여 심지어 민간단체까지 국제사회는 러시아에 대한 제재를 강화하고 있고, 우크라이나를 적극 지원하고 있다. 이는 러시아가 전쟁에 필요한 자금과 물가 획득을 어렵게 하고, 반면 우크라이나에서는 유리하게 작용하고 있다.

먼저, 국제사회는 대러시아 제재 활동으로 외교(Diplomacy), 정보(Information), 군사(Military) 및 경제(Economy) 분야에서 러시아의 전쟁수행능력과 전쟁지속능력을 약화시켰다. 러시아에 대한 포괄적인 경제 제재가 진행되었다. 유럽연합의 사이버 신속 대응팀은 러시아의 사이버 공격으로부터 우크라이나의 기반 시설을 방호했고, 이후 공세로 전환하여 어나니머스와 같은 국제 해커들이 러시아의 기반 시설을 역으로 공격했다. 그 결과, 러시아의 위성항법체계, 철도망 등이 무력화되어 결과적으로 우크라이나를 침공한 러시아군의 작전적 정지를 발생시켰다. 국제적으로 러시아의 침공을 규탄하는 강한 기조가 형성되자 러시아의 전통적인 동맹조차도 러시아를 지원하지 못하게 되었다. 국가가 동맹을 형성하지 않으면 병참선이 신장되고, 곧바로 병력, 장비, 물자 등의 부족 현상이 발생하게 된다.[88]

러시아가 국경 인근에 병력을 상시 배치하기 시작한 것은 작년 3월로 지금까지 1년에 걸친 기간 병력 배치를 위한 부대이동, 훈련 및 대규모 전쟁은 러시아 경제에 큰 부담으로 작용하고, 전쟁 수행 비용 확보에도 문제가 될 것으로 보인다. 러시아 내부의 힘만으로는 곤란하기 때문에 국제사회의 지원이 절실하다. 결국 러시아가 중국에 군사 및 자금 지원을 요청했다고 미 CNN이 14일(현지 시각) 보도했다. 러시아가 요청한 물품 중에는 야전식량도 포함되어 있는 것으로 전해졌다.[89]

다음은 우크라이나에 대한 지원이다. 위기에 직면한 나토 회원국을 비롯한 유럽의 중립 국가들은 직접적인 군사 개입보다는 군사 지원을 선택했다. 이들은 헬멧, 방탄복 등과 같은 개인방호장비를 제공했다. 또한, 우크라이나군이 러시아군의 강력한 기계화부대에 대응할 수 있도록 재블린, NLAW 등의 대전차 무기를 제공하고, 러시아 공군에 대응할

---

88) 조상근, '우크라이나-러시아 전쟁 분석(2) #2. 러시아 전쟁 수행에 영향을 미친 DIME 요소', (2022.03.18.) '우-러 전쟁 분석 (1), (2)에 관련 내용이 세부적으로 잘 제시되어 있다. 심지어는 동맹국 벨라루스에서 조차 러시아의 공격에 불만을 가진 철도 노동자들이 벨라루스~우크라이나 철도 노선을 파괴하여 러시아의 보급을 방해하기도 했다.

89) 황민규, '식량 떨어진 러시아군 중국에 SOS...미는 중국에 압력 시사', (조선비즈, 2022.3.15.)

수 있는 스팅어 등의 대공무기를 지원했다.

국제사회로부터 암호화폐가 기부되자 우크라이나 정부는 전쟁 비용을 확보할 수 있게 되었다. 또한, 글로벌 숙박 공유 업체, 패스트푸드 업체, 제약·바이오텍·의료기기들의 기부 덕분에 가격 급등으로 곤란해진 의식주 문제를 해결할 수 있게 되었고, 동시에 이 비용만큼 전쟁 비용도 절약할 수 있게 되었다. 결과적으로 우크라이나는 글로벌 기업, 국제기구, NGO 등 국제사회의 지원을 바탕으로 글로벌 전시경제체계를 구축하여 전쟁지속 능력을 갖추게 된 것이다. 이처럼 글로벌 기업과 커뮤니티들이 전쟁의 새로운 주체로 등장하였다. 이는 기존 전쟁에서 볼 수 없었던 현상이다.[90] 젤렌스키 대통령도 국제사회 우호적 여론 형성에 큰 역할을 하고 있다. "탄환을 보내달라"는 그의 호소는 인기 '밈'이 돼 소셜미디어에 퍼졌고, 우크라이나에 대한 가상화폐 기부까지 이어지고 있다. 대통령이 미 대통령뿐 아니라 미 의회 지도부 및 의원들과 직접 통화하여 우크라이나에 대한 전투기 지원, 러시아산 석유 수입 금지 등이 추진되고 있다. 이는 이번에 처음 등장한 새로운 하이브리드전 유형이다.[91]

세계 각국에서도 구호물자 등 여러 형태로 도움이 이어지고 있다. 최근 주한 우크라이나 대사관은 본국에 보내기 위해 국내 동호인들이 개인 구매한 미군 등의 전투복과 방탄복, 방탄헬멧을 비롯한 개인전투장비를 기부받기 시작했다. 이 장비들은 우크라이나에선 돈을 주고도 구하기 힘들기 때문이다.[92] 최근 미국 각지에서 밀려드는 우크라이나 기부 물품은 하루 수만t에 달한다. 뉴욕주에선 주민들이 다량의 구호물품과 소총 60정을 모았고, 플로리다주 총기 업체는 반자동 소총 20만 달러어치를 비행기에 실어 현지로 보냈다. 뉴욕시 유명 식당과 술집은 우크라이나 기부 행사를 열어 하룻밤에 수만 달러씩 모금하고 있다.[93]

3. 러시아의 우크라이나 군수시설 파괴와 보급로 차단

2월 24일 현지주민이 트위터에 공유한 영상에 따르면 러시아군의 공격으로 칼리닙카에 위치한 우크라이나군 최대 군수창고와 탄약고가 폭발해 일대가 아수라장이 됐다.[94]

90) 조상근, '우크라이나–러시아 전쟁 분석(1) #2. 우크라이나 전쟁 수행에 영향을 미친 DIME 요소', (2022.03.11.)
91) 유용원, '소셜미디어 여론전, 민간위성 활약… 하이브리드전이 전쟁판도 바꾼다', (유용원의 군사세계, 2022.3.9.)
92) 김형준, '[안보열전]우크라 침공 열흘째, 우리군은 뭘 배워야 할까', (CBS노컷뉴스, 2022.03.5.)
93) 정시행, '기저귀부터 소총까지… 美, 우크라이나 돕는 기부 행렬', (조선일보, 2022.3.24.)
94) 최재호, '러시아군 공격에 우크라이나 '칼리닙카 군수창고' 대파(내외경제, 2022.2.24.)

우크라이나의 주요 전투차량 공장은 치열한 전투가 진행되고 있는 하르키우에 있으며, 공장의 일부는 이미 파괴되고 있다. 3월 18일에는 극초음속 미사일 킨잘을 발사해 남서부 델랴틴에서 우크라이나군 미사일과 항공기용 탄약이 저장된 대규모 지하시설을 파괴했고, 20일 우크라이나 남부 미콜라이우의 군 연료 및 윤활유 저장소를 파괴했다.[95] 키 이후 서쪽 지토미르 기갑장비 제작정비 공장도 러시아군이 순항미사일로 공습했고, 25일에는 키이우 외곽에 있는 우크라이나군 최대 연료저장시설이 파괴됐다. 러시아 해군은 오데사 및 마리우폴 일대에 대한 해상공세 강화로 우크라이나의 해상교통로(SLOC · Sea Lines of Communication) 차단을 시도하고 있다.[96] 오데사는 수도 키이우로 연결되는 우크라이나 해상 물류의 핵심이다.

우크라이나군의 휴대용 소형 미사일 공격으로 러시아군 전차와 공격헬기 등이 고전하고 있으며, 러시아군도 휴대용 대전차무기의 위력을 절감하고 무기고를 노리고 있다. 따라서 재블린과 스팅어 등 서방의 공격용 무기들을 우크라이나가 앞으로도 계속 제대로 보급받기는 그리 쉽지는 않다는 전망이 많다. 러시아군은 우크라이나 주요 도시의 보급을 끊는 전술도 취하고 있다. 현재 수도 키이우 상공은 러시아의 지대공 미사일 체계가 위협하고 있어 수송기 투입이 어렵고, 무기를 육로로 보급해야 하는데, 키이우 서쪽 및 남쪽의 보급로를 유지하는 것이 절실하다. 우크라이나군이 보급로를 제대로 지켜낼지가 향후 우크라이나가 항전을 이어갈 수 있을지를 결정하게 될 것이다.[97] 결국 우크라이나의 보급이 차단된 상태에서 전쟁이 장기화되면 국력이 약한 우크라이나에 불리하게 작용할 수밖에 없다.

III. 교훈: 정책 제언

이번 우크라이나 전쟁을 통해 배울 수 있는 점은 세 가지로 요약된다. 첫째, 싸울 수 있는 군대로 군의 체질 개선이다. 러시아는 국방개혁을 하였다고 외부에 많이 선전이 되고 강군으로 포장되어 있었지만, 세부적인 준비 미흡, 특히 군수분야의 취약점이 고스란히 드러났다. 우리군이 싸울 수 있는 군이 되기 위해서는 하부의 취약점인 군수부대의 편성 보강 및 능력 보강이 필요하다. 둘째, 군과 국민에게 전시 소요되는 자원을 지속적으로 공급하기 위한 지속지원 활동이다. 지속지원이 제대로 되지 않으면 아무리 강대국

95) 문병기, '러, 우크라에 극초음속미사일 '킨잘' 두차례 발사', (동아일보, 2022.3.21.)
96) 두진호, '우크라이나 전쟁 평가 및 시사점', (국방대학교 군사전략학과 세미나, 2022.3.16.)
97) 김용래, '[우크라 침공] 서방서 제공받은 휴대용미사일 맹활약…보급이 관건', (연합뉴스, 2022.3.6.)

이라도 전쟁 수행이 어렵다. 장기전을 수행하기 위해서는 국내자원뿐 아니라 국제공조를 통한 지원을 유도해야만 한다. 셋째, 군수지원 능력 보존 활동이다. 이를 위해서는 전시 보급로 경계 및 확보 대책과 함께 대규모 군수시설, 민간 방산시설 및 물류기지의 피해 예방과 복구 대책을 강구해야 한다.

1. 한국군 군수부대의 편성 및 능력 보강

이번 우크라이나 전쟁에서 러시아는 '종이호랑이'로 놀림을 받는다. 누군가는 '골다공증 환자'로 비유한다. 우리군의 국방개혁은 러시아군과 다를까? 우리군은 러시아처럼 부패하지 않았고, 지금까지 많은 발전을 이루었다. 그러나 일부는 생각해볼 것들이 있다. 지금까지 우리나라의 국방개혁도 부대나 장비를 운용하기 위한 '완전성'보다는 큰 장비의 획득이나 장비 획득 수량에 치중한 경향이 있다. 물론 한정된 자원을 배분하다 보면 우선순위를 정할 수밖에는 없다. 그렇지만 우크라이나 전쟁에서 러시아군의 현상을 반면교사 삼아 '현존 전력들이 기능을 발휘할 수 있는가?', '실제 싸울 수 있는가?'를 세밀히 따지는 기회를 가져야 한다. 값비싼 컬럼비아 우주왕복선을 폭발시킨 것은 작은 부품이었고, 러시아군처럼 차량이 있어도 타이어가 낡아 터지면 기동하지 못한다. 국방 전분야를 세밀히 따져야 하겠지만 본고에서는 군수분야에 국한하여 보완방향을 살펴본다.

첫째, 기계화부대 군수부대의 편성 및 능력 보강이 필요하다. 한국군 대대급은 러시아만큼 깊은 종심에서는 거의 독립작전을 수행하지 않지만, 편조해서 TF를 편성하여 보병보다 종심 깊은 지역에서 작전을 수행하는 것은 유사하다.[98] 한국군 기계화부대의 전투근무지원 조직도 규모가 약하게 편성되어 있다. 편조를 하게 되면 성격이 다른 장비들이 혼합되어 탄약, 수리부속 등의 보급과 정비가 더욱 어려워지는데 한국군 사단이나 여단 군수부대의 편성으로는 모든 축선의 부대들을 지원하기 제한된다. 예를 들어 정비를 위해서는 정비인력, 구난차 등 정비장비, 공구, 수리부속 등이 SET화가 되어야 하는데 이중 하나라도 부족하면 정비가 되지 않는다. 한국군 사단이나 여단의 정비부대 능력으로는 다축선의 예하부대 지원을 위한 SET화가 어렵다.

수송부대의 실질적인 능력도 검토가 필요하다. 유조차와 탄약운반 및 취급 차량의 수량과 능력, 이를 운용하기 위한 인력의 적절성도 확인이 되어야 한다. 전자장비가 많아지면 배터리의 보급이 중요해진다. 이에 대한 검토도 필요하다.

둘째, 한국군 군수부대의 C4I와 통신능력을 보강해야 한다. 우크라이나 전쟁에서 러시

---

98) 한국군 기계화부대에서는 기갑수색부대만 평시 편성으로 되어 기보대대보다 종심작전 수행

아군은 통신장비가 노후하거나 부족하여 민간 통신장비를 사용해 보안에 취약했다. 한국군도 훈련 시 많이 통제를 하지만 상용장비를 사용한다. 편리해서 그런 것도 있지만 실제 장비가 부족해서 그러기도 한다. 전투부대를 포함하여 통신장비의 보강이 필요하지만 군수부대의 통신능력은 전투부대에 비해서 더 부족하다.

육군 군수부대의 평시 편성률은 대략 30~50% 미만으로 동원율은 전투부대에 비해 현저히 높다. 동원되는 군수부대와 인원들이 사용한 통신장비는 더욱 열악하다. 치뮙긔 견차 1대, 비행기 1대를 덜 사더라도 빠른 시간 내 통신장비를 보강해야 한다. 전시에 군수부대가 지원을 위해 빈번하게 이동하는 전투부대를 찾으려면 GPS 등 위치 식별 방법도 보강되어야 한다. 전시에 전투부대와 정보를 공유하려면 C4I도 보강되어야 한다.

셋째, 전문성 있는 군수인력 획득 및 양성을 위한 조치가 필요하다. 러시아군도 1년 근무하는 징집병들이 전투근무지원부대로 배치되는 구조인데, 한국군도 인력 배치에서 군수부대는 항상 후순위다. 인적자원이 부족한 것은 현실이지만 군수부대는 숙련이 필요하다. 예를 들어 전차 정비 시 정비인력의 숙련도에 따라 정비인시가 달라진다. 반면 인력 감축은 1순위인데 육군에서는 2011~2012년 조직진단에 의해 군수부대의 규모를 37% 삭감하고, 정비창과 야전정비부대의 인력을 교류한 적이 있다. 이후 군수부대 운용에 문제점들이 발생하여 인력을 추가 보강을 해야 했다.

넷째, 국방개혁 시 군수부대 민영화에 대해 신중히 접근해야 한다. 병력이 줄어드는 상황에서, 경제성과 효율성을 극대화하는 측면에서 일정 부분 민영화는 필요하다. 그러나 평시 '경제성'에만 입각해 '효과성'을 소홀히 하면 전시 대비가 어렵다.

미군 국방개혁 시 군수부대를 대체한 PMC는 이라크전에서 제 역할을 못하고 비리 문제도 불거졌다. 2014년 우크라이나 사태에서는 러시아의 PMC가 일정 역할을 한 것으로 보이지만 이번 우크라이나전에서는 활약을 확인하기 어렵다. PMC는 결국 우군 지배지역 또는 우군 우호세력이 다수인 지역에서 안전할 때 효과를 발휘하는 것이다. 치열한 전투현장에 목숨을 걸고 투입할 민간기업이 얼마나 될 것인가? PMC가 아니더라도 군수부대의 민영화는 반드시 전시를 고려하여 판단되어야 한다.

다섯째, 전투부대 후속군수지원을 보장하는 조치들의 실효성 검증이다. 전시 방어 후 공격작전에서 운용할 전구 차원의 ADC(지역분배소), ATSP(항공추진보급기지)와 군단 및 사단에서 운용하는 ATP(탄약전환보급소), 전방군수지원단, 전방추진보급대 등의 운용 능력을 검증하고 보강해야 한다.

여섯째, 전시 비축·치장장비에 대한 관리 강화이다. 러시아는 국방개혁에서 수백개 감편부대 대신 60개 군사장비 보관기지를 건설하고, 해체되는 부대에서 남는 장비들을 모아 관리하였다. 우리나라도 국방개혁을 추진하며 동원사단이나 동원지원단 등으로 해체부대 장비가 전환되어 관리된다. 그러나 우크라이나 전쟁에서 보았듯이 러시아는 장비관리가 취약했고, 심지어는 타이어가 관리가 안되어 기동에 제한을 주기도 했다. 우리나라도 관리전환되는 장비가 많아지면 부하가 걸리고 장비관리가 제대로 되기 쉽지 않다. 관리인력 등을 포함한 시스템을 잘 구축해야 한다.

일곱째, 이번 우크라이나전에서는 평시는 아니지만 전시에 활용될 수 있는 좋은 아이디어들이 많이 선보였다. 적의 노획장비 활용, GPS 및 통신이 취약한 러시아군을 노린 이정표 전환 또는 폐기, 적의 보급로 차단 활동 그리고 이런 활동에 민간의 적극 참여 등이다. 노획장비 활용은 북한군과 한국군이 장비가 달라 운용에 애로는 있겠지만 가능한 범위에서 활용해야 한다. 3기갑여단 출신들은 러시아군 장비를 다루어 본 경험이 풍부하다. 소총, 차량 등 일부 장비는 짧은 시간 내 숙달이 가능하다. 평시에 한국군 장비와 호환성을 지속적으로 검토해야 한다.

2. 국제공조, 민군협력 등을 통한 전시조달·획득 발전

현대의 전면전은 국가 총력전으로 전개된다. 전쟁을 계속하고 승리하기 위해서는 작전지속능력의 확보가 중요하다. 특히 전쟁이 장기화할 경우는 국가의 역량을 총동원해야 할 뿐만 아니라 외국의 지원이 절실하다. 한국군도 전시 초기에는 동원에 의존하고, 이후에는 전시조달을 통해 부족함을 보충하며, 전시조달의 상당 부분은 국내가 아닌 국외조달에 의존할 수밖에 없는 현실이다. 이번 우크라이나 사태로 살펴본 전시조달 및 획득의 발전방향은 다음과 같다.

첫째, 초연결된 정보화 시대에 맞는 획득 활동을 해야 한다. 우크라이나 전쟁에서 보듯이 현시대는 언론을 통해서뿐만 아니라 SNS를 통해서도 전장실상이 생생하게 전파되어 국제여론이나 획득 활동에 영향을 미친다. 따라서 현대전은 국가의 '이미지'가 중요하다. 이를 위해 평시 국제 공조를 위한 노력을 하여야 한다. 또한, 전쟁이 발생하지 않도록 해야 하지만 만약 발생한다면 전쟁법을 준수하고, 인간의 가치를 존중하는 전쟁을 하여야 한다. 전시 포로 취급, 민간인 보호 활동 등 전쟁법 준수가 전쟁 자금이나 물자획득에 중요한 요소로 작용한다. 이런 활동에 더해 적의 활동을 저지하기 위해 하이브리드전에 대응하고 우리의 노력을 적극 알리는 방법을 발전시켜야 한다.

우크라이나 전쟁에서는 앞에서도 언급한 바와 같이 두 가지 새로운 하이브리드전 양상이 나타났다. 먼저 글로벌 기업과 커뮤니티들이 전쟁의 새로운 주체로 등장하였다. 다음은 젤렌스키 대통령이 바이든 대통령이나 미 의회와 직접 소통하여 지원을 요청한 것이다. 우리나라도 참고할 사항이다. 최고지도자나 민간의 자발적인 활동 외에 군에서도 초연결시대 하이브리드전 양상을 연구하여 군이 해야 할 분야들을 식별하고 발전시켜야 한다. 군과 민간이 합동으로 대책을 강구할 필요도 있다.

둘째, 동맹과 전시지원국 등 우호국들과의 협력을 강화해야 한다. 우크라이나는 국제여론의 지지는 받고 있지만 동맹이나 나토 가입국이 아니기 때문에 지원에 한계가 있다. 그런 점에서 세계 최강대국인 미국과 동맹을 맺고 있는 우리나라는 더 유리한 조건을 가지고 있다. 우리나라는 미국과 전시에 필요한 연합훈련을 하고 있고, 상호지원에 필요한 절차를 발전시키고 있는데, 보완해야 할 점들을 식별하여 보완해야 한다. 6.25전쟁 전시지원국들과도 지원에 필요한 절차를 발전시킬 필요가 있다. 기타 아세안국가들처럼 우호적인 국가들과도 필요한 절차를 발전시켜야 한다.

셋째, 이 기회에 동원이나 전시 국내조달의 문제점을 군수부대 차원에서뿐만 아니라 국방이나 국가 차원에서 검증해볼 필요가 있다. 국외조달은 시간이 소요된다. 전시 초기에는 결국 동원이나 국내에서 보유한 자원이 큰 역할을 한다.

3. 전시 군수부대와 민간 방산시설 피해 예방 및 복구 대책 강구

첫째, 우크라이나 전에서 러시아군은 보급로를 확보하지 못해 많은 피해와 보급에 차질이 발생하였다. 군수부대 활동을 위한 경계는 자체 경계, 상급부대 경계부대지원, 지역책임부대의 지원으로 구분할 수 있다. 그러나 전시 초기에 작전을 수행하는 전투부대가 지원병력을 차출하기는 쉽지 않기 때문에 군수부대 자체 경계력을 보강해야 한다. 군수부대에 현역 대신 군무원이 늘어나고 있는데 다행히 작년 11월 군무원인사법시행령 개정으로 군복, 총기 등 지급의 근거는 마련하여 경계에 활용이 가능하다. 빠른 시간 내 총기 지급 대상을 확정하고, 활용 방안을 강구해야 한다.

둘째, 육·해·공군 군수사령부의 정비창, 보급창 등 대형 군수기지의 피해 예방 및 복구 대책이다. 러시아는 우크라이나의 전쟁 의지와 보급능력을 파괴하기 위해 우크라이나의 주요 군수기지와 방산시설들을 잇달아 공격하고 있다. 북한군도 한국군의 주요 군수기지를 타격할 가능성이 크다. 대비를 하여야 한다. 군수부대 이동이나 피해복구 기간에는 지원이 제한되므로 그에 대한 대책도 마련해야 한다.

군수부대만이 아니라 방산시설(주요장비 공장), 민간대형물류기지에 대한 대비도 필요하다. 방산시설의 피해 예방 및 복구 대책은 방산기업만이 아니라 군과 정부 관련 기구가 합심하여 수립하여야 한다. 전시에 군시설과 방산시설을 서로 교차 활용하거나 대체 가능한 민간시설을 사전 검토하는 것도 필요할 것이다. 반면 아군이 적 주요 군수기지 및 방산시설을 전시에 타격하는 방안도 마련할 필요가 있다.

IV. 결 론

지금까지 러시아-우크라이나 전쟁을 러시아군의 전쟁 전 군수 준비. 전쟁 수행 간 군수전 등 군수지원 면에서 살펴보고 교훈을 도출해 보았다.

먼저. 러시아 군의 전쟁 전 군수 준비 면이다. 러시아의 국방개혁에는 작전지속지원 분야도 포함이 되었는데 군 조직 중 병참 및 보조 시스템의 경우 민간 업체들에게 최대한 이양하는 계획과 의무학교 폐지, 부대별 의무시설 통폐합, 수백개 감편부대 대신 60개 군사장비 보관기지(비축기지) 건설 등이다. 그러나 아웃소싱 도입 과정에서의 부정부패, 의료지원체계 개편에 대한 예비역 및 참전용사들의 반발 같은 문제점도 나타났다. 또한 2014년 이후 국제사회의 제재로 러시아의 경제 사정이 나빠져 개혁의 속도를 지연시키는 결과를 초래하였다.

또한, 러시아군은 서부방면에서 공격작전을 수행하기에는 평시 군수분야 능력이 부족한 것으로 판단되었다. 그런 상태에서 러시아군은 군수분야를 포함하여 우크라이나 전쟁 준비를 제대로 못했거나, 아니면 전쟁이 조기 종결할 것으로 오판한 것으로 보인다.

다음은 전쟁 수행 간 군수전이다. 아군에 대한 군수지원 면에서 개전 초기 러시아군의 보급은 실패한 것으로 평가되고 있다. 러시아군의 보급 실패는 부족한 보급·수송 및 정비 능력, 예상 외의 강력한 우크라이나의 저항, 그리고 국제사회의 러시아 제재와 우크라이나 지원이 원인으로 판단된다. 현재는 러시아군이 재편성을 완료한 것으로 보이며, 향후 작전지역과 점령지역의 안전 확보 여부, 돈바스 지역으로 공세 집중 여부에 따라 보급의 성패가 결정될 것으로 보인다. 적의 군수 능력 분쇄를 위해 러시아는 우크라이나의 군수기지 공격과 보급로 차단을 시행하고 있는데 장기적으로는 우크라이나에 영향을 미칠 것으로 판단된다.

마지막으로 우크라이나전을 통해 군수 면에서의 교훈을 살펴보면 다음과 같다.

첫째, 한국군 군수부대의 편성 및 능력 보강이다. 기계화부대 군수부대의 편성을 보강하고, 유류, 탄약 등을 수송하는 수송부대의 실질적인 능력도 검토가 필요하다. 한국군 군수부대의 C4I와 통신능력을 보강해야 한다. 전문성 있는 군수인력 획득 및 양성을 위한 조치가 필요하다. 한편, 국방개혁 시 군수부대 민영화에 대해 신중히 접근해야 한다.

그리고 전투부대 후속군수지원을 보장하는 ADC 등의 운용 능력을 검증하고, 전시 비축·치장장비에 대한 관리를 강화하며, 적의 노획장비 활용 등 창의적인 군수지원 방안을 발전시켜야 한다.

둘째, 국제공조, 민군협력 등을 통한 전시조달·획득을 발전시켜야 한다.

전쟁을 계속하고 승리하기 위해서는 작전지속능력의 확보가 중요하다. 이를 위해 초연결된 정보화 시대에 맞는 획득 활동을 해야 하다 또한 동맹과 전시지원국 등 우호국들과의 협력을 강화해야 한다. 아울러 이 기회에 동원이나 전시 국내조달의 문제점을 국방이나 국가 차원에서 검증해볼 필요가 있다.

셋째, 전시 군수부대 피해 예방 및 복구 대책을 강구해야 한다. 이를 위해 보급로 경계 대책을 강구하고, 군수부대 자체 경계력 보강을 추진해야 한다. 또한 군수사령부의 정비창, 보급창 등 대형 군수기지와 민간 방산시설, 대형물류기지에 대한 피해 예방 및 복구 대책을 강구해야 한다.

지금까지 우크라이나 전쟁을 통해 한국군에 적용될 군수 교훈들을 살펴보았는데 가장 중요한 것은 결국 국가지도자를 포함한 국민들의 저항 의지가 승리의 가장 큰 자산으로 보인다.

지금은 전쟁 중이어서 충분한 자료가 부족하고, 또 자료들도 일부 신빙성 검증이 필요하다. 전훈분석단 등 전문연구기관이나 연구자들을 통해 시간을 가지고 총괄적인 면과 분야별 추가적인 연구를 해서 한국군 군수 발전방향을 검토해야 할 것이다.

참고 자료

두진호. "우크라이나 전쟁 평가 및 시사점,"「국방대학교 군사전략학과 세미나」 (2022.3.16.)

육군 교육사령부 전훈/교훈분석단.「러시아 국방개혁과 대대전술단」(2022.3.11.)

한국국방외교협회.「주간 국제 안보군사 정세」, 22-3-2호(통권189호),「주간 국제 안보 군사 정세」, 22-3-4호(통권191호)

신인균. "러시아 대대전술단 막은 우크라이나 '인민전쟁' 전술,"『주간동아』(2022.3.7.)

우태영. "공간 주고 시간 번다! 러 발목 잡은 우크라이나의 전략,"『주간조선』 (2022.3.25.)

이장훈. "졸전 거듭한 러시아군, 퇴로 없는 '제2 아프간戰' 수렁 빠지나,"『주간동아』, 1331호조상근. "우크라이나-러시아 전쟁 분석(1) #2. 우크라이나 전쟁 수행에 영향을 미친 DIME 요소," (2022.03.11.), "우크라이나-러시아 전쟁 분석(2) #2. 러시아 전쟁 수행에 영향을 미친 DIME 요소," (2022.3.18.)

유용원. "소셜미디어 여론전, 민간위성 활약… 하이브리드전이 전쟁판도 바꾼다," (유용원의 군사세계, 2022.3.9.)

고일환. [우크라침공] "최강인줄 알았는데"…러시아군 재평가하는 유럽," (연합뉴스, 2022.3.19.)

권민철. "키이우, 러시아군에 방탄도시된 비밀 풀렸다," (CBS노컷뉴스, 2022.3.13.)

김서원. "러군이 버리고 간 우라간 로켓, 우크라가 재활용해 쐈다," (중앙일보, 2022.3.21.)

김용래. "[우크라 침공] 서방서 제공받은 휴대용미사일 맹활약…보급이 관건," (연합뉴스, 2022.3.6.)

김형준. "[안보열전]우크라 침공 열흘째, 우리 군은 뭘 배워야 할까," (CBS노컷뉴스, 2022.3.5.)

문병기. "러, 우크라에 극초음속미사일 '킨잘' 두차례 발사," (동아일보, 2022.3.21.)

방종관. "미군도 못해본 파격…지역분쟁 딱 맞춘 '푸틴 대대전술단' 위력," (중앙일보, 2022.02.15.).

방종관. "세계 2위 강군도 비틀대는 이유…국방혁신, 러 실패서 배워라," (중앙일보, 2022.3.15.)

유용원. "20년 지난 전투식량 배급… 제트기엔 구식 무기 장착," (조선일보, 2022.3.10.).

이영호. "교착상태 빠진 러시아…"식량·연료·탄약 사흘치뿐," (한국경제TV. 2022.3.23.)

이철민. "러시아, 공세 종말점 도달… 우크라가 이기고 있다는 근거 보니," (조선일보. 2022.3.23.)

이하린. "키이우 앞 멈춰있던 64㎞ '미스테리' 차량 행렬…뿔뿔이 흩어졌다," (매일경제, 2022.3.11.)

정시행. "기저귀부터 소총까지… 美, 우크라이나 돕는 기부 행렬," (조선일보, 2022.3.24.)

정윤주. "우크라 부패방지국 '러시아군 탱크 등 노획해도 비과세,'" (연합뉴스, 2022.3.3.)

최재호. "러시아군 공격에 우크라이나 '칼리닙카 군수창고' 대파," (내외경제,

2022.2.24.)

황민규. "식량 떨어진 러시아군 중국에 SOS...미는 중국에 압력 시사," (조선비즈, 2022.3.15.) 등

Aleksandr Golts, "Modernization versus mobilization," 『The Russian Military in Contemporary Perspective』, Strategic Studies Institute and Army War College Press, 2019,

Alex Vershinin, "feeding the bear: a closer look at russian army logistics and the fait accompli," 『WAR ON THE ROCKS』(2021.11.23.)

            , "RUSSIA'S LOGISTICAL PROBLEMS MAY SLOW DOWN RUSSIA'S ADVANCE—BUT THEY ARE UNLIKELY TO STOP IT," Modern War Institute at West Point, (2022.3.10.)

GLOBAL FIREPOWER 2022, https://www.globalfirepower.com/countries-listing.php

[블로그 / youtube]

https://blog.naver.com/sundin13/222587792073

https://blog.naver.com/sundin13/222653976727

https://www.youtube.com/watch?v=7g0B47alAkY

https://www.youtube.com/watch?v=b4wRdoWpw0w

| 저자소개 |

박주경 | 前 육군 군수사령관

　육군사관학교 졸업, 국방대학교 군사전략과 석사 학위 후 현재 KIDA 전력투자분석센터 자문위원과 국방자원연구센터 평가위원으로 활동하고 있다. 미국 안보지원센터 FMS 과정, 하버드대 케네디 스쿨 국제안보 고위정책(SMG) 과정 그리고 서울대학교 공과대학 미래안보전략기술 최고위 과정을 수료했다. 주요 경력으로 초대 백신 수송지원본부장, 육군 참모차장, 육군 군수사령관, 국방부 군수관리관, 제11기계화보병 사단장, 육군 군수사령부 계획운영처장, 합참 군수부장, 제7기동군단 참모장, 육군본부 군수참모부 군수관리과장, 제26기계화보병사단 참모장과 여단장, 2군단 군수참모, 제30기계화보병사단 군수참모와 대대장, 육군본부 시험평가단 보병화기시험장교, 육군대학 교무처 교육통제장교 / 군수교관 등을 역임하였다. 주로 기계화부대와 군수분야에 근무하였으며, 야전과 국방부, 합참, 육군본부, 군수사령부 등 군수분야 모든 정책부서를 경험한 군수전문가로 평가되고 있다.

사이버전 차원에서 본 시사점과 정책 제언

박 종 일 박사 (사이버연구소 소장)

I. 서론

세계의 눈과 귀가 쏠려 있는 러시아의 우크라이나 침공이 이제 5주째에 접어들었다. 전투기, 미사일, 전차로 이어지는 재래식 전쟁도 관심사지만 그 이면에서 벌어지는 사이버 전쟁은 완전히 새로운 양상이다. 1차 세계대전 중에 하늘이 전투의 장으로 확장된 것처럼 이제 전장은 물리적인 공간을 넘어 사이버 공간까지 확장되었다. 러시아 해커들은 우크라이나 침공 전에 사이버 공격에 의한 사회기반체계 기능마비 및 공포조성으로 우크라이나를 혼란에 빠뜨렸다. 이후 IT군대, 어나니머스를 비롯한 우크라이나를 지원하는 해커들이 양국 간의 사이버전에 대거 참전하고 있다. 러시아의 이번 침공은 본격적인 하이브리드 전쟁 시대로의 진입을 보여준 상징적인 사례가 될 것으로 보인다. 하이브리드 전쟁은 재래식 전력뿐 아니라 정치 공작, 경제 압박 등을 결합해 상대국에 공포와 혼란을 일으키는 현대전이다. 군사작전 외에 다양한 전력을 통해 동시다발적인 공격을 가하고, 정치적 우위를 점하는 방식이다. 이 가운데 '사이버 공격'은 주요 국가시스템의 마비에서부터 가짜뉴스와 심리전까지 가능케 하는 하이브리드 전쟁의 핵심 수단이다.

러시아는 사이버전을 통한 하이브리드 전쟁의 선두주자다. 러시아는 지난 20년간 정보조직인 정보총국(GRU)과 해외정보국(SVR)을 통해 사이버전 인력과 역량을 확충해왔는데, 민간 유명 해커 그룹까지 포함하면 요원이 3~5만 명 정도로 추정된다. 러시아 정부는 10년 가까이 공격 배후 은폐를 위해 사이버 범죄단체를 활용하는 전략에 의존하고 있다. 이번 전쟁에서는 랜섬웨어 범죄조직인 콘티와 쿠핑프로젝트는 러시아 정부 지지를 공식적으로 표명했다. 글로벌 보안기업 파이어아이는 2021년 및 2022년 보고서에서 러시아, 중국, 이란, 북한이 사이버 침해에서 '빅4'를 이루고 이들 주요 4개국이 수행하는 지역 및 국제적 침해 활동은 계속될 것이라고 경고했다. MS의 2021년 디지털 방어 보고서(Digital Defense Report)에 의하면 세상에서 사이버전 행위를 가장 많이 하는 나라는 차례로 러시아(58%), 북한(23%), 이란(11%), 중국(8%)인 것으로 나타났다.

우크라이나에 대한 대규모 사이버공격이 발생한 다음 날인 2월 24일 블라디미르 푸틴 러시아 대통령의 개전 선언과 함께 러시아군의 전방위적인 공격이 우크라이나 곳곳에서 단행됐다. 러시아의 우크라이나 침공은 사전에 치밀하게 기획된 사이버전에서부터 시작된 셈이다. 이제는 사이버 공격이 국가가 보유한 전쟁 무기 중 하나가 되었으며 이번 공격은 인류 역사상 처음으로 사이버 공격이 전쟁의 선제타격 수단으로 이용된 것이다. 이 연구에서는 러시아의 우크라이나 침공 전쟁에서 벌어지고 있는 새로운 사이버전 양상에 대하여 알아보고자 한다.

II. 러시아의 사이버 공격 경과

한국시간으로 2월 24일, 러시아의 우크라이나 침공이 본격화되었지만, 실제 전쟁은 물리적인 침입 이전에 사이버 공간에서 이미 시작되었다. 러시아는 우크라이나 침공 전에 크게 3차에 걸친 대규모 사이버 공격을 수행하였다.

1. 1차 공격(1월 13일~14일)

마이크로소프트(MS) 위협 인텔리전스 센터(MSTIC)는 1월 13일 우크라이나 정부 및 정보기술(IT) 조직에 악성코드 위스퍼게이트(WhisperGate)가 설치된 흔적을 발견했다고 발표했다. 위스퍼게이트는 랜섬웨어로 위장한 와이퍼(Wiper) 악성코드로 몸값을 요구하는 것이 아니라 '마스터 부트 레코드(Master Boot Record, MBR)'를 파괴해 시스템을 마비시킨다. 금전적 이익을 노리는 것이 아닌 만큼 러시아가 본격적인 침공에 앞서 펼친 사이버전의 일환이라는 해석이 나온다. 1월 14일 우크라이나의 외무부를 비롯한 다수 정부 부처의 웹사이트가 공격받았고, 정부 부처와 국가 응급서비스 등 70여 개의 웹사이트가 해킹됐다. 해커는 웹사이트 화면을 변조(디페이스, Deface)했는데, '당신에 대한 모든 정보가 공개되었습니다. 두려워하고 최악의 상황을 기다리십시오.'라는 문구를 내걸었다. 우크라이나를 비롯해 미국 등 서방국가는 공격 배후로 러시아를 지목했다. 해커로 지목된 UNC1151은 벨라루스 정보부와 연계된 조직인데, 벨라루스는 2021년 러시아와 국가통합을 합의한 친러국가다. 우크라이나 침공에도 러시아군의 교두보 역할을 했다.

2. 2차 공격(2월 15일)

2월 15일에는 우크라이나의 국방부, 군대, 최대 상업은행인 프리바트방크, 대형 국영은행인 오샤드방크 등을 대상으로 하는 대규모 분산서비스거부(디도스, DDoS) 공격이 수행됐다. 은행의 모바일 애플리케이션(앱) 및 ATM 기기에도 영향을 끼쳤고 사이버 공격을 받은 은행은 몇 시간 동안 인터넷뱅킹이 제대로 작동하지 않는 피해를 당했다. 우크라이나 정보국은 해당 공격을 수행하는 데 든 비용이 수백만 달러일 것이며, 조사 과정에서 드러난 모든 공격 징후가 러시아를 가리킨다고 말했다. 영국 정부와 미국 국가안보회의(NSC)는 해당 공격을 수행한 것이 러시아의 정보총국(GRU)이라고 구체적으로 지목했다.

3. 3차 공격(2월 23일)

우크라이나는 2월 23일에도 디도스 공격을 받았다. 정부 부처, 군, 은행 웹사이트가 마비됐다. 동시에 우크라이나이 금융, 국방, 항공, IT 등 다수 조직의 PC 수백 내에서 데이터를 삭제하는 악성코드가 탐지됐다. 슬로바키아 보안기업 이셋(ESET)이 '허메틱와이퍼(HermeticWiper)'라고 명명한 악성코드는 1월 발견된 위스퍼게이트와 유사하다. 시만텍은 리투아니아에서도 허메틱와이퍼가 설치된 흔적을 보고하기도 했다. 전문가들은 3차례의 사이버 공격 중 이번 공격이 가장 정교한 것으로 평가하고 있다.

4. 침공 당일(2월 24일)

지난 2월 24일 러시아군은 우크라이나의 수도 키이우를 포함한 주요 도시를 공격했는데, 오전 5~9시 사이에 이곳의 위성 인터넷 서비스를 제공하는 미국 통신사 비아샛(Viasat)에 대한 디지털 공격이 시작되었고 이로 인해 우크라이나를 포함한 일부 인터넷 대리점 사업자들은 2주가 지난 후까지도 여전히 오프라인 상태라고 전했다. 비아샛이 운용하고 있는 KA-SAT 위성이 우크라이나 군과 경찰에 인터넷 접속을 제공하고 있어 이 연결이 끊기면 우크라이나의 對러시아군 작전능력에 불리하게 작용할 수 있었다. 비아샛의 인터넷 접속을 원격으로 침해한 행위가 물리적 전쟁과 사이버전을 함께 시작하려고 한 러시아의 국가지원 해커 소행일 것으로 의심하고 있다.

공격 배후로 지목된 러시아는 위에서 언급한 모든 사이버 공격에 대해서 부인했으나 우크라이나를 비롯해 서구권 국가는 러시아의 공격이라고 확신을 가지고 있는 것으로 보인다.

III. 우크라이나의 대응 동향

1. 국제협력을 통한 피해복구

우크라이나 정부는 러시아의 1, 2차 공격 후 곧바로 피해 사이트 대부분을 복구하였고 추가 공격을 대비한 국제협력을 위해 나토, 호주, 캐나다 등 서방에 지원을 요청하였다.

백악관 국가안보회의(NSC) 대변인은 "우크라이나가 사이버공격으로부터 복구하기 위해 필요한 모든 지원을 제공할 것"이라고 말했다. 우크라이나는 러시아의 3차 사이버 공격 후에도 피해 웹사이트를 빠르게 복구하였는데 비교적 사전 대비를 잘했고 공격 완화 능력을 보강했던 것으로 보인다. 유럽연합(EU)은 리투아니아, 크로아티아, 폴란드, 에스토니아, 루마니아, 네덜란드 등 6개국 8~12명의 전문가로 구성된 사이버신속대응팀(CRRT)을 지원했다. 2월 25일 포노마렌코 주한 우크라이나대사는 과거 평창올림픽 때 러시아의 해킹 공격을 방어한 경험이 있고 첨단기술 선진국인 한국이 우크라이나의 사이버안보 능력 강화를 위해 도움을 주면 좋겠다고 지원을 요청했다.

2. 다국적 IT군대 모집

우크라이나 정부는 러시아 침공 이틀 뒤인 2월 26일 31살의 우크라이나 최연소 장관 미하일로 페도로우 부총리 겸 디지털혁신 장관이 직접 주도하여 IT군대를 모집했다. 영국 가디언에 따르면 IT군대는 창설 보름여 만에 규모가 30만 명을 넘어섰다. 저항 지원을 위한 암호화폐 펀드도 6,000만 달러(740억 원) 이상 모금이 이뤄졌다. 각국에서 모인 IT군대는 텔레그램 채팅방에 모였다. 이들은 특정 러시아 웹사이트에 디도스 공격을 하라는 지시가 내려오면 30분 이내로 홈페이지를 다운시켰다. 실제로 크렘린궁, 대통령실 홈페이지, 집권당인 통합러시아당, 관영 스푸트니크 통신의 국제뉴스 웹사이트 등이 잇달아 IT군대가 배후인 것으로 추정되는 디도스 공격을 받았다.

3. 글로벌 IT기업과 협력

침공 이튿날 미하일로 페도로우 장관은 사이버 공간에서 러시아를 고립시키려는 시도에 나섰다. 소셜미디어에 구글, 애플, 넷플릭스, 인텔, 페이팔 등 70개 이상의 IT회사를 상대로 메시지를 올려 '디지털 참전'을 요청했다. 애플은 러시아에서 애플페이를 제한했는데 모스크바의 한 지하철역에서는 당황한 시민들이 실물표를 사기 위해 갑자기 몰려든 장면이 포착되기도 했다. 우크라이나 주민 안전을 위해 애플지도 상에서 현지 교통상황 및 실시간 사건을 알려주는 기능도 사용할 수 없게 했다. 스페이스엑스의 최고경영자 일론 머스크는 페도로우 장관의 요청 이틀 만에 자사의 위성인터넷 서비스인 스타링크 장비와 서비스를 공급했다. 스타링크는 머스크 CEO가 2,000여 개 위성을 활용해 전세계에 인터넷 네트워크를 구축하려는 사업이다. 구글은 러시아에 악용될 수 있는 지도의 교통정보를 중단하고 페이스북은 러시아 국영 매체의 접속을 차단했다. 페이스북과 인스타 그램은 "푸틴에게 죽음을"과 같은 침략자들을 향한 폭력적 혐오 표현도 한시 허용하기로 했다. 특히 지속적인 중국의 침략 위협을 받는 대만인들이 우크라이나인들과 특별한 유대감을 가지면서 이번 사이버전에 많이 참여하고 있다. 대만 기술 스타트업인 오토폴리틱과 큐서치는 전세계의 우크라이나 온라인 활동가들에게 무료로 기술을 지원하고 있다.

4. 국제 해커그룹 어나니머스의 지원

어나니머스의 사이버전은 러시아군의 침공을 받은 우크라이나 정부가 전세계 해커들에게 도움을 요청한 후에 이루어졌다. CNBC 등 외신들에 따르면 어나니머스는 지난 2월 24일 러시아 블라디미르 푸틴 정부에 사이버 전쟁을 선포했다. 이들은 사이버전을 시작한 지 하루 만에 러시아 국방부 웹사이트를 마비시키고 데이터베이스(DB)를 탈취하는 데 성공했다고 주장했다. 그 이후 대표적으로 러시아 에너지기업 가즈프롬(Gazprom), 국영 언론사 러시아투데이(RT), 크렘린 공식 사이트를 포함한 러시아 정부 기관과 동맹국인 벨라루스 정부 관련 사이트를 다운시켰다고 주장했다. 또한 벨라루스 무기 생산 업체 테트레더(Tetraedr)의 문서와 이메일을 유출하고 러시아 통신 서비스 트빙고 텔레콤(Tvingo Telecom)에서 제공하는 가스 공급을 차단했다고 주장했다.

5. 러시아의 사이버 방어 무력화

러시아가 우크라이나를 침공한 후 러시아의 정부 홈페이지와 국영 언론사는 전례 없는 해킹공격에 시달리고 있다. 침공 며칠 후 러시아 국영 타스 통신 홈페이지에 "전쟁 반대 시위를 벌여라"라는 글이 올라왔다. 러시아의 대중 서비스 포털인 고수수루기는 서비스 차단 공격으로 인해 50차례 이상 다운됐다. 3월 초에는 문화부, 연방 교도소, 연방통신위원회 홈페이지도 해킹됐다. 3월 16일 저녁 러시아 비상사태부 홈페이지에는 "우크라이나에서 살아 돌아오라"고 쓴 글귀가 떴다. 이 아래 게재되어있던 핫라인 번호는 제대나 탈영을 원하는 러시아군을 위한 연락처로 바뀌었다. 홈페이지에 게재된 뉴스 제목은 "러시아 언론을 믿지 마라-모두 거짓말이다","러시아 디폴트가 임박했다"로 바뀌었다. 러시아 사법기관 홈페이지 10여 곳에는 블라디미르 푸틴 러시아 대통령과 러시아인들을 조롱하는 내용이 올라왔다. 모두가 러시아의 침공에 반대하는 국제 해커들의 사이버 공격으로 추정된다. 아래 [그림 1]은 양국 간의 사이버전 경과를 보여준다.

[그림 1] 러시아 vs 우크라이나 사이버전 경과

IV. 가짜뉴스와의 전쟁

이번 전쟁에서 사이버전과 관련성(사이버 심리전)이 깊은 또 다른 양상은 가짜뉴스와의 전쟁이다. 러시아의 우크라이나 침공이 거세지는 가운데 양국을 포함한 전세계의 혼란을 부추기는 가짜뉴스와 음모론 등이 사회관계망서비스(SNS)와 국영매체 등을 통해 확산되었다. BBC는 러시아와 우크라이나 양측 모두 진영과 무관하게 오래된 사진을 재활용하는 등의 방식으로 SNS에서 잘못된 정보를 퍼뜨리고 있다고 지적했다.

러시아발 주요 가짜뉴스는 다음과 같다. 우크라이나군이 무분별하게 병원에 폭격을 가하고 민간인들을 죽였다. 젤렌스키 정부가 사악한 네오 나치 정권이다. 우크라이나군의 선제공격에 대응해 우크라이나를 탈 나치화하고 민중을 해방시키기 위해 군사적 행동에 나선 것이다. 러시아군이 공격하는 빌미가 이들에게 있다. 젤렌스키가 키이우를 버리고 도주했다. 우크라이나군이 이미 항복했다. 남동부 해안도시 마리우폴을 무차별적으로 공격해 어린이와 민간인이 숨진 것에 대해 '우크라이나 네오 나치들이 민간인을 방패 삼아 러시아군을 공격했다'. 아파트 공격에 대해선 '네오 나치들이 아파트에 박격포를 놓아뒀고 주민들을 감금했다'. 우크라이나가 대량살상무기인 생화학무기를 개발했다. 미국이 우크라이나에서 생화학무기 실험실을 운영했다. 러시아는 우크라이나를 침공한 것이 아니라 특수 군사작전을 수행하고 있고, 블라디미르 푸틴 러시아 대통령은 서방에 의해 포위된 러시아를 위해 외로운 싸움을 벌이고 있다 등이다. 러시아는 우크라이나 침공 관련 가짜뉴스를 생산하고 국영언론과 텔레그램 등을 이용하여 전파했다.

우크라이나발 주요 가짜뉴스는 주로 전쟁 영웅담에 대한 것으로 다음과 같다. 우크라이나 시민들이 수도 키이우에서 러시아 탱크 2대를 파괴한다. 러시아군에 맞서기 위해 우크라이나 시민들이 게릴라전 전술을 사용하고 있다. '키이우(키예프)의 유령'이란 별명으로 불리는 조종사가 우크라이나군 미그-29 전투기 한 대로 개전 후 30시간 동안 무려 6대의 러시아군 항공기를 격추했다. 국경수비대원 13명이 러시아 전함의 항복 권고에 결사 저항하다 전원 전사했다 등이다. 우크라이나는 주로 고위 관료들의 사회관계망 계정을 통해 이와 같은 가짜뉴스를 전파하였다.

가짜뉴스를 퍼뜨려온 러시아 국영매체에 대한 서방세력들의 조치가 취해졌다. 관내에서 러시아 매체가 (가짜뉴스로) 정치 선전 도구로 이용되고 있다는 이유로 3월 17일 미국, 캐나다, 유럽연합(EU)은 러시아 국영매체 러시아투데이(RT)를 방송망에서 삭제했다. 애플과 구글은 RT와 러시아 위성 통신사의 애플리케이션 다운로드를 금지했으며 유튜브는 전세계에서 러시아 매체의 채널을 봉쇄했다. 러시아의 침공을 받은 우크라이나가 무력에선 러시아군을 이기지 못하지만, 심리전에선 오히려 압도한다는 평가가 나오고 있다.

V. 시사점 및 정책 제언

1. 시사점

러시아의 우크라이나 침공 전쟁의 가장 큰 특징 중의 하나는 사이버 공격자들이 군대보다 먼저 움직였다는 것인데 이는 인터넷이 전쟁의 '최전방'이 되었다는 것을 의미한다. 러시아는 침공 전에 우크라이나에 대한 사이버 공격을 집중적으로 수행하였으나 침공 이후에는 뚜렷한 사이버 작전이 없이 전통적인 전쟁 방식을 고수하고 있다. 우크라이나 기반시설에 대한 러시아의 사이버 공격은 예상만큼 강력하지 않아, 인터넷 등 주요 서비스는 차질 없이 유지되고 있다. 이를 놓고 미국 정부와 글로벌 IT기업들의 차단 노력 덕이라는 평가도 있고, 러시아가 무슨 이유에서인지 결정적인 사이버 공격 카드를 쓰지 않고 있다는 추정도 있다.

이번 사이버전에서는 전례 없던 신기술이 선보인 것도 아니고 발사의 왼편(Left of Launch)과 같은 환상적인 작전도 없었다. 러시아가 사용한 공격기술은 홈페이지 변조(Deface), 디도스(DDoS), 랜섬웨어로 위장한 데이터 삭제 등이다. 데이터 삭제 악성코드는 이전에 발견된 낫페트야(NotPetya)와는 달리 우크라이나 국경을 벗어나 다른 국가에까지 영향을 미치지는 않았다. 우크라이나를 지원하는 국제 해커들의 공격기술도 변조 및 디도스 정도에 그쳤다. 지금까지 러시아나 우크라이나 모두 치명적이라고 할 만한 피해를 사이버 공격으로부터 받진 않은 것으로 보인다. 이는 평시와 달리 전시에 효과를 발휘할 수 있는 사이버 공격기술이 제한적일 수도 있을 가능성을 내포하기도 한다.

우크라이나는 다수의 사이버 침해를 극복한 경험을 바탕으로 강화된 사이버 복원력

(Cyber Resilience)으로 러시아의 사이버 공격을 미리 잘 대비한 것으로 보인다. 여러 차례 사이버 공격을 받았음에도 불구하고 아직 사이버전 전담부대가 없는 우크라이나는 국제협력과 세계 곳곳에서 자발적으로 참전한 해커들의 지원을 통해 러시아의 침공에 대응하는 전략을 구사하고 있다. 이와 관련하여 CNBC는 이번 사이버 대전은 누구나 원하면 참전할 수 있는 '인류 최초'의 전쟁이라고 의미를 부여했다.

이번 전쟁에서 사이버전은 러시아와 우크라이나 사이의 전쟁이 아니라 러시아와 서방 진영과의 세계대전이 되어버렸다. 글로벌 빅테크는 러시아에게 등을 돌렸고, 거센 국제적 비난이 러시아에게 쏠렸다. 수십만 명의 IT군대와 어나니머스가 러시아의 주요 기반시설을 해킹하고 디도스 공격을 가하였다. 하이브리드 전쟁의 종주국이라고 불리는 러시아가 서방 해커들의 공격에 속수무책으로 당하면서 자국의 방어에는 매우 취약한 모습을 보이고 있다.

우크라이나 침공으로 강력한 제재에 직면한 러시아가 미국과 제재에 동참한 국가들을 대상으로 사이버 공격으로 보복할 가능성이 높다는 관측이 나오면서 조 바이든 미국 대통령은 경계와 대비를 촉구했다. 교전이 지속되면서 사이버 전장은 우크라이나와 러시아를 넘어 전세계로 확장될 가능성이 높아지고 있다.

2. 정책 제언

사이버공간을 안전하게 지키는 것은 영토·영해·영공에 대한 배타적 지배권을 가지는 것과 같이 주권국가의 핵심 과업이라 할 수 있다. 세계 다수 국가가 안보전략의 핵심 수단으로 활용하기 위한 목적으로 사이버전 역량 강화에 집중적으로 투자하고 있는 추세이다. 사이버전 차원에서 러시아의 우크라이나 침공을 보면 이번 전쟁은 세계 최강의 능력을 보유한 러시아의 사이버 공격에 대하여 사이버전 전담부대 조차 없는 우크라이나가 효과적으로 대응한 전쟁이다. 우크라이나의 대응을 통하여 도출한 교훈을 바탕으로 다음과 같이 4가지 정책 제언을 할 수 있다.

첫째, 사이버 복원력(Cyber Resilience) 강화이다. 사이버 복원력이란 사이버공격을 예견하고, 견뎌내며, 공격으로 인해 피해를 당하더라도 빠른 시간 내에 데이터를 복구하는 것을 뜻한다. 우크라이나는 여러 차례에 걸쳐 러시아의 사이버 공격을 받았지만 신속히 피해를 복구하고 시스템을 정상화할 수 있는 사이버 복원력으로 교전 5주 차가 지난 시점까지도 인터넷 등 주요 서비스가 차질없이 유지되고 있다. 모든 공격을 탐지하고 대응할 수는 없으므로 공격 발생 시에도 지속가능성이 담보되는 '사이버 복원력'을 강화해야 한다.

둘째, 사이버안보 국제협력 강화이다. 우크라이나는 사이버전 전담부대도 보유하지 못하였지만 러시아의 해킹으로 정부 기관 웹사이트가 다운되자 미국, 나토, 호주, 캐나다 등과의 적극적인 국제협력으로 사이버보안 지원을 받아 신속히 피해를 복구하고 러시아의 추가 공격에 대비하였다. 또한 글로벌 IT기업의 협조를 받아 러시아군이 인터넷을 군사작전용으로 사용하는 것을 제한하고 러시아군의 악의적인 흑색선전과 가짜뉴스에 적절히 대응할 수 있었다. 물리적 전장과 달리 사이버전의 전장은 너무 광범위하므로 유사시 효과적인 대응을 위해 평시 사이버안보 분야 국제협력 강화가 필요하다.

셋째, 글로벌 사이버안보 리더십 강화이다. 개전 초기에는 절대적인 열세에 있었던 우크라이나가 러시아의 사이버 공격을 완화시키고 나아가 방어에서 공세로의 전환까지 할 수 있었던 것은 디지털혁신부 장관의 글로벌 리더십 발휘 덕분이라고 할 수 있다. 사이버전에 대한 경험과 역량을 갖추었을 뿐만 아니라 국제정세에 밝고 글로벌 IT기업 및 사이버전 관련 조직들과 원활히 소통하면서 유사시 국가사이버안보 위협에 신속히 대응할 수 있는 핵심인재 육성이 필요하다.

넷째, 사이버 심리전 대응력 강화이다. 러시아는 사이버 공간을 활용한 가짜뉴스 전파와 심리전으로 사회 혼란을 부추기고 정부의 신뢰를 무너뜨려 전의를 상실케하는 사이버 심리전을 구사하였다. 인터넷이란 공간과 IT기술의 특성을 활용한 사이버심리전은 비교적 시간과 공간의 제한 없이 작전 수행이 가능하며 특히 상대국의 리더십을 위협하는 가짜뉴스를 용이하게 유포할 수 있는 치명적인 공격기법 중의 하나이다. 사이버사령부와 국정원 등이 정치 개입 댓글공작에 연루되면서 사실상 와해된 사이버심리전 역량을 복원하여 대응능력을 강화하는 방안을 검토할 필요가 있다.

| 저자소개 |

박종일 | (주)하렉스인포텍 CTA

　　박종일 박사는 (주)하렉스인포텍 CTA로 플랫폼기업의 사이버보안과 글로벌 진출사업을 담당하고 있다. 육군사관학교 졸업 후 뉴욕주립대(SUNY at Buffalo)에서 전자공학 석사학위, 조지아공대(Georgia Institute of Technology)에서 전자공학 박사학위를 받았다. 육군사관학교 전자공학 교수, 정보사령부 지휘관/참모, 사이버사령부 지휘관/참모 및 연구소장을 역임하면서 사이버안보 정책, 연구개발, 작전 등 다양한 실무 경험을 쌓고 2018년 육군준장으로 전역하였다. 주요 연구 분야는 사이버안보, 정보이론, 통신공학 및 인공지능 등이며 전역 후 동국대학교 융합교육원 겸임교수로서 사이버보안 컨설팅과 국가과제 자문위원으로 활동하였다.

「우크라이나 사태」를 통해서 본
豫備戰力 차원의 시사점과 정책 제언

장 태 동 박사 (국방대 예비전력 센터장)

Ⅰ. 금번 전쟁의 경과와 의미

지난 2월 24일 러시아의 기습침공으로 시작된 우크라이나 사태가 한 달이 경과 되었다. 세계 2위의 군사 강국 러시아의 손쉬운 승리로 끝날 것 같았던 전쟁이 예상과는 달리 우크라이나의 선전으로 장기전 양상을 띄고 있는 것도 눈여겨 볼만한 대목이다. 우크라이나의 善戰이유를 살펴보면, 언론을 통해서도 보였듯이 진투복장을 한 젤렌스키 내통령을 비롯한 지도자들의 솔선수범과 결사 항전의지 표명, 그리고 노약자를 제외한 전 국민들이 전쟁에 참가하여 나라를 지키겠다는 불굴의 의지 등이 이를 이끌고 있다 하겠다. 또한, 전 세계에 흩어져 있던 在外 국민들이 전쟁참가를 위해 귀국하는 행렬 등이 국력을 결집하고 '골리앗과 다윗의 싸움'으로 비유되는 이번 전쟁에서 훌륭히 善戰 하는데 큰 역할을 하고 있다 할 수 있을 것이다. 그러나 의지와 상관없이 우크라이나는 엄청난 피해와 미래를 장담할 수 없는 수렁 속으로 자꾸 빠져들고 있는 형국이기도 하다. 이렇게 전쟁이 끝난다 하더라도 전쟁 이후 피해복구와, 국민들의 깊은 상처를 어떻게 잘 치유하여 전쟁 이전 상태로 국력을 끌어올릴 것인가 하는 참으로 어려운 과제를 안게 되었으니 말이다. 전쟁을 하게 된다면 반드시 승리해야 하겠지만, 그 보다는 전쟁이 일어나지 않도록 사전 억제하는 능력을 갖추는 것이 더욱 중요한 것이라는 게 이번 사태를 통해 배워야 할 교훈들이 아닌가 생각하게 된다. 그러기 위해서는 평시부터 전쟁의 상대국보다 월등히 잘 갖춰진 동원체제와 즉각 전투에 투입될 수 있는 예비전력 부대들의 준비태세가 갖춰져 있어야 한다는 것이다. 따라서 러시아의 우크라이나 침공 전쟁에서 예비전력 분야 교훈위주로 분석해 보고 우리의 예비전력의 문제점과 발전방향에 대한 정책과제들을 함께 고민해 보고자 한다.

Ⅱ. 우크라이나와 러시아 군사력 비교

금번 전쟁 당사자인 우크라이나와 러시아의 군사력을 직접 비교해 보면, 현재까지 투입된 총 병력은 우크라이나가 정규군 약 20여만 명, 러시아가 주변 우방국 병력 포함 약 22여만 명을 투입하고 있다. 예비군들은 우크라이나가 100만 명을 러시아가 200만 명을 보유하고 있지만, 미흡한 동원체제와 훈련이 제대로 되지 않은 예비군은 당장 전쟁투입에는 제한되고 있다는 것이 양 국가의 공통적인 문제점으로 식별되고 있다.

여기서 눈여겨봐야 할 문제점이 식별되고 있는데, 양 국가 공히 예비군들을 병력 숫자로만 유지했을 뿐 이들을 조직화하여 상황에 따라 동원하고 전선에 투입하는 예비전력

운영계획99)이 제대로 준비되지 않았다는 것이다.

<표 1> 양 국가의 군사력 비교

구 분	우 크 라 이 나	러 시 아
전쟁 동원 병력	정규군 20만 명	정규군 22만명(러시아군 19, 도네츠크 2, 루간스크 1만명)
상비군	25만 명	101만 명
예비군	100만 명	200만 명
육 군	전차 1,800대 이상 화포 1,653문, 다련장 543문	전차 13,050대 이상 화포 18,421문, 다련장 4,062문
공 군	전투기 71기, 헬기 243기 * 총 공군기 116기	전투기 806기, 조기경보관제기, 전자전기, 공중급유기 36기 폭격기 138기, 헬기 1,522기 * 총 공군기 2,600기 이상
해 군	호위함 3척, 고속정 8척 상륙함 1척 * 전투함 총 66척 이상	이지스함 5척 구축함 32척, 초계함 39척, 고속정 33척, 잠수함 73척 항공모함 1척, 상륙함 21척 * 전투함 총 603척 이상
병역제도	징병제	징병·모병 혼합제
국방비	54억 달러	617억 달러

* 출처 : 저자 정리

Ⅲ. 예비전력 차원에서 본 시사점

이번 전쟁에서 살펴 본 예비전력 차원의 시사점이라면, 예비전력이 현대전에서는 더 더욱 중요하다는 것을 제대로 보여주고 있다는 것이다. 러시아의 경우 60여 개의 대대 전술그룹(Battalion Tactical Group)을 동원하여 우크라이나 군을 능가하는 병력을 전

---

99) 인원 및 물자의 동원운영계획, 동원된 예비군의 무장과 전시훈련계획 등을 말한다.

투현장에 투입했지만, 출산율 저하로 인한 징집병 부족으로 적시에 필요한 보충병력을 채울 수가 없다 보니 우크라이나 현지 반군과의 협력에 의존하고 있고 우크라이나 접경지역 이외의 국경지대 병력을 크게 줄여서라도 차출할 수밖에 없는 자구책을 쓰고 있다는 것이다. 예비군을 동원하는 체제가 사실상 불가능해졌기 때문이라는 전문가들의 평가가 이를 방증하고 있는 것이다.

준비가 되어있지 않은 예비전력은 병력 수자가 아무리 많아도 큰 효용성이 없다는 것도 또 다른 시사점이라 할 수 있겠다.

첨단과학기술이 반영된 현대전 추세를 고려한다면, 아래의 사진에서 보듯이 나무총을 가지고 사격술을 배우는 시민(예비군)의 모습은 同時代를 살고 있는 우리들에게도 충격적일 수 밖에 없다. 어찌 보면 참으로 한심하고 한편으로는 측은한 모습이기도 하다. 국민들과 예비군들의 정신적 대비태세는 준비가 되어있었는지 몰라도 장비와 물자가 없어서 전쟁준비를 제대로 못하고 있다는 것이 다. 우크라이나 지도자와 국민들은 지난 수십년간 전쟁 없는 평화가 지속되는 동안 전쟁에 대비해야 한다는 절박성과 국방의 중요성에 대한 안보인식이 점차 약화되었고, 그 결과 지금의 참혹한 전쟁 지옥을 불가항력적으로 겪고 있는 것이다.

[그림 1] 나무총으로 훈련하는 우크라이나 시민들.
출처 : rferl.org

좀 더 구체적으로 들여다보면, 이번 전쟁이 발발한 이후 우크라이나 시민들은 자원해서 예비군 훈련을 수행하고, 또 몇몇 부자들은 자기 돈으로 구비한 값비싼 개인장비를 SNS에 올려 인증하는 등으로 전쟁의지 고양의 선풍을 일으키기도 했다. 그럼에도 이렇게 러시아의 침공에 거의 무방비로 무력한 이유는 먼저, 우크라이나군 전체 병력이 115

만여 명이고 그중에 예비군이 90만여 명으로 숫자상으로는 방어에 충분한 규모였음에도 불구하고 즉각 활용할 수 있도록 준비되지 않은 군사력이란 것이다. 우크라이나가 "평화를 원하거든 전쟁에 대비하라"는 교훈을 잘 상기하고 평시부터 전쟁 준비를 잘 해 왔었더라면 러시아의 초기공격을 충분히 막아낼 전력이었다는 것이다. 하지만 전쟁을 대비하지 않고 평화의 달콤함에 심취해 있어서였던지 우크라이나는 이번 전쟁의 초기전투에서 연속되는 패배를 당하고도 적극적인 대응을 할 수 없었다는 것이 이를 잘 증명하고 있다고 봐야 할 것이다. 이를 세부적으로 제시해 보면, 소요되는 자원에 대한 동원즉응태세가 정립되지 않았고, 예비군들의 관리와 훈련이 부실했으며, 무엇보다도 예비군용 장비와 물자, 무기 비축량이 절대 부족해서 실제 전쟁이 발발한 후에는 국토 방어를 위한 예비군들의 역할이 필요했지만 즉각 활용할 수 있는 상황과 훈련수준이 아니었다는 것이다. 우크라이나 시민들의 높은 애국심을 충분한 장비와 물자로 보조할 수만 있었더라면, 러시아의 위협은 개전초기에 제거되고, 큰 피해 없이 우크라이나가 원하는 방향으로 마무리 되었을 것이라는 것도 전문가들의 예상이기도 했기 때문이다.

Ⅳ. 역사적 사실에서의 예비전력 중요성

여기에서 잠깐 우리나라의 역사적 사실에서 예비전력의 중요성을 살펴보고자 한다. 우리의 5,000년 역사 속에서 군사력이 제대로 준비되었을 때는 국운이 상승하여 만주벌판까지 정벌하고 동북아지역의 맹주로서 호령했던 大 고구려 시대도 있었고, 한반도에서 최초의 통일국가 대업을 달성했던 통일신라 시대의 태종무열왕도 강력한 군사력을 바탕으로 삼국시대를 통일하고 호령했던 사실이 있었다.

반면에 군사력이 제대로 준비되지 않았을 때는 어떠했는가? 조선 중기때 율곡 이이 선생의 10만 양병설 주장도 묵살되고, 당리당략과 국론분열 및 군주의 오판 등으로 전쟁을 대비하지 않았던 결과, 두 번씩이나 왜국(일본)의 침략을 받았다는 것이다. 근대기에 들어서는 해방 이후 혼란한 시기에 제대로 된 군대도 없는 상황에서 지도자들의 무능력과 무관심으로 전쟁 준비가 안된 상태로 공산주의 침략을 받아 전 국토가 황폐화 되었다는 것 또한 역사적 사실이었다.

아래의 표를 보면, 역사적으로 강했던 국가는 항상 전체 인구 대비 5% 이상의 군대를 유지했다는 것이다. 그리고 외침을 당하지 않기 위해서는 전체 인구의 약 1% 수준의 군대는 유지했어야 했다는 것도 알 수가 있을 것이다.

〈표 2〉 歷史 속에서의 군대 규모

구 분	고구려	통일신라	조선 중기	6.25 전쟁시
상 황	가장 광활한 영토 (광개토·장수왕)	최초의 통일국가 (태종무열왕)	임진왜란, 정유재란 등 (선조)	공산주의 침략 (이승만 대통령)
군 대 규 모	10 % (300만 인구에 30만 보유)	5 % (100만 인구에 5만 보유)	0.5% (1,000만 인구에 5만 보유) * 율곡 이이 : 10만 양병설(1%)	0.5% (2,000만 인구에 10만 보유)

* 출처 : 저자 정리

우리의 역사에서 가장 강대하고 중국 등 주변국이 두려워하는 존재로 부상했던 고구려 때는 인구 대비 무려 10%의 군대를 갖고 있었다. 하지만 일본으로부터 침략을 당했던 조선 중기와 전 국토가 공산주의 세력에게 유린 되었던 6. 25전쟁 당시에는 약 0, 5% 미만의 군대만을 유지했다는 것이다.

'전쟁 없는 평화의 시대' 라고 해서 그 평화가 오래 갈 것이라는 준비 없는 믿음은 공염불이고 착각일 수 밖에 없다는 것을 잘 보여주고 있는 것이다. 한반도의 안보상황도 국익이 우선인 상황이 오면 어제의 동맹국들도 언제든지 오늘의 적국이 될 수 있다는 것이 현실임을 직시해야 하고, 우리 스스로 상비전력과 예비전력을 적정규모로 유지하고 어떠한 위협에도 대비할 수 있는 체계를 구비해야 한다는 교훈을 보여주는 역사적 사실들인 것이다.

V. 예비전력분야 정책 제언

우리는 이번 우크라이나 사태에서 무엇을 배우고 어떻게 준비해야 할 것인가?에 대해 우크라이나와 러시아가 전쟁준비와 실시간 노출시켰던 예비전력 분야에서의 문제점위주로 살펴보고, 이를 우리 한반도 안보 상황에 비추어 시급하게 추진해야 할 과제들을 정책적 과제로 제시해 보고자 한다.

첫 번째, 전·평시 상시 가동될 수 있는 동원준비태세를 갖춰야 한다는 것이다. 러시아의 경우 우크라이나를 너무 얕본 것도 있었지만 전쟁의 지속능력을 보장하려는 방안으로 현역병 징병만을 고려하였는데, 청년인구의 감소로 징병은 아예 엄두도 낼 수가 없는 상황이 되어 버렸다는 것이다. 그나마 차선으로 고려할 수 있었던 예비군 동원은 동원체제가 와해되어 적시적인 동원이 힘든 상태였다는 것이다. 그런 연유로 상비전력으로만 전쟁을 치루려다 보니 우크라이나 전선 이외 지역에서 상비전력을 차출하여 전선에 투입하는 등 '돌탑의 아래 돌을 빼내 위를 쌓아가는 방식'으로 그야말로 허술하기 짝이 없는 군사력 운용을 하게 되었던 것이다. 전쟁이 장기화되면 피해도 증가되어 전투력의 추가 보충 등의 상황으로 전개될 것이 예측되었음에도 대비가 되지 않았다는 것이다. 따라서, 동원자원을 상시 활용할 수 있도록 국가적 동원체제가 상시 완비되어야 한다는 것이다.

두 번째, 전쟁 초기에 투입되는 예비전력(동원긴요부대100)) 부대들을 상비전력과 동일한 수준으로 전력화하고 훈련시켜야 한다는 것이다. 즉각 활용할 수 있는 예비전력부대들을 집중 육성하여 보유하고 있어야 한다는 의미이다. 전체 예비군부대들을 다 하려 한다면 할 수도 없을뿐더러 낭비적 요소라고 생각한다. 우선, 동원사단과 동원포병, 핵심 군수부대 등에 대해서는 상비부대와 동일한 수준의 무기체계로 무장시키고 상비부대에 준하는 작전 운용계획이 수립되어 있어야 한다는 것이다. 전시에는 초기 대응전력으로서 즉각 활용이 가능하고, 장기전으로 가더라도 전쟁지속의 핵심전력으로 역할을 하기 때문이다.

또한, 이렇게 잘 준비된 예비전력 능력을 북한과 잠재적 위협의 주변국들이 잘 알 수 있도록 심리전을 전개한다면, 평시부터 잠재적 위협 국가들로 하여금 침략 의지를 사전에 억제하는 효과도 달성할 수가 있을 것이라는 예상도 해 본다. 여기서 앞의 심리전과 관련된 저자의 경험을 하나 소개해 보면, 2018년 동원전력사령부 창설101) 당시, 중국과 미국, 일본 등에서 매우 큰 관심을 보이면서 주한 무관들이 동원전력사령부의 창설 배경과 목적을 집요하게 캐 물었던 경험이 있었던 바, 매우 효과적 억제 방안일 수도 있겠구나 하는 생각으로 제시해 보는 것이다. 충분한 검토를 통해 시행방안도 고민해 볼 필요가 있을 것으로 판단해 본다.

세 번째, 비상근 예비군제도102)를 조기에 정착시키고, 제 분야로 확대해야 한다는 것

---

100) 동원긴요부대란 전시에 매우 긴요한 전력이지만 평시 편성률이 매우 낮은 부대들로서 동원사단, 동원보충대대, 동원포병단, 군수부대 등이 해당 됨.
101) 동원전력사령부는 2018년 4월 0개의 동원사단과 00개의 동원지원단, 0개의 동원자원 호송단을 예하부대로 둔 지휘 및 통제부대로 창설. 당시 주한 외국 무관부에서는, 한국군의 경우 국방개혁 계획에 의거 0개 군단, 0개 사단을 해체하는 등 군 규모를 줄여가는 시기인데, 새로운 부대를 만든다는 것에 매우 당황해하고 저의를 파악하려 노력하였음. 미국의 경우, 예비군사령관이 한국 동원전력사령부를 방문하고 싶다는 의견까지도 피력하는 등 매우 과심을 보였음.
102) 비상근예비군제도는 2014년부터 시작한 제도로서, 동원지정된 예비군 중에서 핵심요원들을 평시에 동원지정된 부대로 소집하여 15일에서 180일까지 훈련과 전투준비를 할 수 있게 만든 제도.

이다. 비상근 예비군제도는 숙련된 예비역들을 해 전문분야에 적극 활용함으로써 경제적인 인력운영과 전투력 증강의 대표사례로서, 미래 상비병력 감축에 대비하는 최선의 방책이 될 수도 있다는 것이다. 미군이 전구 작전에 부대들을 전개시킬 때도 예비군을 총전력의 절반 이상으로 편성하여 보내는 것에서 볼 수 있듯이 우리도 비상근 예비군제도를 미군처럼 체계적으로 운영 할 준비가 되어있어야 한다는 것이다.

네 번째는 예비전력 관련 법령이 시급한 정비이다. 병력동원과 관련히여 국방부와 병무청으로 이원화되어 있는 법령을 동원기본법(가칭)으로 단일화하여 동원의 적시성과 정확성을 달성할 수 있어야 한다는 것이다. 지금 우리의 현실은 동원지정은 병무청에서 하고, 군 지휘관들은 이들이 지정해주는 자원들이 미흡하더라도 그 상태로 전장에서 운용해야 하는 문제점들을 가지고 있다.

2002년 월드컵 4강 신화의 히딩크 감독 이전과 이후[103]를 비교해 보면 왜 지휘관이 직접 동원예비군을 지정해야 하는지 이유를 잘 알 수가 있을 것이다. 이에 우리의 동원지정제도도 획기적 변화가 필요한 시기라고 생각해 본다. 동원긴요부대들 만큼이라도 군 지휘관이 직접 동원지정할 수 있게 관련 법을 개정하고 관련 협의가 진행되어야 할 것이다. 정리해 보면, 가칭, 동원기본법(예비군법, 병역법과 자원동원 관련 법령 통합 법령)에 관련내용을 명시하고, 국군조직법에 예비군을 포함하도록 법령도 개정하며, 전시 대기법인 부분동원법을 평시법화하여 국지전 등 국가위기 상황에 유연하게 대처할 수 있도록 하는 등 예비전력 정예화 관련 법령개정이 반드시 이뤄져야 한다는 것이다. 법체계가 복잡하여 적시성을 놓치거나 전시법으로 묶어놓아 실효성이 떨어지는 법은 도리어 전쟁수행의 장애가 되기 때문이다.

다섯 번째는 직업이나 학업 등의 이유로 외국에 거주하는 예비군들이 적기에 군 동원에 응할 수 있도록 조치가 되어야 한다는 것이다. 이들의 適期 귀국 및 입대는 두 가지의 효과를 달성 할 수 있는데, 그 하나는 부족한 전투요원을 채울 수 있다는 것이고, 또 다른 하나는 국민적 안보 공감대 확산과 결사항전 의지를 고양시킬 수 있다는 것이다. 만약, 공항을 통해 도망가고 숨어버리는 예비군들을 가진 나라와 자발적으로 귀국과 군 입대 의사를 표시하는 예비군을 가진 나라[104]가 전쟁을 한다면, 해 보나 마나의 결과가 아

---

103) 히딩크 감독 이전에는 감독과 선수를 각 위원회에서 능력에 상관없이 학연, 지연에 따라 선발해 주었다. 이렇게 구성된 대표팀의 경기결과는 불 보듯 뻔했던 것이다. 그래서, 국제대회에서 대한민국 축구 대표팀 별명이 4:0이었다. 그러나 히딩크 이후에는 선수선발을 직접하게 하고, 체력훈련, 경기 운영 등 감독에게 전권이 주어지고 여건이 보장되니 월드컵 4강이라는 성과달성이 가능하게 되었음.
우리 동원지정제도 전장의 감독 지휘관이 인원과 물자를 부대임무에 맞게 직접 동원지정하고 제대로 훈련시키도록 보장된다면, 백전백승의 대한민국 군대가 될 수 있다는 교훈을 주는 것임.
104) 과거 아랍과 이스라엘 전쟁에서도 이스라엘 유학생들이 보여주었던 자발적 귀국 및 참전사례도 이러한 국력결집의 한 사례라고 할 수 있음.

닐까 예상이 되기 때문이다. 현재 우리나라의 경우에도 국력이 신장되고 경제적 능력이 좋아지면서 많은 예비군들이 학업과 직업상의 이유로 전 세계 각지에서 거주하고 있기 때문에 평시부터 이들을 잘 관리하고 유사시 신속하게 귀국할 수 있는 대책이 강구되어져 있어야 한다는 것이다. 또한, 재외 국민들의 이러한 전쟁참가 의지 활동들을 잘 홍보하여, 국민 안보결집 수단으로 활용할 수도 있도록 하는 '국민 情神動員105)'에 대한 중요성 간과해서는 안 된다는 것이다.

마지막으로, 예비군들이 자긍심과 자부심을 가지고 예비군 복무와 훈련에 임할 수 있도록 해야 한다는 것이다. 몇 년 전 북한의 '천안함 폭침 사건, 연평도 포격도발 등 군사적 위기상황 발생 시에 우리 예비군들은 '군복과 전투화가 준비되었으니 언제든지 불러만 달라' 라고 자발적 동원 의사를 표시하며 애국심을 보여주었던 미담사례들을 기억할 것이다. 하지만 우리나라의 예비군들에 사기 및 복지대책은 미국과 이스라엘 등 선진국가와 비교할 때 매우 열악한 것이 현실이다. 의 사기 및 복지분야에서도 상비병력과 동일한 수준으로 혜택이 보장되어야 국민이면서 군인인 예비군들이 진정으로 국가를 위해 헌신 할 것이기 때문이다. 국가는 예비군에 대해 법적으로 신분을 보장하고, 그들의 헌신에 합당한 사기와 복지정책으로 책무를 다해야 한다는 것이다.

VI. 결 언

이번 전쟁에서 우크라이나는 국가와 지도자가 해야 할 책무와 리더십은 젤렌스키 대통령과 지도부가 잘 보여주었다고 생각한다. 하지만 전쟁의 핵심전력으로 예비전력을 제대로 준비하지 않았을 때 어떠한 대가를 치루어야 하는지도 잘 보여주고 있다고 할 것이다. 우크라이나는 90여만 명의 예비군을 보유 하고 있지만, 이들을 훈련시키고 무장시킬 장비와 물자가 부족하여 개인이 구매하거나 직접 제작한 나무총으로 훈련해야만 하는 참으로 한심한 지경의 예비전력 수준이라는 것을 잘 보여주고 있다고 할 것이다.

러시아 마찬가지로, 舊 소련연방체제의 붕괴로 국력이 약화되면서 동원체제 와해와 예비전력부대 육성의 소홀로, 충분한 예비전력 없이 버거운 전쟁을 치루고 있는 것이 현실이다. 이는 시급한 병력보충 소요가 발생하더라도 적기 병력동원을 불가능하게 하고 있고, 보급선이 신장되면서 전투원들의 장비 및 물자 보급에도 어려움을 겪고 있으며, 일부 지역에서는 유류 부족으로 전차와 장갑차가 멈추었고, 추위에 노출되고 굶주린 병사

---

105) 현대의 발달된 미디어를 다양한 국민정신 결집의 수단으로 활용하는 동원의 수단이자 방법으로, 과거에는 중요성이 덜 했지만, 현대전에서는 매우 중요한 동원수단이자 방법으로 부각됨.

들의 모습들이 이를 잘 증명하고 있다 할 것이다.

금번 전쟁에서 식별되고 있는 문제점과 교훈들을 백서형태로 잘 정리 해 둘 필요가 있을 것이다. 이 자료들은 우리 국민에게 전쟁의 참상을 제대로 알리고 유비무환의 공감대를 형성하기 위한 홍보에도 활용하면서, 국군 상비병력과 예비군들에게는 전승의지 고취의 안보교육 자료로서 매우 유용하게 활용 될 수 있기 때문이다.

그리고 정책적으로 병력감축의 최선의 대안으로 평가받고 있는 비상근예비군 제도에 대해서도, 이 제도는 전시 초기 동원부대들을 조기에 확장시킬 수 있는 부대의 긴요전력이고, 예비전력 정예화의 핵심 과업임을 명심하여 현 정부에서의 강력한 추진을 권고하는 바이다.

지금도 전쟁중인 한반도, 지정학적 특성상 전통 및 비전통 위협은 더욱 증대되고 있는 안보상황에서, 금번 우크라이나 전쟁처럼 예비전력이 제대로 준비되지 않았을 때 우크라이나의 초기 방어태세가 너무나 쉽게 무너지고, 러시아가 공격기세 유지에 얼마나 큰 제한을 받고 있는지를 잘 보았을 것이다. 또한 우리나라의 역사적 사실에서도 군사력106)(현대전의 예비전력 개념)을 제대로 준비하지 않았을 때 겪었던 뼈아팠던 교훈들도 잘 새겨야 할 것이라고 강조하고 싶다.

이에, 우리 정책결정권자들은 북한과 주변국들이 두려워할 만한 강력한 예비전력 태세를 구축함으로써, 평시에는 전쟁 억제수단으로 활용되도록 하고, 전쟁이 발발하면 체계적이고 선제적인 동원으로 적기 적소에 대비토록 함으로써, 적의 침략에 단 한치의 땅도 내주지 않도록 하는 것이 '국민들을 위한 최고의 복지!' 임을 명심해야 할 것이다.

참고 자료

김열수. 『국가안보: 위협과 취약성의 딜레마』, 파주: 법문사, 2017.

남정옥. 『6·25전쟁시 예비전력과 국민방위군』, 파주: 한국학술정보, 2010.

노석조. 『강한 이스라엘 군대의 비밀』, 서울: 메디치미디어, 2018.

양병선. 『動員 發展論: 동원사상 중심으로』, 파주: 교육과학사, 2010.

이원희. 『예비전력의 이론과 실제』, 대전: 충남대학교출판문화원, 2015.

국방부. 『국방개혁 2012~2030』, 서울: 국방부, 2012.

박종길. "한국군 예비전력 건설의 발전방향에 관한 연구: 제약요인 및 대안을 중심으로,"

---

106) 과거 우리나라의 군사력은 현재의 예비군이 주를 이루었으며, 이들은 농사철에는 城 밖에서 농사를 짓다가 外侵이 있으면 나라에 동원되어 전투에 참가하는 형태였음.

전북대학교 대학원 박사학위논문, 2018.

정진섭. "통일 이후 한국의 예비전력 운영에 관한 연구: 적정 예비군규모 판단과 제도정립을 중심으로,"원광대학교 대학원 박사학위논문, 2018.

조남인. "包括安保時代의 國家危機管理 體制에 관한 研究: 法令 및 機構改編을 中心으로," 충남대학교 대학원 박사학위논문, 2014.

박종길. "한국 예비군의 해외파병 방안,"2019년 學·軍·硏 예비전력 발전 세미나 발표 내용(2019. 10. 15).

배달형·김성규. "한반도 전략환경 변화에 따른 예비전력 역할 정립과 한국군의 과제," 『국방정책연구』, 제27권 3호, 2011.

신인균. "2014 국가비상대비 예비전력 발전방안,"국회 정책토론회 발표자료 (2014. 3. 19).

이원희. "한국 예비전력 현주소와 효율적인 운영방안 연구,"『군사논단』, 제84권, 2015.

정철우. "국방인력 POOL 확대를 위한『평시복무 예비군제도』도입 방안," 국회정책 토론회 발표내용(2019. 8. 29).

정철우·이은정. "새로운 접근이 필요한 예비역 상근복무제도,"『국방논단』, 제1754호, 2019.

윤상윤 외. 『현역-초기대응, 예비군-전쟁승리 개념연구』, 서울: 안보경영연구원, 『중앙일보』, "김정은 '7일 전쟁' 작계 만들었다,"https://news.joins.come (검색일: 2019. 10. 16).

David, Chuter., 국방부 역,『국방개혁 어떻게 추진할 것인가』, 서울: 국방부, 2004.

| 저자소개 |

장태동 | 국방대학교 예비전력연구센터장

육사 44기로 임관하여 현역 때는 국방부 개혁실 예비전력 개혁담당과 육군본부 동원과장 등을 역임하였으며, 특히 국방개혁의 핵심인 동원전력사령부 창설과 국가 예비전력연구소 설립 기획 책임자로서 성과를 달성하였고, 전역 후에는 국방대학교 예비전력연구센터장으로서 예비전력 분야 정책과제 개발과 미래 예비전력 발전을 위한 중·장기 발전분야 연구에 매진하고 있음. 향후 현재의 예비전력연구센터를 국가급 예비전력연구소로 확대 개편하고, 국방대에 예비전력분야 석·박사 과정 신설 등 연구와 교육의 핵심 메카로 거듭날 수 있는 역량을 쌓아가고 있는 중이다.

방위산업 측면에서 본
우크라이나전 시사점과 정책 제언

장 원 준 박사 (한국산업연구원)

Ⅰ. 서론

최근 미국과 중국·러시아간 강대국 전략경쟁(Great Power Competition) 시대 도래와 함께 2022년 2월 24일 러시아의 전격적인 우크라이나 침공으로 21세기 '신냉전(New Cold War)'의 우려가 커지고 있다. 개전 초기 러시아는 현격한 군사력 우위에 따른 속전속결 작전으로 우크라이나 수도인 키이우(키예프)를 점령하여 친 러시아 정권을 수립(regime change)함으로써 전쟁을 손쉽게 종료할 것이라고 예상했다. 그러나, 한 달이 지난 현재 상당수 전문가들은 양국간 치열한 교전에 따라 누구의 승리를 장담할 수 없는 장기전에 돌입하고 있다고 평가하고 있다. 이러한 러시아의 군사적 고전의 주요 이유로서 국내외 전문가들은 푸틴 대통령의 군사적 과신에 따른 오판, 우크라이나의 강한 항전 의지, 미국과 우방국들의 강력한 러시아 금융, 경제, 공급망 제재, 우크라이나에 대한 미국 및 우방국들의 적극적인 군사·비군사적 지원, 취약한 러시아군의 통신, 군사보안, 보급 및 수송, 정비지원 역량 등이 복합적으로 작용하고 있는 것으로 풀이된다.

[그림 1] 러시아의 우크라이나 침공 현황

자료: AFP 보도자료, 2022.3.25
주: 2022년 3월 25일 기준

이에 따라, 본 고에서는 방위산업 측면에서 최근 러시아와 우크라이나간 전쟁 상황과 미국, 유럽 등 주요국들의 대응 등을 검토해 보고, 이에 대한 시사점 도출과 향후 국방력 강화를 위한 방위산업 관점에서의 정책 제언을 제시하고자 한다.

II. 방위산업 측면에서 본 우크라이나전 주요 시사점

1. 방위산업 공급망 측면

방위산업에서의 안정적인 공급망(supply chain) 유지는 전장에서 사용하는 주요 무기체계들에 대한 연구개발과 생산을 통해 전투지속능력을 제고함으로써 전쟁에서의 승리를 보장케 하는 핵심 요소다. 2022년 2월 24일 러시아의 우크라이나 전격 침공에 따라 미국 및 우방국들은 러시아에 대한 즉각적인 제제에 돌입하였다. 2월 25일 미 상무부는 러시아 국방 및 항공우주, 해양 분야를 포함한 반도체, 정보보안 장비, 센서 등 첨단기술 제품에 대한 전면적인 수출 제한 정책을 시행한다고 발표했다.107) 이는 향후 러시아 무기체계 개발과 생산에 반드시 필요한 반도체, 컴퓨터, 센서류 등에 대한 글로벌 공급망을 원천적으로 차단케 함으로써 러시아의 우크라이나에 대한 전쟁지속능력을 무력화하겠다는 강력한 의지로 풀이된다. 사실 러시아는 2014년 크림반도 합병 이후 우크라이나에 소재한 십여개의 무기공장과 연구시설로부터의 주요 무기부품 수급이 제한되는 등 상당한 어려움을 겪어 왔다.108) 급기야 지난 2월 26일 미국과 우방국들은 러시아를 국제은행간 통신협회(SWIFT) 결제망에서 제외하는 강력한 글로벌 금융제재방안을 발표했다.109) 이에 따라, 러시아는 향후 막대한 외환보유고(6,310억 달러)에도 불구하고 이에 대한 접근 제약으로 루블화의 가치폭락과 함께 조만간 국가부도(디폴트) 위기에 내몰리고 있는 실정이다.110) 아울러, 지난 3월 22일에는 러시아 미사일 업체를 포함한 48개 러시아 방산업체의 추가 제재안을 발표했다.111) 이에 따라, 향후 러시아의 방위산업 공급망은 첨단소재, 부품 등의 공급난 심화로 자체 보유 재고량 이외에는 더 이상 무기체계 개발과 생산이 크게 제약될 것으로 전망된다. 실제로 지난 3월 초순 러시아는 중국에 지대공 미사일과 무장 드론, 첩보 장비, 장갑차와 군수품 수송 차량, 전투식량(MRE) 등의 군사적 지원을 요청했다.112) 이는 러시아가 우크라이나 전쟁 장기화에 따라 관련 무기소요가 증가하고 있지만 이에 대해 자체적으로 충분한 무기생산과 지원이 크게 제약받고 있는 것으로 풀이된다. 지난 3월 18일 바이든 대통령과 시진핑 주석의 전화 회담 결과113)에 따라

---

107) 전자신문, '미, 러시아 수출제재 본격화... 반도체 등 공급망 틀어막는다', 2022.2.25.
108) Breaking Defense, 'Russia;s defense industry might not survive an invasion of Ukraine', 2022.1.13.
109) 디지털투데이, '미국-유럽 초강수 제재... 러시아 은행 국제결제망 배제', 2022.2.28.
110) 매경이코노미, '금융 제대로 러시아 초토화... 국가 부도 위기', 2022.3.15.
111) 뉴시스, '미, 러시아 하원 및 하원의원 328명 전원 제재', 2022.3.25.
112) 동아일보, '미, "중, 러에 군사 지원땐 제재",...중, "왜곡 말라" 반발', 2022.3.15.

중국의 러시아 군사 지원은 진행되기 어려울 것으로 보여 우크라이나 전에서의 러시아 방위산업 공급망의 불안정성은 더욱 높아질 것으로 예상된다.

한편, 러시아도 우크라이나의 방산 공급망 교란을 위해 주요 무기창고, 병참시설 및 유류고, 심지어 미국, NATO 등이 지원하는 군사장비 저장시설 등을 집중적으로 타격하고 있다. 3월 18일 러시아 국방부는 우크라이나 남서부 지역에 위치한 대규모 미사일, 항공기 저장고, 연료 및 윤활유 저장소를 타격했다고 밝혔다.[114]

이러한 러시아-우크라이나 전쟁간 나타난 방위산업 공급망의 안정적 유지는 우리나라에도 적지 않은 시사점을 던져주고 있다. 우리나라도 평시뿐만 아니라 유사시 안정적인 방위산업 공급망 관리에 더욱 긴밀한 관심과 노력이 요구될 것으로 보인다. 그럼에도 불구하고, 현재 방위사업청에서는 주요 무기체계 및 주요소재, 부품, 핵심기술별로 방위산업기반 조사를 통한 취약점 식별과 위기 발생시 대안 마련이 제대로 이뤄지지 않고 있는 실정이다. 방위사업청에서 1~2년 간격으로 방위산업 기반조사를 수행하고는 있지만, 특정 무기체계 중심의 부분적 조사로 미국 등 선진국 수준의 무기체계 및 부품, 소재, 핵심기술 전 분야를 다루지는 못하고 있는 실정이다.[115]

2. 군 사이버 산업 측면[116]

최근 작전영역이 기존의 육·해·공 영역에서 우주와 사이버 영역으로 확대됨에 따라, 군 사이버 산업도 방위산업의 중요한 분야 중 하나로 부상하고 있다. 이번 러시아-우크라이나 전쟁에서 나타난 군 사이버 분야의 주요 경과를 살펴보면, 먼저 러시아는 우크라이나 침공 이전부터 사이버전을 포함한 각종 여론전, 심리전, 기만전 등의 '하이브리드전'을 주도했다. 세계 1위 사이버전 강국인 러시아는 우크라이나 침공 전후로 지속적인 사이버 공격을 감행하였다. 2022년 1월 14일 우크라이나 외무부 등 정부부처 웹사이트 70여개가 해킹되었으며, 이에 대한 공격 배후로 러시아를 지목했다.[117] 2월 15일과 23일 러시아는 우크라이나 국방부를 포함 대형 은행 등에 대한 대규모 분산서비스거부(DDos) 공격을 가했다.[118] 침공당일인 2월 24일에도 미국 통신사 비아샛(Viaset)에 대

113) 뉴시스, '바이든, 시진핑 통화 후 중 '러 지원' 없어" 미 안보보좌관, 2022.3.23.
114) 매일경제, '러시아 "극초음속 미사일 '킨잘'로 우크라 시설 타격"〈로이터〉, 2022.3.19.
115) 뉴스투데이, '방위산업기반 강화 위한 '3가지 조치'에 국가역량 집중해야', 2021.3.8.
116) 장원준, 송재필, '최근 글로벌 안보환경 변화에 따른 국내 방위사업 시사점과 향후 과제', 산업연구원 월간산업경제', 2022.3.을 기초로 수정보완하였다.
117) IT News, '러시아의 우크라이나 침공으로 부각된 '사이버 전쟁'', 2022.3.2.
118) 중앙일보, '우크라에 디도스 공격... 정부, 은행 사이트 마비', 2022.2.24.

한 디지털 공격을 수행하는 등 사이버 작전을 통해 우크라이나 군 지휘 통제체계를 마비시킴과 아울러, 서방 감시체계 무력화를 위한 GPS 재밍과 스푸핑119) 등 본격적인 사이버전을 시도한 것으로 알려졌다.

이에 미국 등 서방국가들도 Microsoft 등 민간 IT 기업과 협력하여 러시아의 악성코드 차단, 우크라이나 저명인사들의 계정 탈취 적발 등 적극적인 대사이버전을 수행하고 있다.120) 특히, 우크라이나 정부는 미하일로 페도로우 부총리 겸 디지털혁신 장관의 직접 주도로 30여만 명에 달하는 '다국적 IT 군대'를 창설하여 러시아 웹사이트를 공격했다.121) 또한, Google, Apple, Facebook, Starlink 등의 도움으로 러시아의 사이버전과 가짜뉴스에 대응하는 한편, 우크라이나 군인들에게 위성인터넷 서비스를 제공하는 등의 글로벌 사이버 협력을 이끌어내고 있다.122) 아울러 국제 해커그룹 '어나니머스(Anonymous)'의 적극적인 지원을 이끌어내는 등 전쟁 후반으로 갈수록 오히려 사이버전에서 러시아를 능가하고 있다는 평가가 나오고 있다.123) 러시아와 우크라이나간의 격렬한 사이버 전은 향후 우리나라에서 유사한 상황 발생시 절대 예외가 될 수 없다라는 사실을 분명히 시사하고 있다. 최근 국내 방산업체에 대한 해킹 사건 등을 고려해 볼 때, 우리나라도 향후 주변국들의 사이버 공격에 대한 보다 적극적인 대응책 마련이 필요할 것으로 판단된다.124)

반면, 우리나라 군 사이버 산업은 미국 및 국내 민간사이버보안 산업 대비 현격한 격차를 보이고 있다. 2021년 미 국방부 사이버 작전 관련 예산은 약 11조원(98억 달러)을 상회하는 반면, 우리나라는 같은 기준 약 640억원(국방부 정보화기획관실)으로 0.6%에 불과한 실정이다.125)

---

119) 승인받은 사용자인 것처럼 시스템에 접근하거나 네트워크상에서 허가된 주소로 가장하여 접근 제어를 우회하는 공격 행위를 의미한다(IT 용어사전).
120) 시선뉴스, '사이버전에 참전한 미 빅테크기업들, 러시아 사이버공격 원천봉쇄', 2022.3.2. https://www.sisunnews.co.kr/news/articleView.html?idxno=158963 등 참조.
121) 테크엠, '고조되는 사이버 안보 위협에 보안기업들 '주목'', 2022.3.6.
122) 뉴시스, '우크라이나서 머스크 지원 '스타링크' 이용자 급증', 2022.3.22.
123) 뉴스1, '어나미머스, 다국적 기업들에 러시아 48시간 내 철수하라 경고', 2022.3.22.
124) 최근 러시아의 미국 최대 송유관 콜로니얼 파이프라인 해킹사건(2021.5), 국내 주요 방산업체 KAI 해킹사건(2021.6) 등 참조.
125) 민군기술협력사업 등에 포함된 일부 사이버관련예산은 제외한 수치이다.

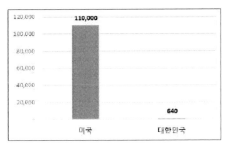

[그림 2] 군 사이버예산 비교(미국 vs 한국)
단위: 억원

자료: US DoD FY 2021 Budget Request,
2020.2; 국방부 정보화기획관실, 2021

주: 타부처 사이버관련예산 제외

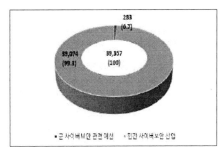

[그림 3] 국내 사이버보안산업 비교(2020)
단위: 억원, %

자료: 한국정보보호산업협회, 2020 국내
정보보호산업 실태조사, 2020, 국방부
정보화기획관실, 2020.

국내 민간사이버보안산업과 비교시에도 2020년 기준 민간은 4조원 규모의 시장을 형성하고 있는 반면, 군 사이버 예산은 283어원 규모로 0.7%에 그치고 있다. 아울러, 2021년 방위력개선사업 약 11.9조원(총 162개 사업)에서도 사이버 무기체계 관련 사업과 예산은 거의 찾아보기 어려운 실정이다.

[그림 4] 방위력개선사업 추진 현황(2021)

단위: 억원, %

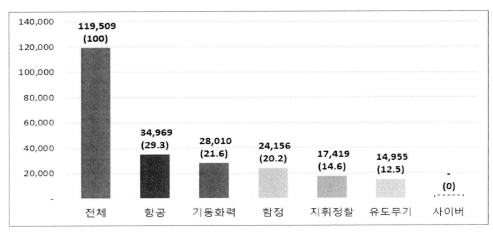

자료: 방위사업청, 세출(지출) 사업별 사업설명자료, 2022를 기초로 작성

주: 2021년 총 162개 프로그램(사업)에 대한 추경편성 예산 기준이며, ( )는 비중

3. 군 현대화 측면

지난 2월 24일 전쟁 발발시 러시아는 강력한 대대전투단(BTG, Battalion Tactical Group)을 우크라이나 수도인 키이우(키에프)에 빠르게 진입시켜 전쟁을 손쉽게 종결할 것이라고 예상되었다.[126] 왜냐하면, 러시아는 지난 10여년간 첨단무기 획득을 위한 '군 현대화'에 집중해 왔기 때문이다. 푸틴 대통령은 지난 10여 년간 '구소련의 부활'을 복표로 군 현대화를 추진해 온 결과, 2020년을 '군 현대화 완료의 해'[127]로 선언했다. Military Balance(2021)에 따르면, 러시아는 '국가무장계획(State Armament Programme) 2020'을 적극 추진함으로써 무기 신형 교체 및 성능개량, 항공 및 우주방어, 전자전 장비, 사이버, 핵 잠수함, 극초음속 미사일 등 전 무기체계의 70% 이상을 현대화했다.[128]

실제로, 이번 우크라이나 전쟁에서 러시아는 최신예 전투기 SU-35를 포함한 SU-30, SU-27, SU-25 및 SU-34 공격기, Ka-52, Mi-28, Mi-24 공격헬기, T-90 최신예 전차와 T-80, T-72 전차, Tu-160 블랙잭 및 Tu-22 백파이어 폭격기, 이스칸데르 탄도미사일, 칼리브르 순항미사일, 킨잘 극초음속 미사일 등에 이르기까지 최신 장비로 무장한 최정예 부대를 투입했다.[129]

그러나, 실제 교전 결과는 예상과는 크게 상반된 결과를 보여주고 있다. 러시아 군은 우크라이나 군과 민병대들이 보유한 재블린, NLAW 대전차 미사일, 무인 드론(바이락타르 TB2) 등의 공격에 막대한 피해를 입었다. 우크라이나 군과 민병대는 개전 초기 협소한 도로로 수십 키로 줄을 지어 이동하는 러시아 전차, 장갑차들에 대응해 매복 작전 및 '킬 존(Kill Zone)'으로의 유도, 미국 및 유럽국들의 실시간 정보 제공 등을 통해 개전 사흘만에 1,000여대 넘게 격퇴했다.[130] 러시아의 막강한 공군력에도 불구하고 실질적인

---

126) 주간동아, '러시아 대대전술단 막은 우크라이나 '인민전쟁' 전술', 2022.3.5.
127) 원문은 다음과 같다. "2020 marks the end of a key period in Russia's military modernization." (IISS, The Military Balance 2021, 2021.2). https://hostnezt.com/cssfiles/currentaffairs/The%20Military%20Balance%202021.pdf.
128) '국가무장계획 2020'은 2020년까지 육·해·공군 및 전략군을 포함한 모든 러시아군 조직의 무기와 장비의 70%를 현대화하는 계획이었으며, 2018년부터는 '국가무장계획 2018~2027'을 추진 중이다. 총 예산은 과거와 유사한 20조 루블(약 2,670억 달러)을 책정했으며, 이 중 95%는 무기 구매 및 개발, 그리고 5%는 군사 인프라 건설에 할당했다("В 2018-2020 годах денежное довольствие военнослужащих и пенсии военным пенсионерам будут индексироваться на 4% каждый год," https://function.mil.ru/news_page/country/more.htm?id=12156812@egNews (검색일: 2018. 1. 3).
129) 주간동아, '러시아 대대전술단 막은 우크라이나 '인민전쟁' 전술', 2022.3.5.
130) 주간동아, '러시아 대대전술단 막은 우크라이나 '인민전쟁' 전술', 2022.3.5.

제공권을 장악하지 못하고 우크라이나가 보유한 S-300 대공방어 미사일, 스팅어 지대공 미사일의 주요 표적이 되어 힘없이 추락하는 사례가 빈번했다.131) 영국 왕립합동군사연구소(RUSI)의 저스틴 브롱크 연구원은 "초기에 제공권을 장악하고 우크라이나군의 주요 군 시설을 정밀 타격하지 못한 '러시아 공군 실종'이야말로 러시아의 가장 큰 패착"이라고 평가했다.132) 3월 24일 기준 러시아의 군사력 피해는 무려 1만여명의 전사와 2만여명의 부상자가 발생해 투입 병력의 20% 내외의 대규모 사상자가 발생한 것으로 추정된다.133)

전쟁 발발 이후 한 달 정도 지난 현 시점에서 '군 현대화' 측면을 살펴 보면, 러시아는 지난 십여 년간 적극적인 '군 현대화' 노력을 통해 우크라이나보다 월등한 군사력으로 침공하였지만, 우크라이나 국민들의 드높은 항전 의지, 제공권 장악 실패, 대대전술단(BTG) 작전 운용 실패, 통신 제약 및 보안 취약, 보급역량 부족 등이 복합되어 우크라이나 주요 전투지역에서 고전을 면치 못하고 있는 것으로 보인다.

구체적으로, 러시아 대비 절대적인 군사력 열세에도 불구하고, 우크라이나군의 지상전에서의 대전차 미사일 및 무인드론 활용 사례와 러시아의 제공권 장악에 대한 지대공 미사일 대응 사례 등을 면밀히 살펴볼 필요가 있다. 또한, 러시아의 첨단 군사력 구축에도 불구하고 제대간 통신체계 미흡, 보안장비 부재에 따른 부대 위치 노출, 보급·수송·정비 등 군수지원 부족 등의 취약점 노출은 군사력 저하의 주요 요인으로 작용했다는 평가를 타산지석으로 삼을 필요가 있다. 아울러, 러시아의 주력 전차 및 장갑차의 대량 피해에 따라 향후 국내 전차 및 및 장갑차에 대한 방호능력 보강 등 성능개량 필요성도 검토할 필요가 있다. 마지막으로, 러시아 군사력의 고전에도 불구하고 극초음속미사일(킨잘), S-400 대공포, 핵잠수함 등 첨단전력은 여전히 위력적이다. 특히, 최후의 수단으로 러시아의 핵 위협은 그 존재만으로도 전쟁의 최종 '게임체인저(Game Changer)'로서의 역할을 하고 있음을 분명히 인지할 필요가 있다.134) 이러한 러시아의 첨단무기 군사역량은 미국 및 NATO 국가들이 우크라이나 병력 지원을 주저하게 하는 주요요인 중 하나로 풀이된다.135)

우리도 이번 우크라이나 사태를 면밀히 검토하여 미래 북한 등 주변국의 군사적 위협에 보다 현명하게 대응할 수 있는 방안 마련이 요구된다. 먼저, 북한이 보유한 무기체계

131) 서울신문, '러 공격헬기도 속절없이 추락... 우크라 '비밀병기' 공개', 2022.3.6.
132) 한국일보, '군사대국 2위 러시아... 우크라 침공 한달 만에 병력 20% 잃었다', 2022.3.24.
133) 상동
134) 연합뉴스, '메드베데프 또 핵 위협... "핵 총돌 위험 항상 존재", 2022.3.26.
135) YTN, '러시아 침공에도 미국-나토 병력지원 불가 방침", 2022.2.25.

의 강약점을 철저히 분석하여 이에 대한 '선택과 집중' 노력이 선행되어야 할 것으로 보인다. 북한의 핵·미사일 위협 증강에 대응한 다층적 미사일 방어체계 조기 확보, 우주를 포함한 정보감시자산 조기 구축 등에 집중할 필요가 있다. 반면, 최근 3년(2020~22)간 북한의 핵·미사일에 대응한 장거리 대공 유도무기(L-SAM) 등 미사일 방어체계 구축 관련 예산(12개 사업)은 전체 방위력개선사업의 5.3~6.5%(6,357~7,608억원)에 불과한 실정이다. 유도무기체계 사업 중 핵·미사일 대응 예산은 같은 기간 42.4·54.5%로 절반에 그치고 있다.136)

[그림 5] 북한 핵·미사일 대응 유도무기체계의 방위력개선사업 예산 추이

단위: 억원, %

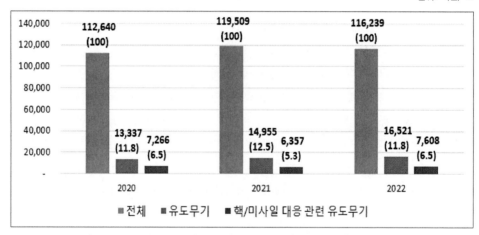

자료: 방위사업청, 세출(지출) 사업별 사업설명자료, 2022.를 기초로 KIET 작성

주: * ( ) 는 비율, 2020년은 결산, 2021년과 2022년은 추경 예산 기준

** 핵/미사일 대응 관련 무기체계는 장거리지대공유도무기(L-SAM) 등 2020년 9개, 2021년 9개, 2022년 12개 사업 기준

4. 무기획득시스템 측면137)

첨단무기 개발(군 현대화)과 병행하여 이에 대한 속도감있는 무기획득시스템 구축도 매우 중요한 요소다. 이를 고려해 볼 때, 러시아의 발빠른 무기획득시스템에 대해서도 살

---

136) 장원준, 송재필, '최근 글로벌 안보환경 변화에 따른 국내 방위사업 시사점과 향후 과제', 산업연구원 월간산업경제', 2022.3.

137) 장원준, 송재필, '최근 글로벌 안보환경 변화에 따른 국내 방위사업 시사점과 향후 과제', 산업연구원 월간산업경제', 2022.3를 기초로 수정보완하였다.

퍼볼 필요가 있다. 러시아는 1990년대 초 구 소련 붕괴 이후 군사력이 크게 후퇴했으나, 2000년대 후반부터 불과 10여년 만에 전체 무기체계의 70% 이상을 현대화했다. 이는 푸틴 대통령의 강력한 방위산업 육성 의지와 함께 분기별로 '방위산업위원회'138)를 주관함으로써 첨단 무기체계를 비교적 단기간 내에 현대화할 수 있었던 것으로 평가된다. 러시아 외에도 미국 등 주요 선진국들은 앞다퉈 주요 무기체계에 대한 신속한 개발과 야전 배치를 위해 무기획득시스템의 혁신에 집중하고 있다.

반면, 우리나라는 일부 신속획득시범사업(2020) 도입에도 불구하고, 60여년이 지난 경직적이고 고비용, 장기간이 소요되는 '전통적 무기획득시스템' 구조에 매몰되어 있는 실정이다. 실제로, 무기체계 소요제기부터 전력화까지 무기체계 연구개발은 70여개 단계를 거치면서 15~20년이 걸리고 있다.139) 방위사업청(2022)에 따르면, 최근 3년 (2020~22)간 전체 방위력개선사업 중 비교적 단기간 내 개발이 가능한 성능개량 사업140)과 SW 중심 무기체계 개발사업, 진화적 개발사업의 비중은 전체의 33.8~37.8%(3 조 9335억원~4조 4,662억원)를 차지하고 있다.141) 그럼에도 불구하고 상기 사업들은 미국의 신속획득(MTA, Middle Tier Acquisition)과는 달리 기존의 '전통적 무기획득시스템' 절차에 따라 개발되어 몇 가지 부품 교체 및 SW 업그레이드도 10~15년이 걸리는 사업들이 상당수에 이르고 있는 실정이다.

[그림 6] 방위력개선사업 중 성능개량, SW 중심, 진화적 개발사업 예산 추이

단위: 억원, %

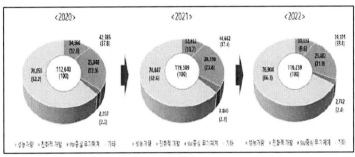

자료: 방위사업청, 세출(지출) 사업별 사업설명자료, 2022를 기초로 작성

주: 일부 신속획득이 가능한 무기체계개발사업(00무기체계-II, III) 사업은 제외

---

138) 방산위원회는 대통령(위원장), 방산담당 부총리(부위원장), 국방장관, 총참모장, ROSATOM 사장, ROSCOSMOS 사장, 재무장관, 경제부장관, 내무장관, 과학기술원장, FSB/SVR 국장, ROSTECH 사장 등으로 구성되어 있다.

139) 뉴스투데이, '미국 MTA 제도 벤치마킹한 진정한 '신속획득' 방식 추진해야', 2022.3.14.

140) 경미한 성능개량사업 포함

141) 미국은 2018년 '육군 현대화(Army Modernization)'를 위해 미래사령부(AFC, Army Future Command)를 신설하고 성능개량 위주의 장거리화력체계, 차세대 전투차량, 미래형 헬기 등 8개 분야에 5년(2019~2023)간 300억 달러를 투자했다(Army Future Command, Year in Review, 2022).

5. 방산수출 측면

마지막으로, 이번 우크라이나 사태에 따라 러시아는 향후 자국 방산물자 수출에 심대한 타격을 입을 것으로 예상된다. 2022년 2월 25일부터 개시된 미국의 러시아에 대한 전방위적 금융, 경제 및 방위산업 제재는 그동안 세계 2위 방산수출국가로의 러시아 위상을 크게 저하시킬 수 있을 것으로 보인다. 이러한 미국과 우방국들의 대 러시아 제재는 상당 기간동안 주요 무기수출국인 중동, 아프리카, 동유럽, 동남아시아, 중남미들로부터의 러시아 무기 구매 수요를 위축시킬 것으로 예상된다. 반도체, 컴퓨터, 핵심 센서류 등에 이르기까지 수입 제재에 따른 러시아 무기체계 연구개발 지연과 함께 러시아 무기 구매시 미국 및 유럽의 제재 가능성 등이 주요 요인으로 작용할 전망이다. 실제로 러시아 방산업체들은 지난 2021년 11월 열린 중동 '두바이 에어쇼'에서 러시아의 우크라이나 침공시 현재 개발중인 Su-75 전투기(Checkmate)의 개발 지연과 금융 제재를 크게 우려했다.[142]

한편, 독일, 덴마크, 폴란드 등 유럽 주요국들과 중동, 대만 등 아시아 주요국들은 자국 안보 강화를 위해 국방예산을 증액할 것이라고 밝혔다.[143] 독일은 내년도 특별예산으로 무려 1,000억 유로(135조원)을 투자하여 F-35 전투기(35대), 탄도미사일 방어망 등을 구축함과 아울러, 매년 국방비 지출을 늘려 국내총생산(GDP) 대비 2% 이상으로 늘리겠다고 발표했다.[144] 덴마크, 이탈리아, 폴란드 등도 드론 등 첨단무기 구매등을 위해 국방예산을 GDP 대비 2% 이상으로 증액할 것이라고 밝혔다. 대만도 중국의 군사위협에 대비하여 국방비를 GDP의 3% 수준으로 대폭 확대하는 방안을 검토한다고 하는 등 전 세계적으로 이번 러시아의 우크라이나 침공에 대한 국방비 증액의 '나비 효과'가 확대될 것으로 보인다.

이러한 러시아의 무기수출 제제와 주요국들의 국방예산 증액 추진은 향후 우리나라의 글로벌 방산시장 진출에 상당한 긍정적 요인으로 작용할 전망이다. 2021년 기준 역대 최대치인 70억 달러(계약 기준)의 무기수출 실적을 올린 우리나라는 금년 주요 수출권역인 중동과 북·동유럽, 동남아시아를 중심으로 수주 문의가 증가하고 있다고 밝혔다.[145] 특히, 우크라이나 사태에서 필요성이 검증된 대전차미사일(현궁)과 대공 미사일 방어체계

---

142) Breaking Defense, 'Russian;s defense industry might not survive an invasion of Ukraine', 2022.1.13.
143) 조선비즈, '러시아발 군비경쟁 심화... "미, 국가안보예산 4% 증액", 2022.3.25. 외 보도자료 종합
144) 국민일보, '러 침공 나비효과', 유럽, 미국산 무기확보 군비 증강', 2022.3.18
145) 머니투데이, '우리도 천궁 II, 경공격기, 빨이요... 우크라 사태에 바빠진 K-방산", 2022.3.24.

(천궁 II), K1 전차, K-21 장갑차, 경공격기에 이르기까지 상대적으로 가성비가 좋은 무기체계를 중심으로 향후 방산수출 전망이 밝다는 것이 대체적인 평가다.

III. 정책 제언

1. 우방국과의 방위산업 공급망 강화

이번 러시아의 우크라이나 침공은 미국 및 유럽, 아시아 주요국들의 러시아에 대한 전방위적 금융, 경제, 공급망 제재를 야기시켰다. 이러한 제재는 조만간 러시아의 국가부도 (디폴트) 위기로 현실화될 가능성이 매우 높다. 특히, 극초음속 유도무기, 첨단 전투기, 무인기 등 첨단 무기체계 연구개발과 생산, 운영유지에 필수적인 반도체, 핵심소재, 부품들에 대한 원천적인 글로벌 공급망 차단과 48개 러시아 방산업체, 그리고 방산수출을 전담하는 군사은행 등에 대한 제재는 당분간 러시아 방위산업 공급망에 상당한 타격을 미칠 것으로 보인다. 이에 따라, 러시아 주요 방산업체들의 부품재고량이 수개월 내 바닥을 드러낼 경우, 더 이상 첨단 무기체계 공급은 고사하고 기존 무기체계의 수리부속 지원도 매우 어려울 전망이다.

우리나라도 향후 방위산업의 안정적인 공급망 확보에 노력을 배가할 필요가 있다. 먼저, 현재 부정기적이고 단편적인 '방위산업기반조사(Defense Industrial Capabilities)'를 강화해야 할 것이다. 미 국방부의 '방위산업기반조사 보고서(2020 Defense Industrial Capabilities)'를 벤치마킹하여 주요 무기체계별, 핵심기술별로 대, 중소, 협력기업의 공급망 실태를 면밀히 살펴보아야 할 것이다. 이을 통해 분석된 국내 방위산업 공급망의 취약점과 분야별 국내외 분야별 공급망 현황을 식별하고, 이에 대한 대응방안을 사전적으로 마련해 나가야 한다. 필요하다면, 미 의회의 국방부에 대한 '방위산업 기반조사' 보고서 제출 지시와 같이 국회(국방위)에서 이를 방위사업청에 지시하고 그 실태를 점검하는 방안도 유효할 것으로 보인다.

둘째, 미국 등 우방국과의 방위산업 공급망 강화를 위한 '한미 방산협력협정' 체결도 적극 검토가 필요하다. 이미 미국은 일본, 캐나다, 호주 등 무려 27개국과 상호방산협력협정(RDP-MOU)을 체결하여 공동 연구개발, 방산물자 및 부품획득, MRO 협력, 상호운용성 등의 협력을 강화하고 있다.[146] 아울러, 미국은 캐나다, 영국, 호주 등 동맹국들과

---

146) 장원준, '한미방산동맹과 글로벌 공급망 확대전략', 한국방위산업학회 발표자료, 2022.3.25.

의 국가안보 공급망(NTIB) 협정을 통해 국가안보, 민군겸용 R&D, 생산, 정비 등 국가안보 공급망 협력을 강화하고 있다.147) 최근 미국 유력 싱크탱크에 따르면, 미국은 국가안보 공급망(NTIB) 강화를 위해 한국, 독일, 싱가폴, 스위스 등과의 협정 체결 필요성을 강조하고 있다.148) 이번 우크라이나 사태로 인해 향후 미국, 유럽 등 우방국과의 공급망 협력은 더욱 강화될 것으로 예상된다. 이에 따라, 우리나라도 미국과의 방위산업 공급망 강화를 위한 협정 체결을 서두를 필요가 있다.

2. 군 사이버 산업 경쟁력 강화149)

이번 우크라이나 사태와 같이 향후 전쟁양상은 전·평시, 실제 세계(real world)와 사이버 세계(cyber world)간 구분이 없는 '다영역 작전(MDO)'이 유력하다. 이에 따라, 상대적으로 전력이 취약한 국내 군 사이버산업에서의 경쟁력 강화 노력이 시급할 것으로 보인다. 이를 위해서는 구체적으로 군 사이버 무기체계 예산 편성과 함께 방사청 내 사이버 무기체계 사업부서 신설, 사이버 방어, 공격 및 사이버 훈련, 분석 체계 마련이 요구된다.150)

또한, 비교적 단기간 내 개발이 가능토록 현행 신속획득시범사업151)에 사이버 분야를 대폭 확대할 필요가 있다. 미 국방혁신센터(DIU, Defense Innovation Unit)152)는 민간 사이버보안 기술을 적극 도입하여 상당한 성과를 거두고 있다. 2021년 미 국방혁신센터(DIU) 성과보고서에 따르면, 신속획득방식(MTA)을 통해 사이버 감시체계(cyberspace deception)로부터 사이버 자산관리체계(cyber asset inventory management) 등 불과 2~3년 만에 시제품 개발과 야전 배치를 완료했다.153)

아울러, 사이버작전 사령부 확대 개편과 '화이트 워리어(White Warrior) 300(가칭)'154) 등을 포함한 우수 사이버 인력 양성, 군 지휘체계본부 및 주요시설 내 적정 보직을

---

147) 상동
148) CRS, 'Defense Primer: The National Technology and Indusrial Base", 2020.1.31.
149) 장원준, 송재필, '최근 글로벌 안보환경 변화에 따른 국내 방위사업 시사점과 향후 과제', 산업연구원 월간산업경제', 2022.3을 기초로 수정보완하였다.
150) 최근 국방부와 방위사업청은 기존의 8대 무기체계에서 사이버와 우주를 포함한 10대 무기체계 분야로 확대하였다.
151) 신속시범획득사업과 신속연구개발사업을 모두 포함한다.
152) Defense Innovation Unit의 약어로 2015년 미국 실리콘 밸리에 신설된 미 국방부 연구개발차관실 조직으로 민간 첨단기술의 국방분야 적용을 위한 교량(bridge) 역할을 담당하고 있다. 세부내용은 https://www.diu.mil/ 참조.
153) https://www.diu.mil/latest/diu-fy-2021-annual-report-a-preview-into-fy-2022 (검색일: 2022년 3월 5일)

통한 제반 네트워크 시스템 내 사이버 공격에 대한 탐지, 식별, 복구 등의 적극적인 인적 자원 활용 등을 통해 미래 군 사이버 산업의 경쟁력을 강화해 나가야 할 것이다.

3. 선택과 집중을 통한 '군 현대화' 추진[155]

먼저, 북한 등 주변국들의 군사적 위협에 대한 군사적 불균형을 최소화하기 위해서는 선택과 집중을 통한 '군 현대화(Defense Modernization)' 노력을 배가할 필요가 있다. 지난 1월 국방부에서는 수십 개 '국방개혁 2.0' 과제에 대한 추진 진도가 '목표 대비 87%'를 달성했다고 발표했다.[156] 그럼에도 불구하고, 이러한 성과가 선진국 수준의 '군 현대화'를 의미하는 것은 아니다. 또한 [그림 5]에서와 같이 기동화력(육군), 항공(공군), 함정(해군)의 방위력개선사업 예산은 전체의 21.6%, 20.2%, 29.3%로 비교적 균형된 비중을 차지하고 있다. 반면, 주변국 군사위협에 상대적으로 취약한 지휘정찰과 유도무기는 각각 14.6%, 12.5%로 상기 예산의 절반 수준의 비중에 머무르고 있다. 이는 우리나라 안보의 최대 위협인 북한의 핵·미사일 증강 대응과는 과소 괴리가 있는 결과로 해석된다. 향후 상대적으로 취약한 북한의 핵·미사일 위협 증강에 대응한 다층적 미사일 방어체계 조기 확보[157], 우주를 포함한 정보감시자산 확보 등에 우선순위를 상향시킬 필요가 있다.

둘째, 재래식 무기체계 중 노후도, 가용도(availability) 분석 등을 통해 우선순위를 식별하여 신형 교체 또는 성능개량을 적극 추진할 필요가 있다. 전력화 이후 30~40년 이상 노후된 전투기, 전차, 함정, 대공포 등이 우선 적용 대상이 될 수 있다.[158]

마지막으로, 현재의 장기소요(F-17년) 제기 방식이 빠르게 변화하는 전쟁양상에 부합하는 방식인지 종합적인 검토가 필요하다. 아울러, 종합적 관점에서 무기체계 타당성 분석이 충분히 이루어지고 있는지도 살펴볼 필요가 있다. 현재의 국방사업 타당성 분석은 국방기술연구소(선행연구), 전력소요검증(KIDA), 사업타당성(KIDA) 등을 통해 단일 무기체계 소요에 대한 타당성 분석은 이루어지고 있으나, 종합적 관점에서의 무기체계 검토 및 우선순위 결정은 미흡한 실정이다. 미국은 합참차장 주관으로 육해공 참모차장 등

---

154) 북한의 사이버 해커 수천명 조직에 대응할 수 있는 군 사이버 전사 양성 및 활용 프로그램이다.
155) 장원준, 송재필, '최근 글로벌 안보환경 변화에 따른 국내 방위사업 시사점과 향후 과제', 산업연구원 월간 산업경제', 2022.3을 기초로 수정보완하였다.
156) https://www.yna.co.kr/view/AKR20220106069651504
157) 차기정부에서는 북한 전 지역을 감시할 수 있는 감시정찰 능력과 함께 초정밀, 극초음속 미사일을 구비하며 수도권 방어를 위한 한국형 아이언 돔도 조기에 구축하겠다고 밝혔다(뉴데일리, 2022.1.17.외 보도자료 종합)
158) 이데일리, '안철수 F-35 20대 추가 배치.. F 5 퇴역 앞당겨", 2022.2.2. 외 보도자료 종합

이 참여하는 합동소요검증위원회(JROC, Joint Requirement Oversight Council)를 분기별로 개최하여 전체 무기체계의 우선순위를 재조정하고 있다.159) 아울러, 매년 미 의회를 중심으로 육해공 각군의 소요 우선순위 중 누락된 소요(UFR, unfunded requirement)에 대한 재검증을 통해 군사력 우선순위를 검토하고 있다.160) 우리도 우선적으로 합동참모본부의 무기체계 소요 우선순위 선정 체계를 급변하는 주변국 군사위협에 즉응할 수 있도록 시의성과 적절성을 강화해 나가야 한다. 필요하다면 합참과 각군, 전문가 집단으로 구성된 '무기체계 소요 우선순위 선정 위원회(가칭)' 신설을 검토할 필요가 있다. 이를 통해 선택과 집중을 통한 '군 현대화'를 추진해 나가야 할 것이다.

4. 선진국 수준의 한국형 '신속무기획득시스템' 신설161)

최근 북한의 극초음속 미사일 시험발사 등 주변국의 발빠른 '게임체인저' 확보 노력에 적극 대응하기 위해서는 안정적인 국방예산 증액과 함께 보다 속도감있는 무기체계 개발이 가능한 '신속무기획득시스템' 구축이 시급하다. 러시아의 신속한 '군 현대화' 추진과 함께 미국의 신속획득(MTA)을 포함하는 '맞춤형 무기획득시스템' 혁신사례를 적극 벤치마킹할 필요가 있다. 미국은 다음 [그림 8]에서와 같이, 2019년 기존의 전통적 무기획득(MCA, Major Capability Acquisition) 외에도 5년 이내 무기체계 개발 또는 야전 배치 완료가 가능한 신속획득(MTA, Middle Tire Acquisition), 전시 또는 유사시 2년 이내 개발이 가능한 긴급획득(UCA, Urgent Capability Acquisition), 1년 이내에 무기체계 소프트웨어 개선이 가능한 SW 획득(SW Acquisition) 등 6가지 무기획득 방식(pathways)을 포함하는 '맞춤형 무기획득시스템(AAF, Adaptive Acquisition Framework)'을 정립했다.

159) 10 U.S.C. $181을 참고하고 최근 JROC에서의 우선순위 선정 등에 속도를 높이는 노력을 병행하고 있다 .https://www.defensenews.com/pentagon/2021/05/13/new-acquisition-requirements-guidance-coming-this-month-hyten-says/

160) CRS, Defense Primer: DoD Unfunded Prirorities, 2021.11.9. https://sgp.fas.org/crs/natsec/IF11964.pdf

161) 장원준, 송재필, '최근 글로벌 안보환경 변화에 따른 국내 방위사업 시사점과 향후 과제', 산업연구원 월간 산업경제', 2022.3을 기초로 수정보완하였다.

[그림 7] 미국의 맞춤형 획득시스템(Adaptive Acquisition Framework) 개념도

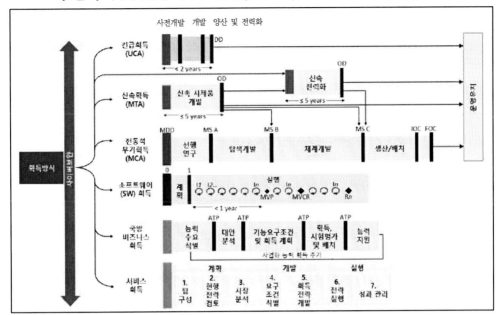

자료: https://aaf.dau.edu/aaf/aaf-pathways/ (검색일: 2022년 3월 5일)

반면, 우리나라의 현행 전통적 무기획득시스템(PPBEES)만으로는 한국형 아이언 돔 등 첨단 미사일 방어체계에 대한 조기 전력화 추진은 매우 어려운 실정이다.[162] 우리나라도 2020년 신속획득시범사업[163], 2022년 신속연구개발사업 등을 신설하였으나, 사업 규모 왜소(연간 760억원), 초기단계 군 소요 미반영, 사업 성공 이후에도 후속양산사업 연계 불가, 주요 무기체계 미포함 등의 이유로 실질적인 성과는 기대하기 어려운 실정이다.[164] 또한 국방부에서는 최근 첨단기술을 활용한 무기체계 도입에 신속획득사업 방식을 '원칙적'으로 적용하기로 했다고 밝혔으나, 여전히 상기의 문제점을 완전히 해소하기는 어려울 것으로 보인다.[165]

향후 선진국 수준의 '신속무기획득시스템'을 구축하기 위해서는 미국 맞춤형 무기획득시스템(AAF)등을 벤치마킹하여 현행 전통적 무기획득시스템(PPBEES)에 상응하는 별도의 '한국형 신속무기획득시스템(Rapid Acquisition System)' 신설을 적극 검토할 필요

---

162) 뉴데일리, 윤석열 "킬체인(Kill-Chain)... 선제탁격 능력 확복해 북핵 위협에 대비하겠다", 2022.1.17. 외 보도자료 종합.
163) 2020년 사업 신설 이후 연간 300억원 내외 예산에서 30개 과제를 선정, 10개 과제가 사업 종료되었으며, 이 중 3개 과제가 소요 결정되고 양산업체는 선정되지 않은 상태이다.
164) 뉴스투데이, '미국 MTA 제도 벤치마킹한 진정한 '신속획득' 방식 추진해야', 2022.3.14.
165) 국방부, '첨단기술 무기도입 신속획득 방식 적용', 2022.3.20.

가 있다.

[그림 8] 미국 신속시제품개발사업(Rapid Prototyping) 절차도

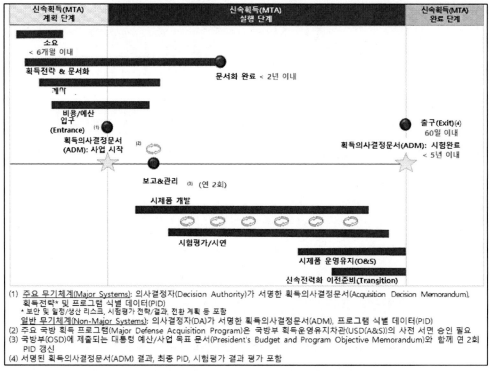

자료: https://aaf.dau.edu/aaf/mta/ (검색일: 2022년 3월 5일)을 기초로 저자 작성

　구체적으로, 현행 소요제기/결정-사업타당성-사업추진기본전략-탐색/체계 개발-시험 평가-전력화-운영유지에 이르는 획득 전 주기를 미 신속획득사업 수준으로 '계획-실행-완료'의 3단계 절차로 단순화하고 5년 이내에 시제품 개발 또는 전력화(야전배치)가 가능하도록 재구성할 필요가 있다. 특히, 신속무기획득시스템 신설시 선진국 수준으로 초기단계 소요 반영(6개월 이내)과 의사결정 권한의 대폭 위임166), 사업타당성 대상사업의 대폭 상향(현 500억원)167), 시제품(fieldable prototyping) 개발과 군 시험평가 등이 이루어질 수 있도록 제도를 정비할 필요가 있다. 둘째, 신속획득사업을 통해 개발된 시제품(fieldable prototype)에 대해 일정조건 충족시에는 후속양산사업이 가능하도록 제도를 보완할 필요가 있다. 미국의 경우 신속시제품개발사업에 성공한 기업에 대해서는 후

---

166) 미국 신속획득사업의 경우, 사업 추진 의사결정은 미 국방획득차관(DoD A&S)이 승인권한을 갖는다.
167) 주요무기획득사업(MDAP)은 5.25억 달러 이상의 연구개발 사업, 30.65억 달러 이상의 무기획득사업에 대해 국방획득차관이 승인권한을 갖는다(10 USC Title 10)

속양산사업인 신속전력화사업이 가능하도록 법적, 제도적 정비를 마무리했다.168) 우리도 필요하다면 국가계약법에 국가안보를 위해 시급히 필요한 무기체계 개발시에는 시제품 개발자에게 후속양산사업의 우선권을 부여할 수 있도록 법령 개정도 요구된다.

[그림 9] 미국 신속전력화사업(Rapid Fielding) 절차도

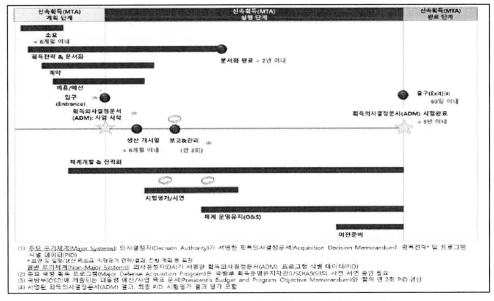

자료: https://aaf.dau.edu/aaf/mta/ (검색일: 2022년 3월 5일)을 기초로 저자 작성

셋째, 현행 신속획득사업의 범위를 대폭 확대하여 현재의 드론, 로봇 등 일부 소규모 개발사업에서 기존 무기체계의 성능개량, SW 중심 무기체계, 진화적 개발사업 등의'신속획득 가능 무기체계(가칭)'를 포함하는 방안을 적극 검토할 필요가 있다. 미 육군미래사(AFC)는 신속획득사업(MTA, Middle Tier Acquisition)을 통해 불과 4~5년만인 내년도(2023년)까지 장거리포, 장거리 극초음속 미사일 등 35개 무기체계의 야전 배치를 마무리할 계획이다.169)

마지막으로 이러한 신속무기획득시스템 도입에 따른 육·해·공군 및 합참, 방위사업청 등의 신속획득부서 신설170) 및 전담기관 지정171) 등에도 역량을 집중해야 할 것이다. 최

---

168) 미국은 2016 미 국방수권법(NDAA) section 814 개정을 통해 신속시제품개발사업(Rapid Prototyping)에 대한 후속양산사업(follow on production contracts)을 인정함으로써 해당 사업에서 경쟁방식으로 선정되고 시제품 개발에 성공한 기업에게 신속전력화사업(Rapid Fielding)을 통한 후속양산이 가능하도록 규정화했다. 이에 따라 Microsoft사의 첨단가시장비(IVAS) 등이 시제품 개발 이후 곧바로 220억 달러 규모의 후속양산사업을 진행중에 있다.
169) Army Future Command, Year in Review, 2022.

근 우크라이나 사태 등을 교훈으로 삼아 주변국 군사 위협에 속도감 있게 대응할 수 있도록 '한국형 신속무기획득시스템'을 구축해 나가야 할 것이다.

[그림 10] 한국형 신속무기획득시스템 개념도(예시)

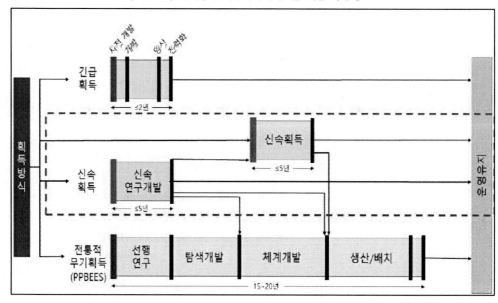

주: 신속연구개발은 미국 신속시제품개발사업과 유사하나 초기단계 소요반영 등 보완하여 제도 정비 필요

5. '방산수출 5대 강국' 진입

이번 우크라이나 사태로 당분간 세계 2위 무기수출국인 러시아의 해외 무기수출은 상당한 타격을 입을 것으로 보인다. 미국과 유럽의 전방위적 금융, 경제, 공급망 제재는 러시아의 우크라이나 침공 지속과 핵전쟁 위협, 우크라이나 시민들에 대한 무차별적인 공격 등의 비인도적 행위 등에 따라 당분간 해재되지 않을 가능성이 높을 전망이다. 이는 러시아와 무기수출 경합 지역인 중동과 동남아시아, 아프리카 지역은 물론, 국방예산을 대폭 증액하여 군 현대화를 도모하는 유럽 주요국들에 이르기까지 방산수출에 매우 유리한 호재로 작용할 것이 유력하다.

이에 따라, 차기 정부는 2010년대 이후 지속되어 온 '방위산업의 수출산업화' 정책을 더욱 발전시키고 업그레이드해 나갈 필요가 있다. 먼저, 현재의 중동, 북·동유럽, 동남아

---

170) 미국의 경우 각군 및 우주군에 신속획득실(Rapid Capabilities Office)을 두고 있다.
171) 미국 국방혁신센터(DIU, Defense Innovation Unit)가 신속획득을 전담하고 있다.

시아 등의 주요 방산수출국가들을 중심으로 수출성과를 견고히 함과 아울러, 러시아의 주요 무기시장을 적극 공략, 시장점유율을 높이는 방안을 적극 모색해 나가야 한다. 둘째, 무기 개발 초기단계부터 해외시장 선점을 위한 노력을 강화해 나가야 한다. 국내업체들의 자발적인 수출용 무기체계 개발을 적극 지원하고, 우방국과의 공동소요 발굴, 공동연구개발 및 생산, 마케팅에 이르는 3세대 방산협력을 강화할 필요가 있다. 이를 위해서는 현행 소요제기-검토-결정 단계에서 방산기업 및 우방국과의 보다 긴밀한 소요 발굴 노력이 요구된다. 셋째, 미국, 독일 등으로부터 첨단무기 구매간 국내업체의 참여를 확대해 나가는 노력도 중요하다. 한국산 우선구매 제도의 조기 정착과 함께 그동안 유명무실해진 수입절충교역의 활성화를 위한 사전가치축적(banking) 제도의 전면적 확대 노력이 필요할 것으로 보인다. 마지막으로, 전 세계적인 방위산업 컨트롤 타워 강화 추세에 맞추어 '방산수출 5대 강국' 진입을 위한 새 정부의 보다 적극적인 컨트롤 타워 구축을 기대해 본다.[172]

참고 자료

국민일보, '러 침공 나비효과', 유럽, 미국산 무기확보 군비 증강, 2022.3.18.

국방부, 국방부 정보화기획관실, 2021

국방부, '첨단기술 무기도입 신속획득 방식 적용', 2022.3.20.

뉴데일리, '윤석열 "킬체인(Kill-Chain)... 선제타격 능력 확보해 북핵 위협에 대비하겠다"', 2022.1.17.

뉴스투데이, '2030년대 세계 5위 방산수출국 도약 위한 4가지 제언', 2021.4.5.

뉴스투데이, '미국 MTA 제도 벤치마킹한 진정한 '신속획득' 방식 추진해야', 2022.3.14.

뉴스투데이, '방위산업기반 강화 위한 '3가지 조치'에 국가역량 집중해야', 2021.3.8.

뉴스1, '어나니머스, 다국적 기업들에 러시아 48시간 내 철수하라 경고', 2022.3.22.

뉴시스, '바이든, 시진핑 통화 후 중 '러 지원' 없어' 미 안보보좌관, 2022.3.23.

뉴시스, '미, 러시아 하원 및 하원의원 328명 전원 제재', 2022.3.25.

뉴시스, '우크라이나서 머스크 지원 '스타링크' 이용자 급증', 2022.3.22.

동아일보, '미, "중, 러에 군사 지원땐 제재",...중, "왜곡 말라" 반발', 2022.3.15.

디지털투데이, '미국-유럽 초강수 제재... 러시아 은행 국제결제망 배제', 2022.2.28.

머니투데이, '우리도 천궁 II, 경공격기, 팔아요... 우크라 사태에 바빠진 K-방산',

---

172) 뉴스투데이, '2030년대 세계 5위 방산수출국 도약 위한 4가지 제언, 2021.4.5.을 기초로 수정보완하였다.

2022.3.24.

매경이코노미, '금융 제대로 리시아 초토화... 국가 부도 위기', 2022.3.15.

매일경제, '러시아 "극초음속 미사일 '킨잘'로 우크라 시설 타격" 〈로이터〉', 2022.3.19.

방위사업청, 세출(지출) 사업별 사업설명자료, 2022를 기초로 작성

서울신문, '러 공격헬기도 속절없이 추락... 우크라 '비밀병기' 공개', 2022.3.6.

시선뉴스, '사이버전에 참전한 미 빅테크기업들, 러시아 사이버공격 인친봉쇄', 2022.3.2. https://www.sisunnews.co.kr/news/articleView.html?idxno=158963

연합뉴스, '메드베데프 또 핵 위협,.. "핵 충돌 위험 항상 존재"', 2022.3.26.

이데일리, '안철수 F-35 20대 추가 배치.. F 5 퇴역 앞당겨', 2022.2.2.

장원준, 송재필. '최근 글로벌 안보환경 변화에 따른 국내 방위산업 시사점과 향후 과제', 산업연구원 월간산업경제', 2022.3.

장원준. '한미방산동맹과 글로벌 공급망 확대전략', 한국방위산업학회 발표자료, 2022.3.25.

전자신문, '미, 러시아 수출제재 본격화... 반도체 등 공급망 틀어막는다', 2022.2.25.

조선비즈, '러시아발 군비경쟁 심화... "미, 국가안보예산 4% 증액"', 2022.3.25.

중앙일보, '우크라에 디도스 공격... 정부, 은행 사이트 마비', 2022.2.24.

주간동아, '러시아 대대전술단 막은 우크라이나 '인민전쟁' 전술', 2022.3.5.

테크엠, '고조되는 사이버 안보 위협에 보안기업들 '주목'', 2022.3.6.

한국일보, '군사대국 2위 러시아... 우크라 침공 한달 만에 병력 20% 잃었다', 2022.3.24.

한국정보보호산업협회, 2020 국내 정보보호산업 실태조사, 2020, 국방부 정보화기획관실, 2020.

IT News, '러시아의 우크라이나 침공으로 부각된 '사이버 전쟁'', 2022.3.2.

YTN, '러시아 침공에도 미국-나토 병력지원 불가 방침', 2022.2.25.

Army Future Command, Year in Review, 2022.

Breaking Defense, 'Russia's defense industry might not survive an invasion of Ukraine', 2022.1.13.

Congressional Research Services, 'Defense Primer: The National Technology and Industrial Base', 2020.1.31.

IISS, The Military Balance 2021, 2021.2https://hostnezt.com/cssfiles/curren-taffairs/The%20Military%20Balance%202021.pdf.

US DoD FY 2021 Budget Request, 2020.2

В 2018 - 2020 годах денежное довольствие военнослужащих и пенсии военным пенсионерам будут индексироваться на 4% каждый год," https://function.mil.ru/news_page/country/more.htm?id=12156812@egNews (검색일: 2018년 1월 3일).

https://aaf.dau.edu/aaf/aaf-pathways/ (검색일: 2022년 3월 5일)

https://aaf.dau.edu/aaf/mta/ (검색일: 2022년 3월 5일)

https://www.diu.mil/ (검색일: 2022년 3월 5일)

https://www.diu.mil/latest/diu-fy-2021-annual-report-a-preview-into-fy-2022 (검색일: 2022년 3월 7일)

https://www.yna.co.kr/view/AKR20220106069651504

https://www.defensenews.com/pentagon/2021/05/13/new-acquisition-requirements-guidance-coming-this-month-hyten-says/

| 저자소개 |

장원준 | 산업연구원 성장동력산업연구본부 연구위원

육군사관학교를 졸업한 후, 미국 공군대학원(AFIT)에서 군수관리 석사 학위를, 서울대학교 기술정책대학원에서 경제학 박사 학위를 마치고 현재 산업연구원 연구위원으로 재직 중이다. 주요 경력으로 산업연구원 방위산업연구부장, 국가과학기술심의회 제 1기 국방전문위원, 미 전략국제문제연구소(CSIS) Visiting Fellow 등을 거쳐 현재 한국혁신학회 부회장, 한국방위산업학회 이사, 그리고 국방부, 방위사업청, 산업자원부, 중소기업벤처부 및 창원, 대전, 충남, 논산 등에서 방위산업 자문위원으로 활동하고 있다. 주요 저서로는 '2021 Defense Acquisition Trends, CSIS(2021), '4차산업혁명에 대응한 방위산업의 경쟁력 강화전략(2017)', '주요국 방위산업 관련 클러스터 육성제도 분석과 시사점(2018)', '방위산업 절충교역의 최근 이슈와 향후 과제(2016)', '2018~22 방위산업 육성 기본계획 연구(방위사업청)(2017)', '국방 연구개발 투자의 경제효과 분석(국방과학연구소)(2020)', '2021~25 충남 국방산업 육성계획 수립연구(충남도청)(2021)' 등 수십편의 논문과 보고서가 있으며, 방송, 기고, 강연 등을 통해 방위산업 분야에서 활발한 활동을 하고 있다.

우크라이나전 관련 해군력 운용과 시사점

정 재 호 박사 (국방부)

I. 서론 : 문제제기

　세계 안보 이슈의 정점에 있는 우크라이나와 러시아와 충돌이 발생한 지 1개월이 지나고 있다. 2월 24일 러시아의 선제 타격으로 시작된 우크라이나 공격은 그 누구도 예상하지 못한 시나리오였다. 하이브리전으로 시작하여 전쟁양상이 협상으로 방향 전환을 할 것으로 분석하였으나, 예상을 깨고 러시아는 우크라이나의 국경을 탱크부대와 지상군이 진입하였다. 그리고 이를 시작으로 긴 군사행렬을 이어갔고, 전방위적으로 영토를 압박해가며 '키이우'173)로 향해 진격하고 있다. 군사전문가들은 이러한 전투 양상을 지켜보며 최근 러시아의 첨단무기 개발 동향에 대한 의구심을 품고 러시아 군사력을 재평가하게 되었다. 실제로 육로로 진입하는 러시아 지상군 전력을 평가하는 데 있어 최첨단 무장은 보이지 않고 재래식 무장을 통해 진격하는 와중에도 우크라이나 병력은 물론, 상당수의 러시아 병력도 희생되는 결과를 지켜볼 수 있었다. 또한 지상군의 작전 이동로를 고스란히 노출하며 진격하는 작전 양상을 보며 작전술적 측면과 군사-정치적 측면의 모호한 경계선에서 진행되는 작전개념에 대해 더욱 의구심을 품게 했다.174) 이러한 전반적인 작전 전개 양상으로 러시아군에 첨단무기가 부재하다는 의견이 언론에서 전해지고 있다.

　우크라이나의 전쟁 양상을 보면 육로로의 전장 상황만으로 판단할 일은 아니었다. 러시아측 입장에서 흑해의 공급로 차단은 수도 키이우로 이어지는 해상교통로를 차단하는 최선의 방어책이자 공세적 군사행동이었다. 우크라이나는 결사항전(決死抗戰)으로 해안 주요 도시를 방어하고 있으나, 상황은 호전되지 않고 있다. 물론 육로로 전개되는 전개 양상과는 비교도 되지 않지만, 러시아 흑해함대의 해상전개에 대한 우크라이나 해군의 대응은 수적으로 대응 불가능했다.175) 2018년 우크라이나 해군은 이미「2035년 해군발전전략계획」을 발표하고 해상전력증강에 박차를 가하는 듯 보였으나, 이미 이번 우크라이나전에서 보듯이 우크라이나의 해상전력 전개 양상은 전혀 보이지 않는다. 오히려 우크라이나의 유일한 호위함 크리박급 게츠만 사하이다치니(Getman Sahaydachniy) 1척

---

173) 우크라이나 수도 이름은 우크라이나어로 '키이우', 러시아어로 '키예프(Киев)'이다. 드네프르강이 수도를 가로지른다. 이 강은 952km 흐른 뒤 흑해로 들어간다. 흑해로부터의 공급 차단은 수도 '키이우'로의 물자 이송 중단으로 이어질만큼 중요하다. 2022년 러시아의 우크라이나 군사개입 이후 러시아어식 표기 '키예프'를 지양하고 언론매체에서는 우크라이나어 표기 '키이우'로 명시하고 있다.

174) 우크라이나전에서 러시아의 전쟁양상을 지켜보면서 클라우제비츠의 전쟁에 관한 명제가 떠오른다. "전쟁은 정치적 행위일 뿐만 아니라, 정치의 진정한 도구이며, 정치관계의 지속이고, 그것의 다른 수단에 의한 행위이다." 이번 전쟁에서 정치지도자와 전투지휘관이 군사-정치적 관점에서 전쟁을 다시 한번 바라보고 평가해야 할 시점이 다가오고 있다.

175) 해군병력(우크라이나 vs 러시아 = 11,000명 vs 150,000명), 해군 수상함전력(우크라이나 vs 러시아 = 22척 vs 521척〈흑해함대64〉),「The Military Balance 2021」참조

마저 우크라이나전이 진행되던 중에 최근 러시아군에 노획되지 않고자 자침하였다. 이미 예상된 해상전력의 열세를 가진 우크라이나 해군의 방어전은 속수무책으로 고전을 면치 못하고 있다. 서방의 무장지원은 해상전력까지 미치기에는 미지수였다. 이에 반해 크림 반도의 러시아 흑해함대 전력은 이미 세바스토폴에 주둔해 있던 해상전력을 중심으로 지원되었다.

2018년 11월 25일 케르치 해협에서 발생했던 우크라이나와 러시아와의 해상충돌문제와 아조프해를 둘러싼 영해와 공해의 모호한 경계획정 문제로 발생했던 과거 사례들은 러시아의 크림반도 합병 이후 더욱 고조되고 있었다. 흑해에서 우크라이나와 러시아의 해상전력 비교를 통해 전장 상황을 분석하는 것은 무리수가 있다. 우크라이나의 해상전력은 이미 크림반도 합병 이후 해상전력의 열세를 벗어나지 못하고 있었고, 흑해에서 나토의 연합훈련 상황은 러시아와의 해상갈등을 증대시켜왔다. 지정학적 긴장 상황은 우크라이나의 나토 가입을 우려하며 이에 대한 러시아의 반대 입장을 더욱 강하게 했다.

흑해에서 해상패권[176]을 위한 우크라이나와 러시아의 상황을 역사적 관점에서 접근하여 전개해 나가는 것이 바람직하나, 너무 방대하고 복잡난해한 이해를 가져올 수 있어 오히려 오판을 범할 수 있다. 따라서 본문에서는 객관적 시각으로 양국 간의 군사-정치적 관점에서 현 상황을 살펴보고자 한다. 즉, 최근 흑해를 둘러싸고 발생하는 국제해양법적 상황을 이해하고, 양국 해군간 해상전력 비교는 물론 '러시아의 해양독트린(2015)'과 '2030 해군활동분야 기본정책서(2017)'에 담긴 흑해에서의 러시아 해군 활동 양상을 분석한다. 이러한 이해를 통해 결국 흑해를 중심으로 전개되는 우크라이나전의 여러 해양 활동 상황이 우리의 해양력에 어떠한 의미를 주는지, 그리고 우리 해양안보에 어떠한 시사점을 주는지 조망해 본다.

II. 보스포러스 해협의 국제법적 의미와 국제시스템 보장

1. 보스포러스 해협의 국제법적 의미

가. 1936년 몽트뢰 협약[177]에 근거한 의무 이행 원칙준수와 터키의 항행 감독

---

176) 흑해에서 '해상패권'이란 용어는 우크라이나와 러시아만의 관계에서 바라보기보다, 나토의 해상연합으로 대표되는 '서방세력'과 '러시아'와의 해상갈등 상황에서 발생하는 해양주도권 확보를 위한 해상쟁탈전에서 기인한 표현으로 이해하기 바란다.

177) 「몽트뢰 협약」은 1936년 7월 20일 10개국이 참여하여 '흑해 연안국과 유럽국가의 안정적인 해상통항을 보장하기 위해 보스포르 해협과 다다넬스 해협에서의 통항과 관련된 권리와 의무 규정'을 명시하고 있다. 서명국은 총 10개국으로 영국, 프랑스, 소련(소비에트 연방), 터키, 그리스, 불가리아, 루마니아, 유고슬라비아, 오스트리아,

터키는 보스포러스 해협에서 함정의 통행에 대한 몽트뢰 협약을 준수해 오고 있다. 이러한 협약에 따라 터키의 임의적 판단은 상당한 파장을 불러올 수 있으며, 협약에 근거한 군함의 해상통항 원칙을 준수해 오고 있다. 특히 이번 우크라이나 사태와 관련하여 러시아와 우크라이나 군함의 터키 해협 통과 금지 문제는 터키가 법적 의무를 준수하면서 외교적 영향력에 큰 역할을 줄 것이라는 국제사회의 여론이 지배적이다.

〈표 1〉 흑해 관련 국가 간「몽트뢰 협약의 권리 및 의무」

터키	▲ 상선의 자유통항 보장 의무준수, 유사시 해협통제 및 관리 보유 ※ 전쟁 중 또는 침략 위협 시 외국 군함 통항 금지 가능
흑해 연안국	▲ 전·평시 민간선박 자유 통항 ▲ 항공모함 제외, 전·평시 해군 주력함 통항가능(8일전 사전통보→터키)
흑해 비연안국	▲ 전·평시 민간선박 자유 통항 ▲ 군함 통항 가능(단, 1회 9척 초과 및 총 1.5만톤 초과 금지, 1만톤 초과 단일함정 통항금지) ▲ 흑해 체류 비연안국 총 함정 배수량 4.5만톤 초과 금지(1개국 3만톤 초과 금지) ▲ 함정 흑해 체류기간 21일 초과 금지

몽트뢰 협약 제24조에 의거 터키는 "해협을 통한 군함의 통과와 관련하여 감독 책임을 규정"하고, 평시에 해협을 통과하는 모든 국가 군함의 권리를 보장하지만, 흑해 연안의 6개국(조지아, 터키, 불가리아, 루마니아, 우크라이나, 러시아)은 예외 사항이 주어진다. 해협을 통과할 때 군함의 배수량은 15,000톤을 초과할 수 없으며, 흑해에서 21일 이상 항해 및 정박할 수 없다. 단, 흑해 연안국은 전·평시 민간선박의 자유 통항이 가능하고, 항공모함을 제외한 해군 주력함은 이러한 제한에서 전·평시 모두 면제된다.[178]

전시에는 군함의 통항권이 수정되어 제19조, 제20조, 제21조에 의거 적용된다. 제19조에는 전쟁 상황이면서 터키가 충돌 당사자가 아닌 경우를 말한다. 이때 군함은 평시 규칙이 적용되어 "해협 통과 및 완전한 항행의 자유가 가능하다." 단, 교전국의 군함은 ① 교전국 중 하나가 합법적인 방어권 의무에 따라 행동하거나, ② 교전 중인 군함이 기지로 복귀하기 위해 해협을 통과해야 하는 경우를 제외하고 "해협을 통과해서는 안된다." 제20조는 터키 자체가 전쟁 당사자일 때 적용된다. 이러한 경우 터키는 해협을 통한 군함 항해에 대한 완전한 재량권을 가지며, 흑해 또는 비흑해 연안국 여부에 관계없이 해협

일본이 참가했다.
178) 흑해 연안국의 이러한 권리와 의무 또한 8일 전 터키에 사전 통보할 의무가 있다.

을 통한 통과 또는 항행의 자유를 행사하지 못하는 국가는 없다. 제21조는 터키가 "임박한 전쟁에 처한 위협을 스스로 판단할 때", 제20조 조항에 대한 제한된 사항을 적용한다. 제20조와 동일하게 제21조에 따라 평시 군함 항행규칙은 유예된다. 다만, 제20조와 달리 제21조에 의거 기지에서 벗어난 선박은 일반적으로 해협으로 귀국을 위해 통과할 수 있어야 한다. 제 21조는 중요한 절차 확인과 함께 제공된다. 터키가 제21조를 발동하는 경우 다른 협약 당사국에 통보해야 한다. 국제연맹의 2/3와 체결 당사국의 절반이 터키의 조치를 부당하다고 거부하면 터키의 제21조 발동은 중단된다.

현 상황에서 터키는 분쟁당사국이 아니므로, 러시아와 우크라이나에 대해 제19조를 발동할 수 있다.

〈표 2〉 보스포르스 해협에 관한 몽트뢰 협약 제19조/제20조/제21조[179]

평시	
제24조	- 터키, "해협을 통한 군함의 통과와 관련하여 감독 책임 규정" - 모든 국가 군함의 해협 통과 보장, 해협 통과 시 군함 배수량 15,000톤 초과 불가, 흑해에서 21일 이상 항해 및 정박금지 - 단, 흑해 연안 6개국(조지아, 터키, 불가리아, 루마니아, 우크라이나, 러시아) 예외 적용

전시	
제19조	▲ 전쟁 상황이면서 터키가 충돌 당사자가 아닌 경우 적용 - 군함은 평시 규칙 적용 "해협 통과 및 완전한 항행 자유 가능" - 단, 교전국의 군함은 ① 교전국은 합법적인 방어권 의무에 따라 행동, ② 교전 중인 군함이 기지로 복귀하기 위해 해협을 통과하는 경우를 제외하고 해협 통과금지
제20조	▲ 터키 자체가 전쟁 당사자일 때 적용 - 터키는 해협을 통한 군함 항해에 대한 완전한 재량권을 가짐
제21조	▲ 터키, "임박한 전쟁의 위협을 스스로 판단할 때" 제20조 조항에 대한 제한적인 사항 적용 - 제20조와 동일하게 제21조에 따라 평시 군함 항행규칙은 유예 - 기지에서 벗어난 선박은 귀국을 위해 해협으로 통과할 수 있어야 한다. - 중요한 절차 확인과 함께 제공되고, 터키가 제21조를 발동하는 경우 다른 협약 당사국에 통보해야 한다.

---

179) Cornell Overfield, "Turkey Must Close the Turkish Straits Only to Russian and Ukrainian Warships", 2022 The Lawfare Institute, March 5, 2022, https://www.lawfareblog.com/turkey-must-close-turkish-straits-only-russian-and-ukrainian-warships. 참조

	- 국제연맹의 2/3와 체결당사국의 절반이 터키의 조치를 부당하다고 거부하면 터키의 제21조 발동은 중단된다.

나. 우크라이나 사태 이후 터키의 대응 과정 및 터키 주장의 합법성 여부

러시아의 우크라이나 침공 이후 터키의 대응은 협약 적용에 대한 수위가 높아지고 있다. 2월 24일 우크라이나는 협약에 따라 러시아 군함의 해협 통과를 금지하도록 터키의 권한을 행사해 줄 것을 우크라이나 대통령 볼로디미르 젤렌스키는 트위트를 통해 거듭 촉구하였다. 이때만 하더라도 터키의 초기 대응은 확고하지 않았다. 이후 2월 28일 터키 외무장관은 푸틴의 침공을 전쟁으로 인정하였는데 이것은 협약 제19조 발동이 임박하게 되는 근거가 될 수 있다. 협약 발표는 아직 진행 중에도 불구하고 터키 언론에 따르면 터키는 러시아와 우크라이나 뿐만 아니라 모든 군함의 해협 통과를 금지하고 있으며, 협약을 엄격하게 이행하고 있다고 강조했다.

<표 3> '해협 통항 금지'에 관한 '터키의 대응 조치' 일지

일 자	주 요 내 용
'22.2.23.	(우크라 대통령) 전쟁 발발 시 러시아 군함의 해협 통과금지에 관해 터키측에 요청
'22.2.28.	(터키 외무장관) 공개석상에서 "러시아의 침공을 '전쟁'으로 인정" 발표
'22.2.28.	(터키 외무장관) 러시아 및 우크라이나 함정의 해협 통항 금지 조치 단, 흑해 모항 입항 또는 흑해에서 모항으로 복귀하는 함정의 통항가능

협약 제19조를 적용한다면 교전 중인 당사국인 우크라이나와 러시아에만 항해금지를 부분적으로 적용해야 한다. 제21조를 발동하면 터키는 모든 군함의 해협을 금지시킬 수 있다. 그러나 협약에 따라 이를 수행하기 위해 터키는 몇가지 조치를 취해야 한다. 먼저 스스로를 "임박한 전쟁 위험에 처한" 상태로 간주해야 한다. 국제법에는 "임박한 무력 사용 위협"에 대해 정립되어 있다. 따라서 터키는 스스로 전쟁의 임박한 위협 대상국으로 간주하지 않았으며 어떤 나라도 터키가 그러한 상황으로 주장하지 않았다. 만일 터키가 전쟁 위협 대상국이라고 주장하더라도 제21조는 터키의 주장을 거부할 수 있고 제21조 발동을 중단시킬 수 있다. 제19조에 근거하더라도 모든 군함의 해협 통과 금지 선례를 남길 수 있다. 터키가 명백한 통지 없이 전쟁의 위협에 대한 주장을 이어간다면 몇가지

제한사항에도 불구하고 제21조의 발효는 가능할 것이다.

2. 국제법에 기초한 국제 시스템 보장의 필요성

가. 해양안보 상황 인식과 외교적 관계의 이해

협약 19조를 발동하고 이를 적절히 적용하는 것은 현재 우크라이나와 러시아의 군사력에 거의 영향력을 미치지 않을 것이지만, 상황이 장기화되면 오히려 러시아의 군사력 운영의 위기를 맞이할 수 있다. 이와 반대로 터키의 해양안보는 강화될 수 있다.

제19조의 세부사항을 적용하면 러시아는 최대 5척의 추가 군함(지원선박 포함)을 흑해로 보낼 수 있고, 최소 16척의 군함을 흑해 밖으로 보낼 수 있다. 그리고 지중해에 전개하던 러시아 군함은 흑해에 진입할 권리가 없어진다. 흑해에 정박 중인 군함 중에서도 우크라이나 침공 이전에 입항한 군함은 흑해를 벗어날 수 있지만, 현재 흑해함대에 배치된 군함은 출항 권한이 없어진다. 터키는 러시아 군함 4척의 흑해 진입 요청을 받은 것으로 알려지지만, 3월 1일까지 러시아 군함 3척이 세바스토폴에 정박하지 않아, 러시아 요청을 거부했다고 발표했다. 이에 러시아는 터키의 거부를 묵인한 것으로 전해진다. 제19조에 따르면 분쟁기간 러시아 군함 5척만이 흑해함대에 입항할 수 있다. 전쟁이 장기화되면 러시아 군함은 수리를 위한 타지역 조선소로의 이동이 금지된다.

터키는 NATO의 군함도 흑해에 진입하는 것을 거부하려고 하지만, 제19조 적용에 따르면 NATO국가들은 비교전국이라는 이유로 해협을 통과할 권리를 유지할 수 있다. 이러한 상황으로 진전되면 러시아와 NATO와의 관계는 더욱 악화의 기로에 설 수 있다.

터키가 협약을 이행하고 있지만, 협약에서 크게 벗어나고 있다는 주장이 여러 외교적 우려로 나타나고 있다. 첫째, 2월 28일 터키 대통령의 언급으로 제19조 적용이 가능해질 수 있고, 이러한 적용으로 NATO국가의 군함이 흑해에서의 항행이 늘어나게 되면 러시아는 이를 NATO의 군사작전의 서막으로 오해할 수 있고, 관계는 더 악화될 수 있다. 둘째, 터키가 제19조에 근거하여 교전국과 비교전국을 구분하는 것이 러시아로 하여금 몽트뢰 협약을 비난하도록 자극할 것이고, 이는 결국 군함 통과에 대한 불법적이고 전면적인 금지조치를 취할 수 있다. 그러나 러시아는 그동안 몽트뢰 협약 체제 하에서 최대 수혜국이기 때문에 몽트뢰를 비난하는 것은 무모할 것이다. 만약 몽트뢰 협약이 없다면 해협 통과에 관한 UN해양법이 적용된다. 이렇게 되면 흑해에 모든 군함이 무제한으로 접근할 수 있고, 흑해에서 NATO의 해상전력 주둔을 크게 증가시킬 수 있다는 의미를 가진다.

마지막으로 터키는 군함의 해협 통과금지를 위해 무차별적인 접근을 취하는 것이 터키-러시아 관계에 미치는 영향을 최소화할 것으로 믿는다. 러시아는 터키가 러시아 군함의 해협 통과를 금지하는 것을 편가르기로 볼 수 있다. 터키가 취할 수 있는 불법적인 해협 통과 접근에 대한 최선의 논리일 것이다.

나. 터키의 분명한 입장으로 법에 기반한 국제시스템 보장

2월 28일 터키 외무장관이 언급한 모든 군함의 해협 통과 금지를 시시하는 것은 몬트뢰 협약 제19조에 따라 정당화될 수 없으며, 현재 터키가 제21조를 발동했다는 징후는 없다. 공개적으로 터키는 협약이 요구하는 대로 신속하고 명확하게 제19조를 발동해야 하고, 협약에 따라 교전국 당사국인 러시아와 우크라이나 군함은 일반적으로 기지로 복귀하지 않는 한 통과가 거부되어야 한다. 이와 함께 비교전국들은 자유로운 통과 권리를 인정해야 한다. 이것은 협약의 장기적인 이행이 될 수 있다. NATO의 국가들이 해협을 통과하려고 시도하지 않을 것이라는 점을 이해하고 이를 러시아에 통보해 주어야 할 것이다. 터키가 협약을 왜곡하지 말아야 할 것이고, 이러한 협약을 기반으로 충돌의 장기화를 막고 법에 기반한 국제 시스템의 안정을 보장해야 할 것이다.

Ⅲ. 흑해를 둘러싼 우크라이나와 러시아 해군 현황

해군 엠블럼		해군기	
우크라이나	러시아	우크라이나	러시아

[그림 1] 우크라이나 vs 러시아 해군 '엠블럼'과 '해군기' 비교[180]

---

180) Список кораблей Военно-морских сил Украины — Википедия (wikipedia.org) 참조

1. 우크라이나 해군 현황

가. 우크라이나 해군의 역사

우크라이나 해군은 1992년 소련 해체 이후 세바스토폴에 본부가 있었으나 2014년 러시아의 크림반도 합병 이후 오데사에 해군사령부가 위치해 오고 있다. 1992년 독립국가연합(CIS)으로 독립될 당시만 하더라도 크림반도에 위치한 세바스토폴의 흑해함대 전력을 인수하면서 흑해의 해양력을 장악할 정도의 막강한 해군력을 보유하고 있었으나, 재정난 악화는 신형 전투함 도입을 가로막으며 해군 전력의 약화로 이어졌다.

2014년 크림반도 합병으로 6개의 해군기지와 다수 전투함이 러시아로 넘어가는 일련의 해군전력의 변화를 겪게 된다. 이후 해군전력은 크리박Ⅲ급(3,000톤급) 호위함 1척과 고속정을 포함하여 20척 내외 수준으로 전락하고, 이후 해군력 전력증강 계획은 예산난과 돈바스 내전으로 육상전력증강으로 이어졌다. 우크라이나 정부는 해군사령부를 세바스토폴에서 오데사로 이전하는 노력으로 겨우 관심을 보였다. 유일한 호위함 크리박Ⅲ급 게츠만 사하이다치니(Getman Sahaydachniy) 1척마저 우크라이나전이 진행되던 중에 최근 러시아군에 노획되지 않고자 자침하였다.

러시아와 우크라이나 해군과의 충돌 문제는 2014년 크림반도 합병 이후 지속적으로 해상에서 발생하고 있으며, 우크라이나 해군전력의 축소로 2020년 임명된 신임 해군사령관의 계급은 중장에서 소장으로 조정하여 임무를 수행 중이다.

〈표 4〉 크림반도 합병 이후, 러시아 VS 우크라이나 해군 관련 일지

일 시	내 용
'14. 3. 2.	러시아군, 우크라이나 제191해군훈련파견대 탈환
'14. 3. 4.	러시아군, 우크라이나 해군지휘함 슬라보티츠 탈취
'14. 3. 9.	러시아군, 우크라이나 크림반도 비행장 점령
'14. 3. 21.	우크라이나 해군함정 6척 잔존 : 세바스토폴(1) : 호위함 슬라보티츠 도누즐라프(5) : 상륙함/콘스탄틴 올샨스키, 유리 올레피렌코, 초계함/빈니차, 소해정/ 체르니하우, 체르카시
'14. 3. 24.	우크라이나 : 해군사령부, 1수상함전단, 3수상함전단, 5수상함전단, 8지원함전대, 18지원함전대, 51척의 군함과 해군시설 상실 -호위함 게츠만 사하이다치니 1척 포함 10척 군함 잔존
'16. 4. 15.	우크라이나 대통령, 법령에 따라 세르히 하이두크 해군사령관직 해임
'18. 1. 15.	- 러시아의 크림반도 개입 및 점령기간 러시아가 압수한 우크라이나 해군 군함 목록 발표

	- 우크라이나 대통령령에 따라 해병대 창설 및 해군구조변경
'18. 11. 25.	우크라이나군 함정 3척, 러시아군에 나포 '케르치해협 사건' 발발
'18. 12.	우크라이나 해군 '2035년 발전전략계획' 승인 - 베르댠스크에 해군기지 건설 추진
'19. 9. 27.	미국해안경비대로부터 순찰선 2척 인수, 11월 13일 해군으로 인계
'20.	우크라이나 신임 해군사령관 소장 '올렉시 네이즈시파파' 임명 - 해군사령관 계급 중장에서 소장으로 조정 (전력규모에 따른 조치로 판단)

나. 現 우크라이나 해군현황과 '2035년 해군발전전략계획'

2022년 3월 기준 우크라이나 해군력은 총 22척[181]이며, 이중 고속정 기함은 겨우 250톤급 미사일 고속정으로 구성된다.

〈표 5〉 우크라이나 해군 주요함정 현황

함 타입	함 명	척수	만재톤수
크리박III급	호위함 게츠만 사하이다치니(Getman Sahaydachniy) * 2022년 우크라이나전 과정 중에 자침	1	3,510
마트카급	미사일 고속정	1	257
켄타우로급	고속정	2	54
그리쟈-M급	고속정	7	47

2018년 우크라이나 해군은 2035년「해군발전전략계획」을 발표하고 이를 진행하고 있었다. 약소한 해군력 증강을 위한 자체 해군 군함 건조사업과 서방으로부터 군함 도입을 동시에 진행하였으나, 재정난과 러시아와의 군사적 관계 문제로 인해 대부분 취소되었다.

---

181)「The Military Balance 2021」참조

[그림 2] 호위함 크리박Ⅲ급(3,510톤) 게츠만 사하이다치니(Getman Sahaydachniy)[182]
[그림 3] 미사일고속정 마트카급(257톤) U153 프릴루키(Priluki)[183]

　해군발전전략계획에는 초계함 볼로디미르 벨리키급(2,500톤급) 4척 자체건조 계획이 있었으나 자금난으로 중단, 초계함 아다급(2,300톤급)을 터키로부터 도입예정이었으나 무산, 그리자-M급(54톤) 경비정 13척 추가 건조와 켄타우로급(47톤급) 미사일 고속정 4척 추가 자체 건조를 계획하고 있었지만, 이번 우크라이나전으로 인해「2035 해군발전전략계획」은 추진이 불가능하게 되었다.

2. 러시아 해군력 현황

가. 러시아 해군(흑해함대)의 역사

　러시아 해군의 역사 가운데 흑해함대는 군사적 요충지로서 크림반도와 함께했다. 1783년 창설된 이후 소련(소비에트 연방) 역사를 거치면서 그 중요성은 더욱 증대되었다. 1992년 소련이 붕괴되고 우크라이나의 독립으로 흑해함대 분할이라는 정치-군사적 문제가 발생한다. 1997년에 우크라이나는 러시아에 20년간 흑해함대가 세바스토폴 지역 일부를 사용토록 허가하였고, 2000년에 다시 2042년까지 사용토록 합의를 보았다. 이러한 합의로 진행된 세바스토폴 함대 사용은 2014년 러시아의 크림반도 병합으로 완전히 러시아 함대의 일부가 되었다. 우크라이나의 해군무기를 흑해함대에 완전히 재편입하게 된다. 우크라이나의 크림반도에 머물던 해군 병력 중에서 희망자는 러시아군에 편

---

182) Список кораблей Военно-морских сил Украины — Википедия (wikipedia.org) 참조
183) Список кораблей Военно-морских сил Украины — Википедия (wikipedia.org) 참조

입되고, 일부는 우크라이나로 돌아갔다.

흑해함대 전력은 크림반도의 세바스토폴 이외에도 페오도시야, 노보로시스크, 투압세, 템류크, 타간로그 등 흑해와 아조프 해의 여러 항구에 배치되어 있지만, 주요 해상전력은 세바스토폴에 집중되어 있다.

나. 現 러시아 해군현황(흑해함대)

러시아 해군함대는 4개 함대와 1개 소함대로 구성된다.[184) 흑해함대는 주요전투함 7 척을 포함하여 64척, 잠수함(SSK) 7척을 보유하고 있다.

〈표 6〉 흑해함대 조직과 배치[185)

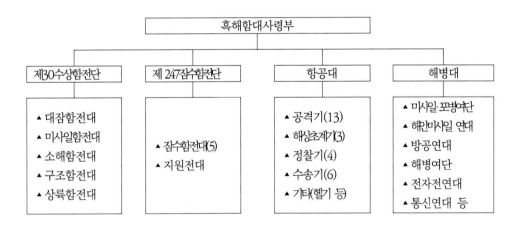

〈표 7〉 흑해함대 전력현황[186)

구분		보유현황
잠수함(SSK)		7척
주요 전투함		7척(순양함1, 구축함1, 호위함5)
기타 전투함		57척(초계함/연안전투함 37, 소해함 10, 상륙함 10)
항공대	고정익	· 공격기 : 13대(Su-24M), · 해상초계기 : 3대(Be-12PS) · 정찰기 : 4대(Su-24MR), · 수송기 : 6대(An-26)
	회전익	· 대잠헬기 : 미상(Ka-27), · 수송헬기 : 미상(Mi-8)

---

184) 4개 함대, 1개 소함대 : 태평양함대(블라디보스톡), 북양함대(세베르모르스크), 발트함대(칼리닌그라드), 흑해함대(세바스토폴), 카스피해 소함대(아스트라한)
185)「The Military Balance 2021」참조
186)「The Military Balance 2021」참조

주요 함정에 극초음속 미사일[187] 지르콘(Zircon)을 배치하게 되면 상당한 해상 화력을 가지게 된다.[188] 항공대는 고정익과 회전익을 포함하여 최소 26대 이상을 보유하고 있는 것으로 추정된다. 흑해함대는 수상함전단과 잠수함전단을 보유하여 수상작전과 수중작전이 모두 가능하다. 항공대에는 공격기와 해상초계기가 배치되어 공중지원도 가능하다. 또한 상륙함으로 언제든지 해병대가 탑승하여 상륙작전이 가능토록 조직을 구성하고 있다.

흑해함대는 2014년 이후 세바스토폴에 영구적으로 주둔하며, 우크라이나의 유일한 해상 길목을 차단할 수 있는 지정학적 이점을 충분히 활용하고 있다. 2015년에 발표된 해양독트린에서 강조하듯이 러시아의 해양개발을 위해 크림-흑해-쿠반-아조프-돈강 지역으로 이어지는 해양력 연결고리에서 크림반도는 매우 중요한 전략적 요충지로서 러시아 흑해함대의 중추적 역할을 수행한다.

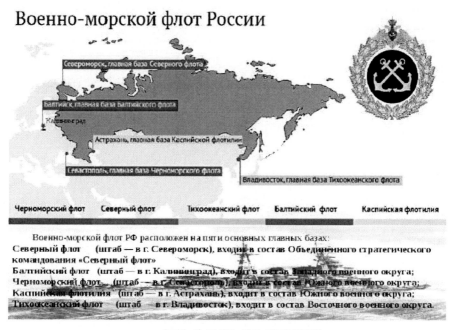

[그림 4] 러시아 함대 배치현황[189]

---

187) 러시아 국방부는 3월 19일 공군기를 이용해 극초음속 미사일 '킨잘(사거리 2,000~3,000km)'을 3월 18일 사용해 우크라이나 서부 이바노프란코프스크주의 군사 시설을 파괴했다고 발표

188) 2020년 4월 11일 러시아 언론은 "러시아 해군이 2022년 지르콘(Zircon, 나토명 SS-N-33) 극초음속 유도탄을 호위함 고르쉬코프에 배치할 것"이라고 보도하였다. 지르콘 극초음속 미사일은 수상함과 야센급(Yasen) 잠수함 등에 배치 예정

189) военно морской флот рф структура: 2 тыс изображений найдено в Яндекс.Картинках (yandex.ru) 참조

다. 「러시아 연방 해양독트린(2015.7.27.)」과 「2030 러시아 해군활동분야 기본정책(2017.7.20.)」에 포함된 흑해함대 해양정책과 해양전략

2015년 7월 28일 발표된「러시아 해양독트린」은 해양정책의 기본문서로서 총 101개 조항으로 나뉘어져 있다. 세계 해양에 대한 러시아 연방의 국가이익을 이행하고 보호하며 해양력 강화를 목적으로 한다. 국가 해양 정책의 법적, 경제적, 정보적, 과학적, 인력 및 기타 지원 사항이 전반적으로 기록되어 있다. 특히 흑해에서의 해양정책은 56-57조에 명시되어 주요 내용은 57조에서 16개 항목으로 요약된다.

무엇보다 두드러진 내용은 케르치 해협 사용에 대한 체계와 절차에 관한 국제법규가 명시되어 있다는 것이다. 이를 위한 흑해함대의 부대구성과 크림반도 주변의 군사인프라에 대해 강조하고 있다. 이 지역의 해양개발을 위해 크림-흑해-쿠반-아소프-돈강 지역으로 이어지는 해양 구성요소의 활성화에 기초하고 있다. 또한 해저 파이프 라인을 포함한 수출 가스 수송 시스템의 추가 개발도 모색하고 있다. 해저 파이프라인 및 위험이 예상되는 수중물체를 모니터링하는 과학연구가 수행되어야 한다고 명시되어 이 지역의 해양안보에 대해 특별한 관심이 집중된다.

[그림 5] 러시아 연방 대통령령 (2015.7.27.),「러시아 연방 해양독트린」[190]
[그림 6] 러시아연방 대통령령 제327호(2017.7.20.),「2030년 러시아 연방 해군활동분야 기본정책」[191]

---

190) Официальное опубликование правовых актов • Официальный интернет-портал правовой информации (pravo.gov.ru) 참조
191) Официальное опубликование правовых актов • Официальный интернет-портал правовой информации (pravo.gov.ru) 참조

2017년 7월 27일 발표된 「2030년 러시아 연방 해군활동분야 기본정책」에도 흑해에서 해군의 역할에 대한 유사한 내용이 포함되어 있다. 러시아 연방의 전략계획 문서로서 총 55개 조항으로 이루어져 있다. 전 세계 해양에서 러시아의 국익보호와 세계 2위의 해군력 건설을 추진하는 것을 주요 목표로 설정했다. 흑해의 해군활동에 관해서는 38조항에 간략히 명시된다. 관심이 집중되는 부분은 전략적 요충지에서 작전이 가능하도록 해구의 쥬비태세를 유지하고 잠재적인 저 표적을 대상으로 리시이 해군 힘징에 의한 상서리 정밀 타격무기를 포함한 무기 사용을 보장한다는 것이다.

그 외에도 크림반도에서 합동전력(부대) 발전을 통한 흑해함대의 작전능력 및 전투력 증대를 보장하고 있다. 북양함대가 2014년 12월 북극합동전략사령부로 승격되면서 합동작전이 강화되었고, 2021년 1월에는 북부특별군관구로 재편되면서 북극의 역할이 증대되는 모습이 크림반도에서도 충분히 나타날 수 있음을 보여준다.

Ⅳ. 케르치해협의 사건 사례와 흑해의 전략적 가치

1. 양국 갈등의 신호탄 케르치 해협192) 사건 경과

가. 사건 경과

흑해에서 아조프해로 들어가는 길목에 위치한 케르치 해협은 2014년 러시아의 크림반도 합병 이후 잦은 해상충돌을 일으켜 왔다. 러시아가 크림반도를 병합한 2014년 이후 케르치 해협 통행과 관련하여 러시아는 이 해협의 우월적 지위를 주장해 오고 있다. 그러던 중 2018년 11월 25일 우크라이나 해군 초계정 2척과 해군 예인선 예니카푸함 1척이 흑해 오데사 항구를 출항하여 아조프해 마리우폴 항구로 가기 위해 케르치 해협을 통과하고 있었다. 그러던 중 러시아 해안경비대는 우크라이나 해군이 러시아의 영해를 침범하고 있다며 벗어날 것을 명령했지만, 우크라이나 해군은 2003년 조약193)을 주장하며 이를 거부했다. 이에 러시아 해안 경비대는 함포를 발사하여 우크라이나 해군 2명이 부상을 당하는 사건이 발생한다. 사건 이후 러시아는 크림대교 아래를 대형 벌크선으로 막아 해협을 봉쇄하는 일이 발생했다.

---

192) 케르치해협은 크림반도와 러시아 타만반도 사이에 위치하여 흑해에서 아조프해로 들어서는 길목에 자리잡고 있음. 길이 약 41km, 너비 4-15km 해협. 두 곳을 잇는 크림대교를 준공했다.
193) 2003년 케르치해협과 아조프해를 공해로 지정하는 양국 간 조약 체결

당시 우크라이나 대통령이었던 페트로 포로센코와 의회는 러시아와 트란스니스트리아에 인접한 10개 지역194)에 계엄령을 선포했다. 계엄령은 2018년 11월 26일부터 한달 간 적용되었다. 북대서양조약기구(NATO)와 유럽연합(EU)은 러시아와 우크라이나 선박 간 충돌과 관련하여 우크라이나에 대한 지지를 표명하고, 나토 대변인은 성명을 통해 "우크라이나의 주권과 영해에서의 항해권을 포함한 영토 보전 활동을 전적으로 지지한다"며 "국제법에 따라 우크라이나의 아조프해 접근을 보장하라"고 촉구한 바 있다. 앞서 미국은 러시아의 행위를 '침략'으로 규정하고 우크라이나에 대러시아 군사지원을 약속했다.

2. 흑해의 전략적 가치

가. 전략적 가치

흑해에서 아조프해로 들어가는 길목에 위치한 케르치 해협은 2014년 러시아가 크림반도 합병 이후 지속적으로 잦은 충돌 발생을 야기해 오면서 인근 지역과 해역의 군사적 긴장은 높아지고 있었다. 그런 가운데 11월 5일에는 흑해 상공에서 러시아 전투기와 미국 정찰기가 초접근 대치하는 상황이 벌어졌고, 미국은 우크라이나의 친러 반군에 맞서 우크라이나 정부를 지원하고 있음이 직·간접적으로 보여주는 여러 사례들이 나타났다.

케르치 해협에서의 해상 갈등이 최근 발생한 우크라이나전과 전혀 무관해 보이지 않는다. 특히, 크림반도 주변 해상에서 잦은 충돌문제를 보았을 때, 우크라이나 선박이 아조프해에 위치해 있는 마리우폴 항구도시로 항해하기 위해 케르치 해협을 통과할 수 밖에 없었고, 특히 영해와 공해의 경계획정이 모호한 상황에서 이러한 문제의 근원이 계속 불거져 나올 수 밖에 없었다고 생각된다. 러시아측은 크림반도의 합병이 흑해 주변 지역의 모든 안정을 가져올 수 없음을 인식하면서도, 아조프해와 케르치 해협을 사이에 두고서 지리적으로 러시아와의 거리를 두고 있는 크림반도 주변은 더욱 뜨거운 불화산으로 인식하며 불씨를 만들어 왔다. 결국 러시아는 크림반도를 포함하여 아조브해 주변 해안지역의 러시아로의 편입에 대한 필요성이 이러한 잦은 충돌로 인해 더욱 절실했을 것으로 여겨진다.

'마리우폴(Mariupol)-멜리토폴(Melitopol)-헤르손(Kherson)'으로 연결되는 아조프

---

194) 체르니히우 주, 수미 주, 하르키우 주, 루한스크 주, 도네츠크 주, 헤르손 주, 미콜라이우 주, 오데사 주, 빈니차 주 총 10개 지역

해 인근 지역은 이미 러시아에게 점령되었다. 크림반도 서쪽 지역의 흑해 연안 지역 '니콜라예프(Nikolaev)-오데사(Odessa)' 연결지역에 대한 군사력 투사가 진행 중이다. 아조프해 인근 지역과 크림반도 서쪽 흑해 연안까지 러시아 군의 점령이 이루어진다면 우크라이나의 흑해 진출로는 모두 차단된다. 결국 해양을 통한 전투력 지원과 보급로는 모두 차단되는 결과를 가져오게 된다.

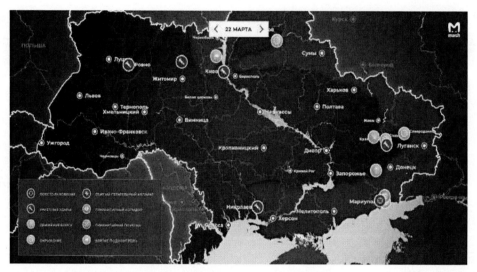

[그림 기] 최근 러시아-우크라이나 전쟁 상황 195)

V. 우크라이나전이 우리 해양안보에 주는 시사점

1. 국제 해양법 준수와 법에 기초한 합리적 해석 필요

보스포러스 해협의 사례는 국가 간 문제가 발생할 경우 특정 국가의 이익으로 판단해서는 안되며, 명시된 국제해양법의 준수에 따라 이행해야 함을 보여준다. 섣부른 해석의 차이 또한 합리성을 상실하는 결과적 오판을 만들 수 있음을 명심하고 철저한 법의 준수가 우선되어야 한다. 특정국가에게 유리한 다양한 방법으로 해석하여 해결하려는 노력 또한 결과적 오판을 초래할 수 있다. 국제 해양법이 발효되기 이전 양자간 또는 다자간 충분한 검토를 통해 기정해진 법이라면 법에 근거하여 시행되어야 당사국들은 법의 범위

---

195) мариуполь одесса карта: 2 тыс изображений найдено в Яндекс.Картинках (yandex.ru) 참조

안에서 보호를 받을 수 있고, 법준수의 믿음은 더욱 높아진다. 그렇지 않으면 법에 대한 불신을 야기하여 더 많은 혼란을 발생할 수 있다. 법에 명시된 협약의 발효는 장기적 이행을 위한 첫걸음이 된다는 것을 명심해야 한다.

2. 자국 수호를 위한 해양력(해군력) 강화 필요

우크라이나 사태는 외부의 위협으로부터 자국을 수호하기 위한 국방력의 중요성을 다시 한번 더 되새기게 한다. 1992년 우크라이나가 독립국가연합(CIS)으로 선언하고 나서 재정난의 둔화는 경제력 성장에 집중해야 했다. 경제적 안정을 찾기도 전에 러시아의 크림반도 합병으로 국가안보적 고비를 맞이하였다. 해군력 증강은 상상도 할 수 없었다. 나토의 군사력 지원에 의지할 수 밖에 없는 우크라이나의 군사력 유지에는 큰 걸림돌이 되어왔다. 특히 해군사령부가 위치했던 크림반도의 세바스토폴을 잃게 되면서 해군력은 나락으로 떨어졌다. 2018년 발표된 우크라이나의 '2035년 해군발전전략계획'도 시행단계에서 재정난 문제에 부딪히고, 러시아와 충돌이 잦으면서 좌초 지경에 이르렀다. 우크라이나의 해양력 강화가 경제력 성장과 동시에 진행되지 못한 것은 많은 아쉬움이 남는다. 최근 전쟁양상을 보면 알 수 있듯이 러시아는 우선적으로 우크라이나의 해양을 차단하고 흑해 인근 도시를 점령함으로서 해양 진출로가 거의 모두 폐쇄되었다. 해양력과 해양 인근지역 장악에 우선 집중했다는 점에 관심을 가져야 한다.

국가의 모든 분야가 안정되고 나서야 국방력을 강화해야 한다는 주장은 어불성설이다. 국방력 강화를 안보의 우선순위로 두고서 자국 수호를 위한 자주국방의 노력만이 국민의 생명과 재산을 보호할 수 있다는 교훈을 준다. 특히, 해양으로부터 지원되는 모든 공급수단이 차단되는 최악의 상황에 놓일 수 있다는 것을 명심하고 해양력 강화의 중요성을 명심해야 할 것이다.

3. 전략적 외교와 해양안보협력의 중요성 인식

우크라이나 사태는 전략적 외교와 해양안보협력의 중요성에 대한 강한 메시지를 전한다. 강대국 사이에서 외교가 잘못되면 어떤 댓가와 기회비용을 지불해야 하는지를 보여준다. 국제사회에서 신뢰감을 주지 못하는 애매한 외교전략과 일관성 결여로 초반에 서방과 실질적인 공조체제를 갖추지 못하는 인상을 주었다. 평시 전략적 외교력은 위기상황에서 지원세력으로 등장할 수 있음을 보여준다. 특히, 해양에서의 안보협력은 지속적인 노력으로 가능하다. 평시 예상되는 위협으로부터 벗어날 수 있는 수단과 방법을 찾지 못한다면 그에 대한 충분한 대가를 치를 수 있음을 명심하고 해양에서 발생가능한 상황에 대해 국가간 해양안보협력을 유지·강화·확대해 나가야 할 것이다.

VI. 결론 : 우리 해양안보를 위한 정책 제언

1. 국제 해양법 컨퍼런스 활동 강화 및 해양법 전문가 육성

보스포러스 해협과 관련된 '몽트뢰 협약' 사례에서 보듯이 군사적 긴장이 지속되고 있는 한반도 주변 해양문제 해결에 관한 해양법의 국제적 공감대 확보를 위해 노력해야 할 것이다. 지속적으로 주변국 해양전문가를 초청하여 국제 해양법 컨퍼런스를 개최하는 노력이 필요하다.

여기서 멈추면 안 된다. 해상에서 군사충돌 발생시 국제사회에 나가 해양문제를 논리적으로 법적 근거를 바탕으로 설명하고 대응할 수 있는 해양법 관련 해양전문가를 평시에 충분히 양성해 두어야 한다. 이들이 곧 해양법 전문가 그룹이 되어 국제사회에서 전략적 지지 활동에 앞장서야 할 것이다.

2. 자주국방 실현을 위한 해양·해군력 강화에 대한 국민적 공감대 형성 추진

해양력 열세는 동맹국의 지원을 받기 위한 최후의 보류라고 할 수 있는 해상에서의 모든 보급로가 차단되는 극단적 상황에 도달할 수 있다는 우크라이나전 사례를 교훈삼아 평시 해양·해군전력 건설 추진에 박차를 가해야 한다.

해군전력 강화는 정부의 의지도 중요하지만, 국민적 공감대가 최우선임을 명심해야 할 것이다. 따라서 국민이 생각하는 해양안보의 중요성 인식에 특별한 관심을 가지고 국민 속으로 들어가 공감대를 형성할 수 있는 다양한 방법을 강구해야 한다.

3. 해양안보협력을 위한 해상연합훈련 확대 추진

한미연합훈련 강화를 지속적으로 추진해야 함은 물론이고, 다자국간 해양안보협력을 위한 연합훈련을 강화하고, 확대해 나가야 할 것이다.

코로나 상황으로 제한되었던 인도주의적 차원의 양자·다자국 간 연합훈련을 활발히 재개하고, 언제든지 참가하여 해양안보협력의 지지 기반을 마련해 두어야 한다.

4. 신남방 및 신북방정책 구상에 해양안보 협력 강화 명시

신남방 및 신북방정책은 관련 국가들과의 외교·안보분야 협력에서 출발한다는 것을 명심해야 한다. 무역로의 중심에 있는 북극항로 및 남방해역 해상이동로에 위치한 관련 국가와의 해양안보협력 강화를 추진해야 한다.

관련 국가와의 해군회의 강화 및 확대는 물론, 해양안보에 관한 신속한 소통강화를 위해 관련국에 해군무관 및 해군연락관 파견 확대 추진을 검토해야 할 것이다.

결론적으로 우리는 최근 미중 패권경쟁이 치열하게 부딪치고 있는 인도-태평양지역 전략의 지정학적 중심 지역에 위치해 있다. 우크라이나 사태에서 보듯이 우리는 한반도가 강대국들의 패권경쟁의 장이 되지 않도록 최선을 다해야 한다. 결국 튼튼한 한미안보동맹을 바탕으로 북핵 문제는 물론, 주변국과의 갈등을 최소화하는 외교전략과 국방안보전략을 최우선과제로 추진해 나가야 한다. 따라서 국익을 극대화하기 위해 그 어느 때보다 국방력을 비롯한 국력을 토대로 철저한 전략적 사고를 유지하여 적극적이고 주도적인 국방력 강화를 펼쳐나가야 한다.

참고 자료

«Морская доктрина Российской Федерации» УТВЕРЖДАЮ Президент Российской Федерации В.Путин от 26 июля 2015 года /「러시아 연방 해양독트린」, 러시아 연방 대통령령 (2015.7.27.)

Президент подписал Указ «Об утверждении Основ государственной политики Российской Федерации в области военно-морской деятельности на период до 2030 года» /「2030년까지 러시아 연방 해군활동분야 기본정책」, 러시아연방 대통령령 제327호(2017.7.20.)

официальный сайт Президента РФ / www.kremlin.ru

「The Military Balance 2021」, 「Jane's Fighting Ships 2021」

| 저자소개 |

정재호 | 국방부

정재호 박사는 해양안보·정책, 북극안보, 국제안보 관련 연구를 지속하고 있다. 해군사관학교 졸업 후 모스크바 국립대학교(Moscow State University)에서 국제관계학 석사 및 박사 학위를 받았다. 주요 연구분야는 동아시아 해양안보, 북극 해양군사안보, 러시아 군사안보, 미·러 안보관계, 핵안보 등이다. 초계함 함장, 해군본부 정책실, 주러시아 해군무관 등을 역임하였다. 『2013-2014 동아시아 해양안보정세(공저)』, 『21세기 동북아 해양전략:경쟁과 협력의 딜레마(공저)』, 『러한 국방전문용어사전(공저)』, 『러시아 해양력과 해양전략(공역)』, 『21세기 해양안보와 국제관계(공저)』, 『2020-2021 동아시아 해양안보와 전망(공저)』, "After the US-Russian New START: What's Next?", "북극해의 전략적 가치와 해양안보" 다수 책자, 번역서, 논문, 기고문 등 활발한 학술 활동을 하고 있다.

우크라이나 전쟁 언론보도와 시사점

윤 원 식 박사 (북극성안보연구소)

Ⅰ. 머리말

러시아의 침공으로 시작된 우크라이나 전쟁이 한 달이 넘도록 계속되고 있다. 러시아는 세계 2위의 군사력을 보유하고 있고 반면에 우크라이나는 세계 22위의 군사력을 보유하고 있다. 외형적 군사력의 차이는 비교가 되지 않을 정도이다. 병력 수만으로도 135만 명 대 50만 명이다. 그럼에도 불구하고 단시일 내에 전쟁을 종결짓고 의도한 목적을 달성할 것으로 판단했던 러시아는 곤욕을 겪고 있다.

세계인들은 우크라이나 전쟁의 시작부터 현재 진행되고 있는 과정과 전황 전반에 대해서 언론을 통해 매일매일 또는 실시간으로 듣고 보고 있다. 신문방송 같은 매스 미디어를 통해서, 또는 유튜브, 페이스북, 트위터 같은 SNS를 통해서 양측의 군사작전 진행 상황과 민간인들의 사망이나 건물의 피폭 현장 등을 보면서 전쟁의 참상에 대해서 잘 인식하고 간접체험을 하고 있다.

러시아와 우크라이나 전쟁은 한국민들에게는 먼 나라 남의 나라에서 벌어지고 있는 강 건너 불구경만으로 여겨서는 안 된다. 우리는 6.25전쟁을 경험했고 비록 전쟁은 아니지만 불과 12년 전에 '천안함 피격사건'과 '연평도 포격전'이라는 군사적 위기사태로 혼란을 겪은 바 있다. 지금도 각종 중장거리 미사일 발사와 도발, 핵 시설 재가동 움직임 등이 포착되고 있어 언제든지 어떠한 빌미로든지 도발과 위협을 가해올 수 있는 북한과 대치하고 있기에 우크라이나 전쟁을 통해 우리의 안보태세와 대언론 위기관리 시스템에 관심을 가질 필요가 있다.

러시아와 우크라이나 양국이 서로의 목적 달성을 위해 자국의 언론을 어떻게 활용하고 있는지, 그리고 세계 언론에는 어떻게 비쳐지고 있는지 살펴봄으로써 군사적 충돌의 개연성이 잠재해 있는 한반도 안보상황에 대입하여 군의 대언론 정책과 위기관리 시스템을 정비하고 점검하는 계기로 삼아야 한다.

Ⅱ. 전쟁과 언론, 전쟁 취재와 위기관리 커뮤니케이션

1. 전쟁 수행의 또 다른 도구, 언론

전쟁은 언론의 가장 큰 뉴스거리이다. 전쟁의 규모가 크든 작든 그것은 인간의 생명과 재산에 대한 직접적인 피해를 유발하는 것이기에 먼 나라에서 벌어지고 있는 국제뉴스임에도 불구하고 언론은 뉴스 가치가 높다고 보고 큰 비중으로 취급하고 있다.

오늘날 언론의 전쟁보도 방식이 매우 다양해졌지만 여전히 가장 큰 영향력을 가진 것은 TV 방송이다. 베트남전이 TV를 통해 전쟁의 참상이 시청자들의 안방으로 보도된 최초의 전쟁이다. 걸프전은 '미디어에 의한 대리전쟁'이라고도 불릴 정도로 언론의 비중과 역할이 컸다. 특히 현대전은 ICT 기술의 발달로 언론의 전쟁보도는 전투수행과 거의 동시에 국내외의 주요 뉴스로 전파되고 있다.

현대전이 언론을 전쟁 수행의 중요한 도구이자 수단으로 삼는다는 점에서 전쟁 수행 당사국이 어떤 언론정책·언론관을 가지고 있는가에 따라서 수행과정과 효과에 큰 차이가 있다. 자유민주주의 체제의 언론과 사회주의나 전체주의적 체제의 언론은 기본적으로 인식과 접근 방법에서 차이가 있고, 추구하는 목적이나 방향과 내용도 다르다. 따라서 전쟁 상대국의 언론정책이나 언론관에 대한 이해가 전제되면 '언론이라는 무기체계'로부터 피해를 덜 입을 수 있다.

기본적으로 자유민주주의 체제하의 언론은 '언론의 자유'와 '국민의 알권리' 보장이라는 개념에서 출발하고 있고, 사회주의나 전체주의 체제하의 언론은 '언론통제'와 '국민의 알 필요성' 관점에서 출발한다. 따라서 다 같이 전쟁 수행의 도구나 수단으로 언론을 활용하더라도 자유민주주의 체제의 언론은 '취재의 자유'와 '표현의 자유'를 바탕으로, 사회주의나 전체주의 체제는 언론을 '국가권력 유지의 수단' 또는 '국민에 대한 통제의 수단'으로 보고 있기에 여론전이나 심리전 수행의 방법이나 효과면에서도 큰 차이가 있다. 가장 큰 차이는 무엇보다도 언론에게 제공되는 정보 또는 언론을 통해 전달되는 정보의 객관성과 진실성에 관한 것이다.

다시 말해 사실(fact)이 아닌 허위정보, 조작된 정보, 왜곡된 정보를 통해 가짜뉴스(fake)를 생산, 유포, 전파하는데서 발생하는 차이이다. 평소에는 진짜뉴스와 가짜뉴스를 구분하기가 비교적 수월한 반면에 전쟁시에는 구분하기가 쉽지 않다는데 문제가 있다. 군사작전 자체의 보안성과 비밀성이 유지되는데다가 정보에 대한 접근권이 지극히 제한적이기 때문이다. 그리고 해당 정보의 시효성이나 유효 기간이 전쟁의 국면 전개에 따라 단시간 또는 단시일인 경우가 많기 때문에 얼마든지 조작정보 왜곡정보를 통해 가짜뉴스를 만들어 단기 효과를 노릴 수 있는 것이다.

오늘날은 각종 ICT 기술의 발달로 이러한 조작된 정보는 일정한 시간이 경과하면 실체가 드러나게 된다. 특히 인력과 운영상의 제한으로 인해 매스 미디어가 미처 취급하지 못하거나 접근하지 못하는 국소지역 정보나 팩트에 있어서도 SNS를 통한 개인미디어가 시간과 형식에 구애받지 않고 가감없이 특정정보나 실상을 생산(제작)과 동시에 전파(유통)할 수 있기에 조작된 정보로 가짜뉴스를 통해 여론전 심리전을 시도할 경우에는 오히려 역효과를 낼 가능성이 높다.

일반적으로 대중들은 어떤 미디어가 한 두 번 조작되거나 왜곡된 정보를 제공하게 되면 그 다음부터는 아무리 진실된 정보, 정확한 팩트를 제공해주어도 그 미디어에 대해서는 불신하게 된다. 따라서 조작된 정보를 통한 여론전은 국제적으로는 제3국의 국가들에게 외면받고 지탄받게 되어 오히려 상대국의 역심리전에 이용당할 수 있어 역효과를 낸다. 그러나 중국이나 러시아, 북한과 같이 자국의 언론과 내중들을 완전히 장악하여 통제할 경우 해당 국가의 국민들을 의도된 특정 방향으로 끌고 가는데는 별다른 저항이 없다는 점에서 내부 통제용으로는 상당한 효과를 발휘할 수 있다는 점에서 사회주의나 공산주의 국가들은 여전히 언론을 중요한 사회 통제의 수단으로 사용하고 있다.

2. 전쟁 취재와 위기관리 커뮤니케이션

'전쟁의 첫 번째 희생자는 진실이다'(the first casualty of war is truth) 라는 말이 있다. 전쟁에 대한 언론의 보도는 객관성과 중립성 보다는 편견과 이념, 의도가 그만큼 많이 작용되어 나타나기 때문이다. 전쟁 때는 일반 국민이나 대중들은 전투 현장에 접근하기가 곤란하다. 개인의 안전과 군사작전에 미치는 영향이 크기 때문에 종군취재 기자 등 다양한 미디어 수단에 의해 알려지는 정보를 접하는 게 일반적이다. 언론을 통한 전쟁보도가 얼마나 중요한가 하는 것은 바로 이 때문이다.

언론의 전쟁 취재와 관련하여 가장 비교가 되는 것은 1960년대의 베트남전과 1990년의 걸프전, 2001년의 이라크전이다. 베트남전 당시에 미군은 언론 취재에 비협조적이고 주로 통제적인 측면에서 다룸으로써 언론의 불만을 야기하고 되었고 제한된 정보로 인해 왜곡보도도 많았다. 결국 TV보급의 대중화와 더불어 언론의 반전여론 조성이 전쟁 전반에 영향을 미치게 되었다. 걸프전은 공동취재단(pool)을 구성하여 언론 취재를 지원하였는데 이것은 통제에 주안을 둔 언론정책으로서 제한적 취재 허용과 보도검열 방식이 언론의 많은 불만을 낳게 되었다.

이라크전에서는 임베딩(embeding)시스템을 적용했는데 이것은 걸프전과는 달리 언론취재의 적극적인 공개 및 안내에 주안점을 둔 제도이다. 일종의 종군 취재와 같은 개념의 부대와 함께 동행취재 방식이다.

어떤 방식이 가장 효과적이고 좋은 방식인지는 상황에 따라 다를 수 있으나 기본적으로는 국민의 알권리 충족 차원에서 저극적인 취재안내와 최소한의 통제대책 사이에서 조화를 이루는 것이어야 한다.

오늘날은 매스 미디어 외에도 유튜브, 블로그, 페이스북, 트위터 같은 1인 미디어가 매우 보편화 되어 있어 과거와 같이 실상과 다소 거리가 있는 일방향식의 커뮤니케이션으로는 의도하는 바의 여론이 형성되는 시대가 아니다. 그럼에도 불구하고 특정 여론 형성이 가능한 것은 미디어의 다양화 즉 수단과 방법, 제작과 전파의 용이성 외에도 미디어가 지닌 속성과 원리가 내면에서 작용되고 있기 때문에 이를 최대한 활용코자 하는 것이다.

전쟁이나 군사적 사태(충돌) 또는 대규모 재해재난 상황에서의 언론보도는 매우 신중하고 객관적이어야 한다. 미국이나 영국, 독일 같은 언론 선진국은 이러한 상황에서 언론이 다루어야 할 범위와 보도의 관점이 객관적이고 팩트 위주의 보도를 한다. 반면에 우리 언론은 천안함 피격사건, 연평도 포격전 등의 몇 가지 사례들을 통해 볼 때 매우 주관적이고 감성적인 관점에서 보도하거나 때로는 사태와 관련하여 특정의 이데올로기가 삭용되어 본질과 팩트와는 거리가 먼 보도가 나타나는 경우가 있다.

따라서 어떠한 군사적 도발이나 충돌사태 또는 하이브리드전이 발생할 경우 군과 정부, 언론은 상호간에 이성적인 쌍방향 커뮤니케이션이 필요하다. 즉 조직적이고 효과적인 위기관리 커뮤니케이션 시스템을 가동하여 국민의 알권리를 충족시킴과 동시에 군과 정부의 신뢰가 훼손되지 않도록 해야 군과 언론의 갈등을 최소화 할 수 있고 국민의 정서적 혼란과 불안을 없앨 수 있다.

군사적 충돌이나 사태 발생시 군과 정부의 위기관리의 첫 번째 키는 언론을 통한 대국민 여론관리에 달려 있다. 여론의 향방이 군사작전에도 영향을 미치게 된다. 우크라이나 전쟁의 사례에서 보는 현대전 · 여론전의 특징이다. 현대전 · 여론전은 군과 정부의 공보 시스템이나 매스 미디어 외에도 개인과 민간 기구에 의한 개인 미디어나 SNS를 이용한 소셜 미디어가 자국과 전쟁 상대국은 물론 제3국의 세계인들에게 직간접적으로 미치는 영향이 매우 크므로 군사작전 못지않게 큰 비중을 차지하고 있다. 따라서 언론정책과 위기관리 커뮤니케이션 시스템을 발전시키는 것이 중요하다.

Ⅲ. 전쟁과 여론전, 심리전 · 하이브리드전

심리전은 개인적인 이해관계나 스포츠 경기에서의 승패나 경기력에서의 우위를 점하고자 하는 상황으로부터 국가 간의 협상이나 전쟁에 이르기까지 그 수준과 범위가 매우 다양하다. 전쟁에서의 심리전은 전쟁 수행에 대한 대의명분과 정당성을 합리화하기 위한 선전활동과 동맹국 및 동조세력의 결집, 상대국의 사기를 저하시키고 국제 여론을 자국에 유리하게 하기 위하여 수행하는 것으로서 전략적, 전술적 수준에 이르기까지 다양하게 전개될 수 있다. 즉 자국에게 유리한 전쟁 환경 조성과 적국에게 불리한 상황 조성 및 국내외 여론을 유리하게 만들기 위한 수단과 도구, 폭이 매우 광범위하다.

이러한 심리전은 고대에는 주로 특이한 기후변화나 별의 움직임(유성 등) 같은 자연 현상에 대한 해석을 도구로 이용하였다. 1,2차 세계대전시에는 실제 군사작전에서 기만 작전과 연계하여 사용되었으며, 이라크전에서는 타국에 대한 위협과 과시, 설득과 대화, 자국민(自國民)에 대한 민신획득 및 戰意 조성 수단 등으로 활용되었다. 최근에는 사이버 전으로까지 확대 발전하는 추세이다.

심리전은 미디어를 비롯한 다양한 도구와 수단을 통해 나타난 결과물이다. 따라서 전쟁 수행 당사국이 의도적으로 왜곡된 정보나 허위정보를 제공하여 의도한 목적을 달성하고자 하는 것과는 구별되어야 한다. 미디어를 대상으로 한 의도된 왜곡 정보나 허위 정보의 제공은 국민과 여론의 신뢰를 잃는 원인이 되기 때문이다. 특히 자유민주주의 체제의 국가들은 언론에 대한 공보작전이 중요하다고 해서 허위정보나 왜곡정보로 심리전을 수행하고자 하지는 않는다는 점에 유의해야 한다.

미디어와 관련하여 심리전은 백색 심리전과 흑색 심리전의 두 가지 유형으로 구분해 볼 수 있다. 백색 심리전은 아군에게 유리한 정보나 사실(팩트)을 반복 강조하여 상대국의 사기를 저하시키고 아군의 전의와 우방국의 지원 및 협력을 최대화 시키는데 활용되는 유형이다. 반면에 흑색 심리전은 허위 또는 왜곡 과장된 정보를 유포하여 특정 국면에 대한 상대국의 전의를 저하시키고 국지적으로 유리한 상황을 조성하고자 하는 심리전의 유형이다.

심리전의 대표적인 예가 전투로 인한 사망자 숫자에 관한 것이다. 우크라이나군 사망자와 러시아군 사망자 수는 정확히 밝혀진 바가 없다. 러시아 국방부는 3.21일 498명이 사망했다고 발표했다. 그러나 친푸틴 언론 콤소몰스카야 프라브다는 9861명이 사망했다고 밝혔다가 기사가 삭제조치 됐다.

미국과 북대서양조약기구(NATO)는 러시아군 사망자가 7000~1만명 가량으로 추정한다. 우크라이나 정부는 사망자가 1만 5000명 이상이라고 주장한다. 전쟁에 투입된 러시아군 (15만명)의 약 10% 수준이다. 부상이나 포로로 잡힌 병력은 3만~4만여 명으로 보도되고 있다. 그 외에도 러시아군이 사망자를 은폐하기 위해 이동식 화장장을 전장으로 보내 시신을 태우고 있다고 우크라이나는 주장한다. 3.23일 CNN에 따르면 우크라이나 남부 미콜라이우 지역에서 수백구의 러시아군 시신이 발견됐다고 한다.

한편 우크라이나군 사망자는 우크라이나 정부 발표에 의하면 3.12일 기준으로 1300명 가량이라고 밝혔고, 러시아군은 3,13일 기준으로 우크라이나군 3000여명이 사망했다고 주장했다. 우크라이나 전체 병력(19만6600명)의 1.5% 가량이다. 사망자 숫자는 어느 쪽 주장이 맞는지 어느 정도인지 알 수가 없다. 사망자 규모는 양쪽 군대의 사기와 국민들의 심리적 불안정에 미치는 영향이 크기 때문이다.

우크라이나 전쟁에 대해 러시아에서도 반전 여론이 일고 있고, 세계 각국에서 러시아의 공격행위에 대해 지탄하는 반전 행위가 늘고 있다. 반전여론 형성의 가장 큰 확산 수단은 언론이다. 전문가들은 이 전쟁의 특징에 대해 각각의 견해를 밝히고 있다. 가장 주목할 부분은 '여론전' 또는 새로운 형태의 5세대 전쟁 양상인 '하이브리드전'으로 명명하고 다양한 분석과 평가를 내리고 있다는 점이다. 여론전·하이브리드전이라는 전쟁 양상에서 빼놓을 수 없는 도구나 수단은 언론이다.

여론전의 가장 대표적인 예는 베트남 전쟁이라고 할 수 있다. 막강한 군사력을 보유하고 압도적인 화력으로 전쟁을 주도했던 미국이 여론전에 밀려 미국민들 사이에서 전쟁의 참상과 부도덕성으로 인해 반전 여론이 일게 되어 베트남에서 미국이 철수함으로써 마침내 우세한 군사력을 가졌던 베트남은 패하고 베트콩의 승리로 전쟁은 끝이 났다. 당시 피폭 장면 사진이나 TV에서 보도된 베트남 전쟁의 모습이 실상과 다소 다른 면이 있었다 하더라도 대중들의 뇌리에는 실제 현상 그 자체보다는 언론에 의해 재가공된 모습으로 인지되고 인식되어 있다. 특히 네이팜탄에 화상을 입은 소녀가 벗은 채 울부짖으며 달려가는 장면은 엄청난 반향을 불러 일으켰다. 그러나 실제로 이 소녀는 안전한 곳에서 숨어 있던 중에 다른 아이들과 함께 구경하러 나왔다가 언론에 노출된 것이다. 경위야 어찌 되었건 간에 전쟁에 대한 비인도적인 모습으로 언론에 의해 재가공되어 표출됨으로써 세계를 경악시킨 대표적인 사례이다.

하이브리드전은 쉽게 말해 복합적인 전쟁 양상이다. 즉 기존의 재래식 전쟁에 비정규전이나 사이버전 외에도 심리전·여론전 등이 혼합된 전쟁의 형태로 모든 수단과 방법을 동원하여 상대국에게 물질적 정신적 심리적 타격을 입혀 자국의 의도나 목적을 달성하고자 하는 전쟁의 방식이라 할 수 있다. 우크라이나가 SNS를 통해 처참하게 파괴된 러시아 전차, 전투기 등의 모습이 담긴 SNS전, 러시아군 포로 모습을 공개한 심리전, 우크라이나 민간인의 피해를 알리는 여론전, 젤렌스키 대통령의 대국민 메시지 및 전 세계인들을 향한 도움 요청 여론 조성 등을 예로 들 수 있다. 젤렌스키 우크라이나 대통령이 SNS 등을 통해 결사항전 의지를 밝히는 것은 물론 미 의회 지도부 및 의원들과 직접 통화, 우크라이나에 대한 지원을 호소하고 있는 모습은 여론전의 대표적인 모습이다. 우리 국민들도 우크라이나 전쟁지원 성금과 구호품을 자발적으로 내는 사람들이 많이 있다.

의식하든 못하든 간에 하이브리드전에 이미 우리 국민들도 참가하고 있는 것이다.

Ⅳ. 우크라이나 전쟁보도가 주는 시사점

1. 우크라이나, 여론전에서 우위 선점

우크라이나 전쟁에서 보듯이 러시아는 대다수의 미디어가 정부 통제하에 있는 국영언론이다. 일부 독립언론이 있기는 하지만 이번 전쟁에 대한 보도여파로 '모스크바의 목소리'는 폐쇄되었고, '노바야 가제타'는 해당 기사가 삭제조치 되고, '메두쟈'는 차단되었다. 러시아는 언론이 '전쟁'이라는 용어를 사용하지 못하게 하거나 이러한 주제를 다룬 개인의 트위터나 페이스북을 차단하고 있는 상태이다. 심지어 전쟁초기에는 젤렌스키 대통령이 가족들과 함께 서방으로 도주했다고 보도함으로써 우크라이나 국민들의 항전의지를 초기에 꺾으려고 했으나 실패했다.

젤렌스키 대통령이 셀프 영상을 찍으면서까지 자신의 건재함과 러시아군이 어린이와 피난민에 대한 공격은 물론, 임산부에게도 피해를 입히고 있다는 정보를 공개하는 등 국민의 항전의지를 북돋우고 있기 때문이다. 젤렌스키 대통령은 우크라이나 자국민들에게 뿐만 아니라 미국을 비롯한 서방국가와 제3국의 국가들에게도 형식과 내용에 구애받지 않고 미디어를 통해 군사적, 경제적인 도움과 지원을 호소하고 있고, 상당한 효과를 얻고 있는 것으로 평가되고 있다.

국제적으로는 가장 먼저 스포츠 분야에서 동계올림픽 패럴림픽에서 러시아에 대한 거부나 스포츠 스타 및 인기 연예인들의 우크라이나에 대한 지지 및 반전 의견 표현 등으로 나타나고 있다. 대부분의 미디어는 러시아의 고립과 우크라이나에 대한 지지 및 성원으로 나타나고 있다. 즉 우크라이나 전쟁에 대한 미디어의 주요 아젠다나 기본 프레임은 러시아의 불법 침공에 대한 반전과 항전에 맞춰져 있다고 해도 과언이 아니다.

우리나라의 시각도 역시 마찬가지이다. 우크라이나 돕기 성금 모금 운동에 많은 사람들이 나서고 있는 중이다. 정부는 물론 민간과 비정부 기구, 개인들이 전쟁 성금과 물품을 주한 우크라이나 대사관으로 보내고 있다. 또한 물질적이고 유형적인 지원은 아니지만 많은 한국인들이 심정적으로 인간적으로 우크라이나인들과 연대하면서 반전 시위 등에 동참하고 있다. 이러한 행동들은 우크라이나의 또 하나의 여론전에서의 우위를 보여주는 예이다. 미디어를 통해 알려진 러시아의 불법 침공과 군사적 약자인 우크라이나의 항전의지에 공감하고 있기 때문이다.

한국 미디어들도 우크라이나 전쟁을 취재하기 위해 현장에 많은 기자를 특파하고 있다. 그 기자들이 전쟁의 전체 국면을 다 취재하지는 못한다. 기자 개인의 신변에 대한 안전 문제도 있고, 작전현장에 대한 접근도 제한적이다. 그러나 특파된 전쟁 취재 기자가 어디에서 무엇을 취재하여 보도하든 간에 기자 스스로가 처한 상황에서 나름대로의 기준에 의해 취사선택(gate keeping)하여 보도한 아젠다는 시청자 독자들에게 매우 호소력 있게 전달된다. 그러나 현장의 기자가 보고 듣고 취재한 것이 전쟁의 전체 국면을 다 다루는 것이 아니고, 유튜브나 페이스북, 트위터를 통해 전파되는 정보와 차이가 있거나 다를 수도 있다.

역설적이게도 그러한 정보의 차이는 곧 미디어를 통한 여론전의 중요성을 반증하는 것이다. 팩트와 페이크가 쉽게 구별이 안되므로 어떤 특정한 의도를 달성하기 위한 목적에서 미디어를 최대한 활용하고자 하는 것이 여론전이기 때문이다. 언론은 어떤 사안에 대해 특정한 측면에서의 관점을 디자인하고 제공해준다. 첫 번째 관점 디자이너가 현장의 취재 기자이다. 해당 언론사와 취재 기자의 관점과 프레임(framing)을 설정하고, 어떤 아젠다에 중점을 두고(agenda setting), 원래의 팩트를 의도에 맞게 재가공하는가(Reconstruction of Reality)에 따라 지지나 반전, 성원이나 비판으로 이어진다.

2. 우리에게 주는 시사점

우리와는 지구 반대편에서 벌어지고 있는 우크라이나 전쟁은 많은 것을 시사해주고 있다. 오늘날의 전쟁은 당사국만의 문제가 아니라는 것, 전쟁 수행의 주된 수단은 군사력이지만 군사력 운용에 영향을 미치는 것은 전쟁의 명분과 정당성, 그리고 민간인이나 비전투원에 대한 비인도적 살상 행위로 인한 국내외의 여론, 국제기구의 압력 등 복합적으로 작용하고 있다. 그리고 이러한 모든 것들은 거의 실시간으로 언론을 통해 세계 각국의 시청자 독자들에게 전파되고 있다

우리나라는 전쟁이 일시 중지된 상태인 정전상태이다. 1950년에 발발한 6.25 전쟁이 3년간의 치열한 공방전 끝에 전쟁 당사국들 간의 정전협정을 통해 중단된 상태로 70년 가까이 지나고 있어 전쟁을 잊은 듯하나 엄연히 전쟁이 재개되거나 아니면 전쟁 직전의 군사적 위기 상황은 언제든지 일어날 개연성이 있는 상태이다. 이러한 상황에서 한반도에서 전쟁이 발생하지 않을 것이라고 막연히 믿는 사람들이 많지만 그것은 어디까지나 바램일 뿐이다. 설사 전쟁은 아닐지라도 전쟁에 흡사한 군사적 충돌이나 위기사태는 언제든지 재발 할 가능성을 안고 있다.

예를 들면 2010년에 발생한 천안함 포격사건이나 연평도 포격도발 사건의 재탕이나 이와 유사한 도발 같은 것이다. 그러나 재탕이 될지라도 이번에는 더욱 교묘한 수단과 방법으로 원인과 근거, 도발의 주체를 밝혀내기 쉽지 않은 새로운 형태의 도발을 할 수 있다. 그것을 빌미로 언론을 통한 여론전, 심리전을 전개하여 동조세력과 우호세력들을 선동하고 내부 갈등과 분열을 획책하여 소기의 목적을 달성하고자 할 수 있기 때문이다. 정치공학적으로 볼 때도 지난 정부에서 맺은 9.19 남북군사합의서의 유명부실화와 새 정부 출범에 따른 안보 불안정세 조성과 핵 시설 재가동을 통해 대미 협박용 카드로 사용하고자하는 상투적인 수법도 등장할 가능성이 있다.

어떠한 형태의 군사적 도발이나 위협이든 이에 대한 언론보도는 우리 국민들을 자중지란으로 만들 소지가 있다. 헌정사상 초유의 가정 적은 표 차이로 당락이 판가름 난 대통령 선거로 인한 후유증이 가시지도 않은 상태에서라면 표현의 자유와 알권리의 충족이라는 대의명분하에 있는 우리의 자유민주주의 언론은 자칫하면 국민을 양분시키는데 앞장서게 될 수도 있다. 매스미디어와 개인미디어가 매우 활발하고 각종 ICT기술과 인프라가 잘 갖춰진 우리로서는 미디어의 영향력과 파급효과 또한 매우 클 수 밖에 없다. 물론 사회주의나 공산주의 체제와 같이 정부나 기관이 잘못된 정보로 여론전 심리전을 주도하지는 않는다. 반면에 특정 이데올로기나 가치관을 지닌 개인이나 집단이 반대 여론이나 심리적 왜곡을 목적으로 집요하게 활동에 나설 경우 혼란이 일 가능성은 늘 잠재되어 있다.

V. 맺음말

전쟁을 취재하고 보도하는 언론의 취재 수단이나 방법, 기술도 매우 발달되어 지구촌 사람들은 안방에서 사무실에서 생생하게 보고 듣고 평가하고 있다. 작전을 수행하는 양국 군대의 군사력 배치 상황도 구글의 위성지도를 통해 숨기기 어려울 정도로 노출되고 있어 마치 오늘날의 전쟁은 수많은 관람객이 지켜보고 있는 축구장의 축구 경기에 비유될 수 있다. 관람객과 시청자들은 개별 선수들의 움직임과 기술, 체력, 장단점을 보고 있고, 심판의 경기운영과 진행의 노련함이나 중립성 객관성, 감독이나 코치가 어떤 작전과 전술을 지시하고 전달하는지 어떤 제스처로 선수들을 격려하는지 등등에 대해 각각 분석과 해석을 하고 있다. 그러다가 응원하는 팀의 경기력에 대해 선수를 교체해야 한다거나 쉬게 해야 한다거나 등의 의견과 평가에도 전문가적 관점에서 제시한다. 이러한 행동들은 차후 선수개인이나 팀의 경기운영에까지 많은 영향을 미치게 된다. 팬들의 바람과 기대를 저버리는 구단이나 팀은 살아남기 어렵기 때문이다.

우크라이나 전쟁에서 양국의 감독은 푸틴과 젤렌스키 대통령이다. 심판은 바이든 대통령과 시진핑 주석이다. 관람객과 시청자들은 이들의 행동을 유심히 지켜보며 성원과 질타를 보내고 있다. 선수들은 경기장 내에서 혈투를 벌이고 있다. 이러한 모습들은 모두 미디어를 통해 생산(제작), 유통(판매), 전달(소비)되고 있다. 따라서 미디어가 이것을 어떤 각도에서 어떻게 조명하여 상품화하는가에 따라서 시청자 독자들은 경기장의 실제 모습이나 사실과는 다소 다르게 인식할 소지가 있다. 따라서 객관적인 보도, 국가이익 추구를 위한 보도라는 관점에서 법과 제도의 정비 및 인식의 제고가 필요하다. 즉 정부(군) 당국과 언론 상호 간의 한반도에서의 전쟁과 분쟁, 국지도발, 군사적 충돌 사태 등에 대비한 취재와 취재지원, 전반적인 보도 규칙을 마련하기 위한 연구와 대책이 절실히 필요한 시점이다.

| 저자소개 |

윤원식 | 북극성안보연구소 미디어전략센터장

　육사 제42기로 졸업, 연세대 대학원(신문방송학과) 석사, 경기대 정치전문대학원(외교안보학과)박사. 2010년 천안함 피격사건과 연평도 포격전 때 국방부 대변인실 공보과장 겸 부대변인으로 군과 언론의 갈등 현장에서 많은 갈등을 겪었다. 이를 계기로 군과 언론 간 최초의 보도준칙인 '국가안보 위기시 군 취재보도 준칙'을 제정하였다. 합동참모본부 공보실, 사단, 군단, 군사령부 등 전후방의 여러 부대에서 언론 홍보와 위기관리 커뮤니케이션 참모로 33년 복무하고 육군 대령으로 전역하였다.

우크라이나전 관련 북한의 대응과 시사점

이 흥 석 박사 (국민대 겸임교수)

Ⅰ. 북러 관계의 지속과 변화

러시아가 우크라이나를 침공한 지 30일이 지났다. 러시아가 침공을 한다면 양국간 국력의 차이로 러시아의 조기 승리가 점쳐졌으나, 우크라이나의 항전 의지와 미국과 EU 중심의 경제적·군사적 지원으로 우크라이나가 예상 보다 선전을 하고 있다.

러시아와 북한은 역사적·지정학적으로 밀접한 관계를 유지해 왔으며, 북러 관계는 김정은체제에서 전략적 이익을 공유하며 강화되고 있다. 북한은 러시아의 전신인 소련의 지원으로 탄생했다. 해방 후 김일성은 소련군 대위로 북한에 들어와 소련군정의 지원으로 북한의 지도자가 되었다. 소련의 스탈린은 김일성이 설계한 한국전쟁을 승인하고 군사고문단과 무기체계를 지원하여 공산주의 팽창을 도모했다.

1960년대 북한은 냉전체제와 중소분쟁의 안보환경에서 경제국방병진의 국가전략을 채택하고 4대군사노선을 시행하여 국방력을 강화했으며, 당시 소련은 북한과 호상원조조약을 체결하고 인민군을 현대화하는 데 기여했다. 특히 북한이 원자력의 평화적 이용을 명분으로 핵 잠재력(핵기술, 핵시설, 전문인력)을 확보하여 핵무기를 만들 수 있는 기반을 제공했다.

1990년대 사회주의체제 전환으로 소련이 해체되면서 북한과 러시아관계는 소원한 적도 있었으나, 푸틴이 집권한 후 러시아가 국제정치에서 위상을 점진적으로 회복하면서 양국관계는 다시 공고해지고 있다. 병행하여 북중러 북방 삼각관계도 최근 미중간 전략적 경쟁이 가속화되면서 미국의 인도태평양전략에 대응하기 위해 다방면에서 협력을 강화하고 있다. 한편 러시아는 북한 핵문제를 해결하는 집단협의체였던 6자회담 참가국인 점을 고려해 보면 향후 북한 비핵화를 도모하는 데 영향력을 행사할 수 있는 국가이다.

북한은 러시아의 우크라이나 침공을 비난하는 유엔의 대러 비난성명에 반대를 했고, 전쟁의 원인을 미국 중심의 제국주의로 비난하는 친러 행보를 보이고 있다. 최근 화성-17형 ICBM급 미사일을 발사하여 북미정상회담에서 약속했던 핵모라토리움을 파기했다. 따라서 우크라이나 전쟁에서 핵무기의 정치군사적 함의를 살펴보고 북한의 정치군사적 대응을 연계하여 향후 북한의 핵정책 변화를 예단해 보는 것은 시의적절하다고 본다.

Ⅱ. 우크라이나의 비핵화와 러시아의 핵 강압 전략

1. 우크라이나의 비핵화

지난 2018년 러시아가 돈바스지역에 러시아군을 파병하자 당시 우크라이나의 국가안보국방위원장 알렉산드로 투르노비치는 "핵무장 포기는 우리의 역사적 실수였다"고 후회했다. 우크라이나는 유럽에서 러시아에 이어 두 번째로 넓은 국가이며, 1991년 소련연방이 붕괴되면서 핵무기를 승계하여 세계 3위의 핵무기 보유국이 되었다.196) 우크라이나는 미국이 주도하는 협력적 위협감소 프로그램(Cooperation Threat Reduction, CTR)에 따라 1994년 12월 부다페스트 양해각서를 체결하고 핵무기 폐기를 대가로 안보를 보장받기로 했지만 러시아의 이번 침공으로 냉혹한 국제질서의 희생양이 되었다.197)

핵보유 국가가 핵을 폐기하는 유형은 독자적 폐기, 협력적 폐기, 일괄적 폐기, 단계적 폐기로 구분할 수 있다.198) 당시 우크라이나는 구소련 연방인 카자흐스탄, 벨라루스 와 일괄적이지만 협력적으로 핵폐기를 추진하였고 이는 국제적으로 검증받은 가장 신뢰성 있는 사례로 평가되고 있다. 협력적 위협감소 프로그램은 구소련체제의 붕괴에 대비하여 핵무기의 안전한 관리를 위해 미 상원의원 넌과 루가 등 24명이 공동 발의하여 통과시킨 '소비에트 핵위협 감소법'에 기반을 두고 있다.199)

법안은 고르바초프 대통령이 핵무기 해체 지원을 요청하고, 부시 대통령이 소련의 핵무기를 저장·수송·해체 및 폐기하는데 협력할 것을 제안했으며, 신생 독립국(우크라이나, 카자흐스탄, 벨라루스)이 핵무기를 국제 기술수준에 맞게 안전하게 관리할 수 있는 능력이 없고, 잠재적으로 핵무기나 부품의 탈취·도난·판매·사용 위협, 핵확산 위협 등이 있는 것으로 평가했다.200) 이를 해소하기 위해 미국이 매년 최대 4억 달러를 지원하여 대량살상무기의 폐기와 관련된 수송·보관·보호 조치 및 확산 방지를 위한 안전조치도 포함했다.

소비에트 핵위협 감소법은 미국이 협력안보의 관점에서 소련연방의 해체로 파생되는 안보위협을 선제적으로 해소하기 위해 냉전체제 경쟁국이었던 러시아와 공동으로 마련한 법안이다.201) 소련연방의 해체로 탄생한 신생 독립국이 보유한 핵무기는 이 법안에

---

196) 우크라이나는 구소련으로부터 ICBM 176기, 전략폭격기 44대, 핵탄두 1868발, 전술핵무기 2000   여 발을 물려받았다.

197) 부다페스트 양해각서(1994. 12.1, UN General Assembly Security Council A/49/765)는 미국·러시아·영국이 서명한 유엔안전보장이사회 명의의 국제조약 수준의 문서이다. 양해각서에 적시된 6   개 조항의 내용을 보면 '우크라이나의 독립과 주권 및 국경선 존중, 무력사용 피해자가 되거나 또   는 핵무기 사용 위협을 받을 경우 유엔안전보장이사회의 지체 없는 조치, 핵보유국 또는 핵보유국   에 동참하는 조직이나 연합이 자국을 공격을 감행하는 경우를 제외하고 우크라이나에 대한 핵무   기 사용 금지' 등 이다.

198) 이상현·한용섭 등,『해외 검증사례 비교연구 및 검증방안 개발』(대전: 한국원자력통제기술원,   2019), p. 110.

199) Soviet Nuclear Threat Reduction Act of 1991.

200) Title II, Public Law 102-228, "The Soviet Nuclear Threat Reduction Act of 1991."

201) 박철균, "협력적 위협감소프로그램의 교훈"『글로벌국방』통권 제5호 (서울: 글로벌국방연구포   럼,

기반을 둔 협력적 위협감소 프로그램에 따라 안전하게 관리 되어 폐기되었다.202)

우크라이나는 부다페스트 양해각서에 따라 러시아로부터 원자력 발전에 필요한 핵연료 100톤을 제공받고 약 10억 달러로 추산되는 핵탄두 내 핵물질 가치에 상응하는 25억 달러 규모의 부채를 탕감받았다. 또한 미국으로부터 핵폐기 비용으로 6천만 달러를 지원받았다.203) 경제지원보다 더 중요한 것은 핵무기 폐기를 담보로 미국·영국·러시아·유엔이 공동으로 우크라이나의 안전보장을 위해 주권과 독립을 보장한 것이다.

우크라이나가 선택한 핵폐기의 성공요인을 정치지도자들의 결정, 안전보장에 대한 강대국과 유엔의 약속, 경제적 보상과 냉전 이후 형성된 국제사회 신뢰라고 설명한다. 하지만 가장 두드러진 동인 중 하나는 우크라이나가 승계한 핵무기는 소련으로부터 물려받은 유산이므로 이것을 전력화하는 데 역사적·경제적·군사적 투자가 많지 않았다는 점이다.204)

무정부의 국제정치에서 약소국이 안보를 보장받는 선택지는 강대국과 동맹을 맺거나 자주적으로 군사력을 증강하는 것이다. 동맹을 맺는 것은 외적균형, 자주적으로 군사력을 강화하는 것은 내적균형을 추구하는 전략이며, 내외적 균형을 유지하는 것이 안보위협을 해소하는 최적의 방안이다. 하지만 신생독립국 우크라이나는 자주국방을 추구하기에는 경제적 뒷받침이 되지 않았으며, 후원국이었던 소련의 붕괴로 결국 동맹보다 낮은 수준의 집단안전보장에 의존하게 되었다.

당시 소련의 붕괴로 미소냉전체제는 형해화되면서 냉전을 대표했던 집단안보 성격의 제도적 기구인 나토와 바르샤바조약기구는 용도 폐기될 것으로 전망했다. 하지만 푸틴이 집권한 후 러시아가 위상을 회복하면서 구소련제국의 부활을 도모하는 팽창과정에서 우크라이나는 상시 안보위협에 노출되어왔다. 우크라이나는 러시아의 크림반도 합병과 돈바스지역의 친러 정권 수립을 막을 수 없었고, 결국 침공을 당하게 되었다. 반면 푸틴은 침공 전 조기 승전을 기대하였으나 우크라이나의 선전으로 예상보다 전쟁이 장기전이 되면서 핵 사용 가능성을 시사하고 있어 국제사회를 핵전쟁의 공포로 몰아가고 있다.

2. 러시아의 핵 강압 전략

2022.1), p. 31.
202) 당시 핵탄두 보유현황은 우크라이나 1,868, 카자흐스탄 1,360, 벨라루스 81기.
203) Joseph P. Harahan, *With Courage and Persistence.* (DTRA, 2014). p. 111.
204) Trevor Finlay, eds, *Verification Yearbook 2004* (London: Verification Research, Training and Information Centre, 2004)

전쟁에서 계획과 실제와의 괴리는 전쟁이 과학(science)뿐만 아니라 술(art)의 영역임을 명확히 하는 증거이기도 하다.205) 우크라이나의 항전이 길어지면서 조기 승리가 어려워짐에 따라 푸틴이 구상한 '머릿속의 전쟁'과 실제 전쟁은 차이가 많은 것으로 보인다. 러시아 크렘린궁 대변인은 3월 22일 '국가존립이 위협을 받을 경우 핵무기를 사용할 수 있다'고 밝혔다. 드미트리 페스코프 크렘린궁 대변인은 미국 CNN과 인터뷰에서 푸틴 대통령이 핵무기를 사용할 수 있는 조건에 대해 '러시아가 공개한 국가안보개념에 따라 만약 국가의 존립이 위기에 처하면 핵무기가 사용될 수 있다'고 확인해 준 것이다.206)

지난 2월 24일 러시아가 우크라이나를 침공할 때 만 해도 전쟁은 쉽게 끝날 것으로 예상했다. 2022년 글로벌파이어파워 지수에 따르면 러시아는 세계 2위, 우크라이나는 22위로 양국 간 군사력 차이가 상당하여 러시아의 일방적인 승리를 전망했다.207) 하지만 젤렌스키 우크라이나 대통령과 국민의 항전의지가 SNS를 타고 세계적으로 알려지자 미국과 EU가 전쟁물자를 지원하고 강력한 경제제재가 나오면서 러시아가 고전을 하고 있다.

푸틴 러시아 대통령도 우크라이나의 예상하지 못한 항전으로 고민에 빠져있다. 여기에 세계 최강의 군대 중 하나라고 알려진 러시아 군대가 군수품 지원이 부족하거나, 아날로그식 지휘통제체계를 사용하고, 포로로 잡힌 병사의 증언으로 민낯이 드러나자 자포리자 원전과 민간시설을 공격하면서 국제법으로 금지된 진공폭탄과 최신 무기인 극초음속 미사일 '킨잘'을 사용하여 공격의 강도를 높이고 있다.

오스굿(Robert E. Osgood)은 강압(coercion)은 상대방에게 무엇을 하도록 강요하는 군사전략으로 자신이 원하는 바를 상대방의 의지에 영향을 미치도록 교묘하게 힘을 행사하는 것으로 설명한다.208) 푸틴은 예상하지 못한 우크라이나의 항전과 경제제재에 부딪히자 핵무기 사용 가능성을 시사하며 핵미사일을 담당하는 전략군에 대해 경계태세 강화지시를 내렸다. 푸틴이 전략군을 준비하는 의도는 실제 사용보다는 우크라이나의 항복을 강압하는 수단일 가능성이 높아 보이지만, 만약 전쟁이 장기화된다면 핵무기 사용 가능성을 배제할 수 없다. 러시아는 과거 구소련시절에 아프간을 침공하였으나 패전한 경험이 있고, 장기전이 되면 천문학적인 전쟁비용과 미국과 서방의 경제제재로 인하여 막대한 경제적 피해 뿐만 아니라 푸틴체제도 도전을 받게 될 수 있다.

---

205) Michael I. Handel, *Masters of War: Classical Strategic Thought* (London, Portland: Frank Cass, 2001), pp. 23-32.
206) https://www.ytn.co.kr/_ln/0104_202203231421018769 (검색일: 2022.3.23.)
207) https://www.globalfirepower.com/countries-listing.php (검색일: 2022.2.25.)
208) 안토니오 에체베리아 저·나종남 역,『군사전략입문』(서울: 황금알. 2019), pp. 110-112.

러시아의 핵무기 사용 가능성에 대해 안토니오 구테흐스 유엔사무총장은 "핵분쟁 가능성이 이제 가능한 영역으로 다시 들어왔다"는 우려를 표명했다. 또한 미국 국방정보국(DIA) 국장 스콧 베리어 소장은 지난 17일 하원 군사위원회에 출석해 우크라이나 전황을 설명하며 "러시아의 전쟁지속능력이 한계에 이르러 소형 핵무기 사용 가능성이 높아지고 있다"고 경고했다.[209] 핵무기는 엄청난 파괴력이 상호 심각한 피해를 줄 수 있는 심리적 효과에 기반하여 분쟁 또는 전쟁을 억제하는 절대무기이다. 푸틴이 핵무기 사용 가능성을 시사한 배경에는 세계 최고의 핵무기 능력을 보유한 점과 더불어 우크라이나가 핵무기가 없는 국가이기 때문이다.

스톡홀름 국제평화연구소(SIPRI)에서 공개한 자료에서 러시아가 보유한 핵탄두는 6255기로 미국을 제치고 세계 1위로 평가되었다.[210] 한스 크리스텐슨 미국과학자연맹(FAS) 핵정보 프로젝트 소장은 러시아가 핵을 사용할 수 있는 시기는 '러시아 또는 동맹국이 탄도미사일 공격을 받았을 때, 적국이 핵무기를 사용했을 때, 러시아의 핵무기 시설이 공격당했을 때, 국가존망을 위협 받는 경우'로 설명하면서 실제 사용지침은 핵억제 보다는 지역분쟁과 상대국에 대한 공포 조성의 수단으로 사용할 가능성이 높은 것으로 평가하고 있다.[211] 크렘린 대변인이 언급한 '국가존립이 위기에 처한 상황'과 크리스텐슨이 지적한 핵 사용 시기가 일치하고 있어 러시아의 핵무기 사용 가능성이 점증하고 있는 것으로 보인다.

푸틴은 미국이 주도하고 있는 경제재재를 국가존립을 위협하는 명분으로 삼아 핵무기 사용을 정당화할 수 있다. 그럴 경우 푸틴은 핵무기를 강압전략의 수단으로 활용하여 우크라이나의 항복을 받아 내거나, 러시아에 대한 경제재재를 해제하고자 할 것으로 전망된다.

더욱 우려되는 것은 푸틴의 권위주의적 정책결정 성향이다. 론펠트(D. Ronfeldt)는 권위주의적인 지도자는 자신의 능력을 과신하고 권력욕구가 커서 스스로 운명을 결정할 수 있다는 자만심으로 가득 차 있다고 설명한다.[212] 휴브리스-네메시스 콤플렉스(Hubris-Nemesis-Complex)는 자아도취적 경향에 젖은 오만한 성향을 의미하는 것으로 이 콤플렉스에 빠진 지도자들은 자기 능력에 대해 지나친 확신과 교만으로 이에 반발하는 집단에 대한 격렬한 복수를 자행한다.[213] 푸틴은 KGB에서 성장했고 장기간 권력

209) https://www.newdaily.co.kr/site/data/html/2022/03/23/2022032300184.html(검색일: 2022.3.23.)
210) https://www.sipri.org/yearbook/2021 (검색일: 2022.3.23)
211) https://thebulletin.org/premium/2020-03/nuclear-notebook-russian-nuclear-forces-2020/ (검색일: 2022.2.25.)
212) 윤석철,『경영학의 진리체계』(서울: 경문사, 2002).

을 독점하는 과정에서 국제적 위상이 높아지면서 대내적으로 높은 지지율을 받고 있다. 또한 체첸, 남오세아니아, 조지아, 크림반도에 대한 영향력을 확대하면서 독단적 의사결정과 상명하복식 명령체계를 선호하고 있는 것으로 보인다.

Ⅲ. 북한의 우크라이나전 관련 인식과 대응

1. 북한의 인식

북한은 1960년대 중소분쟁과 남한 내 주한미군의 핵무기 배치, 쿠바사태 등 국제질서가 불안정해지자 중소에 대한 편승에서 벗어나 주체사상을 강조하며, 사상에서의 주체, 정치에서의 자주, 경제에서의 자립, 국방에서의 자위를 채택하고 극단적이며 폐쇄적인 대외정책을 지향해 왔다.

북한의 외교 원칙은 자주권의 존중이다. 강대국이 힘을 바탕으로 약소국을 위협하거나 침공하는 것을 비난해 왔다. 특히 북한은 김일성의 항일무장투쟁을 혁명전통으로 각색하고, 한국전쟁때 경험했던 미국의 위협에 따라 상시피포위심리에 갇히게 되면서 미국을 '제국주의 원수'로 폄하하여 적대시 해오고 있다. 핵미사일 능력을 고도화하면서 그 명분으로 미국의 핵위협에 대응하는 자위권이라고 일관되게 주장해 왔다.

북한의 미국에 대한 편향된 인식은 러시아가 우크라이나를 침공한 원인을 설명하는 데 그대로 투영되었다. 강대국 러시아가 약소국 우크라이나를 침공한 것에 대해 '자주권의 존중' 관점에서 러시아를 비난해야 하지만 오히려 미국을 침공의 원인으로 지목했다. 2월 28일 북한 외무성 대변인은 담화문에서 "우크라이나 사태가 발생하게 된 근원은 전적으로 다른 나라들에 대해 강권과 전횡을 일삼고 있는 미국과 서방의 패권주의 정책에 있다"고 발표했다. 더불어 미국과 EU가 러시아가 요구한 '정당한 안전 보장을 무시하고 나토의 동진을 추진하면서 유럽의 안보환경을 파괴한 것'을 침공의 원인으로 평가했다.214)

또한 북한은 제국주의적 관점에서 이라크, 아프가니스탄, 리비아의 분쟁도 미국과 서방의 책임으로 전가하는 인식을 보여주고 있다. 그 가운데 미국의 행보를 주권국가의 평화와 안전을 위협하는 이중기준으로 비난한 것은 북한이 미국에게 주장해온 '적대시정책 철회, 이중기준 철폐'를 재강조하며 대북정책 전환을 요구하는 전략적의도로 추정된다.

---

213) David Ronfeldt, *Beware the Hubris-Nemesis Complex: A Concept for Leadership Analysis* (RAND, 1994), pp. 5-9.
214) https://www.news1.kr/articles/?4600555 (검색일: 2022.3.5.)

2. 북한의 대응

북한은 우크라이나전쟁이 발발한 후 친러시아적이고 공세적인 행보를 보이고 있다. 먼저, 유엔에서 우크라이나 침공에 대한 투표에서 반대의사를 표명하여 러시아에 대한 정치적 지원을 계속하고 있다. 3월 2일 유엔총회에서 '러시아의 침공을 규탄하고 즉각 철군을 요구하는 결의안'에 대해 북한은 러시아·벨라루스·시리아·에리트레아와 함께 반대를 했다. 또한, 3월 24일 유엔 긴급특별총회에서 '우크라이나 인도주의 위기에 대한 결의안'에도 반대했다. 반대한 국가는 당사국인 러시아를 포함하여 북한·벨라루스·시리아·에리트레아였으며 중국은 기권을 했다.[215]

북한은 역사적으로 자주권을 중요한 가치로 상정하고 미국이 이라크·리비아·아프가니스탄에 대해 개입할 때는 제국주의적 침략으로 비난했지만, 러시아의 우크라이나 침공에 대해서는 정반대의 행보를 보이고 있는 것이다. 북한은 친러행보에 병행하여 공세적으로 미사일발사를 계속해 왔고, 결국 3월 24일 화성-15형 ICBM을 발사하여 핵미사일 모라토리움을 파기했다. 북한은 2022년 들어 ICBM, IRBM, 순항미사일, 극초음속미사일, 신형단거리미사일 등 총 12차례 미사일을 발사했다.

발사양상을 보면 이미 작전배치한 미사일의 작전능력을 점검하거나 새로운 미사일 개발을 병행하는 행보이다. 2021년 1월 제8차 당대회에서 2016년 제7차 당대회 이후 개발에 성공한 핵무기와 미사일을 선전하면서 2025년까지 개발하고자 하는 전략무기를 발표한 바 있다. 올해 들어 진행하고 있는 순항미사일, 극초음속미사일 은 북한이 발표한 국방발전 5개년 계획을 시행하는 로드맵의 과정이다.

당분간 북한은 미국이 우크라이나전에 집중하는 전략적 시기를 이용하여 핵미사일 능력 고도화를 지향하면서, 미국의 입장변화를 요구하고 새로 출범하는 윤석열정부를 압박하는 공세적 행보를 계속할 것으로 보인다.

Ⅳ. 북한 관련 시사점

1. 국방과학발전 5개년 계획 추진으로 비핵화 난망

북한은 2013년 핵경제병진정책을 발표하고 핵미사일능력 개발에 매진하여 원자탄과 수소탄 개발에 성공했고, 핵무기는 30~60여발 보유하고 있으며, 핵무기를 실어 나를 수

---

215) https://www.edaily.co.kr/news/read?newsId=01800726632266928 (검색일: 2022.3.5.)

있는 10여종의 다양한 미사일을 전력화했다. 또한 작년 1월 제8차 당대회에서 발표한 계획에 따라 새로운 전략무기 개발을 계속하고 있다.

반면 북한경제는 심각한 수준이며 김정은은 이를 해소하기 위해 작년에만 4차례 당 전원회의를 열어 경제개선을 도모하고 있으나 경제 인프라가 붕괴되어 쉽지 않은 상황으로 보인다.

북한은 군사와 경제의 비대칭적 상황을 핵미사일로 상쇄하고자 할 것이나, 우크라이나가 비핵화로 인해 러시아의 침공을 받은 것을 공개적으로 담론화할 수 없지만, 이를 반면교사로 삼아 핵무기가 미국에 대한 억제력을 발휘해 왔다는 김정은과 당정군엘리트의 인식은 더욱 공고해질 것으로 보인다.

2002년 10월 당시 북한 외무상 강성주는 미국 켈리 차관보에게 리비아 사례를 들어 비핵화를 거부한 바 있다. 김정은도 리비아 사태를 예로 들면서 "강력한 자위적 국방력을 갖추지 못하고 제국주의자들의 압력과 회유에 못 이겨 이미 있던 전쟁억제력마저 포기하였다가 종당에는 침략의 희생물이 되고만 발칸반도와 중동지역 나라들의 교훈을 절대로 잊지 말아야 한다"고 평양의 조선매체 '조선의 오늘'에서 보도한 바 있다.

최근 러시아의 우크라이나 침공도 제국주의적 관점에서 인식하고 있는 것을 보면 핵무기를 제국주의 특히 미국에 대한 억제력으로 간주하는 북한 지도부의 태도는 더욱 확고해질 것으로 보인다.

러시아는 북한 비핵화 협의체인 6자회담 참가국이다. 러시아가 우크라이나에 대한 핵위협을 계속하고 있고, 3월 24일 유엔안보리에서 북한의 ICBM 발사에 대해 제재결의를 추진하였으나 러시아와 중국이 반대하여 무산되었다. 북한 비핵화는 중국과 러시아의 협력적 행보가 중요하지만, 우크라이나전쟁으로 러시아의 협력을 당분간 기대하기 어려울 것으로 보인다.

2. 핵무기 중심의 군사전략과 공세적 핵태세 지향

러시아의 핵 강압전략은 북한의 군사전략과 핵태세를 공세적으로 변화하는 데 영향을 줄 것으로 보인다. 바이든 미 대통령은 러시아가 우크라이나에 대한 침공 가능성을 억제하는 과정에서 경제적 수단을 우선시했고, 군사적 수단은 배제하면서 러시아와의 군사적 대결은 3차 대전으로 확전될 것이라고 우려했다. 특히 2월 24일 러시아가 전면적으로 침공을 한 후 미국과 나토는 파병 가능성에 대해 '우크라이나에는 나토군이 없다'고 명확히 밝혀 러시아의 전면전을 간접적으로 확대하는 결과를 초래했다.

북한은 러시아의 우크라이나 침공에 대해 미국과 나토의 행보를 관찰하여, 강압수단으로서 핵무기의 가치와 군사적 개입의 한계성을 군사전략에 활용하고자 할 것으로 보인다. 먼저, 핵무기 중심으로 군사전략을 수정할 것으로 예상된다. 기존의 재래식전력에서 핵전력과 재래식전력을 통합운용하는 전략을 구현할 것으로 전망된다.[216] 핵전력과 재래식전력을 융합하여 목적·시기·방법·규모(지역)별 상황에 따라 활용하고자 할 것이다. 지역분쟁에서 재래식전력이 열세인 적대국은 일차적으로 미국에게 핵 확전(nuclear escalation)을 유인하여 이를 거부하게 만들어 동맹국에 대한 확장억제를 재검토하는 상황을 조성하고, 만약 유인 핵 확전이 실패할 경우는 제한적인 핵 사용으로 미국과 동맹국을 강압할 수 있는 것이다.

북한이 핵전력과 재래식전력을 통합운용하여 채택할 수 있는 양상은 먼저, 위기시 핵확전위협을 통해 재래식전력의 능력을 극대화할 수 있다. 재래식공격으로 제한적 목표를 선점 후 핵확전위협으로 한미의 대응을 차단할 수 있다. 이를 통해 동맹분리로 맞춤형억제의 신뢰성을 저해할 수 있다. 작전적 관점에서는 주일미군기지 등 양육항만에 대한 핵공격으로 증원전력을 차단하는 데 활용하고자 할 것이다. 전술적으로는 제한목표를 확보하거나 공방에 유리한 지역에 운용하여 전술적 이점을 작전적 성과로 확대하고자 할 것이다.

다음은 공세적 핵태세를 취할 것으로 전망된다. 나랑(V. Narang)은 북한을 지역핵국가에 포함하고 핵태세는 핵무기 보유수준에 따라 촉매태세 또는 비대칭확전태세로 평가했다.[217] 하지만 핵태세를 분류하는 기술적 능력, 핵교리, 지휘통제, 핵정보의 투명성을 적용해 보면 확전보복태세와 비대칭확전태세를 동시에 추구할 수 있다.[218] 북한은 미국에 대한 확증보복과 남한에 대한 비대칭확전을 동시에 구현할 수 있는 삼각억제의 수단으로 전략핵과 전술핵을 전력화를 도모하고 있다.

3. 경제개선과 대외관계 입지 확장 도모

먼저, 북한은 러시아의 경제제재를 기회로 경제개선을 도모할 것으로 보인다. 러시아는 우크라이나 침공의 대가로 강력한 경제제재를 받고 있다. 국가신용도는디폴트 수준으

---

216) Anderson, J. & McCue J.R. "Deterring, Countering, and Defeating Conventional- Nuclear Integration." *Strategic Studies Quarterly*, Spring 2021. pp. 28~66.

217) Narang, Vipin. "Nuclear Strategies of Emerging Nuclear Powers: North Korea and Iran." *The Washington Quarterly*, 38:1 (2015), pp. 73~91.

218) 함형필, "북한의 핵전략 변화 고찰: 전술핵 개발의 전략적 함의," (2021), pp. 27~32.

로 떨어지면서 국채와 루블화 가치는 폭락하고 있으며, 다국적기업이 러시아와 거래를 중단하거나 사업을 철수하는 움직임을 보이고 있다. 러시아의 가장 큰 수출 품목은 천연가스와 원유인데 경제제재를 당하는 러시아 입장에서 유엔제재를 무시하고 북한에 원유를 수출할 수 있다.

북한은 핵미사일 시험으로 유엔제재를 받고 있어 1일 5만 배럴 수준만 수입이 가능하다. 2021년 북한경제는 이른바 3중고 (유엔제재, 자연재해, 코로나19-로 심성은 십권 이후 최악의 경제지표를 가져왔다. 김정은은 2021년 1월 제8차 당대회에서 경제의 심각성을 시인하며 경제개선을 위해 5개년 계획을 발표하였고, 2021년에 무려 당 전원회의를 4차례 개최하며 경제난 해소를 도모하고 있다. 하지만 경제인프라가 붕괴되고 원유 수입과 정유시설이 부족하여 쉽지 않은 상황이다. 러시아의 경제제재와 북한의 경제개선이라는 상호이익의 관점에서 유엔제재를 무력화하는 양국간 원유 수출입의 확대는 현실적으로 호혜의 선택지가 될 수 있다.

또한, 북한은 우크라이나전을 계기로 대외관계 지평을 확장하고자 할 것이다. 북한은 유엔에서 러시아 침공을 비난하는 결의안을 채택하면서 친러 성향의 국가와 함께 반대표를 던졌다. 북한은 과거 김일성체제에서 제3세계 국가와 협력관계를 유지하며 국제무대에서 외교적 입지를 가지고 있었으나, 사회주의체제 전환 이후 김정일체제에서 고난의 행군 등 불안정한 대내외 안보환경을 맞아 체제유지를 위하여 폐쇄적 대외관계를 지향했다. 김정은이 집권한 후에도 핵미사일 고도화를 지향하면서 폐쇄적 대외관계는 계속되었고 중국 중심의 대외관계를 유지해왔다. 하지만 러시아의 우크라이나 침공을 계기로 중국과 러시아를 중심으로 형성된 반미·반서방 세력의 일원으로 영향력을 가지게 되었다.

북한의 입장에서 우크라이나 전쟁은 중국 중심의 대외관계에서 러시아와 관계를 확장하고, 친러 성향의 국가와 협력을 도모하는 기회가 될 것으로 보인다. 이번 기회를 이용하여 핵미사일 기술 이전, 재래식 무기 수출, 경제개선에 필요한 협력 등 다방면의 협력을 확장하여 미국을 억제하는 전략적 기제로 활용할 것으로 전망된다.

V. 맺음말

북한은 과거 걸프전과 이라크전, 아프간전의 교훈을 분석하여 지휘체계와 부대구조를 재편하고 전자전·사이버전 능력을 확충하였으며 포병과 미사일 중심의 비대칭전력을 강화했다. 따라서 우크라이나전쟁을 계기로 외교군사적 대외 영향력 제고를 도모하면서 핵정책에 반영할 것으로 전망되므로 관련하여 몇 가지 정책제언을 하고자 한다.

첫째, 북한에 대한 유엔 경제재재의 실효성을 강화해야 한다. 유엔 경제재재는 북한의 핵미사일 능력 고도화를 차단하고 비핵화 대화로 나오게 만드는 현실적으로 유용한 강제적 수단이다. 2018년 북한이 미국과 비핵화협상에 나온 배경에는 맞춤형 대북제재가 북한 경제 특히 김정은의 통치자금을 압박한 결과이다. 하지만 북한은 러시아의 경제제재를 기회로 양국은 유엔제재를 무실화하면서 원유 수출 등 경제협력 확대 가능성이 높아 보인다. 따라서 유엔제재가 무실화되지 않도록 재점검하는 외교적 노력이 긴요한 시점이다.

둘째, 북한이 직면한 전략적 취약점을 레버리지로 활용하는 비핵화 중심의 대북정책 수립과 추진이 긴요하다. 현재 북한은 3중고로 인해 김정은 집권 후 최악의 경제상황에 직면해 있어 경제개선이 시급한 사안이며 심화시 김정은체제의 내구성에 균열이 생길 수 있다. 따라서 북한의 전략적 취약점 즉 경제상황을 레버리지로 활용하는 채찍과 당근 전략을 구사하여, 북한의 실제적 비핵화조치에 상응하는 경제지원과 제재조치를 병행하는 로드맵을 구상해야 한다. 특히, 과거 북한 비핵화 협상결과를 복기하여 실패의 근본 및 부가적 원인을 확인하여 대북정책에 반영하는 노력고 병행해야 한다.

셋째, 북한의 국방과학발전 5개년 계획을 상쇄할 수 있는 국방개혁 추진방안을 마련해야 한다. 북한은 작년 1월 열린 제8차 당대회에서 국방과학분야 발전 5개년 계획을 채택하고 중점과업을 추진하고 있다. 따라서 한국군의 국방개혁 추진방안을 재검토하여 국방개혁의 성과가 북한의 국방과학발전 5개년 계획을 상쇄하고 압도할 수 있도록 조정되어야 한다.

넷째, 북한의 핵전력과 재래식전력을 통합운용하는 군사전략의 변화를 추적하고 이에 대비하여 동맹의 대북 억제력을 제고해야 한다. 우선적으로 북한의 전술핵무기 전력화와 핵태세 변화 동향을 추적해야 한다. 핵전력 운용 관련 지휘체계가 김정은 중심의 중앙집권적 지휘체계에서 작전부대로 분권화 위임 여부와 전략군과 포병부대의 편성 등 핵 전투준비태세 개편 징후를 살펴보아야 한다. 병행하여 북한 핵미사일 능력 고도화에 대비할 수 있도록 동맹의 주요현안인 전작권 전환, 맞춤형억제, 연합훈련에 대한 실효성을 재점검해야 한다.

| 저자소개 |

이흥석 | 국민대학교 정치대학원 겸임교수

이흥석 교수는 국민대학교 정치대학원 겸임교수 겸 글로벌국방연구포럼(GDRF)의 사무총장, 육사 총동창회 산하 북극성연구소 북한연구센터장으로 활동 중이다. 육군사관학교 졸업 후 전북대학교에서 석사학위, 국민대학교에서 정치학 박사 학위를 받았다. 주요 연구분야는 북한체제, 한·미동맹, 미·중관계, 국방정책 및 군사전략, 국가정보 등이다. 연합사 정보생산처장, 연합사 작전효과평가처장, 국방정보본부 계획운영실장, 합참 전비검열실 검열관 등을 역임하였다. 주요 논문으로 "맞춤형 억제 신뢰성 제고", "중국의 강군몽 추진동향과 전략", "북한의 핵무기 개발과 비핵화 동인에 관한 연구", "북한 군사전략과 군사력건설에 관한 연구" 등이며, 주요 언론기고는 "김일성-김정일-김정은, 그들은 왜 미사일에 집착할까", "우크라이나전에서 본 억제와 동맹" 등으로 심도 깊은 연구와 활발한 학술 활동으로 실사구시의 전략적 대안을 모색하고 있다.

한미동맹 차원에서 본 우크라이나 전쟁

신 경 수 (한미동맹재단 사무총장)

Ⅰ. 우크라이나 전쟁 개요

1. 전반

2월 24일 우크라이나에 대한 전면 공격을 개시한 러시아는 우크라이나 수도 키이우와 미리우폴 등에 대한 포위 공격을 계속하면서 동남부 지역에서 점령지역을 확대해 나가고 있다. 러시아는 최근 지상 전투에서 우크라이나의 강력한 저항으로 상당한 어려움을 겪으면서 장거리 화력에 의한 공격에 의존하고 있으며 이로 인해 우크라이나 민간인과 민간 시설의 피해가 급증하는 결과를 낳고 있다. 푸틴 대통령은 국내적으로 반전 움직임 차단과 내부 단합을 도모하면서, 국제적으로는 서방의 우크라이나 군사지원 차단을 위한 외교적 노력을 확대하고 있다.

2. 평가

러시아가 우크라이나를 침공한지 한 달이 되어간다. 미 국방부는 러시아가 우크라이나 정부를 러시아에 우호적인 정부로 대체하고 주권을 장악하려는 전쟁 목표를 달성하지 못하고 있다고 평가한다.[219] 이번 전쟁에서 나타난 러시아의 전쟁수행 능력은 러시아에게 큰 도전과제가 될 것으로 보인다. 러시아는 전쟁이 장기화되면서 식량, 연료 등 군수지원의 어려움을 겪고 있으며, 지상군 지휘통제, 공군과 지상군의 합동성(jointness) 달성 등 기본적인 군사 작전수행에도 많은 문제점이 노출되고 있다. 러시아 해군 활동이 증가되고 있는 흑해의 오데사 항구 지역에서도 러시아 해군의 합동성 구현에 문제가 있는 것으로 평가되고 있다.[220] 반면, 우크라이나의 항전 의지와 항공 및 미사일 방어 능력은 러시아를 당황하게 만들고 있다.

러시아의 전략적 이해와 푸틴 대통령의 독재가 만들어낸 우크라이나 전쟁은 러시아-우크라이나 협상 진전에 관계없이 장기화될 가능성이 높다. 우크라이나 전쟁은 오랜 역사적 배경과 전략적 이해관계가 복잡하게 얽혀있기 때문이다. 이러한 전략적 환경으로 인해 러시아는 자신들의 이해가 확보될 때까지 상당 기간 우크라이나에 병력을 유지하면서 동유럽 전체를 압박하려 할 것으로 보인다. 전쟁은 우크라이나에서 일어나고 있지만,

---

219)
https://mail.google.com/mail/u/0/?tab=rm&ogbl#inbox/FMfcgzGmvVCxMGmTsTxMRgtRSvxFHJGX
220) US DoD Brief, March 21, 2022

사실상 러시아와 나토의 전쟁이 진행되고 있다.

3. 미국의 전쟁 지원

미국은 우크라이나에 대한 직접적인 병력 파병 대신에 러시아가 가질 수 없는, 핵무기보다 강력한 비대칭 전력을 활용하고 있다. 바로 경제 제재와 동맹 및 우방국 공조다. 미국과 국제사회의 광범위한 경제 제재는 수위와 범위를 높여가며 러시아를 압박하는 데크게 기여하고 있다. 아울러 미국은 동맹 및 우방국과 함께 우크라이나에 러시아 기갑부대, 항공기 및 헬기를 공격할 수 있는 최신의 대전차, 대항공 무계체계를 제공하는 등 맞춤형 군사 지원을 하고 있다.

바이든 대통령은 3월 17일, 800기의 스팅거 대공 무기체계, 2,000기의 재블린 대전차미사일, 1,000기의 대장갑 무기체계, 6,000기의 AT-4 대전차 무기체계, 100기의 전술무인항공기체계 등을 포함하여 우크라이나에 8억 달러의 추가적인 안보지원을 약속했으며, 곧 우크라이나에 지원될 전망이다. 미 의회가 승인한 총 140억불 규모의 지원 계획이 계획대로 시행되고 있는 것이다.[221]

미국은 나토 동맹국에 대한 군사력 전개와 연합 훈련 등을 통해 러시아에 대한 포괄적인 억제력을 현시하고 동유럽 위협 확산에 대비하고 있다. 나토는 3월 14일 노르웨이에서 미국 등 27개 회원국 3만여 명이 참가한 가운데 동계훈련인 'Exercise Cold Response 2022'를 4월 1일까지 실시하고 있다. 일부 훈련은 러시아 국경에서 불과 200여 마일 떨어진 지역에서 실시되고 있다. 이번 훈련에는 미 제2해병원정군 3천여 명을 포함하여 항공기 220대, 군함 50여척이 동원되었으며, 2020년 훈련 규모와 비교 시두 배로 증가하였다[222]. 러시아의 우크라이나 침공에 대한 경고의 메시지를 담고 있으며, 유럽의 안보 불안 해소에도 기여할 것으로 보인다. 주요 군사 지도자의 나토 방문도이어지고 있다. 마크 밀리 미 합참의장은 3월 4일 불시에 우크라이나 접경지대를 방문하여, 우크라이나에 대한 미국의 지원의지를 과시하였다.

II. 우크라이나 전쟁 분석

---

221) 미국, 우크라이나에 8억불 상당의 전쟁물자 지원 결정, The Hill
222) https://www.nato.int/cps/en/natohq/news_192351.htm?selectedLocale=en

1. 미국의 절제되고 명확한 전략목표 설정 및 이행

미국은 러시아의 침공에 대해 단호하게 대응하면서도 확전은 철저하게 경계하고 있다. 바이든 대통령은 나토 회원국이 아닌 우크라이나에 미국 군대를 주둔시키지 않을 것임을 재차 강조했으며 우크라이나 대통령이 요청한 비행금지구역 설치, 폴란드 MIG-29 전투기의 이전 요구를 거절했다. 핵보유국인 러시아에 대해 절제되고 명확한 전략 목표를 설정하고 이를 바탕으로 전쟁을 실리적이고 스마트하게 이끌어 가겠다는 의도로 보인다.

2. 러시아의 크리미아 침공 이후 군사적 대비 강화

미국은 2014년 크리미아 침공 시 나타난 러시아의 사이버 공격, 정보 작전, 대공 방어 능력 등을 보면서, 그동안 간과했던 러시아의 미국과 나토에 대한 군사적 위협을 심각하게 받아들였다. 미국은 러시아가 자국의 이익을 위해 언제든지 군사적 수단을 사용할 의지가 있음을 확인하면서, 러시아를 가장 높은 위협 우선순위에 올려놓았다.223) 미국은 이후 우크라이나 등 동유럽에 대한 방어능력을 보강하였으며 러시아의 정보작전 능력을 분석하고 동유럽 지역의 정보망 구축에도 상당한 노력을 기울였다. 그 결과 미국은 러시아의 침공 계획에 대한 상당한 정보를 획득할 수 있었으며, 러시아의 정보 작전에 효과적으로 대응할 수 있었다.

3. 미군의 신속한 전투력 투사 능력

러시아의 우크라이나 침공과 미국의 대응에 있어서 한 가지 주목할 부분이 있다. 바로 미군의 전투력 전개 속도다. 미국은 우크라이나 사태로 미 유럽사령부 병력 65,000명을 포함하여, 20년 만에 가장 많은 병력인 약 10만 명을 유럽에 주둔시켰다.224) 미 국방부는 지난 2021년 12월 초 러시아의 우크라이나 국경 군사력 배치가 가속화되면서 1월 24일 파병을 위한 준비명령을 하달하고 한 달도 안 되어 폴란드와 루마니아에 전진 배치된 미군을 증원하기 위해 14,000명의 병력과 F-35 전투기가 전개되었다.225) 독일에도

---

223) 2015년 Joseph Dunford 미 합참의장 상원 군사위 청문회
224) https://www.stripes.com/theaters/europe/2022-03-15/us-forces-record-high-europe-war-ukraine-5350187.html
225) https://www.nytimes.com/2022/02/24/us/politics/us-troops-russia-ukraine-military.html

기갑여단전투단을 파병하고 발틱 국가에 800명 규모의 보병특수임무부대를 파병했다.226) 미군의 파병 결심으로부터 실제 전개까지 한 달 정도가 걸린 전투력 투사속도는 향후 미군의 전 세계 분쟁대응에도 중요한 참고가 될 전망이다.

4. 새로운 냉전시대의 개막 가능성 시사

러시아의 우크라이나 침공으로 유럽은 상당기간 새로운 냉전 상황을 맞이할 가능성이 높다. 미국은 인도태평양 지역에서 중국의 영향력 확대 및 기존 국제질서 파괴 시도에 우선 대비하면서 나토에 대한 러시아의 군사적 위협에 대비해야 하는 과제가 주어졌다. 나토 동맹은 진정한 시험을 치러야 하는 위험한 시기를 맞게 된 것이다. 미국은 유럽에서 나토가 중심이 되는 대러시아 억제력 확보를 위해 나토와의 협력을 보다 강화해 나갈 전망이다. 미국은 훈련 목적의 미군 순환배치 전개를 확대하고 나토 회원국의 국방비 증가 및 군사력 확충을 강력하게 요구할 것으로 예상된다.

Ⅲ. 우크라이나전쟁과 인도 태평양 전략

1. 미 인도태평양전략에 대한 영향

미 백악관은 2022년 2월 러시아의 우크라이나 침공으로 유럽의 안보가 크게 위협받는 상황에서 인도태평양전략을 발표했다. 바이든 행정부가 인도태평양 지역의 중요성을 수 없이 강조했지만, 백악관 이름으로 구체적인 전략 목표, 추진 방법, 행동과제를 담은 전략문서를 발표한 것은 이번이 처음이다. 바이든 행정부는 전략문서에서 미국은 인도태평양 국가임을 다시 한 번 분명히 했다. 미국의 인도태평양지역에 대한 전략적 무게를 쉽게 짐작하게 한다.

미국은 우크라이나 사태를 겪으면서 중국 견제를 위한 지역 다자안보협력의 중요성을 다시 한 번 실감했다. 향후 인도태평양 지역에서 동맹 및 우방국 공조와 역할 확대를 더욱 강조할 전망이다. 미국은 인도태평양지역 억제력 강화를 위해 안보의 핵심 축으로 AUKUS를 부각하고 있다. 머지않아 인도태평양 지역의 나토가 될 전망이다. 미국은 사이버, 인공지능, 양자기술, 수중능력에 있어서 AUKUS 협력을 가속화할 것이다. 쿼드는

---

226) while the United States is staying out of Ukraine, it will not hesitate to act if President Vladimir V. Putin of Russia turns his eye toward a member of the Atlantic alliance.

인도태평양전략의 또 다른 중요한 다자협력 구상이다. 퀴드 참가 4개국은 다양한 협력 프로그램을 개발하고 보다 장기적인 비전을 발전시키고 있다.

미국은 우크라이나 전쟁을 통해 인도태평양지역 동맹 및 우방국과의 통합억제 (Integrated Deterrence) 추진을 더욱 가속화하고 있다. 동맹 및 우방국과 함께 전쟁 영역은 물론 분쟁의 모든 스펙트럼에서 노력의 통합을 달성하겠다는 구상이다. 사이버, 우주, 신흥 첨단기술 등 모든 영역에서 인도태평양지역의 동맹 및 우방국의 능력을 견고 하게 통합하여, 현재 및 미래 위협을 억제하고 격퇴해 나갈 것이다.

2. 중·러의 전략적 공조 강화, 미국의 전략적 분산 유도

러시아의 우크라이나 침공은 세계 질서를 심각하게 위협하고 있다. 무엇보다 중국을 더욱 대담하게 만들 가능성이 있다. 중국이 대만, 남중국해 또는 센카쿠 열도에 대한 군 사적 행동을 감행하게 만들 수 있다. 중국은 3월 18일 항공모함 산둥함을 대만해협 남서 쪽 30해리까지 접근시켰다. 대만에 대한 위협능력을 과시하면서 중국의 영향력을 확대하 고 나아가, 미국의 전략적 분산을 유도하여 러시아를 지원하려는 의도다.

러시아의 우크라이나 침공은 중국과 러시아의 전략적 공조를 더욱 공고히 하는 계기가 되고 있다. 중국은 러시아가 미국이 주도하는 다국적 공조에 밀리는 경우, 중국의 대만, 남중국해, 동중국해에서의 입지도 크게 약화될 것으로 우려한다. 물론 중국의 이러한 움 직임은 오히려 미국의 동맹 및 우방국을 결속시키고 중국에 대한 경계를 강화하는 등 역 효과를 가져올 가능성도 있다.

3. 주한미군 대비태세에 미치는 영향은 제한적 평가

미국은 우크라이나 사태 대응을 위해 미군을 유럽지역으로 전개하고 있으나 병력 규모 는 그렇게 크지 않아 보인다. 미국은 장기적으로 유럽에서 병력 구조를 늘리는 방법을 찾겠지만 그것이 한국에 대한 미국의 공약에 영향을 미칠 것이라고 생각하지 않는다. 한 반도 상황 발생 시 증원될 미군의 병력 및 능력에 미치는 영향은 미미할 것으로 예상된 다. 사실, 전투장비 위주의 군사 지원과 러시아 경제 제재는 한반도 상황 발생 시 북한의 위협에 더 빠르고 강력하게 대응할 가능성을 높이고 있다. 대북 억제를 위한 주한미군의 대비태세에 변화가 없을 것이며, 순환배치를 위한 부대 전개도 계획대로 진행될 것으로 보인다.

Ⅳ. 한미동맹에 대한 함의

1. 한반도 유사시 예상되는 미국의 대외전략 분석, 협의 필요

우크라이나 전쟁에 대한 미국의 대응은 향후 대외 분쟁에서 미국이 어떻게 대응할 것인가 하는 방향성을 분명하게 보여주고 있다. 달렙 싱 미 백악관 국제경제 담당 국가안보 부보좌관은 언론 인터뷰에서 러시아에 대한 미국의 억제, 외교 및 비용부과 전략 (deterrence, imposing costs and diplomacy strategy)에 대해 설명했다.[227] 억제를 달성하기 위한 전 방위적인 노력을 펼치면서, 억제가 실패했을 때에는 외교, 정보, 군사, 경제 등 국력의 모든 수단을 활용하여 전쟁을 승리로 이끌겠다는 것이 미국의 변함없는 전략이라고 강조했다. 특히 이번 우크라이나 전쟁에서 강조된 비용부과 전략은 향후 미국의 대외 전략에서 중심에 자리 잡을 전망이다.

경제와 안보가 서로 밀접하게 연결되면서 경제적 수단은 국가 안보에 직접적인 영향을 미친다. 우리는 희토류 및 공급망 사태 등을 통해 이러한 사실을 분명하게 경험했다. 중국과 러시아가 기존 국제질서를 자국에 유리하게 변화시키기 위해 경제적 영향력을 활용하는 점도 경제안보의 한 단면을 보여준다. 미국은 아시아에서 중국의 잠재적인 대만, 남중국해 등에서의 도발에 대해 경제제재 카드를 사용할 가능성이 높다. 한국이 이러한 상황에서 동맹의 노력에 참여하기 위해 어떤 것을 준비해야 하는지 고민이 필요하다. 우리의 경제 주권, 경제 안보를 빠른 시간 내에 확보해야 한다.

미국은 동맹 및 우방국 공조 등 다국적 노력을 통해 분쟁을 해결해 나간다는 확고한 원칙을 이번 우크라이나 사태에서도 보여 주었다. 무엇보다 핵을 보유한 러시아에 대해 동맹 및 우방국 공조를 효과적인 대응 카드로 활용하고 있는 것이다. 핵을 가진 강대국들은 직접적인 군사충돌을 회피하려 한다. 중국에 대해서도 마찬가지일 것이다. 중요한 것은 핵을 보유하고 ICBM 능력을 지속 개발하고 있는 북한에 대한 대응이다. 미국은 북한에 대해서도 정도의 차이는 있겠지만 동맹 및 우방국 공조를 통한 대응을 강조할 것으로 예상된다. 이에 대한 우리의 전략적 입장을 정립하고 미국과 사전 협의가 필요해 보인다.

2. 공고한 한미동맹 관계의 지속성 보장을 위한 노력 필요

---

227)
https://www.cbsnews.com/video/architect-of-russia-sanctions-on-what-could-happen-next/#x

이번 우크라이나 사태는 동맹관계의 중요성을 크게 부각시켰다. 러시아는 우크라이나마저 나토 동맹에 가입할 경우 안보가 심각하게 위협받을 수 있다고 생각한다. 동유럽에서 러시아를 압박하는 나토의 확장에 대해 전쟁으로 맞선 것이다. 미국은 동맹이 아닌 우크라이나에 직접적인 병력을 파병하지 않고 필요한 무기를 지원하고 있다. 그러면서 인접 나토 동맹지역에는 안보보장 차원에서 병력 전개, 군사적 지원, 연합훈련 등을 시행하고 있다. 동맹관계는 최상이 어제 및 대응능력을 제공한다. 한·미는 동맹을 보다 공고히 하기 위한 다양한 조치를 해 나가야 한다. 아울러, 동맹은 저절로 유지되지 않는다는 점을 분명히 해야 한다.

러시아와 중국은 미국 중심의 동맹 및 우방국 네트워크와 한미동맹 체제를 무력화하기 위해 사이버 공격, 정보 작전, 경제적 영향력 행사 등 다양한 방안을 시행하고 있다. 한·미는 동맹을 강화하기 위한 대외 전략 커뮤니케이션 메시지를 지속 개발하여 발표해야 한다. 아울러 중국, 러시아와의 협력에 앞서 동맹간 사전 공조를 강화해야 한다. 중국의 한반도 영향력 행사, 강압 외교, 경제 제재 등에 대한 위협 수준과 예상 시나리오를 검토하고, 한·미, 한·미·일이 함께 대비책을 세워야 한다. 대만 및 센카쿠 사태에 대해 동맹으로서 한국이 지원할 수 있는 능력과 범위에 대해서도 한·미가 함께 검토하고 준비해야 한다.

한·미 연합방위태세를 강화해야 한다. 북한은 계속해서 탄도미사일을 시험해 한반도를 위협할 것이다. 우리는 훈련 및 연습을 통해 Fight Tonight 대비태세를 공고히 해야 한다. 존 틸렐리 전 연합사령관이 강조한 것처럼 한·미 정보능력의 보완도 필요하다. 북한의 핵·미사일은 물론 재래식 무기체계를 감시하는 위성 정보자산의 통합 운용도 검토해야 한다. 아울러 우크라이나 교훈에 대해 한·미가 함께 분석하고 대비하는 노력을 전개해야 한다. 특히 러시아의 정보작전, 사이버공격 등을 연구하면서 북한의 활용 가능성에 대비한 연합 대응계획을 발전시켜야 한다. 한·미는 러시아의 우크라이나 침공을 통해 나타난 다영역 작전에 대해서도 연합사 차원의 검토 및 대비가 요구된다.

3. 유엔사를 통한 한반도 다국적군체제 구축

미국은 한반도 전쟁수행은 물론 동북아시아 지역의 안정을 위해 다국적군 체제로 발전될 수 있는 유엔사의 재활성화를 추진하고 있다. 이미 이라크 전쟁을 수행하면서 다국적군 체제의 필요성을 느낀 미국은 2000년대 초반부터 이러한 노력을 지속해왔다. 동맹은 한반도 상황 발생에 대비한 국제사회의 지지 기반을 구축하기 위해서도 유엔사 재 활성화 및 한국군의 유엔사 참여를 전향적으로 확대해 나가야 한다.

유엔사 회원국인 영국, 프랑스, 호주, 캐나다 등은 우리와 자유민주주의, 인권, 법치의 가치를 공유한다. 국제사회에서 중요한 영향력을 행사하는 우방국의 참여는 한국의 신뢰도를 높이고 경제적 번영에도 긍정적 기여를 할 것이다. 북한 불안정 상황 발생 등 한반도 유사시, 북한의 핵, 미사일, 화생무기 등 WMD를 제거하고 평화와 안정을 회복하며 한반도의 평화 통일을 이룩하는데 있어 국제사회의 지지와 지원은 필수적이다. 유엔사 전력 제공국과 우방국의 평시 유엔사 참여는 이러한 지지와 지원을 보장한다. 미국은 향후 한반도 상황에 대비하여 유엔사 참여국 확대, 한국의 주도적인 참여를 요구할 가능성이 높다. 한미동맹과 우리 국익에 기여하는 측면을 고려 시 주저할 필요가 없다.

유엔사는 두 가지 중요한 기능을 수행한다. 하나는 한반도 긴장을 예방하고 긴장 고조를 방지하는 정전관리 기능이며, 또 하나는 유사시 유엔사, 일본의 유엔사 후방 기지를 통해 회원국의 전력제공을 수용하고 통합하는 기능이다. 유엔사의 기 구축된 전력제공 체계 및 절차를 통한 전력제공 기능은 유사시 위협억제 및 대응능력 확보에 중요한 역할을 수행한다. 한반도 및 역내 군사적 도전을 억제하고 대응하는데 기여함으로써, 동북아의 평화와 안정, 번영에도 긍정적인 영향을 미칠 것이다.

4. 북한 도발 대비 경계 및 대비태세 강화

북한은 핵 문제를 포함해 우크라이나 사태를 예의주시하고 있다. 북한은 핵 보유 결정을 더욱 확고히 할 것으로 보인다. 이미 오래전에 핵을 포기하지 않겠다는 전략적 결정을 내린 북한은 이번 러시아의 우크라이나 침공을 계기로 핵 및 탄도미사일 능력을 보다 강화할 것으로 판단된다. 핵을 포기하는 순간 주변 강대국의 침략을 받을 수 있다고 생각하는 김정은은 핵 모라토리엄 선언도 철회할 가능성이 높다. 다만, 미국 중심의 경제제재에 대해서는 많은 고민을 할 것이며, 이를 우회하기 위한 다양한 준비를 할 것이다. 중국과의 무역과 중국의 원조에 의지하면서 북·중 양국 간 전략적 공조를 한층 강화하고, 사이버 공격을 통한 외화 확보 노력도 지속할 것이다. 한미는 북한의 움직임에 그 어느 때보다 경계태세를 높여야 한다. 한·미 연합의 대북 감시태세, 사이버 방호태세를 향상시키고 한·미 위기조치기구를 가동해야 한다. 김정은은 지금이 도발과 내부 단속을 위해 가장 좋은 때라고 생각할 것이다.

북한은 우크라이나 전쟁의 진행 순서, 정보 작전, 사이버 공격, 나토군의 대응 등을 연구하고 있다. 미군과 나토군의 전개절차, 전력 운용, 지원된 무기체계의 효율성 등을 분석하고 데이터를 확보하고 있을 것이다. 한·미 연합군도 러시아의 전쟁 수행에 대해 분석하고 북한이 활용할 가능성에도 대비해야 한다. 한미연합사 차원의 지속적인 전훈 분석과 대비가 필요하다.

| 저자소개 |

신경수 | 한미동맹재단 사무총장

신경수 예비역 육군소장은 주미 한국대사관에서 국방무관으로 근무한 뒤 전역하여 현재 재단법인 한미동맹재단의 사무총장으로 근무하고 있다. 아울러 합참, 한미연합사에 대한 정책자문도 실시하고 있다. 군 생활시에는 국방부 국방정책실 및 한미연합사에서 한미동맹 현안에 대한 협의를 주도하였다. 신경수 장군은 미국 지휘참모대학, 핀란드 UN PKO 훈련센터, 영국 왕립안보연구소, 이탈리아 NATO 방위대학, 미국 아태안보연구소 등에서 학생장교 및 객원연구원으로 근무한 바 있으며, 소말리아, 이라크 파병 근무경험도 갖고 있다. (이메일: shinks2011@gmail.com)

우크라이나전 관련 NATO 대응동향

김 종 태 (한국국방외교협회 이사)

Ⅰ. 우크라이나 사태와 NATO 대응 개요

2022.2월 24일 러시아가 우크라이나를 침공하였다. 2014년 러시아의 크림반도 침략 및 합병 이후, NATO로서는 두 번째로 맞이하는 엄청난 위협과 도전이 아닐 수 없다. 미국과 서방국은 인류의 평화를 위협하는 러시아의 도발에 맞서 유엔 차원에서 조치를 취해야 하지만, 유엔 안보리 상임이사국인 러시아가 전쟁에 나선 만큼 안보리 차원에서는 논의조차 쉽지 않다.

북대서양조약기구(NATO)의 조약 제5조는 유럽과 미국, 캐나다 등 북미 사이에 공동 군사방위를 가능케하는 핵심 규정으로 이른바 '하나는 모두를 위해, 모두는 하나를 위해 (one-for-all, all-for-one)' 조항으로 통한다. 30개 동맹국 중 1개 국가 혹은 몇 개 국가가 외부로부터 무력 공격을 받았을 경우 이를 동맹 전체에 대한 공격으로 간주, 자위권 발동의 일환으로 동맹 전체 혹은 일부 회원국들이 피습 동맹국을 군사적으로 지원토록 규정하고 있다. 따라서 제 5조는 대서양을 중심으로 양쪽 대륙의 공동방위조약의 요체라고 볼 수 있다. 이 조항은 지난 1949년 NATO 설립때 부터 제정됐으나 한번도 실제 적용된 적이 없었다. 문제는 우크라이나가 나토 회원국이 아니라는데 있다.

러시아의 무력 침공으로 나토의 동쪽 측면에 위치한 회원국은 심각한 위협을 받게 되었다. 옌스 스톨텐베르그 나토 사무총장은 즉각 30개 회원국 정상회담을 소집하여 러시아의 무력 침공을 강력히 규탄하고, 대책을 강구하였다. 창설이래 처음으로 4만명으로 구성된 신속대응군을 활성화하기로 하고, 우선 전투준비태세 최고수준부대(VJTF)를 위기 지역으로 신속히 이동할 것을 지시하였다. 이와 별도로 미국은 5조의 상호방위공약에 따라 2만명 이상의 병력을 유럽으로 이동시켜 방어를 강화하는 등 최근 20년 만에 가장 많은 숫자의 병력을 유럽에 파견하기에 이르렀다. 또한, 나토는 우크라이나 전쟁에 직접 개입할 수는 없지만 회원국 모두가 우크라이나에 전투물자를 지원하기로 결정하고 각자 또는 나토 명의로 전투장비 및 무기를 계속적으로 제공하고 있다.

1. 미국과 유럽 대륙의 NATO 가입국(총 30개국)[228]

NATO의 동쪽 진출과 회원국 증가 추이

1949

Belgium
Denmark
France
Iceland
Italy
Canada
Luxembourg
Netherlands
Norway
Portugal
United Kingdom
United States

1952 - 1990

Greece
Turkey
Germany
Spain

1999

Poland
Czech Republic
Hungary

2004 - 2009

Bulgaria
Estonia
Latvia
Lithuania
Romania
Slovakia
Slovenia
Albania
Croatia

2017 - 2020

Montenegro
North Macedonia

※ 스웨덴,핀란드,스위스,오스트리아는 중립국 표방

---

228) https://www.nato.int/

II. NATO 회원국별 군사력[229)]

◆	국가명 ◆	현역	예비군	민병대	계
	Albania[8]	7,500	0	500	8,000
	Belgium[8]	24,450	5,900	0	30,350
	Bulgaria[8]	36,950	3,000	0	39,950
	Canada[8]	66,500	34,400	4,500	105,400
	Croatia[8]	16,700	21,000	3,000	40,700
	Czech Republic[8]	26,600	0	0	26,600
	Denmark[8]	15,400	44,200	0	59,600
	Estonia[8]	7,200	17,500	15,800	40,500
	France[8]	203,250	41,050	100,500	344,800
	Germany[8]	183,400	30,050	0	213,450
	Greece[8]	143,300	221,350	4,000	368,650
	Hungary[8]	34,200	20,000	12,000	66,200
	Iceland[8]	0	250	250	500
	Italy[8][e]	161,550	17,900	176,350	355,800
	Latvia[8]	8,750	11,200	0	19,950
	Lithuania[8]	23,000	7,100	14,150	44,250
	Luxembourg[8]	410	0	600	1,010
	Montenegro[8]	2,350	2,800	10,100	15,250
	Netherlands	33,600	6,000	6,500	46,100
	North Macedonia[8]	8,000	4,850	7,600	20,450
	Norway[8]	25,400	40,000	0	65,400
	Poland[8]	114,050	0	75,400	189,450
	Portugal[8]	27,250	211,700	24,700	263,650
	Romania[8]	71,500	55,000	57,000	183,500
	Slovakia[8]	17,950	0	0	17,950
	Slovenia[8]	6,950	1,200	0	8,150
	Spain[8]	122,850	14,900	75,800	213,550
	Turkey[8]	355,200	378,700	156,800	890,700
	United Kingdom[8]	153,200	75,450	0	228,650
	United States[8]	1,395,350	843,450	0	2,238,800
	NATO	3,292,810	2,108,950	745,550	6,147,310

---

229) https://en.wikipedia.org/wiki/Member_states_of_NATO

III. 러시아 위협에 대응한 NATO의 조치

1. 증강 전진 배치군(NATO Enhanced Forward Presence, EFP) 운용[230]

발트해 국가들은 러시아 접경 지역에 위치함으로써 비교적 취약한 곳으로 간주되고 있다. 특히, 2014년 러시아가 크림반도를 무력으로 합병하자 위협을 느낀 NATO가 2016년 폴란드 바르샤바 정상회담을 통해 발트해 국가를 대상으로 방어력 보강 차원에서 병력을 전진 배치하기로 결정했다. 이에 따라, 2017년부터 영국, 캐나다, 독일, 미국이 주축이 된 다국적 대대급 전투단(4개)이 발트해 국가 및 폴란드에 각각 상주하게 되었다. 전투단 규모와 전력 제공국은 다음과 같다.

주둔국(도시)	주둔 병력 (총 4,615명)	전력제공국(핵심국 및 기여국)
에스토니아 (Tapa)	831	영국(828), 덴마크(2), 아이슬란드(1)
라트비아 (Adazi)	1,525	캐나다(527), 스페인(343), 이태리(200), 폴란드(175), 슬로베니아(152), 체코(56) 등
리투아니아 (Rukla)	1,249	독일(620), 네덜란드(270), 벨기에(199), 노르웨이(120), 체코(35)
폴란드 (Orzysz)	1,010	미국(670), 영국(140), 루마니아(120), 크로아티아(80)
※ 대대급 전투단은 기계화부대 + 지원부대로 구성		

2. 신속대응군(NATO Response Force, NRF) 활성화[231]

NRF는 러시아의 잠재적인 침공 위협을 저지하고, 위기 관리 및 재난 대응을 위해 2002년 창설되었다. 평소에는 순번제를 적용, 대상 회원국을 지정해 놓고 있는데, 2022년 기준으로 소집 가능한 병력은 약 4만명이다. 전세계 어디든지 5일 안에 선발부대를 투입할 수 있고, 나머지는 약 1개월 이내에 배치할 수 있다. 신속대응군은 그동안 재난구호 활동 등 소규모 활동을 해오다 2022년 2월 러시아의 우크라이나 침공이 있자 처음으로 대규모로 활성화되었다. NATO는 신속대응군 선발부대인 '준비태세 최고수준부대(Very High Readiness Joint Task Force, VJTF)'에 수천명의 장병과 장갑차, 포병, 군함, 항공기로 무장시켜 NATO의 동쪽 측면을 보강하고 만일의 사태에 대비하고 있다. NRF의 전체 지휘권은 유럽연합군 최고사령관(SACEUR)에

---

230) https://www.nato.int/
231) https://www.nato.int/

게 있다. 도표로 정리해 보았다.

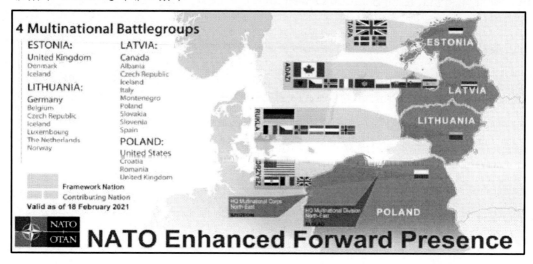

임무

- 유사시 초동 대응
- 제5항 사태시 긴급 및 총력 방어 제공
- 위기 관리, 재난 구호 등

수행부대

준비태세 최고수준부대 (5일내 투입)	신속대응군 본대 (1개월내 투입)
8천명	3만 2천명

제공국가

주축국	스페인	영국	프랑스
	독일	이태리	폴란드

보조국	미국 : 특수전병력 + 전투장비

* 지상, 공중, 해상 및 신속한 배치 가능한 특수부대로 구성
* 지휘권 : 유럽연합 최고사령관(SACEUR), 2개 합동군 사령부(브룬순, 나폴리)
* 매년 단위로 NATO 회원 주축 6개국이 순환하여 임무 교대

3. NATO군 통합부대(Force Integration Units, NFIUs) 사전 배치[232]

나토군 통합부대는 러시아 접경 8개 나토 회원국에 설치된, 유사시를 대비한 소규모 지휘통제 본부이다. 2014년 러시아의 크림반도 병합 이후 창설되었다. 평소 40명 내외의 자국 및 나토 회원국 군인들로 구성된 인원을 배치하여 유사시 나토군의 신속한 배치를 보장하고, 보급지원 및 수송로 네트워크 식별, 인프라 지원 등 임무와 함께 평시 훈련 상황에 대한 지원 역할을 하고 있다. 설치국가는 발트 3국, 폴란드, 슬로바키아, 헝가리, 루마니아, 불가리아가 해당된다. 우크라이나 사태후 방어 증강을 위해 배치된 신속대응군에게 그 역할을 입증하였다.

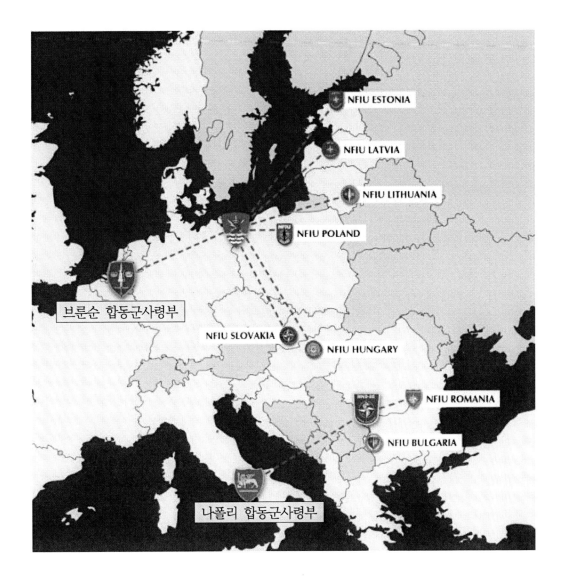

232) https://www.nato.int/

Ⅳ. 러시아 위협 관련 미국의 대응

1. 미군 요원 증가 (2022년 2월 기준, 출처:https://www.statista.com/)

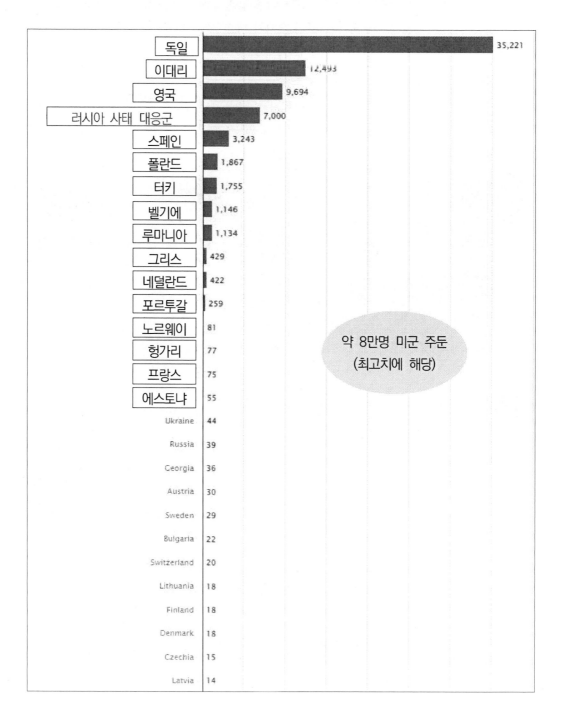

2. 대서양 리졸브 (ATLANTIC RESOLVE) 작전 시행 : 러시아 사태 대응군[233]

* 출처 https://www.europeafrica.army.mil/AtlanticResolve/

러시아의 크림반도 침공이 있은 직후인 2014년 4월, 미 육군 유럽-아프리카 사령부는 7,000명의 병력을 유럽에 순환배치하여 국방부의 '대서양 리졸브' 지상 작전을 주도하고, NATO에 대한 방위 공약을 실천하고 있다. 전방 사단지휘소, 항공부대, 기갑부대, 보급부대 등 4개 팀이 각각 미 본토로부터 순환배치되어 유럽에 있는 동맹 및 파트너 국가들과 양자, 합동 및 다국적 훈련을 통해 준비태세 증강, 상호운용성 및 연대 강화에 매진하고 있다. 전방 사단지휘소는 폴란드 포즈난에 위치하며 NATO의 동측방 작전을 지휘 감독하고 있다. 주요 무장으로는 아파치 헬기 25대, 치누크 헬기 10대, UH-60/블랙호크 50대, 아브람 전차 80대, 팔라딘 자주포 15문, 브래들리 장갑차 130대 등이다.

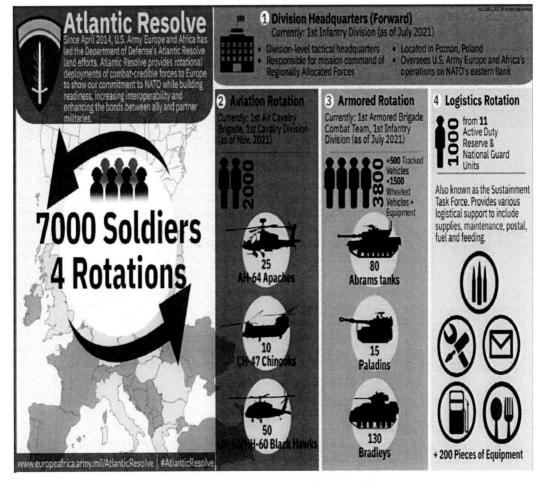

(홈페이지에 소개된 대서양 리졸브 포스터)

---

233) https://www.europeafrica.army.mil/AtlanticResolve/

3. 대규모 훈련을 통한 러시아 침공 억지[234]

'Defender Europe' 훈련은 미국이 2020년부터 나토 회원국 및 유럽 파트너들과 진행하는 다국적, 대규모 합동연습으로 러시아 침공에 대비하여 미국의 NATO 방위공약을 확인하고 상호 작전운용성을 강화하기 위해 실시해 왔다. 이 훈련에는 상당한 규모의 미 해·공군이 참가하고, 육군안보지원지원여단, 방공미사일 부대, 최근 재활성화된 5군단 등 새로운 첨단 부대들의 능력이 안써번에 테스트 된다. 이 훈련을 통해 발칸 및 흑해지역과 북유럽, 코카서스, 우크라이나 등에서 미국이 전략적 안보 협력자임을 재확인시켜 주고 있다. 훈련은 통상 봄에서 여름까지 4개월간 소요된다. 2021년 훈련의 경우, 26개국 28,000명이 훈련이 참가했으며, 미국은 유럽 주둔 현역 외 본토 주방위군(2,100명)과 예비군(800명)까지 동원하였다. 이를 위해 미국은 실전과 동일하게 유럽 3개국에 저장된 사전물자배치(APS) 저장고에서 물자 불출을 하였으며, 12개국 31개 훈련장에서 동시 사격훈련, 훈련 참가국 23개소에서 미국 지원물자를 하역하였다.

(DEFENDER EUROPE 21 훈련 포스터)

---

234) https://www.europeafrica.army.mil/DefenderEurope/

V. NATO의 군사 조직도235)

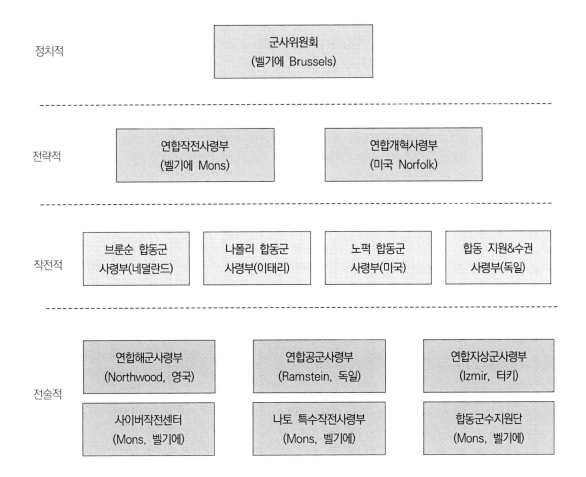

* 군사위원회는 군사정책과 전략에 관해 NATO 이사회 및 사무총장에게 조언한다. 회원국의 합참의장들로 구성되어 있으나, 여건상 소장-중장급 장군들이 대리 자격으로 상주하고 있다.
* 연합작전사령부(ACO)는 유럽연합군 최고사령관(SACEUR)의 지휘를 받으며, NATO의 모든 군사작전에 대한 계획과 실행을 책임지고 있다. 유럽연합군 최고사령관은 미군 유럽사령부 사령관이 겸직하고 있다.
* 연합작전사령부는 전략적 차원의 지휘본부인 유럽연합군 최고사령부(SHAPE, 벨기에 몬스)와 3개의 작전적 합동군사령부 및 합동지원사령부로 구성된다.
* 연합개혁사령부(ACT)는 군사동맹의 효율성을 향상시키기 위해 신속대응군 등의 신 개념과 교리들을 도입하는, 군사 개혁을 선도하기 위해 만들어졌다. 2009년 프랑스가 NATO에 재가입하면서 다시 한번 큰 변화가 일어났고, 현재까지 ACT 최고사령관은 프랑스 장군들이 맡고 있다.

---

235) https://www.nato.int/

NATO Organisation - Political/Military

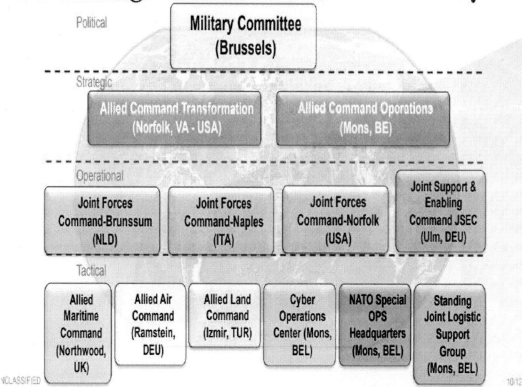

Political — **Military Committee (Brussels)**

Strategic — Allied Command Transformation (Norfolk, VA - USA) | Allied Command Operations (Mons, BE)

Operational — Joint Forces Command-Brunssum (NLD) | Joint Forces Command-Naples (ITA) | Joint Forces Command-Norfolk (USA) | Joint Support & Enabling Command JSEC (Ulm, DEU)

Tactical — Allied Maritime Command (Northwood, UK) | Allied Air Command (Ramstein, DEU) | Allied Land Command (Izmir, TUR) | Cyber Operations Center (Mons, BEL) | NATO Special OPS Headquarters (Mons, BEL) | Standing Joint Logistic Support Group (Mons, BEL)

(벨기에 몬스에 위치한 연합군 작전사령부 겸 유럽연합군 최고사령부)

VI. 유럽 주둔 미군사령부 조직과 편성236)

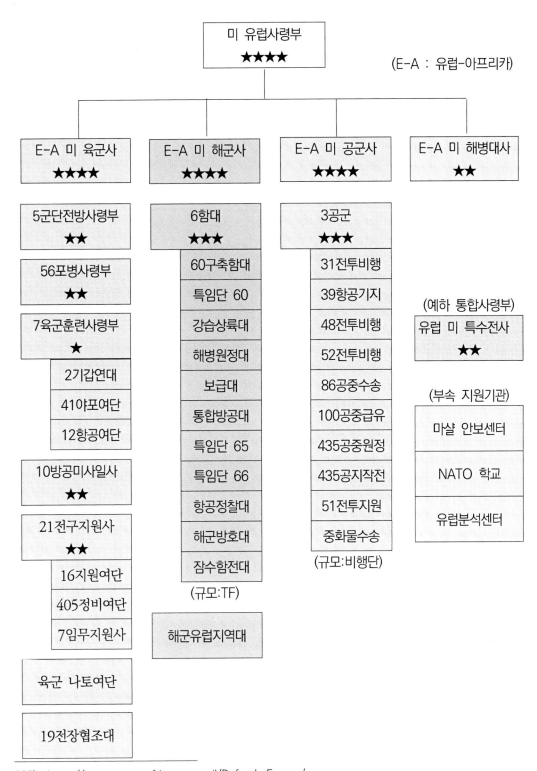

(E-A : 유럽-아프리카)

미 유럽사령부 ★★★★

E-A 미 육군사 ★★★★

E-A 미 해군사 ★★★★

E-A 미 공군사 ★★★★

E-A 미 해병대사 ★★

E-A 미 육군사
- 5군단전방사령부 ★★
- 56포병사령부 ★★
- 7육군훈련사령부 ★
  - 2기갑연대
  - 41야포여단
  - 12항공여단
- 10방공미사일사 ★★
- 21전구지원사 ★★
  - 16지원여단
  - 405정비여단
  - 7임무지원사
- 육군 나토여단
- 19전장협조대

E-A 미 해군사
- 6함대 ★★★
  - 60구축함대
  - 특임단 60
  - 강습상륙대
  - 해병원정대
  - 보급대
  - 통합방공대
  - 특임단 65
  - 특임단 66
  - 항공정찰대
  - 해군방호대
  - 잠수함전대

(규모:TF)

- 해군유럽지역대

E-A 미 공군사
- 3공군 ★★★
  - 31전투비행
  - 39항공기지
  - 48전투비행
  - 52전투비행
  - 86공중수송
  - 100공중급유
  - 435공중원정
  - 435공지작전
  - 51전투지원
  - 중화물수송

(규모:비행단)

(예하 통합사령부)
- 유럽 미 특수전사 ★★

(부속 지원기관)
- 마샬 안보센터
- NATO 학교
- 유럽분석센터

236) https://www.europeafrica.army.mil/DefenderEurope/

245

VII. 정책적 시사점

1. 국가의 안보는 홀로서기가 되지 않으며, 여러 겹으로 중첩될수록 그 강도는 강화된다. 앞에서 본 바와 같이 NATO는 30개의 회원국으로 구성되어 어느 한 국가가 유사시 나머지 회원국으로부터 자동 개입을 보장받을 수 있어 회원국 지위 보유 자체만으로 거대한 위력을 지니고 있다. 우리나라의 경우, 북한의 침공으로 인한 유사시 유엔사령부의 17개 전력제공국이 한반도에 투입될 것이라고 가정하고 있으나, 실제 그렇게 될 것인지, 별 도움이 되지 않을 전력제공국은 없는지 검토해 볼 필요가 있다. 그런 검토 위에서 새로운 전력제공국을 모색하고 그런 국가를 한반도 유사시 자동 개입되도록 하는 것이 현명한 처사일 것이다.

2. 발트 3국과 폴란드는 러시아의 크림반도 합병을 계기로 2016년부터 외국군에 해당하는 NATO 회원국의 주둔을 허용하고 있고 그 규모를 계속 늘려가고 있다. 외국군 주둔 대상만 라트비아는 10개국, 리투아니아는 7개국, 에스토니아는 3개국, 폴란드는 4개국을 허용하고 있고, 그외 NATO군 통합부대 형태로 8개국에 외국군이 주둔하고 있다. 이들 국가는 역사적으로 주변 국가의 침략과 지배를 받아 왔으며, 자존심만으로는 외국군의 주둔이 쉽지 않았을 것이나, 국가안보 차원에서 전향적인 태도를 견지해 왔다. 그런 의미에서 우리나라는 외국군의 주둔을 이념과 자존심 측면에서만 대하고 있지 않은지 반성해볼 여지가 있다.

3. 대규모 훈련은 적의 무력 도발을 억지하는 역할을 할 수 있다. 미국을 중심으로 한 NATO는 러시아와 국경을 접한 회원국을 방어하기 위해 최근 몇년전부터 'Defender Europe', 'Cold Response'라는 대규모 훈련을 해오고 있으며 이들 훈련 덕분에 러시아는 회원국을 감히 건드리지 못했다. 그런 의미에서 군대의 근육은 훈련을 통해 강화되지 것이지, 상대의 기분에 맞춰 도발을 미루거나 타협을 요구하는 것은 일시적일지는 몰라도 장기적인 해법은 아님이 증명되고 있다.

4. NATO에서 미국 군대의 막강한 힘을 인정하고 활용해 오는 유럽국가들의 지혜를 읽어야 한다. 연합작전사령부(ACO)는 NATO의 모든 군사작전에 대한 계획과 실행을 책임지고 있는 핵심조직으로, 유럽연합군 최고사령관이자 미군 유럽사령부 사령관을 겸직하는 미군 장성의 지휘를 받고 있다. 미국이 없으면, NATO의 알맹이가 빠져 있을 정도로 NATO에서의 미국의 위상과 역할은 여타 회원국에 비해 두드러지며 어느 국가도 미국의 주도권에 이의를 제기하지 않고 있다.

| 저자소개 |

김종태 | 한국국방외교협회 이사 겸 북한센터장

육군사관학교 43기로 임관, 정보보안부대에서 오랫동안 근무하였다.
현역시 독일통일기획요원, 주일본 한국대사관 무관, 미국 중부사 연락장교
를 역임하였다. 한국국방외교협회에서 북한센터장과 주간국제안보군사정세
에 미국을 담당하는 등 미북관계와 일본의 군사전략, 미일 군사관계 등을 분
석하고 있다. 저서로는 『초강대국 미국의 국방부와 안보기관(2021)』이 있으
며, 인도태평양 사령부에 대한 연구에 주력하고 있다.

우크라이나전 관련 일본의 대응과 시사점
국가안보전략과 국방혁신 관점을 중심으로

권 태 환 회장 (한국국방외교협회)

Ⅰ. 들어가는 말

2022년 2월 13일 바이든 미 행정부의 '인도 태평양 비전'이 공표되었다. 세계 인구의 2/3, 글로벌 경제성장의 2/3를 주도하는 더욱 안전하고 자유롭고 개방된 인도 태평양 지역 질서 구축을 위해 동맹과 신축적 파트너십 등을 토대로 5대 목표와 10대 행동계획을 제시되었다. 세계의 모든 이목이 미국과 중국의 군사적 충돌 가능성이 거론되는 '대만 해협', '남중국해', '동중국해(센카쿠열도)', '한반도(남북관계)'을 주목하면서, 중국의 군사적 동향을 주목하고 있었다.

이러한 시점에서 러시아는 지난 2월 24일 우크라이나에 대한 전면적 무력침공을 시행하였다. 1990년대 미소 냉전이 붕괴되면서 구소련의 분할로 탄생한 우크라이나는 지난 2008년 조지아의 분쟁 이후 2014년에는 '크리미아 강제병합'에 이어 오랫동안 러시아의 군사적 위협에 직면해 왔다. 실제 러시아가 침공하자 유엔안보리가 열렸지만 상임이사국인 러시아의 거부권 행사로 무력화되었으며[237], 전쟁을 억제하기 위한 미국과 EU의 모든 노력이 허사로 돌아가면서 우크라이나 사태는 소모전 국면으로 접어들고 있다.

러시아와 우크라이나 전쟁이 지속되는 현 시점에서 우크라이나 사태를 평가하기는 쉽지않다. 그럼에도 불구하고 금번 우크라이나 사태는 에너지전략을 비롯하여 국제사회는 물론 한반도 안보에 중대한 영향을 미치고 있다. 또한 경제안보 측면에서도 에너지 전략과 국제가치공급망 (GVC, Global Value Chain) 등 여파도 심각한 상황이다. 특히 5월 10일 윤석열 정부의 출범을 앞두고 금년에만 ICBM을 비롯하여 11번째 탄도미사일을 발사하는 등 군사적 도발을 지속하고 있는 배경과 의도도 결코 우크라이나 사태와 무관하다고 볼 수 없기 때문이다.

이러한 시점에서 본고는 우크라이나 사태 관련 일본의 대응과 시사점을 도출하고자 한다. 한일 양국은 미국과의 동맹을 국가안보전략의 기축을 삼고 있으며, 지정학적으로러시아의 군사적 동향에 영향을 받고 있기 때문이다. 특히 전쟁 억제에 실패한 우크라이나전 교훈은 중국의 대만 침공이 우려되는 시점에서 한일 양국의 안보 현안에 중요한 시사점을 주고 있다.[238] 이러한 관점에서 우크라이나 사태에 대한 일본의 인식과 정부의 대응 및 주요 쟁점에 대한 대응을 통해 시사점을 도출하고 정부 차원의 정책적 제언을 제시해 보고자 한다.

---

237) 시사저널, https://www.sisajournal.com/news/articlePrint.html?idxno=234602(검색일 : 3월 15일) 유엔총회는 러시아의 우크라이나 침공을 규탄하고 즉각 철 군을 요구하는 결의안을 3월2일 채택했다. 전체 193개 회원국 중 181개국이 표결에 참여해 141개국이 압도적으로 찬성했다.

238) 文春 On Line, https://news.yahoo.co.jp/articles/e36519b294aac98c5acefea347177a41ea20f704(검색일 : 3월 20일). 오리키 전통막장은 일본은 '방패' 미국은 '창'이라는 시대는 끝났으며, 전수방위 원칙에 억제력이라는 새로운 개념을 통해 전쟁억제를 위한 새로운 국가안보전략이 필요하다. 이를 위해 적기지 공격 능력을 '반격 능력'이라는 개념으로 새롭게 제시하면서 전쟁 억제능력 보유를 반영해야 한다고 주장한다.

II. 우크라이나 사태 관련 일본 정부의 대응

1. 우크라이나 사태에 대한 일본 정부의 대응239)

가. 일본 정부의 러시아 제재 및 우크라이나 지원 관련 대응조치

일본 정부는 금번 러시아의 우크라이나 침공과 관련 미국과 일체화된 대응을 신속히 발표함과 동시에 우크라이나 지원에 적극적 입장을 견지하였다.240) 국내 일부에서 '북방영토 문제' 해결을 위해 다소 신중한 대처를 요구하는 주장도 있었지만 '힘에 의한 일방적 주장과 국제법 위반'이라는 기존 입장을 근거로 신속하게 대처함으로써 다시 한번 일본의 국제사회에서의 역할이 부각되는 계기가 되었다.241)

일본 외무성은 2월 21일 러시아가 우크라이나의 일부인 「도네츠크 인민 공화국」 및 「르한스크 인민 공화국」 의 독립과 러시아군에 군사기지 등의 건설·사용 권리 을 주는 「우호 협력 상호 지원 협정」에 서명하자 이는 우크라이나 주권에 대한 침해로 규정하고, 이와 관련 (1) 「도네츠크 인민 공화국」 및 「르한스크 인민 공화국」 관계자에 대한 사증의 발급 정지 및 일본 국내에 있는 자산의 동결 등을 실시 (2) 「도네츠크 인민 공화국」 및 「르한스크 인민 공화국」과의 수출입 금지 조치 (3) 러시아 정부에 의한 새로운 소블린채의 일본에서의 발행·유통 등을 금지하는 제재조치를 발표하였다.

2월 24일, 러시아가 우크라이나에 군사 행동을 시작하자, 외무대신 담화를 통해 이는 국제법의 심각한 위반이며 유엔 헌장의 중대한 위반임을 비판하며, 러시아에 대해 즉시 공격을 중지하고 부대를 철수하도록 강력히 요구하였다. 추가 제재로서 (1) 러시아의 관계자에 대한 일본에의 사증 발급 정지와 관계자·단체에 대해 일본 국내에 가지는 자산의 동결 등을 실시 (2) 러시아의 3금융기관(개발대외경제은행(VEB), Promsvyazbank, Bank Rossiya)에 대해 일본 국내에 있는 자산의 동결 등을 실시 (3) 러시아의 군사 관련 단체에 대한 수출, 국제적인 합의에 근거한 규제 리스트 품목이나 반도체 등 범용품의 러시아용 수출에 관한 제재를 발표하였다.

일본 정부는 외무성 담화에 대한 후속조치로서 2월 26일과 3월 1일 '우크라이나 정세에 관한 환율 및 외국무역법에 관한 조치'로서 대상별 구체적인 제재 조치를 각의결정하였으며, 3월 3일과 8일, 11일에는 러시아를 지원한 벨라로시에 대해서도 7인 2개 단체를 비롯한 사증 발급 중지와 재산동결 등 제재 조치를 단행하였다.

---

239) 일본 외무성 홈페이지, https://www.mofa.go.jp/mofaj/files/100317547.pdf 3월 19일 검색
240) NewDaily, https://www.newdaily.co.kr/svc/article_print.html?no=2022022100141(검색일 : 3월 15일) 하야시 일본 외무대신은 "우크라이나 침략을 용인하면 아시아에도 같은 상황이 생길 것"이라며, 중국의 대만 침공 등을 상정하면서 국제사회의 강력한 대응을 촉구하였다.
241) 젤렌스키 우크라이나 대통령은 3월 23일 일본 국회 화상연설에서 일본은 아시아에서 처음으로 러시아 압박에 동참했다고 평가하면서 일본의 지속적인 지원과 지속적인 러시아 제재를 호소했다.

3월 8일에는 일본 외무대신과 코루즌스키 주일 우크라이나 대사간에 방탄조끼, 방한복, 비상식량 등 물품을 증여하는 교환문서에 서명하고 미국 등 국제사회와 함께 적극적 지원자세를 표명하였으며, 3월 9일에는 유엔총회 결의(3월 4일)괄 G-7 외교장관 공동성명 등에 이어 국제형사재판소(ICC)[242]에 우크라이나 사태를 제소하였다.

우크라이나에 대한 국제사회의 지원이 확대되면서, 일본의 지원도 확대되고 있다.

〈표 1〉 우크라이나에 대한 국제사회 지원 현황(3월 18일 현재)[243]

- 미국 : (지난해 10억달러 지원에 추가하여) 스팅어 미사일, 대전차 무기, 소화기, 탄약류, 방탄복, 자블린 미사일 등
- 호주 : 미사일 및 무기류(5천만 달러)
- 벨기에 : 대전차무기 200발, 자동소총/기관총 5,000정
- 캐나다 : 기관총, 권총, 카빈총, 탄약 150만발, 저격소총, 다양한 장비(780만 달러) 및 추가로 2,000만 달러의 군사 지원
- 크로아티아 : 소총, 기관총, 보호 장비(1,650만 유로 상당)
- 체코 : 화기류(1,823만달러), 박격포 4,000문, 권총 30,000정, 돌격소총 7,000정, 기관총 3,000정, 저격소총, 탄약 1백만발
- 덴마크 : 대전차무기 2,700발, 스팅어 미사일 300발, 보호조끼
- 에스토니아 : 자벨린 대전차 미사일 다수, 곡사포 9문
- 유럽 연합 : 기타 무기(5억유로 상당) ※ 원래는 전투기도 포함되었으나 미제공
- 핀란드 : 소총 2,500정, 탄약 15만발, 단발용 대전차무기 1,500발, 전투식량류
- 프랑스 : "추가 방어 장비"
- 독일 : 대전차무기 1,000발, 스팅어 방공시스템 500기 + 독일 통제, 타국가 무기 이전
- 그리스 : 국방 및 의료장비
- 이탈리아 : 군사장비 이전 의회 승인 대기 중(스팅어 미사일, 기관총류)
- 리투아니아 : 스팅어 미사일 시스템 및 탄약
- 네덜란드 : 스팅어 미사일 200발, 전투헬멧 3,000개, 조끼 2,000개, 저격소총 100정 및 실탄 30,000발, 기타 장비, 로켓 유탄 발사기 400발
- 노르웨이 : 대전차무기 2,000발, 헬멧, 방탄조끼, 기타 보호 장비
- 포르투갈 : 수류탄, 탄약, G3 자동소총, 기타 치명적이지 않은 장비
- 루마니아 : 유류(3백만 유로), 방탄조끼, 헬멧, 탄약, 군사 장비 및 의료기기
- 스페인 : 의약품 20톤, 개인보호장비, NBC(핵생물화학) 보호조끼
- 스웨덴 : 대전차무기 5,000발, 헬멧, 위장복
- 터키 : 드론 공동 생산
- 영국 : 단거리 대전차 미사일 2,000발, 색슨 장갑차
※ 일본은 전후 최초로 3월 16일 방탄조끼, 전투식량, 의약품 등 제공

일본 정부는 3월 16일 우크라이나 지원을 위해 적어도 1억 달러 규모의 차관 실시, 일본 내

---

242) 국제형사재판소는 국제사회 관심사인 중대한 범죄를 범한 개인을 국제법에 따라 추소, 처벌하기 위한 상설 국제형사재판 기관으로서 1998년 국제형사재판소 로마규정에 의거 네덜란드에 설립되었다.

243) Forum on the arms trade, https://www.forumarmstrade.org/ukrainearms.html(검색일자 : 3월 19일)

체류를 희망하는 우크라이나인의 체재 연장 허가, 우크라이나 난민의 일본 내 수용 검토를 제시하고, 무역조치로서 '최혜국 대우'의 철회, 일부 물품의 수입 및 사치품의 수출 금지, 러시아 군 관련 단체에 대한 수출과 국제적 합의에 근거한 규제리스트 품목과 반도체 등 범용품, 석유 정제용 장치 등 수출에 관한 제재를 조치하였다. 금융조치로서 주요 다자금융기관(IMF, 세계은행, 유럽부흥개발은행을 포함)부터의 러시아 융자 방지, 디지털 자산 등을 이용한 러시아의 제재 회피에 대한 대응, ·러시아 중앙은행과의 거래 제한, 푸틴 대통령을 포함한 러시아 정부 관계자, 러시아의 재벌인 올리가르히 등에 대해 자산 동결 등의 제재, 7개 금융기관(개발대외경제은행(VEB), Promsvyazbank, Bank Rossiya, 대외무역은행(VTB Bank), Sovcombank, Novicombank 및 Bank Otkritie)에 대한 일본 국내 보유자산 동결, 러시아 정부에 의한 새로운 소블린채의 일본에서의 발행·유통 등을 금지하고, SWIFT(국제은행간통신협회)에서 러시아의 특정은행 배제를 비롯해 러시아를 국제금융시스템이나 세계경제로부터 격리시키기 위한 조치에 참가할 것을 공표하였다. 벨라루시와 「도네츠크 인민 공화국」 및 「르한스크 인민 공화국」 관계에 대해서도 사증 발급과 자산 동결, 수출입 금지 조치가 이루어졌다.

이러한 일본 정부의 조치를 보면 러시아의 우크라이나 침공에 대한 직접적인 위협을 인식하고 있는 유럽과 미국에 가장 적극적으로 협력하여, 국제사회에 외교적 동참을 주도하고 있음을 알 수 있다. 현실적인 일본의 법적 제한으로 무기제공이 제한을 받고 있음을 명분으로 1억불의 차관과 함께 전후 최초로 방탄복과 비상식량 등 전투물자를 지원했다. 이는 일본의 국가전략의 기축인 미일 동맹을 강화하고, '인도 태평양' 전략의 핵심가치인 힘에 의한 일방적인 질서변경과 국제법 준수에 대한 국가 의지를 대변하고 있는 것으로 현존하는 중국의 위협에 대한 명확한 의사표현으로 볼 수 있다.

나. 일본 자국민 보호 조치

일본 외무성은 2월 11일 우크라이나에 대한 위험정보를 최고 수위인 '레벨 4'로 격상하면서, 민간항공기 운항정지 검토와 우크라이나 체재 일본인에 대한 피난 권고를 실시하였으며, 침공이 이루어진 24일 재차 강조하였다.244)

이어서 2월 28일 주우크라이나 대사관과 폴란드로 대피시 지원을 위해 주폴란드 대사관을 우크라이나 국경근처인 제세프지역에 설치하였다. 3월 2일 우크라이나 수도인 키이우의 상황이 긴박화됨에 따라 주우크라이나 대사관을 폐쇄하고 리바우시에 개설된 임시 연락사무소에 이전하여 출국지원 등에 대처하였다. 3월 7일 러시아 전역을 러시아 도항중지를 권고하는 '위험정보 3'으로 격상하였다. 이는 2월 25일 이후 EU 등 각국이 러시아 항공기의 영공비행을 금지하고 대항조치로서 러시아가 자국 항공비행 금지 조치를 취하였으며, 관련기업의 러시아 결제사업 중지로 혼란이 발생하였기 때문이다. 또한 리바우시에 개설된 임시 연락사무소도 폐쇄하였

---

244) 일본 외무성 홈페이지, https://www.mofa.go.jp/mofaj/press/release/press4_009268.html(검색일 : 3월 15일) 일본정부는 12일 현재 60명 정도의 자국민이 있다고 발표하였다.

다.

금번 일본의 자국민 보호 조치를 보면 2021년 8월 아프간 철수 과정에서의 교훈을 충분히 반영하고 있음을 알 수 있다.[245] 즉 대사관의 조기 철수와 미군을 비롯한 현장에서의 협조 미흡으로 자위대가 수송기를 보냈지만 성과를 거두지 못했기 때문이다. 이러한 관점에서 조기에 우크라이나 '위험경보4'를 발령하고, 대사관은 마지막 순간까지 우크라이나 내에서 협조를 실시하였다. 전반적으로 일본 내 국민여론은 일본 정부의 대응에 대해 긍정적 평가를 하고 있다.[246]

2. 방위성 및 자위대의 대응 조치

가. 러시아의 '핵 전략 억제력 연습'에 주목

2월 19일 기시 방위대신은 기자회견을 통해 러시아 대통령부 및 국방부가 전략핵 및 비핵 전력을 통한 '핵 전략 억지력 연습'을 실시했다고 발표했다.[247] 러시아는 해당 훈련에서 ICBM, SLBM, 공중발사형미사일(ALCM) 등 다양한 미사일을 발사했다고 발표함과 동시에 우크라이나 주변에 소재한 남부 군관구 및 흑해 함대도 훈련에 참가했음을 밝혔다. 동시에 ICBM, SLBM이나 폭격기 등 이른바 '핵의 3축'을 운용하지 않는 남부 군관구 및 흑해 함대의 참가로 핵전력·비핵전력 쌍방의 미사일 발사 연습을 실시한 것은 이례적이며, 향후 긴장 고조에 따라 국제사회에 핵 전력·비핵 전력을 포함한 모든 수준에서 능력을 발휘할 수 있음을 과시하려는 의도, 즉 '핵카드 사용'을 위한 것이라고 분석했다.

특히 러시아의 미사일 기술 동향에 대해서는 급속히 발달·진화하고 있는 상황이라고 판단하고 있으며, 향후 일본 안보에 미치는 영향과 관련 문제의식을 가지고 모든 선택지(적기지 공격능력 보유 등)를 배제하지 않고 국가안보 전략을 수립해 나가는 가운데 검토할 것이라고 언급했다.

나. 러시아군의 침공 양상과 중국군 군사 동향 주시

방위성은 러시아군의 침공은 대규모 병력과 다양한 수단으로 여러 정면에서 동시다발적으로 공격하면서, 군사수단과 비군사수단을 조합한 이른바 '하이브리드 전쟁'의 수법을 채택하고 있다고 분석하고 있다. 현재 침공이 진행 중으로 전체의 평가·분석에 대해서는 유보하고 있으나, 향후 방위계획대강 등 자위대 전력증강에 시사점과 교훈을 반영해 나갈 것으로 보인다.

---

245) YTN, https://www.ytn.co.kr/_ln/0104_202202220029067487(3월 18일 검색)
246) 러시의의 우크라이나 침공 관련 일본 정부의 대응에 대한 여론조사 결과를 보면 NHK(3.11-14일)는 일본 정부의 대응에 대해 평가한다가 58%, 대러 경제제재에 대해서는 타당과 강화해야 한다가 82%, 닛케이와 TV 도쿄 여론조사 (3.25-27일)도 일본정부 대응에 82% 긍정적 평가를 하고 있다.
247) 방위성 홈페이지, https://www.mod.go.jp/j/press/kisha/2022/0222a.html(검색일 : 3월 18일)

이와 함께 자민당 사토 외교부회장은 23일 중국군 전투기가 동중국해 주변에 전개하는 등 중국과 러시아군 동향을 주시해야 한다고 주장했다. 실제 중국은 대만 해협에 대한 군사적 전개를 지속하고 있으며, 16일 정찰형 무인기(BZK-007)이 영공을 침범하였다. 러시아는 3월 16일 해군함정 4척이 쓰가루 해협을 통과하였으며, 이는 우크라이나 방면에 동원 병력과 전투차량 등을 수송하고 있을 가능성이 있다고 분석하였다.248) 이와 함께 극동 지역 군사훈련을 통해 일본의 대러 제재에 불만을 보이고 있다고 평가하면서, 특히 가짜뉴스와 관련 적시적인 대응을 통해 국민들과 전략적 의사소통이 중요하다는 점을 강조하고 있다.

다. 우크라이나에 대한 군사적 지원

3월 4일 국가안보회의(NSC)에서 방탄복, 헬멧, 방한복, 천막, 카메라, 위생 자재, 비상 식량, 발전기 등을 우크라이나에 제공하기로 한 결정에 대해 자위대는 3월 16일 미군기(C-17)을 통해 제공되었다.249) 우크라이나 요청에 따라 자위대법과 방위장비 이전 3원칙 범위 내 비살상 장비품 등을 제공하는 것이며, 우크라이나를 최대한 지원함은 물론 국제사회 결속과 국제질서를 준수하는 일본 방침을 명확이 하는 것에 목표를 두고 있다.

방위성은 러시아의 우크라이나 침공이 명백히 우크라이나 주권 및 영토의 일체성을 침해하고 무력 사용을 금지하는 심각한 국제법 위반이자 유엔 헌장의 중대한 위반이며, 힘에 의한 일방적인 현상변경은, 국제질서의 근간을 흔드는 것으로, 자위대의 역할이 재조명되고 있다고 본다. 향후 미국의 대응 동향을 분석하면서 자위대의 역할에 대한 검토가 진행 중이다.

금번 우크라이난 사태 관련 방위성과 자위대의 조치는 일본 정부의 위협인식을 명확히 보여주고 있다. 러시아의 핵 무기의 운용과 하이브리드 전략이 실제 우크라이나 침공에서 어떻게 적용되고 있는지를 면밀히 검토하고 있으며, 일본 언론보도의 핵심 이슈가 되고 있기 때문이다. 그리고 시사점과 교훈은 중국의 대만 침공과 센카쿠 열도에 대한 대처, 그리고 북한의 핵과 미사일 위협 대처를 위해 향후 미일 동맹의 바람직한 모습과 일본의 전략적 구상과 방위력 건설 등에 집중되고 있기 때문이다. 특히 연내 국가안보전략과 방위계획대강 등을 개정해야 하는 기시정권에 있어서는 안보정책이나 전략적 구상의 변화를 요구할 수 있다는 점에서 신중하고 냉정하게 사태 추이를 분석하고 있는 것으로 보인다.250)

Ⅲ. 우크라이나 사태 관련 주요 쟁점과 시사점

1. 일본의 국가안보전략과 미일 동맹의 전략적 역할 분담

---

248) 방위성 홈페이지, https://www.mod.go.jp/j/press/kisha/2022/0318a.html
249) 일본 방위성 홈페이지, https://www.mod.go.jp/j/press/news/2022/03/16e.htm(검색일 : 3월 18일)
250) 森本 前방위대신 등 전문가들은 우크라이나 사태가 향후 미일 동맹에서 글로벌 차원의 역할에 대한 실질적인 사례가 될 수 있다는 관점에서 사태추이를 예의주시해야 한다는 점을 강조한다.

일본의 대러시아 제재 관련 입장은 복잡하다. 왜냐하면 전후 일본은 러시아와 '북방영토 반환'을 둘러싼 협상을 지속해 왔으며, 이를 해결하기 위해서는 러시아와 우호적 입장을 견지할 필요성이 있기 때문이다. 실제 2014년 러시아의 크리미아 강제병합 이후 미국과 EU 등의 대러 제재가 있을 때에도 일본은 미국 등 각국과의 제재에 동참하면서도 한편으로 '북방영토 반환'에 대한 수면 하 협상을 지속해 왔기 때문이다.251)

그러나 금번 러시아의 우크라이나 침공에 대한 일본의 태도는 달라졌다. 러시아의 일방적인 「도네츠크 인민 공화국」 및 「르한스크 인민 공화국」의 독립 서명에 대해 즉각적으로 우크라이나 주권에 대한 침해라며 비판과 함께 독자적 제재조치를 선언하였다. 이는 동맹인 미국 및 우방인 EU와 조율된 대처였으며, 이후 24일 침공이 시작되자 본격적인 제재조치에 돌입하였다. 뿐만 아니라 G-7 외교장관회담과 국제형사재판소 제소 등에 주도적 역할을 자처하면서, 러시아를 지원하는 벨라루시에 대해서도 강력히 제재하고 있다.252)

이러한 일본 정부의 입장은 국가안보전략에 근거하고 있다. 지난해 10월 출범한 기시다 총리는 지난 2013년 제정된 국가안보전략에 대한 개정을 서두르고 있다. 미중 전략적 경쟁 가운데 부상하고 있는 중국의 군사적 시나리오를 통해 대만해협의 위기와 연계된 인도 태평양 지역에서의 일본의 역할이 심도깊게 논의되고 있다. 미국은 이미 트럼프 정부 출범 이후 '인도 태평양 전략'을 국가안보전략으로 책정하면서 중국의 군사적 팽창과 패권에 대한 도전을 봉쇄하기 위해 노력해 왔으며, 바이든 정부에서도 그 기조는 지속되고 있다. 미일 양국정상은 1월 21일 전화회담에서도 군사적, 경제적으로 대두되는 중국을 견제하기 위한 동맹 강화를 위해 '대만 해협의 평화와 안정의 중요성'을 강조하고 중국의 '일대일로'에 대응하기 위해서 현존의 외교+국방장관회담(2+2)에 경제+외교장관회담(2_2)를 신설하기로 합의하였다. 특히 지난 2월 13일 발표된 '미국의 인도 태평양 전략'253)에서는 이를 위한 구체적 전략목표 설정과 함께 10대 행동계획(Action Plan)이 주목되었다.

그러나 러시아의 우크라이나 침공은 미일의 중국 견제를 중심으로 한 '인도 태평양 전략'에 새로운 과제를 던져주고 있다. 미국과 서방이 보이콧한 2022년 북경 올림픽 개막일에 맞추어 중러 정상회담을 통해 반미 연대를 과시한 러시아의 전격적인 우크라이나 무력 침공은 중국의 위협에 초점을 두고 있던 미국의 군사적 전개에 있어, EU 지역에로의 전략적 분산이 불가피하게 된 것이다. 이미 중동 및 아프간 철수 과정에서 시험대에 올랐던 바이든 행정부가 다시 한번 국제사회의 안정과 관련한 군사적 도전에 처한 것이다. 현실적으로도 미국과 동맹관계가 부재한 '대만해협에 대한 미국의 군사적 개입' 보장에 의문이 제기되고 있다. 왜냐하면 미국과 서방

251) 일본 외무성 홈페이지, https://www.mofa.go.jp/mofaj/area/hoppo/hoppo_rekishi.html(검색일 : 3월 18일) 1956년 일-소 공동성언 이후 2020년 일러 정상회담에 이르기까지 북방영토를 둘러싼 양국간 협상이 지속되고 있다.
252) 일본 방위성 폼페이지, https://www.mod.go.jp/j/press/kisha/2022/0322a.html 러시아는 우크라이나 지원에 대한 보복조치로 일본과 북방영토에 대한 협상 중단을 선언하였다.
253) https://www.whitehouse.gov/briefing-room/speeches-remarks/2022/02/11/fact-sheet-indo-pacific-strategy-of-the-united-states/ (검색일 : 2월 20일)

은 군사적 개입이 아닌 외교·경제 제재로 러시아의 무력 침공을 억제하려고 했으나, 이를 확신한 푸틴 러시아 대통령은 다양한 시나리오 중 오히려 전면적인 군사적 침공을 감행했기 때문이다. 결국 외교·경제 제재는 전쟁 억제에 한계를 가지고 있음이 표면화되었다. 이러한 관점에서 대만해협에서 미국의 군사적 개입에 대한 전략적 대응과 입장은 향후 일본의 국가안보전략 구상에 있어 중요한 쟁점의 하나가 될 것으로 보인다.

일본 정부는 전술한 바와 같이 미일 동맹과 우방국과의 동조를 위해 적극 대처하고 있지만 현재 구상하고 있는 대중국 견제 중심의 국가안보전략에서 금번 러시아의 우크라이나 침공 등으로 파생된 도전요인을 어떻게 반영할 것인지도 고민하고 있다. 북한의 탄노미사일 발사를 계기로 공론화된 '적기지 공격능력 보유'가 러시아의 최신무기에 의한 무차별적인 공격으로 이어지고 있는 상황과 결코 무관하지 않다고 본다. 이러한 관점에서 향후 일본의 국가안보전략 구상이 주목되고 있으며, 미일 동맹에 있어 일본의 전략적 역할 분담이 글로벌 차원으로 확대되는 계기가 될 것으로 보인다. 이러한 움직임은 5월 출범하는 한국 정부의 새로운 국가안보전략 구상에 있어서도 중요한 관심사가 될 것이며, 한미동맹 기조에도 적극 반영되어야 한다.

2. 일본의 '핵 공유' 공론화 쟁점

러시아의 우크라이나 침공에서 가장 주목되는 일본 내 쟁점은 '핵공유' 공론화이다. 미국과 서방의 외교·경제적 제재가 비록 전쟁을 억제하지는 못했지만 세계 각국과의 공조로 본격화되면서 러시아 국가경영 자체에 혼란이 가중되고 있다. 초반 러시아를 지지하던 중국조차도 인도적 차원에서 러시아에 대한 공적 지원은 결코 자유롭지 못하다. 게다가 젤렌스키 우크라이나 대통령을 비롯한 강력한 국민적 저항의지와 미국 및 서방의 대규모 물량지원은 점차 러시아의 전쟁 지속능력에 어려움을 가중시키고 있다. 여기에 서방의 군사적 개입이 이루어진다면 러시아에게 결정타가 될 우려가 제기된다.

미국과 서방의 경제 제재와 군사적 지원이 가속화되자, 2월 27일 푸틴 러시아 대통령은 핵무기 운용부대에 경계태세 강화를 지시하는 이른바 '핵사용 카드'를 제기하였다.254) 푸틴 대통령의 핵무기 위협은 서방이 러시아의 침공에 개입하는 것을 막기 위한 위협인 동시에 재래적 전쟁이 기대한 만큼의 성과를 내지 못함에 대해 긴장 고조라는 국내 정치적 목적도 내포된 것으로 보인다.255) 실제 파키스탄은 2001~2002년 인도와 전쟁에서 재래식 전쟁에서 불리하자 핵사용을 위협했으며, 이스라엘도 1973년 아랍 연합군에 대해 핵 위협을 통해 위기를 극복했던 사

---

254) 연합뉴스, https://www.yna.co.kr/view/AKR20220318035100009?input=1195m(검색일 : 3월 20일) 러시아가 우크라이나에서 재래식 병력과 무기가 소진되면 서방에 대해 핵무기 사용 위협을 가할 것으로 예상된다고 미국 국방부 국방정보국(DIA)이 분석했다고 블룸버그 통신이 17일(현지시간) 보도했다.

255) 러시아의 '핵사용 카드'로 미국과 서방은 우크라이나에 대한 직접적인 군사개입을 하지 못하고 있으며, 러시아의 핵사용을 포함한 훈련 등을 공개적으로 실시하는 것은 러시아에 대한 미국의 공격 등을 가정하면서 이를 통해 국내 불만과 반대 여론을 통제하기 위한 국내 정치적 목적도 동시에 달성할 수 있는 수단이 되고 있다.

레도 있다. 핵보유국들은 핵전쟁 위험성 때문에 전면전을 벌이기를 꺼리기 때문에 미국과 서방은 푸틴 대통령의 '핵무기 카드'를 염두에 두고 우크라이나에 대한 직접적인 군사적 개입에 거리를 두고 있다.

러시아의 '핵사용 카드'와 관련 미국과 서방의 대처에 대해 아베 전총리는 '핵공유론'을 제기하였다.256) 2월 27일 TV 대담에서 그는 러시아의 침공을 받은 우크라이나가 핵을 포기하는 대신 미국, 러시아, 영국이 주권과 안전보장을 약속했던 1994년 부다페스트 각서를 언급하며, "(우크라이나가) 전술핵을 일부 남겨뒀더라면 어땠을까 하는 논의도 있다. 일본도 여러 선택지를 내다보고 논의해야 한다."고 언급했다. 독일 등 북대서양조약기구(NATO) 회원국 일부가 자국에 미국의 핵무기를 배치하고 공동운용하는 핵 공유를 일본에도 적용할 수 있다는 주장이다. 세계 유일의 피폭국으로 '비핵 3원칙'(핵무기는 만들지도, 보유하지도, 반입하지도 않는다)을 견지해 온 일본에 있어 우크라이나 위기에 편승한 '핵공유론'에 대해 기시다 총리 등 정부 차원에서는 검토하지 않는다는 원칙론을 언급하였지만, 자민당을 비롯한 일부에서도 공론화 필요성을 제기하고 있어 향후 일본 국가전략에 영향을 미칠 수 있는 쟁점이 될 것으로 보인다.

'핵 공유' 논의는 러시아의 우크라이나 침공이 향후 어떠한 방향으로 결말을 맺을지에 따라 재점화될 가능성이 있다. 또한 금년 들어 10회 이상의 탄도미사일 발사를 통해 미사일 능력 고도화를 추진하고 있는 북한의 핵 능력도 현실적인 위협으로 대두되고 있기 때문이다. 미국의 '핵 확장억제'에 일방적으로 의존하고 있는 일본에 있어 중국, 러시아, 북한의 핵 위협 억제를 위해 확실한 보장을 요구하는 문제로서 향후 일본 내 공론화 동향이 주목된다.

이러한 관점에서 한국의 입장도 자유롭지 못하다. 금번 대선 과정을 통해 제기된 북한의 군사적 위협에 대한 대처 능력 특히 북한의 '핵무기 카드'가 금번 푸틴 대통령에게서 제기된 바와 같이, 한반도 국지전 또는 우발사태시 북한에 의한 일방적 위협으로 거론될 가능성을 결코 배제할 수 없기 때문이다. 동일한 위협에 직면하고 있는 한일 양국이 동맹국 미국과 함께 북한의 '핵사용 카드'에 대한 심도 깊은 전략적 대화가 절실하다.

3. 러시아의 '하이브리드전' 재인식과 대처 능력

러시아의 우크라이나 침공을 예견하는 보도가 이어지면서 시기뿐 아니라 방법 등 다양한 전쟁 시나리오가 제기되었다. 지난 2014년 크리미아 반도에 대한 러시아의 전격적인 무력침공을 경험했지만, 미국과 서방의 강력한 제재 경고 등이 있었지만 전문가들과 우크라이나 정보조차도 친러 세력이 우세한 돈바스 지역에 대한 국지전과 협상을 통한 타협 등을 예상하고 있었다. 그러나 현실로 나타난 것은 24일 러시아의 전면적인 무력침공이었다.

오래전부터 푸틴 러시아 대통령은 우크라이나에 대한 전면적 공격 등을 비롯한 다양한 시나리오를 구상했다고 본다.257) 그러나 전격적인 단기간 내 속전속결로 승리한다는 최종 결단에는

---

256) 週刊東洋經濟, https://news.yahoo.co.jp/articles/c452a5b0ff3a90f1ed207c7b07cb74bc4cb26b30(검색일 : 3월 18일) 푸틴 대통령의 '전술핵 사용' 가능성을 시사한 발언이 발단이 되었다.

러시아의 '하이브리드전'이 심대한 영향을 미쳤을 것으로 보인다. 왜냐하면 러시아의 전면적 무력침공은 미국과 서방이 우크라이나에 대한 군사적 개입을 하지 않을 것이라는 정보판단이 있어야만 가능한 계획이기 때문이다. 이를 위해 수행된 우크라이나에서 러시아가 침공 이전에 활용한 '하이브리드전략'에 대한 주요 수단은 다음과 같다.

〈표 2〉 우크라이나에서 러시아의 갈등전략 주요수단[258]

1	정치적 갈등	정치인 및 선거에 대한 간섭과 타협 및 통제
2	문화 문제	내거티브를 만들 때 역사와 종교의 활용 및 왜곡된 해석
3	경제적 강제	연료 운송료와 같은 경제적 연계
4	군사 작전	민간 군사회사의 활용을 통한 비정규 행위자 지원, 이들을 자원 봉사자라고 부름
5	외교 및 공공지원	러시아어 사용자에 대한 (우크라이나)위협에 대한 내거티브 작성
6	정보 캠페인	정부와 사회 사이에 불화를 일으켜 사회를 불안하게 만들기 위해 고안된 내거티브

이러한 사전작업과 함께 러시아는 젤렌스키 정부의 NATO 가입과 친러 세력이 다수를 점하고 있는 「도네츠크 인민 공화국」 및 「르한스크 인민 공화국」의 독립돈바스 지역의 독립을 전쟁의 명분으로 활용하였으며, 전쟁 위협을 통해 NATO내 반대 여론을 생성하는 등 외교적 수단도 적극 강구하였다. 국경지역에서 위장부대를 운용하여 우크라이나가 선제적인 공격을 실시한 데 대한 대응과 우크라이나 내 러시아인 보호 등을 명분으로 활용하였다.

이와 관련 일본 내에서는 '정보전'이라는 관점에서 분석하고 있다. 미국은 이미 2021년 11월부터 러시아의 침공을 위한 부대이동을 파악하고 있었으며 실제 침공경로도 일치한 것으로 보인다. 특히 2월 15일 '러시아군 일부 철수' 등 허위정보 등을 포함해 지금도 러시아의 '하이브리드전'과 미국의 '정보전'이 국제사회를 대상으로 소리없는 전쟁을 지속하고 있다.[259]

이러한 관점에서 일본은 대만에 대한 중국의 '회색지대 전략(Gray Zone Stretegy)을 주목하고 있다. 이는 센카쿠열도에 대한 중국 해경 공선의 지속적인 도발과도 연계되는 것으로 '기정사실화'를 비롯하여 사이버공격 등을 병합한 여론전, 심리전, 법률전의 다양한 형태로 여건과 기반을 구축하고 있다고 보며, 우크라이나 사태를 분석하면서, 이를 위한 대비태세를 강화해 나

---

257) 防衛省 홈페이지, https://www.mod.go.jp/j/press/kisha/2022/0218a.html(검색일 : 3월 13일). 기시 방위대신은 "우크라이나 정세 현상과 관련 최근 사이버 공격의 형태를 통한 하이브리드 전략의 가능성을 토대로 자위대의 사이버방호대가 24시간 체제로 정보통신 네트워크를 감시하고 사이버 공격에 대처할 수 있도록 조치하고 있다"고 언급하였다. 일본 내 전문가들은 러시아가 돈바스를 점령하는 국지전을 택할 것으로 예상하였다.
258) 우평균, 「우크라이나 사태 전망과 한국 안보에 주는 함의」『월간 KIMA 22-3월호』. p. 49. 저자의 분석 내용에 개인적 견해를 추가하여 작성하였다.
259) TV 아침뉴스, https://news.tv-asahi.co.jp/news_international/articles/000246963.html(검색일자 : 3월 20일) 하이브리드전의 성패에 대해서는 전쟁이 종결된 후 종합적인 평가가 필요하다. 일본 언론과 전문가들은 러시아의 하이브리드전과 미국의 정보전 대응에 대해 특집으로 보도하면서 이를 통해 일본의 정책과제를 제시하고 있다.

가고 있다.

특히 언론의 역할에 있어서 젤렌스키 대통령의 SNS를 활용한 국제여론전은 대단한 성과를 거두고 있는 것으로 평가된다. 우크라이나 국민들의 러시아 침공에 대한 저항의지를 결집하고 세계 각국의 지원 여론에 상당한 영향을 미치고 있다. 현재 자위대에서도 이러한 언론대응 능력을 활성화하기 위해 정규 교육과정에 '언론 인터뷰'와 '시뮬레이션 게임'에 언론팀을 구성하여 실전적인 대응능력을 제고시키고 있다. 우리 군에서도 이러한 언론의 역할과 함께 북한의 '하이브리드전'에 대한 연구가 필요하다고 본다.

4. 첨단전력 운용과 군수지원 능력

금번 러시아의 우크라이나 침공에 있어 세계 각국의 군사전문가들의 관심사는 첨단전력의 운용이었다. 러시아는 미중 전략적 경쟁에서 다소 뒤떨어지고 있지만 군사과학기술 측면에서 첨단무기 수준이 우위에 있다고 평가되어 왔기 때문이다. 이번 침공에서 러시아군은 초전에 우크라이나의 핵심시설과 목표물을 타격하고, 지상작전을 위해 대대전술단(Battalion Tactical Group)을 운용했다. 대대전술단은 통상 3000~4000명 병력과 제병협동부대, 지원부대로 구성되는 미국식 여단전투단(Brigade Combat Team)의 축소판이다. 1개 대대로도 독립적인 작전 수행이 가능한 독특한 편제로, 대대전술단 병력은 1000명 정도이며, 전차 10대로 구성된 1개 전차중대, 각각 15대 안팎의 장갑차량을 보유한 3개 차량화보병중대, 화력 지원을 담당하는 대전차자주포나 화력지원차량을 보유한 2~3개 중대 규모의 대전차·포병중대와 방공중대, 전투근무지원대 등으로 구성돼 있다.260) 러시아는 개전 전부터 우크라이나 국경 지대에 100개 넘는 대대전술단을 배치했고, 유사시 이들을 전력 삼아 우크라이나를 삽시간에 장악한다는 목표를 설정했다.

그러나 현실은 달랐다. 미국과 서방의 군사적 개입 없이도 우크라이나군은 열세한 군사력으로 첨단전력을 가진 러시아군을 상대하고 있다. 그러자 초기 군사적 목표물로 한정하던 러시아의 공격은 이제 초토화를 위한 무차별 공격을 실시하면서 국제여론은 물론 러시아 국내의 반전 움직임을 자극하고 있다. 특히 러시아군은 혹한과 습지 등에 의해 군수물자 보급이 원활하지 못한 것으로 보도되고 있으며, 이로 인해 사기도 크게 저하된 것으로 보인다. 한편으로 3월 20일 이후에는 '극초음속 미사일' 등에 의한 러시아군의 공격이 이루어지고 있어, 영국 국방성은 러시아가 인명을 무시하는 소모전으로 이행했다는 분석을 제시하고 있어 향후 민간인 피해가 대폭 확대될 우려가 있다.

이러한 관점에서 일본 방위성은 새로운 방위계획대강과 중기방위력정비계획을 수립함에 있어서 첨단전력의 도입과 군수지원 능력 등 제반 분야에서 우크라이나사태의 교훈을 반영해 나가기 위한 검토를 진행하고 있다. 우리 또한 새로운 정부 출범과 함께 추진해 나갈 '국방혁신

260) 주간동아, https://weekly.donga.com/3/all/11/3231910/1(검색일 : 3월 15일) 러시아 대대전술단 소개

4.0'에서도 금번 교훈과 시사점을 적극 반영해 나가는 노력이 요망된다.

<표 3> 우크라이나 전황(3.15)

5. 유사시 대피시설 증축 등 국민안전 대책 강구[261]

최근 러시아의 우크라이나에 대한 무차별 폭격으로 인해 민간인 피해가 확대되면서 유사시 대피시설 필요성에 대한 공감대가 확산되었다. 특히 러시아 공세가 집중되고 있는 키이우와 마라우포리 등에서 주민대피시설 등의 중요성을 재인식하는 계기가 되었다.

현재 일본 내에서 지자체가 지정한 전국 5만개의 피난시설 중 지하시설은 자위대 조사에 의하면 2.4%에 불과하다. 최근 중국의 군사력 증강과 북한 미사일 발사 등 군사적 긴장이 고조되고 있지만, 유사시 기능할 수 있는 대피시설이 미흡하여 유사시 대량피해가 불가피하다. 따라서 일본 정부와 방위성은 한국 등의 주민피난시설 시스템을 참고하여 2025년까지 지하시설을 확충하도록 지지체에 요구하고 있다.

IV. 결론 : 정책 제언을 중심으로

러시아의 우크라이나 침공에 대한 일본의 대응은 앞에서 제시한 바와 같이 우리에게도 다양한 시사점을 제시하고 있다. 우리 정부는 초기 단계에서 러시아에 대한 직접적인 비판을 자제하고 미국을 비롯한 국제사회의 대러시아 금융 제재에 적극 동참하지 못한 점 등이 지적되었다.[262] 또한 정권교체의 이행 과정에서 일관성 있는 전략적 대응을 위해서는 NSC와 인수위의

---

261) 時事通信, https://news.yahoo.co.jp/articles/c8db6780b05f01fe7006e5ed8af52ef63e8dc2a1(검색일 : 3월 20일) 2014년 성립된 국민보호법에 근거하여 지자체는 대피시설 마련에 책임이 있다.
262) NEWSIS, https://mobile.newsis.com/view.html?ar_id=NISX20220223_0001770450(검색일 : 3월 15일) 바이든 미 대통령은 22일 푸틴 러시아 대통령의 행보를 '침공'으로 규정하고 금융기관 등에 대한 제재를 발표하였으며, 일본과 EU도 동참하였다. 우리 정부는 2월 23일 신중히 검토한다는 입장으로 대응하면서 한미 동맹에 대한 신뢰

유기적 협력이 중요한 시점이다. 무엇보다 공약으로 제시한 '한미동맹을 포괄적 동맹으로 발전'시켜 나가기 위해서는 일본의 대응에서 나타난 시사점은 타산지석이 될 수 있다. 이러한 관점에서 필요한 정책제언을 제시해 본다.

첫째, 우크라이나 사태의 가장 중요한 교훈은 한미동맹의 중요성을 재인식하게 되었다는 점이다. 동맹을 갖지 못한 우크라이나에 대한 군사적 지원은 핵을 보유한 러시아의 '핵사용 카드'와 '유엔안보리 상임 이사국의 거부권 행사'로 결국 무산되었으며, 그 결과 러시아의 공격이 장기화되면서 더욱 많은 희생과 국토의 피폐를 가져오고 있다. 한미동맹에 대한 국민적 공감대가 확산되는 계기로 적극 활용해 나가야 할 것이다. 일본 정부는 미일 동맹을 명분으로 국제사회에서 일본의 역할을 확대해 나가는 계기 뿐 아니라 일본 국민들에게 미일 동맹의 중요성을 통해 최근 쟁점이 되고 있는 마게지마 문제263)를 포함한 현안 문제에 박차를 가하고 있다.

둘째, 국제안보정세에 부합한 새로운 국가안보전략의 조기 책정이다.

미일은 양국은 안보현안에 있어 글로벌 차원의 역할 분담을 통해 전략적 포괄동맹을 강화시켜 나가고 있다. 개정되는 일본의 국가안보전략에도 중국 견제 뿐 아니라 우크라이나 사태를 계기로 글로벌 안보현안에 대한 역할 확대가 검토되고 있다. 즉 우크라이나 사태에서 미국과 NATO의 대처와 일본의 역할분담은 향후 미일동맹을 글로벌 차원으로 확대해 나가는 것은 물론 핵위협 대처에 고민하고 있는 일본 정부에게 대안을 모색하는 계기가 될 수 있다는 점을 예의 주시하고 있는 것이다. 이러한 관점에서 새롭게 출발하는 우리 정부도 국가안보전략의 조기 책정을 현안으로 적극 추진해 나가야 한다. 전략적 모호성으로 인해 외교안보 측면에서 고립된 현재의 위상을 탈피하고, 한미동맹을 토대로 중견국으로서 국제사회에 적극 기여해 나가기 위해서는 분명한 국익과 국가안보전략 목표라는 일관된 방향성 유지가 중요하기 때문이다. 동시에 경제안보 차원의 전략적 대처가 필요하며, 민군협력 체계가 통합되어야 할 것이다. NSC와 각부처 담당부서의 유기적 협력이 원활히 작동될 수 있도록 기초 설계가 이루어져야 한다.

셋째, '국방혁신 4.0'을 위한 실질적인 방안 연구 노력이다.264)

일본은 연내 방위정책의 방향과 방위력 목표를 제시(통상 10년)하는 방위계획대강의 개정을 검토하고 있다. 이러한 관점에서 우크라이나 사태에서 보여준 러시아의 하이브리드전과 극초음속 미사일 등 첨단 전략의 운용, 군수지원의 전쟁양상 등은 러시아는 물론 자위대의 중국 및 북한의 위협에 대처할 수 있는 계기로 활용될 것으로 보인다. 이러한 관점에서 지난 2006년 이후 추진해 온 국방개혁을 통해 한국군은 세계 6위의 군사력과 55조 군사비 규모를 유지하고 있으며, 방산수출도 매년 증가추세에 있다. 그러나 미래전장의 양상과 북한의 핵무력 및 미사일 고도화 위협 등을 고려시 보다 실효적인 대처방안 마련이 시급하다. '한국형 상쇄전략'과 'K-모

가 우려된다는 전문가들의 지적이 제기되었으며, 28일에서야 제재 동참을 공표하였따.

263) 방위성은 동중국해에 대한 중국의 군사적 위협에 대처하기 위해 마게지마섬을 매입하여 항모 기항과 항모탑재기 훈련장으로 할용할 수 있는 미일 공동사용기지를 추진하고 있으며, 러시아의 우크라이나 침공은 주민 등 일본 국민안보의식 제고에 상당한 영향을 미치고 있는 것으로 보인다.

264) 홍규덕, 「한반도의 미래 안보환경과 '한국형 상쇄전략'」 (2022년 3월). pp. 58-62. 한반도를 둘러싼 안보위협의 심화에 대한 국방혁신 대전략 차원에서 '한국형 상쇄전략'을 비롯한 국방혁신 방안을 제시하고 있다.

자이크전' 등을 실현하고, AI 등 과학기술 강군 육성을 위해서 금번 우크라이나 사태를 통해 제기되는 지휘구조, 부대구조, 전력구조, 병력구조는 물론 사이버전략과 무인기 등 다양한 측면에서 많은 시사점과 교훈을 분야별로 분석하고 평가하는 실질적인 연구 노력이 요망된다. 현재 일본 지자체에서 문제를 제기하고 전반적인 재조사를 하고 있는 것처럼 북한의 미사일 공격 등에 대처할 수 있는 대피시설의 평소 확보와 운용대책도 훈련을 통해 숙지되어야 한다.

넷째, 언론의 역할과 국민적 공감대 확산이다.

러시아의 '하이브리드전'과 미국의 '정보전' 등을 분석하면 전장에서 언론의 역할이 얼마나 중요한지를 절감하게 한다. 특히 국세사회에서 선생의 명분을 획보하고 국내적으로 국민적 지지를 확보하기 위해서는 언론과 군의 상관관계를 바르게 인식하고 이에 필요한 인재양성과 운용능력을 확보하는 노력이 중요하다. 일본 방위대신이 매주 기자회견을 통해 우크라이나 사태에서 제기되는 문제들을 기자회견을 통해 제시하고 있는 모습은 자위대의 대응 뿐 아니라 국민적 공감대를 확산해 나가는 데 많은 역할을 하고 있다고 평가된다. 우리 정부도 언론과의 의사소통을 보다 긴밀히 할 수 있는 체제를 정비하고, 평소부터 이를 생활화하기 위한 교육과정 신설과 운용체제 확립이 요망된다.

다섯째, 한일 및 한미일 안보협력 정상화이다.[265]

우크라이나 사태와 관련한 일본의 대응을 보면 미국과의 동맹 강화, 핵확장 억제의 담보, 중국-러시아-북한의 군사적 위협에 대한 대처 등 한일 양국의 공동관심 사안이 당면현안이 되고 있다. 이러한 관점에서 새로운 정부의 출범 이전이라도 우크라이나 사태 대처를 포함한 북한 핵 및 미사일 위협 대처 등을 위해서도 한일 및 한미일 안보협력이 조기에 정상화되어야 한다. 이를 위해 먼저 한일 양측은 초계기 위협(레이더 조사)에 대한 임시적 조치(5단계)와 한일 군사비밀보호협정(GSOMIA)를 정상화하고, 수출규제의 완화조치와 함께 한반도 주변 해공역에서 사고 및 충돌방지를 위한 협정을 체결함으로써 한일 관계 개선을 촉진하는 역할을 할 수 있다.

'전쟁은 거저 얻어지는 것이 아니다(Freedom is not free)'.

힘으로 뒷받침될 수 있을 때, 진정한 평화가 유지된다. 일본의 '국제적 협력주의에 기초한 적극적 평화주의'와 한국의 '힘으로 뒷받침되는 평화'는 상호 신뢰를 토대로 할 때 그 의미와 가치를 발휘할 수 있다. 러시아의 우크라이나 침공이 우리에게 주는 시사점과 교훈의 본질이기도 하다. 평화는 만들어 지는 것이 아니라 만들어 나가는 것임을 결코 잊지 말아야 한다.

265) 권태환, 「한일 안보렵력 네트워크의 새로운 지평」 『복합 대전환기, 새로운 한일 파트너십을 찾아서』. pp. 221-252. 한일 양국의 대미 동맹을 강화하고 한미일 안보협력을 위해서는 한일 안보협력을 통한 신뢰회복이 선행되어야 한다.

| 저자소개 |

권태환 | 한국국방외교협회 회장, 예비역 육군준장

육군사관학교를 졸업한 후, 서강대 정책대학원에서 북한 및 통일정책 석사, 일본 다쿠쇼쿠대학에서 안전보장학 박사과정을 수료했다. 국방부 정책실에서 대외정책 총괄을 담상했고, 일본 자위대에서 지휘참모대와 국방대학원 과정을 연수하고, 오카자키 연구소에서 객원연구원, 주일본 한국대사관에서 국방무관과 육군무관 등을 역임했다. 전역 후 세종연구소에서 객원연구원, 국방대학교 초빙교수 등을 통해 국내외 외교안보 경험을 토대로 2018년 한국국방외교협회를 설립하였다. 현재 한국군사학회 부회장, 한일군사문화학회 부회장, 북극성연구소 부소장, 합참 및 육군 정책자문위원으로 국방외교 발전과 후진양성을 위해 활동하고 있다. 저서로는 '새로운 안보환경과 한국의 생존전략', '통일한국의 비전과 군의 역할', '한일 새로운 미래, 어떻게 만들것인가?'와 번역서로 '근대일본의 군대' 이외 '일본의 군사전략' 등 다수의 논문이 있다. '주간국제안보군사정세'를 2019년 이후 발행하고 있으며, 국제안보정세와 일본의 안보군사, 한일 및 한미일 안보협력 등 국방외교를 주로 연구하고 있다.

우크라이나 전쟁에 대한 중국의 입장과 대응 전망

조 현 규 박사 (한국국방외교협회 중국센터장)

Ⅰ. 서 론

2022년 2월 24일 러시아 대통령 블라디미르 푸틴은 이른바 '특별 군사작전' 개시 명령을 하달하고 전격적으로 우크라이나를 침공하였다.

러시아와 우크라이나의 전쟁은 본래 2014년부터 시작된 돈바스 전쟁으로 대표되는 우크라이나 정부군과 친러 반군 세력인 도네츠크 인민공화국 및 루한스크 인민공화국 사이의 우크라이나 영토 내 국지적인 분쟁으로서, 돈바스 지역의 친러 반군 세력의 힘만으로 우크라이나 정부군을 상대하기는 역부족이어서 8년간 지지부진한 교착 상태에 빠진 상황이었다.266) 그리고 러시아는 이들 친러 반군 세력을 비밀리에 지원하던 정황이 있었으나 러시아는 이를 부인하였다. 이후 돈바스 장악을 위해 러시아는 이전처럼 친러 세력을 은밀히 지원하는 수준을 넘어 좀 더 본격적이고 직접적인 개입으로 위기를 고조시켰고, 러시아의 전면적인 침공 징후는 2021년부터 곳곳에서 포착되어왔다.

러시아는 2022년 1~2월을 전후하여 벨라루스, 크림반도 쪽을 포함한 우크라이나 동남북부 국경 전반에 걸쳐 대규모의 병력을 벨라루스와의 합동훈련을 명분으로 집결시키고 본격적인 침공의 움직임을 보였다. 미국을 중심으로 한 서방은 러시아의 의도가 전면전을 목표로 하는 것이 아닌가?하는 의문을 제기했지만, 이 시기까지만 하더라도 대부분의 정치·군사·경제 전문가들은 실제로 전면적인 침공이 이루어질 것이라고는 예상하지 않았다. 상식적으로 냉전 이후 줄곧 평화를 추구했던 유럽 및 미국의 반발을 불러올 것이 확실하고, 동시에 러시아는 명분이 부족하여 잃을 것이 많은 도박이었기 때문이다. 하지만 푸틴은 이러한 예상을 뒤엎고 우크라이나에 대한 전면침공을 강행하면서 국가간 전면전으로 확대되었다. 러시아는 최대한 빠른 시일 내에 우크라이나를 점령하기 위해 가용전력의 95%를 쏟아부었다.

그러나 우크라이나는 며칠도 버티지 못하고 항복하거나 붕괴될 것이라는 국제사회의 예상을 깨고 블라디미르 젤렌스키 대통령을 중심으로 국가 총력전을 불사하는 강력한 항전 의지를 드러내며 의외의 선전을 지속하고, 이에 비해 러시아군은 세계 2위의 군사력을 자랑하는 국가라는 명성에 걸맞지 않는 미흡한 전쟁 준비와 사기 저하를 드러 내며 졸전을 거듭하고, 우크라이나를 지지하는 세력의 무기 및 장비, 기타 자원 지원이 기존보다 가속화되면서 전쟁이 장기화되기 시작했다.

처음에는 소량의 무기 지원이나 '외교적 노력' 정도로 사태를 관망하는 것과 다름없었던 NATO(NATO) 동맹국 및 대부분의 자유민주주의 국가들은 러시아가 고전하는 것이 확인되자 본격적으로 우크라이나에 대규모 지원과 원조를 보내기 시작했고, 러시아에 대해서는 SWIFT(Society for Worldwide Interbank Financial Telecommunication, 국제은행간 통신협회) 결제망 퇴출, 러시아-유럽 연결 천연가스 해저 파이프라인 건설 사업 취소, 러시아 은

---

266) 전쟁 직전 시점에 도네츠크 인민공화국은 실제 도네츠크 주의 절반 정도, 루한스크 인민공화국은 실제 루한스크주의 1/3 정도만 차지하고 있었으며, 나머지는 우크라이나 정부군이 밀고 밀리며 차지하고 있었다.

행 보유 외환 및 푸틴 관련 주요 인사의 국외 자산 동결, 항공우주·반도체 등 첨단 부품 공급 차단, 러시아 국적 항공기 및 선박에 대한 영공 및 영해 출입 금지 등 적극적인 정치적, 경제적 제재 조치를 단행했다. 이로써 러시아는 소련 이후 다시금 국제적인 고립 상태에 처하게 되었으며, 동시에 소련 해체 당시에 버금가는 국가 부도의 위기에 처했다.

최근 우크라이나 외무장관은 러시아의 전쟁행위를 중단하는데 협조해 달라고 중국에게 공개적으로 호소했고, 우크라이나 부총리도 중국에게 우크라이나를 지지해 달라고 요청한 바 있으나 중국은 '대화를 통한 해결'이라는 원칙론적 입장을 고수하고 있다. 본고에서는 우선 중국과 우크라이나, 중국과 러시아와의 관계를 살펴 본 후에, 현재의 전쟁 상황 하에서 우크라이나 전쟁에 대한 중국의 입장과 대응을 분석하고, 러시아와 동맹관계보다 더 긴밀한 전략적 협력을 유지하고 있다는 중국이 과연 현재 진행되고 있는 우크라이나 전쟁에 어떻게 대응해 나갈 것인가?에 대해서 전망해 보고자 한다. 현재 국제사회에서는 우크라이나 전쟁 발생 이후 어정쩡한 표면적 중립 입장을 취하고 있는 중국에 비난의 눈길이 쏠리고 있기 때문이다.

II. 중국과 우크라이나 및 러시아와의 관계

1. 중국과 우크라이나 관계[267]

중국과 우크라이나는 1992년 1월 4일 수교하여, 2001년 전면적 우호협력 관계를 수립하였고, 2011년 전략적 동반자 관계를 수립하였다. 양국은 각 분야에서 우호협력과 상호이익이 신속히 발전하였고, 양국간 우의는 부단히 심화되었다. 우크라이나는 중국과의 관계를 중시하고 대만·티벳(西藏)·신장(新疆)·파룬궁(法輪功) 등에 대한 중국의 입장을 지지하며, 우크라이나 내 각 정파들도 중국과의 우호협력 강화를 적극 주장하고 있다. 중국 또한 우크라이나의 주권과 독립, 영토 보전을 존중하고, 우크라이나의 독립을 최초로 인정한 국가 중 하나이다. 시진핑(習近平) 중국 국가주석은 2017년 1월 스위스 다보스 세계경제포럼 연례 총회에서 폴로셴코 우크라이나 대통령과 회담했다. 마카이(馬凱) 중국 부총리는 2017년 5월 쿠비프 우크라이나 제1부총리 겸 경제무역부 장관이 참석한 '일대일로'국제협력정상포럼에서 회동했다. 2017년 12월 마카이 부총리는 우크라이나를 방문하여 중국-우크라이나 정부 간 협력위원회 3차 회의를 주재하면서 폴로셴코 우크라이나 대통령과 그로이스만 총리, 쿠비프 제1부총리 겸 경제무역부 장관을 각각 만났다. 류허(劉鶴) 중국 부총리는 2018년 11월 베이징에서 중국 제1회 중국국제수입박람회에 대표단을 인솔하여 방중한 쿠비프 우크라이나 제1부총리 겸 경제무역부 장관과 회동하였다. 왕치산(王岐山) 중국 국가부주석은 2019년 1월 스위스 다보스에서 열린 세계경제포럼에서 폴로셴코 우크라이나 대통령과 만났다. 2019년 5월 우크라이나 제1부총리 겸 경제무역

267) 中国外交部, https://www.mfa.gov.cn/chn/pds/gjhdq/gj/oz/1206_40/sbgx/t7133.htm (검색일 2022.3.28.)

부 장관은 제2차 '일대일로' 국제협력정상포럼에 참석했다. 2020년 4월 왕이(王毅) 중국 외교 담당 국무위원 겸 외무부장은 우크라이나 외무장관과 통화했다. 류허 중국 부총리는 2020년 12월 슈테파니히라 우크라이나 부총리와 함께 중국-우크라이나 정부 간 협력위원회 4차 회의를 화상으로 주재했다. 2021년 1월 왕이 국무위원 겸 외무장관은 우크라이나 외무장관과 통화했다. 시진핑 주석은 2021년 7월 젤렌스키 우크라이나 대통령과 통화했다.

경제무역 분야를 보면, 2020년 중국-우크라이나 무역액은 146억 6,000만달러로 전년 대비 23.2% 증가했는데, 이 중 우크라이나의 대중 수출은 68억 7,000만달러로 전년 대비 7% 감소했고, 수입은 77억 9,000만달러로 전년 대비 72.8% 증가했다. 2021년 상반기 중국-우크라이나 교역액은 93억 7,000만 달러로 전년 동기 대비 47.5% 증가했다. 현재 중국에게 있어 우크라이나는 유라시아에서 러시아·카자흐스탄에 이어 세 번째로 큰 교역 상대국이며, 중국은 우크라이나에게 가장 큰 교역 상대국이다.

양자 협력 면에서, 2011년 4월 장더장(張德江) 중국 부총리는 우크라이나 제1부총리와 중국-우크라이나 정부 간 협력위원회 1차 회의를 열고 본격적인 위원회 가동에 들어갔다. 위원회 산하에 경제무역·농업·우주·과학기술·문화·교육·위생 7개 분과위원회와 사무국을 두었다. 2013년 9월 동 위원회 제2차 회의가 베이징에서 열렸다. 2017년 12월 위원회 제3차 회의가 우크라이나 수도 키이우에서 개최되었다. 2020년 12월 위원회 제4차 회의가 화상으로 개최되었다.

기타 분야에서 쌍방은 과학기술·교육·문화 등 분야에서도 협력이 자리 이루어지고 있고, 교류협력의 성과도 크다.

특히, 시진핑 중국 국가주석은 2013년 베이징을 방문한 빅토르 야누코비치 당시 우크라이나 대통령과 정상회담을 갖고 "우크라이나가 핵무기를 이용한 침략 위험을 받을 경우, 중국은 우크라이나에 안전보장을 제공한다"는 내용의 공동성명을 발표했다. '주권과 통일, 영토 보존과 관련, 상호 지지하는 것은 양국 전략적 동반자 관계의 중요한 내용'이라는 문구도 포함되었다. 그러나 중국은 2월 24일 러시아가 우크라이나를 침공한 이후 '대화를 통한 해결'이라는 원칙론적 입장만 내놓고 있어서, 중국이 자국의 안보 이익을 위해 우크라이나와의 약속을 지키지 않고 있다는 비난을 받고 있다.

2. 중국과 러시아 관계[268]

중국은 구소련과 1949년 10월 2일 수교하였고, 구소련 붕괴 후 1991년 12월 27일 중국-러시아 양국은 종전의 국교 관계를 계승하는 데 합의하고 서명하였다.

중-러는 1996년 '전략적 협력동반자 관계'를 수립한 이후, 2001년 '중-러 선린우호협력조약'을 체결하였고, 2011년 '전면적 전략협력 동반자 관계'를 수립하였다. 2019년에는'신시대 전면적 전략협력동반자' 관계로 격상되었다. 2021년 6월 28일 '중-러 선린우호협력조약'이 만

---

268) 中国外交部. https://www.mfa.gov.cn/chn/pds/gjhdq/gj/oz/1206_13/sbgx/ (검색일:2022. 3.28.)

료되자 쌍방은 자동 5년 연장에 동의하였다. 2020년 10월 블라디미르 푸틴 러시아 대통령은 중-러 관계를 언급하면서 "러시아와 중국은 이론적으로는 군사동맹의 가능성을 열어두고 있지만, 실제로는 전략적 상호 신뢰와 협력 수준이 매우 높은 수준에 도달해 있기 때문에, 양국은 원칙상 이러한 동맹이 필요하지 않다"[269]고 밝혔다. 2021년 3월 세르게이 라브로프 러시아 외무장관은 "중국은 러시아의 진정한 전략적 동반자이자 코드가 맞는 친구이다"라고 말했다. 2021년 6월 블라디미르 푸틴 러시아 대통령은 "중·러 전략적 동반자관계는 현재 역대 최고 수준이다"라고 밝혔다. 시진핑 중국 국가주석은 2021년 6월 28일 블라디미르 푸틴 러시아 대통령과의 화상 회남에서 성상은 민료된'중·러 선린우호협력조약'이 5년 자동 여기를 선언하였다.[270] 2022년 2월 4일 베이징(北京) 동계올림픽 개막식 전날 양국 정상은 대면회담을 갖고 양국 관계 발전과 협력을 논의하였다.

경제무역 관계를 보면, 2019년 중-러 양국 무역액은 1,107억 5,700만 달러로 전년 대비 3.4% 증가했다. 중국은 지속적으로 러시아의 1위 교역국 지위를 유지하고 있다. 러시아는 중국의 주요 교역국 중 11위를 차지하고 있으며, 2020년 1~9월 중-러 교역액은 788억 4,300만달러로 전년 동기 대비 2% 감소했다.

인문교류 면에서, 중국과 러시아는 2006년과 2007년, 2009년과 2010년, 2012년과 2013년 상호 국가의 해, 언어의 해, 관광의 해, 2014~2015년 청년 우호 교류의 해, 2016~2017년 중-러 미디어 교류의 해, 2018~2019년 중-러 지방협력 교류의 해, 2020~2021년 중-러 과학기술의 해 등을 개최하였다. 현재 양국간 각종 유학생 교류인원은 10만명 수준이다.

지방정부간 협력을 보면, 2020년 기준 양측은 148개의 도시·주(州)·성(省)의 자매결연을 맺었으며, 수십 개의 경제무역 교류협력 관계를 구축했다. 중-러 지방 지도자간 정례회동 체제와 중국 장강(長江) 중상류지역과 러시아 볼가강 연안 연방구 지방합작 이사회, 중국 동북지역과 러시아 극동 및 바이칼지역 정부 간 협력위원회를 가동하고 있다.

국제협력면에서 중-러 양국은 국제 및 지역 문제에 대해 입장이 일치하거나 비슷하며 긴밀히 소통하고 협력하고 있다. 상하이(上海) 협력기구·브릭스(BRICS)·중-러-인·중-러-몽 협력 등의 체제를 공동으로 추진 및 결성하였고, 유엔·G20· BRICS·아시아태평양경제협력기구(APEC)·상하이협력기구·아시아 교류 및 신뢰구축회의(CICA)등 다자간 협력 메커니즘 틀 내에서 공동으로 협조하고 있다. 국제법과 국제관계 기본준칙, 유엔개혁, 테러리즘 배격, 마약 밀매 등 글로벌 문제에 대해서도 중-러는 긴밀한 의사소통과 조율을 유지하고 있다.

양국은 중-러 관계가 역사상 가장 좋은 시기에 와 있다고 평가한다. 양국 고위층의 교류가 빈번하고 정상간의 연례적인 상호방문 관행이 형성되었으며, 총리 정례회동, 의회협력위원회, 에너지·투자·인문·경제무역·지방·법집행·전략안보 등 철저한 단계별 교류·협력체제가 구축되

---

269) 普京称俄中理论上存在建立军事同盟可能性, 《环球网》, 2020年10月23日, https://world.huanqiu.com/article/40P0YRd4hpp (검색일:2022.3.28.).
270) 中俄关系的又一里程碑. 《中国政府网》, 2018年9月11日, http://www.gov.cn/xinwen/2018-09/11/content_5320908.htm?_zbs_baidu_bk (검색일:2022. 3.28.)

었다. 양측은 정치적 상호 신뢰가 심화되고, 국가 주권·안보·영토 보전·발전 등 핵심 이익에 관한 문제에 대해 서로 확고히 지지하고 있다. 양국 발전전략의 연계 및 활성화와 '일대일로'(一帶一路) 건설은 유라시아 경제연합과 연계하여 실질적인 협력을 통해 새로운 중요한 성과를 내고 있다.

2021년 1월 왕이 중국 외교부장 겸 국무위원은 중-러 양자 관계에 대해 다음과 같이 설파하였다. "중-러는 새로운 발전 단계에 진입했고, 양국간 전략적 협력은 '끝도 없고, 성역도 없고, 상한선도 없다'271)라고 밝혔는데, 이는 중-러 우호·신뢰 관계가 현재 사상 최고의 상태에 도달한 것을 의미한다. 그러나 이것은 중국의 '동맹을 맺지 않는다'(不結盟)는 외교정책 원칙을 바꿀 수는 없으며, 중-러 양국군의 연합훈련이 긴밀해 진다고 해서 양국간 '신시대 전면적 전략협력 동반자관계'가 결코 '군사동맹' 관계로 발전되지는 않을 것이다.272)

이처럼 최근 중국과 러시아는 글로벌전략, 안전보장, 무역문제 등을 둘러싸고 미국과 대립 및 경쟁이 심화되고 있는 가운데 자국이 큰 영향력을 가진 국제적 틀에서 연합훈련도 강화하고 있으며, 중-러 결속을 통해 미국을 견제하려고 한다. 중-러 양국이 지금처럼 각 영역에서 굳건한 협력과 신뢰를 다져 나간다면, 당분간 외부 환경의 견제가 양국 관계에 영향을 주는 것은 쉽지 않을 것이다. 특히 중-러 '전면적 전략협력 동반자관계'는 연합훈련과 같은 군사협력을 통해 더욱 발전해 나갈 전망이다. 그러나 러시아의 우크라이나 침공 후 중국이 보여 주고 있는 표면적 중립 태도는 전쟁 이전 최고의 관계를 구가하고 있던 양국 관계에 변화를 가져 올 수도 있는 요인으로 작용할 수 있을 전망이다.

III. 우크라이나 사태에 대한 중국의 공식 입장 및 대응 전망

1. 중국 정부의 공식 입장 추이

가. 러시아의 우크라이나 침공 이전

시진핑 중국 국가주석은 지난 2월 4일 동계올림픽 직전 북경에서 개최된 푸틴 대통령과의 정상회담에서 "NATO(북대서양조약기구, North Atlantic Treaty Organization)의 동진에 반대한다"273)며 러시아의 입장을 공식적으로 지지했다. 왕이 중국 외교담당 국무위원 겸 외교부장은 2월 19일 뮌헨안보회의에서 "모든 국가의 주권, 독립, 영토 보전은 존중되어야 한다"고 강조하면서 원론적인 입장을 표명하였다.

271) 王毅, "中俄战略合作没有止境，没有禁区，没有上限", 《中国外交部》, 2021年1月2日, http://new.fmprc.gov.cn/web/wjbzhd/t1844069.shtml (검색일:2022.3.29.).
272) 조현규, 연합훈련을 통해 본 중러 전략적 협력과 대한반도 함의(2021)
273) 习近平同俄罗斯总统普京会谈. 《中国共产党新闻网》, 2022年2月5日, http://cpc.people.com.cn/n1/2022/0205/c435113-32345722.html (검색일:2022.3.29.).

2월 21일 블라디미르 푸틴 러시아 대통령은 전격적으로 우크라이나 동부 도네츠크 인민공화국(DPR)과 루간스크 인민공화국(LPR)의 독립을 승인하고 '평화 유지'를 명분으로 러시아 군대의 진격을 명령했다. 왕이 중국 국무위원 겸 외교부장은 이 날 앤서니 블링컨 미국 국무장관과 전화통화에서 "우크라이나 문제에서 중국 입장은 일관적이며, 어떤 국가의 합리적 안보 우려는 모두 존중받아야 하고, 유엔 헌장의 종지와 원칙에 따라 보호받아야 한다"고 말하고, "중국은 사안 자체의 시비곡직(是非曲直)에 비추어 각 측과 접촉을 계속하겠다"고 말함으로써 중립적인 모양새를 강조했다. 이어 "우크라이나 상황은 악화 추세에 있다. 중국은 다시금 각 측이 자제를 유지하고, 안보와 영토 불가분 원칙 실천의 중요성을 인식할 것을 호소한다"라고 강조했다. 즉, 중국은 우크라이나 분리 독립을 명분으로 내세운 러시아를 공개적으로 지지할 경우 러시아에 대한 안보 우려를 가진 유럽연합(EU)과 대립하게 되며, 미·중 경쟁에서 EU를 중국 편으로 끌어들이려는 전략에 차질이 생기는 것을 감안하고 있는 것이다.

나. 러시아의 우크라이나 침공 이후

중국은 2월 24일 우크라이나를 침공한 러시아를 두둔하고, 미국에 반대하는 입장을 분명히 했다. 화춘잉(華春瑩) 중국 외교부 대변인은 정례브리핑에서 "러시아는 유엔 안보리 상임이사국이며 독립 자주의 대국으로, 자신의 판단과 그들의 국가 이익에 기반해 자신의 외교와 전략을 자주적으로 결정하고 시행한다"라며 러시아를 옹호했다. 또한, "중·러 관계는 '비동맹, 비대항, 제3국을 겨냥하지 않는' 기초 위에 이루어 졌다", "이데올로기로 선을 그어 '소집단' 패거리를 맺고 집단 정치, 대결과 분열을 조장하는 미국과 근본적·질적으로 다르다. 친구 아니면 적이라는 냉전 사고와 소위 동맹과 '소집단'을 끌어 모으는 방식에 중국은 흥미도 없고 흉내 낼 생각도 없다"고 강변함으로써 중국이 러시아 규탄에 동조하지 않겠다는 입장도 분명히 했다.

또한 중국은 러시아의 군사 행동을 '침공(invasion)'으로 인정하지 않았다. 화 대변인은 서방기자들의 "러시아의 군사 행위를 침략행위 또는 유엔 헌장 위반으로 보느냐"는 질문에 대해 즉답을 피하고, "침략의 정의에 대해서는 현재 정세를 어떻게 봐야 하는지로 돌아가야 한다. 우크라이나 문제는 복잡한 역사적 경위가 있고, 정세 변화는 각종 요인이 함께 작용한 결과이다. 정확하고 객관적 인식과 이성적이고 평화적인 해결 방안을 찾아야 하며 우크라이나 문제의 맥락을 이해하고 평등 상호 존중의 기초 위해 상호 합리적인 안보 우려를 원만하게 해결해야 한다"는 답변만 반복했다.

중국의 주요 관영매체들은 2월 24일 우크라이나 남·북·동 3면에서 시작된 러시아의 전면적 침공에 대해 '군사 행동', '출병(出兵)', '무장 충돌', '기습' 등으로 보도하였고, 러시아를 비롯해 세계 각지에서 러시아의 침공을 비판하는 반러시아 시위에 대해서는 보도하지 않았다.

우크라이나 침공 이틀째인 2월 25일 시진핑 중국 국가주석은 푸틴 러시아 대통령과의 전화통화에서 "현재 위기 상황에서 러시아 지도자가 취하는 행동을 존중한다. 중국은 러시아가 우크라이나와의 협상을 통해 문제를 해결하는 것을 지지한다. 각국의 안보 우려는 존중받아야 한다"고 말했다. 그러면서도 시 주석은 "주권 및 영토 보존을 존중하고 유엔 헌장의 취지와 원칙을 준수한다는 중국의 기본 입장은 일관된 것"이라고 말했다. 이는 시 주석이 러시아를 두둔하고 사실상 러시아의 우크라이나 침공을 인정하는 것 아니냐는 국제사회의 비난 여론을 의식한 발언으로 보였다.

2월 26일 왕이 중국 외교담당 국무위원 겸 외교부장은 EU와 러시아의 가교 역할을 맡아온 독일 외무장관과의 통화에서 "중국은 계속해서 평화 모색, 평화 실현을 위해 건설적 역할을 발휘하겠다"고 말했다. 평화를 중재하겠다고 했지만 중국은 러시아의 군사 행동을 '침공'이라고 부르지 않고, 러시아에 대한 어떠한 '제재'도 반대하고 있다.

3월 1일 중국은 러시아의 우크라이나 침공 이후 처음으로 '유감'을 표명하며 전쟁 중단을 위해 '중재자'로 나설 준비가 됐다는 신호를 보냈다. 드미트로 쿨레바 우크라이나 외무장관은 3월 1일 왕이 국무위원 겸 외교부장에게 전화를 걸어서 중국이 러시아에 영향력을 행사해 전쟁을 중단하도록 요청했다. 이에 대해 이(王毅) 중국 외교담당 국무위원 겸 외교부장은 "중국은 우크라이나와 러시아의 충돌 폭발에 애석하다", "평민이 상해를 입은 것에 대해서 매우 주시한다"고 말했다. 왕이 국무위원은 이날 통화에서 우크라이나의 영토 주권을 지지했는데, 이는 크림반도와 동부 돈바스 지역의 영유권을 주장하는 러시아의 입장과 배치되는 발언이다. 왕원빈(王文斌) 중국 외교부 대변인도 우크라이나 민간인들의 사상(死傷)에 유감을 표명하고, "우크라이나 정세 완화를 위해 건설적 역할을 원하며, 인도주의 원조 관련 소식은 적시에 발표하겠다"고 말했는데, 이로써 중국은 지금까지 러시아의 안보 우려를 지지한다며 미국과 NATO를 비난하던 입장에서 한발 물러서는 태도를 보였다.

3월 5일 왕이 중국 국무위원 겸 외교부장은 토니 블링컨 미국 국무장관과의 전화회담에서 중국의 러시아 제재 동참 촉구를 받고 "불길에 기름을 부어 정세를 격화시키는 행동에 중국은 모두 반대한다"고 우회적으로 제재에 반대했다. 또한 "우크라이나 위기는 최종적으로 단지 대화와 담판을 통해서만 해결될 수 있다", "중국은 러시아와 우크라이나의 직접 담판을 격려한다", "미국·NATO·EU과 러시아가 평등하게 대화하는 것을 격려한다"라고 말함으로써 중국의 중재자 역할에도 신중한 태도를 비쳤다. 지난 2월 22일 블링컨-왕이 통화 후 발표문에 담겼던 "중국은 계속해서 각 측과 접촉하겠다"는 발언은 사라졌다.

우크라이나를 침공한 러시아에 대해 각국이 강력한 제재에 나선 가운데, 3월 7일 왕이 중국 외교부장은 중국 전국인민대표대회 내외신 기자회견에서 "국제 정세가 아무리 악화되더라도 중국과 러시아는 전략적 능력을 유지하고 신시대 전략적 협력 동반자 관계를 부단히 전진시킬 것"이라고 말하고, "복잡한 문제를 해결하기 위해서는 냉정과 이성이 필요하고, 불에 기름을 붓고 대립을 격화시켜서는 안된다"며 러시아와 우크라이나의 협상을 지지한다고 했다.

3월 8일 시진핑 중국 국가주석은 에마뉘엘 마크롱 프랑스 대통령, 올라프 숄츠 독일 총리와 화상 회담을 갖고 우크라이나 문제를 논의했는데, 이 자리에서 시 주석은 "제재는 전 세계 금융·에너지·교통·공급 체인의 안정에 충격을 준다. 오랜 팬데믹에 시달리는 세계 경제의 발목을 잡아, 각 당사국 모두에게 불리하다"며 러시아 제재에 반대의 뜻을 밝혔다. 시 주석은 현재 가장 시급한 현안은 "긴박한 정세가 격화하고 폭주하는 것을 피하는 것"이라며 "우크라이나에 인도주의 물자 원조를 제공하길 원한다"고 밝혔다.

3월 14일 이탈리아 로마에서 양제츠(楊潔篪) 중국 외교담당 정치국원과 제이크 설리번 백악관 국가안보보좌관간 회동에서 설리번 보좌관은 "군사적 지원이나 경제제재를 위반하는 지원을 할 경우 중대한 결과에 직면할 것"이라고 했다. 양 정치국원은 "중국은 우크라이나의 상황이 이 지경에 이르는 것을 원하지 않는다"며 "중국은 모든 국가의 주권과 영토 보존을 존중하고 유엔 헌장의 목적과 원칙을 준수할 것을 주장해 왔다"고 응수했다. 러시아에 제재를 위반하는 지원을 하지 않는다는 즉답 대신 평화적 해결을 촉구하며 피해간 것이다.

3월 18일 화상으로 개최된 미-중 정상회담에서 조 바이든 미국 대통령은 시진핑 중국 국가주석과 영상 회담에서 중국이 러시아를 물질적으로 지원하면 미국은 물론이고 전 세계적으로 좋지 못한 결과에 직면할 것이라고 경고하였다. 시진핑 중국 국가주석은 "우크라이나 위기는 우리가 보고자 했던 것이 아니다"라며 "그러한 충돌은 누구의 이익도 되지 않는다"고 말했다. 전쟁이 지속돼선 안 된다는 메시지를 발신했지만 러시아에 대한 군사적 지원이 없을 것이란 명시적 답변은 없었다. 또한, 우크라이나 사태를 '침공'이나 '전쟁'이란 표현 대신 '위기'라고 말해 수위를 조절한 것으로 보인다. 이어 "국가관계는 군사적 대치로 나아가지 않아야 하며 충돌과 대항은 누구의 이익에도 부합하지 않는다"며 "평화와 안전이야말로 국제사회의 소중한 자산"이라고 지적했다. 시 주석은 나아가 "미국과 NATO도 러시아와 대화해야 한다"고 주장했다. 그는 "전방위적이고 무차별적인 제재로 고통받는 것은 국민들"이라며 "가뜩이나 어려운 세계 경제에 설상가상이 되고, 돌이킬 수 없는 손실을 초래할 것"이라고 했다. 현재 가동되고 있는 미국 등 서방의 대(對)러시아 제재와 미국이 경고한 대중국 제재에 대한 반대 입장을 분명히 한 것으로 풀이된다. 시 주석은 이날 처음으로 "우크라이나 위기(crisis)"라는 용어를 사용했는데, 이것은 러시아의 우크라이나 침공을 보는 중국의 입장이 다소 조정된 것으로 볼 수 있다. 중국 외교부가 우크라이나 사태에 대해 2월 25일 푸틴 러시아 대통령과 전화 통화에서는 '우크라이나 문제(issue)', 3월 8일 에마뉘엘 마크롱 프랑스 대통령, 올라프 숄츠 독일 총리와 화상 회담에서는 '우크라이나 정세(current situation)'라고 발표했던 것과 달라졌기 때문이다.

한편, 중-러 관계에 미묘한 변화도 감지되었다. 친강(秦剛) 주미 중국대사는 3월 24일 "중국과 러시아의 협력에는 금지구역이 없지만 마지노선은 존재한다"며 "이 마지노선은 유엔 헌장의 원칙이자 공인된 국제법과 국제관계의 기본 원칙으로서 우리가 따르는 행동 지침"274)이라고 밝혔다. 중국은 그동안 주권과 영토 보전 존중 등을 '유엔 헌장의 원칙'으로 지칭해왔다. 이 같은 친 대사의 발언은 지난 2월 중-러 정상회담의 공동성명에서 언급된 '양국간 우호에는 한계가 없다'는 문구에 비해 중국의 입장이 보다 유연해 진 것이다. 이것은 중·러 양국 간 협력에 한계

---

274) 中俄之间合作没有禁区，但也是有底线的。 《知乎》， 2022年3月25日， https://zhuanlan.zhihu.com/p/487265674 （검색일:2022.3.29.).

가 없다고 하더라도 국제관계 등을 고려했을 때 중국이 할 수 없는 영역이 분명히 존재한다는 취지의 설명이며, 중국이 무조건 러시아를 도울 수 없다는 고민이 담겨 있음을 시사한다.

3월 30일 왕이 중국 외교담당 국무위원 겸 외교부장은 중국을 방문한 세르게이 라브로프 러시아 외교장관과의 회담에서 우크라이나의 인도주의적 위기를 거론하고 "상황이 조속히 완화되길 지지한다"고 하면서, 이번 사태가 "유럽의 안보 모순이 오래 누적된 결과이자 냉전적 사고의 집단 대립이 만들어 낸 결과"라고 함으로써 여전히 전쟁 발발의 책임이 미국과 NATO에 있다는 취지로 말했다.

이상에서 살펴 본 바와 같이 러시아의 우크라이나 침공 직후 중국 정부는 일방적으로 러시아를 옹호하는 입장을 취하다가, 국제사회의 러시아의 주권국가에 대한 침략 행위 규탄, 이를 두둔하는 중국에 대한 비난, 서방국가들의 러시아에 대한 강도 높은 제재에 직면하자, 지금은 한발 물러나서 '대화를 통한 문제 해결'이라는 양다리 걸치기식 입장으로 선회하고 우크라이나에 대한 인도적 지원도 진행하고 있다. 우크라이나 전쟁이 장기화되고 있는 가운데 중국은 사태 해결을 위해서는 대화가 필요하며 러시아에 대한 제재에 반대한다는 기존 입장을 계속 되풀이하고 있지만, 내부적으로는 러시아의 입장을 지지하고 있는 것으로 보인다.

2. 중국의 자국민 보호 조치

러시아가 우크라이나를 침공한 가운데 우크라이나 주재 중국대사관은 2월 24일 자국 교민들에게 "도시 내 혼란이 발생할 경우 공격 대상이 될 수 있으므로 집 안에 머물고 있어라"고 통보했다. 또 차를 이용해 장거리 여행을 하는 경우 차에 중국 국기를 부착할 수 있다고 했다. 주우크라이나 중국 대사관 측은 자국 교민들에 대해 직접 대피령은 내리지 않았다. 대신 중국인 단체와의 연락을 강조하며 "인터넷, 전기, 휴대전화 신호가 끊길 경우 당황하지 마라"며 "통신이 재개되면 즉시 공관 소셜미디어 등을 통해 관련 정보를 확인하라"고 했다. 또 "장거리 여행을 할 경우 주유가 가능한지 확인하고 차의 잘 보이는 곳에 중국 국기를 부착할 수 있다"고 했다.

중국 정부는 2월 25일 우크라이나에 거주 중인 중국인들을 대피시키기로 방침을 바꾸었다. 우크라이나 주재 중국대사관은 25일 0시 31분 자국민 '철수 진행 긴급 통지'를 발령했다. 통지문은 "우크라이나 국내 상황이 급격히 악화하고 있어 우크라이나에 있는 중국민과 투자 기업, 유학생들이 높은 위험에 처해 있다", "오는 27일까지 대피자 명단에 등록하라"고 전했다. 우크라이나 키이우와 오예사 등에 거주 중인 중국인은 약 6,000여 명이다. 또한, 이 통지는 홍콩·마카오 시민도 철수 대상에 포함시켰으며, 대만 국민들 역시 신분 증명만 되면 함께 철수할 수 있다고 밝혔다.

주우크라이나 중국 대사관은 전세기를 투입할 예정이며 출발 시각은 현지 비행 안전 상황을 고려해 공지하겠다고 설명했다. 다만 전세기 탑승 여부는 의무가 아니며 원하는 사람으로 한정하였다. 중국 대사관은 또 "남은 기간 개인의 안전을 최우선으로 하고 신속한 이동이 가능하도록 탑승물을 미리 준비해놓으라"고 덧붙였다.

　2월 24일 우발적 피해를 방지하기 위해 집에 머물고, 차로 이동할 경우 중국 국기를 눈에 띄는 곳에 부착하라고 통지했던 중국 정부가 하루 만에 자국민 대피령을 하달함으로써 자국민 보호조치를 급선회하였다. 또한 자국민에게 차량에 중국 국기를 달라고 했던 우크라이나 주재 중국 대사관은 2월 26일 "우크라이나 내 중국인들은 아무 때나 신분을 드러내지 마라"고 공지했는데, 이는 러시아의 우크라이나 침공 이후 러시아를 두둔하고 옹호하는 중국의 태도에 대해 우크라이나는 물론 국제사회의 비난이 쏠리자 중국 정부가 우크라이나 거주 교민 보호 차원에서 국적을 노출하시 않노록 통보하였다.

3. 중국의 대응 분석 및 전망

가. 중국의 대응 분석

　지난 2월 24일 우크라이나-러시아 전쟁이 발발한 이후 지금까지 양측은 여러 차례의 협상을 진행했으나 여전히 성과를 거두지 못하고 있다. 현재 쌍방의 전쟁은 점점 더 격렬해지면서 교착 상태에 빠져 있고, 심지어 국제 인도주의 법규를 위반하는 사건들이 발생한다는 소문도 전해지고 있기 때문에, 세계 각국과 유엔이 나서서 러시아의 침략 행위를 규탄하고, 전쟁을 중단하도록 촉구하고 있는 상황이다.

　과거 중국-우크라이나 관계는 매우 원만했으며, 우크라이나는 중국이 일대일로를 통해 유럽으로 진입하는 중추로서 군사무기 및 경제무역 교류에 있어서 중국에게 매우 중요한 위상을 차지하고 있다. 그러나 우크라이나가 침공을 당한 후 중국에게 지지를 호소했지만 중국은 과거 우크라이나와의 우정을 외면하고 우크라이나가 계속 전쟁에 시달리도록 하면서 내부적으로는 러시아의 입장을 지지하고 있다.

　오랫동안 세계 대국임을 자처해 온 중국이 이처럼 러시아의 침공을 공개적으로 비난하려고 하지 않음으로써 국제사회의 빈축을 사고 있다. 중국은 한편으로는, 국제적으로 화해를 위해 노력하겠다고 대외적으로 선언하면서, 자신을 위기 속의 중립적 중재자로 묘사하고 있으며, 다른 한편으로 중국 지도부가 러시아의 입장에 호응하여 전쟁을 일으킨 책임을 NATO로 몰아가고, 심지어 NATO가 냉전 종식 때 러시아와 약속한 'NATO의 동진 금지'를 어겼기 때문에 전쟁이 발발한 것이라고 주장하고 있다. 지금의 우크라이나 전쟁에서 중립이란 결코 존재하지 않는다. 러시아의 침략을 규탄하지 않는 것은 러시아 편에 서는 것을 선택한 것이다. 중국은 우크라이나와 러시아 양쪽 모두에게 미움을 사지 않고, 중국이 독선적으로 중립적 화해자가 되는 것은 불가능한 일이다. 사실 중국은 이미 확실한 선택을 했다. 즉, 한편으로는 자신을 고상한 중립자로 형상화하여 역할을 연기하고, 배후에서는 언론을 통해 미국을 비난하는 뉴스를 만들어 내고 있다. 중국은 국제사회에 대하여 이러한 위선적인 처신을 어떻게 변명할 것인가?275)

지난 3월 2일 유엔 긴급특별총회에서 찬성 140표로 채택된 우크라이나 위기의 책임이 러시아에 있음을 명시한 결의안을 기권하는 등 중국은 국제사회의 비판을 자초하였다. 미국의 동맹을 통한 압박을 일방주의로 비판하고, 유엔 등을 통한 다자주의를 강조하던 중국이 러시아를 위해 자국의 논리를 뒤집고 있는 것이다. 중국 내 일각에서도 '불의의 전쟁', '푸틴과 절연', '러시아 의존은 중국의 이익이 아니다' 등의 반대 목소리가 나오고 있다. 더구나 중국이 러시아를 지원할 경우 강력하게 제재하겠다는 미국의 경고를 감안하면 중국의 행보는 경제로 불안이 전이될 수 있다. 시진핑 주석이 주창하던 '공동 부유'(共同富裕)276) 정책이 주춤하면서 중국 경기가 둔화하는 상황에서 우크라이나 사태는 기름을 붓는 형국이다. 또한 이러한 상황은 올해 후반기에 예정되어 있는 시진핑 주석의 '3연임 대관식', 즉 중국공산당 20차 당 대회의 성공적 개최를 위협하는 복병이 될 수도 있다.277)

나. 중국의 대응 전망

전쟁이 끝나길 기원하는 국제사회의 관심은 하나의 질문으로 모인다. '중국은 과연 러시아를 지원할 것인가'이다. 중국이 러시아를 경제적·군사적으로 지원하면 러시아는 확실한 전쟁 수행 자원을 확보하게 된다. 중국이 러시아를 지원하지 않기로 결정하면 미국과 동맹의 '러시아 고사작전'은 좀 더 일찍 결실을 볼 수 있을 것이다. 미국과 NATO는 러시아가 우크라이나를 침공하기 전부터 군사 개입에 선을 그었다. 대신 경제 제재를 통해 러시아의 전쟁 중단을 압박하고 있다.

중국은 러시아와 우크라이나 사이에서 줄타기 외교를 하고 있다. 러시아의 '침공'은 인정하지 않으면서 우크라이나의 '영토 보전'은 존중해야 한다는 입장이다. 그러다 최근 미국 정부가 '러시아가 중국에 도움을 요청했고, 중국은 러시아를 도우려 한다'는 기밀정보를 공개하면서 중국의 선택을 압박하고 나섰다. 조 바이든 미국 대통령은 3월 18일 시진핑 중국 국가주석과 2시간 가까운 통화에서 러시아를 지원할 경우 결과가 따를 것이라고 경고했다. 그러나 시 주석으로부터 러시아를 지원하지 않겠다는 답변을 얻어내지는 못했다.

중국이 러시아를 도울 것인가에 대한 전문가 전망은 엇갈린다. 워싱턴 싱크탱크 전략국제문제연구소(CSIS)의 쥬드 블랑셰트 중국 석좌는 워싱턴포스트(WP) 기고에서 "우크라이나에서 러시아의 상황이 나빠질수록 중국은 푸틴 정권에 대한 지원을 강화할 것"이라고 예상했다. 전쟁이 장기화하고 파괴적인 국면으로 접어들수록 중국의 핵심 목표는 "러시아가 중국의 주요 전략적

275) 中國在烏克蘭議題上的兩面手法. 《自由時報》, 2022.3.25. https://talk.ltn.com.tw/article/breaking news/3871717 (검색일:2022.3.29.).
276) 2021년 8월 시진핑 중국 국가주석이 이를 주창하면서 '공동부유'는 중국사회의 최대 화두로 등장하였다. 시 주석은 2021년 8월 17일 공산당 제10차 중앙재경위원회 회의에서 "공동부유는 사회주의 본질적인 요구이자 중국식 현대화의 중요한 특징"이라고 밝혔다. 그러나 2022년 3월 개최된 중국의 전국인민대표대회(국회)에서는 공동부유 정책을 한 박자 늦추고, '안정'에 방점을 찍었다.
277) 시진핑 3연임 복병된 '우크라 사태', 《세계일보》, 2022.3.27. http://www.segye.com/news View/20220327508399 (검색일:2022.3.29.).

파트너로서 지위를 유지하도록 하는 것"이라는 주장이다. 미·중 전략 경쟁 상황에서 미국에 함께 맞설 전략적 파트너로서 러시아가 필요하므로 비록 심각한 비용을 지불하더라도 러시아를 지원할 수 있다는 것이다.278)

미국 주도의 대러 제재에 동참하는 것은 미국의 제재 제도를 인정하는 것이 된다. 중국은 홍콩 국가보안법 제정, 신장 위구르 자치구 인권 탄압과 관련해 미국의 제재를 받고 있다. 또 '러시아를 지원하지 말라'는 미국의 공개 요구에 중국이 굴복하는 것으로 비칠 수도 있다. 러시아와 4,000㎞ 이상 국경을 맞대고 있는 중국 입장에서는 러시아나 푸틴 체제가 불안정해지는 것을 바라지 않는다. 다만, 중국이 러시아를 돕더라도 굳이 개입을 하거나 미국과 국제사회가 부과하는 제재를 공공연하게 위반하는 일은 일어나지 않을 것이다. 공격 무기 대신 군사와 민간 모두에서 쓰일 수 있는 이중 용도의 부품 등을 공급하거나, 미국과 서방의 제재가 본격적으로 닿지 않는 분야를 공략할 수도 있다. 그 중 하나가 러시아산 에너지 구매다. 미국은 러시아산 석유와 천연가스 수입을 금지했지만, 유럽과 아시아 등 에너지 생산국이 아닌 동맹에까지 수입 금지를 강요하지 않고 있다. 그런데도 유럽이 러시아산 에너지 의존도를 줄일 계획을 세우면서 줄어 든 수출분을 중국이 구매해 줄 수 있다. 에너지는 러시아 최대 수출산업이며, 전쟁 비용 조달 창구이다.

중국이 러시아를 지원하지 않을 것으로 보는 시각도 있다. 지난 2월 초 베이징 동계 올림픽 개막식 전날 푸틴 대통령과 시진핑 주석이 만나 양국 관계를 "바위처럼 단단하다", "한계가 없다"고 표현하며 대내외에 과시했지만, 현실에서는 중국이 러시아를 지원하는 데 한계가 존재한다고 이코노미스트는 전망했다.

중국이 섣불리 러시아를 도왔다가 미국과 유럽의 세컨더리 보이콧(secondary boycott. 제재 국가와 거래하는 제3국의 기업과 은행, 정부 등에 대해서도 제재를 가하는 방안) 대상에 오를 수 있다. 중국 기업들이 작은 러시아 시장과 사업을 하려다가 더 큰 세계 시장에서 퇴출당하는 위험을 감수하지 않을 것이라는 주장이다. 중국이 제재를 받게 되면 경제 성장에 부정적인 영향을 받을 수 있다.

바이든 대통령은 3월 24일 벨기에 기자회견에서 바로 이 부분을 지적했다. 바이든은 3월 18일 시 주석과 통화를 언급하며 "나는 어떠한 위협도 하지 않았지만, 러시아의 야만적인 행동의 결과로 러시아를 떠난 미국과 외국 기업 수를 짚었다", "중국은 경제적 미래가 러시아보다는 훨씬 더 서방과 밀접하게 연관돼 있다는 것을 이해하고 있다"고 말했다. 바이든 대통령은 유럽 정상들과 대러 제재를 회피하거나 위반하는 경우를 추적하는 시스템을 만들 필요에 대해 논의했다고 밝혔다.

중국 입장에서는 국제적으로 소외되고, 약체가 된 러시아를 다루기가 더 수월하다는 주장도 있다. 중앙아시아 등지에서 중국의 요구사항을 더 강력히 주장할 수 있고, 보다 좋은 조건에 러시아산 석유와 천연가스를 수입할 수도 있다. 중국이 미국에 더해 유럽과도 갈등하는 상황을

---

278) 시진핑, 푸틴에게 생명줄 던져줄까?. 《중앙일보》, 2022.03.28. https://www.joongang.co.kr/article/25058752 (검색일:2022.3.29.).

만들고 싶지 않을 것이라는 이유도 있다. 러시아산 에너지 의존도가 높았던 독일, 중립국인 스위스까지도 신속하게 대러 제재에 동참한 점을 중국은 주목하지 않을 수 없다.[279]

중국의 외교 분야의 주요 이익이 동유럽에 존재하지는 않지만, 러시아와의 파트너십, 우크라이나-러시아간 역사문제와 대만해협 문제와의 유사성 때문에 중국은 완전히 손을 떼기가 어렵다. 특히 외교 영역에서 국가주권과 인도주의 입장 등 광범위한 의제가 걸려 있을 때 유엔 안보리 상임이사국인 중국은 그 책임을 피할 수가 없다. 그러나 러시아가 우크라이나를 침공했기 때문에 중국은 외교적으로 난처한 상황에 빠졌고, 따라서 대국의 책임과 전략적 동맹의 사이에서 줄다리기를 하다가 유엔 안보리의 러시아 제재안에 기권표를 던진 후 계속 쌍방의 평화적 대화를 촉구하는 등 '장단 맞추기' 행보를 이어가고 있다. 중국이 미국의 호소에 따라 러시아에 영향을 미치는 것은 불가능하고, 다만 양자 정상대화에서 국제사회에 대한 의무 차원에서 상징적인 발언만 할 수 있을 뿐이다. 예를 들어 2022년 2월 25일 시진핑과 푸틴은 전화통화에서 "러시아와 우크라이나가 협상을 통해 문제를 해결하는 것을 지지한다"라고 말함으로써 실질적인 외교, 경제상의 소용이 없는 상징적 호소에 의한 평화적 담판을 제기하였다. 따라서 앞으로 중국은 당분간 '장단 맞추기' 역할에만 머무를 것으로 보이며, 우크라이나와 러시아간의 구체적인 협상 결과가 나오기 전까지는 어떠한 구체적인 행동도 취하지 않을 것으로 예상된다.[280]

4. 우크라이나 전쟁 종료 시나리오

국제정치학자들은 이번 러시아의 우크라이나 침공이 제2차 세계대전 이후 유럽에서의 현상유지를 타파하는 변혁기라고 정의했으며, 1962년 미국 카리브해 쿠바 미사일 위기 사태 이후 가장 심각한 세계안보 위협이라고 보고 있다. 또한, 무려 11개 시간대의 광활한 영토와 세계 최대급 에너지, 심지어 핵무기까지 보유하고 있는 러시아가 무엇이 두려워 취약한 주변국 우크라이나를 침공했는지가 의문이라고 평가했다. 지난 3월 3일 미국 『뉴욕타임스 국제판』은 칼럼니스트 토마스 프리드먼 박사의 의견을 토대로 다음과 같은 3가지 러시아의 우크라이나 침공 종료 시나리오를 보도했다.[281]

가. 재앙(災殃)의 지속

러시아는 국제사회의 비난과 경제적 제재에도 불구하고 우크라이나에 대한 공격을 지속해 종국적으로 우크라이나를 러시아로 합병할 것이다. 이 과정에서 수많은 인명과 재산 피해를 발생시킬 것이며, 우크라이나는 지도에서 사라질 것이다. 이러한 시나리오는 소셜망(SNS) 동영상

279) 시진핑, 푸틴에게 생명줄 던져줄까?. 《중앙일보》, 2022.03.28. https://www.joongang.co.kr/article/25058752 (검색일:2022.3.29.).
280) 面對烏克蘭局勢 中國'不會做什麼'與'會做什麼'. 《聯合新聞網》, 2022.02.26. https://udn.com/news/story/122699/6125681 (검색일:2022.3.29.).
281) 한국군사문제연구원, 러시아-우크라이나 전쟁 종료 시나리오.(2022)

과 스마트폰 사용자들이 러시아 블라디미르 푸틴 대통령의 장기집권에 따른 과신을 우려하면서 크렘린궁에서 아무도 푸틴 대통령에게 직언할 수 없는 여건을 고려할 때, 가장 위험한 시나리오로 간주되고 있으며, 실제 가능성이 가장 높다. 특히 푸틴 대통령이 이미 서구적 사고를 갖게 된 우크라이나에 친러시아 괴뢰 정권을 수립할 수 있는 여건이 아님을 잘 알고 있어 우크라이나에 대한 무자비한 군사작전 이외 대안이 없다는 점도 고려됐을 것이다. 일부 안보 전문가들은 미국이 9·11테러 이후 아프간에서의 끝없는 전쟁에 휘말린 것과 같이 러시아도 우크라이나에서의 '제2의 아프간 사태' 국면에 빠질 가능성이 높은 것으로 전망하고 있다. 이는 그동안 전후 안정과 평화를 유지하던 EU의 반노를 마무는 새임으로 나디날 짓이며, 러시아는 NATO이 동진정책을 저지하기 위해 우크라이나에 러시아군을 항구적으로 주둔시킬 가능성도 배제할 수 없다.

나. 러시아에 의한 불균형적 타협안 합의

우크라이나군은 푸틴 대통령이 선호하던 전격전(Blitzkrieg)이 실패하도록 전 국민적 저항을 하고 있으며, 이를 미국과 EU 등이 지원하고 있다. 반면, 러시아는 시간이 갈수록 미국 등 국제사회의 경제 제재로 인한 경제적 어려움에 직면해 국내 여론이 푸틴 대통령에게 불리한 국면으로 나타날 가능성이 크다. 이에 러시아 전문가들은 푸틴 대통령이 벨라루스에서 러시아-우크라이나 간 협상을 제안한 것은 러시아가 우크라이나를 회유해 러시아에 유리한 불평등한 타협에 합의하도록 강요함으로써 이번 러시아-우크라이나 전쟁을 마무리할 것으로 전망한다. 또한, 양국 간 정전 또는 러시아군이 일정 후방지역으로 철수하는 등의 우크라이나에 대한 회유책이 예상되며, 이를 통해 우크라이나의 NATO 가입 신청을 취소하고 러시아와 정치·경제적 관계 증진을 시도할 수 있다. 그러나 문제는 이미 많은 피해를 입은 우크라이나가 러시아의 일시적 종전 등의 회유책에 동의할 것 같지 않다는 것이다. 많은 안보 전문가들은 종전을 통해 우크라이나가 얻을 수 있는 이익이 무엇인가에 대해서 의문을 제기한다. 아울러 미국과 EU와의 전략적 협력 아래 최대한의 주권 보장과 영토 보존을 원하고 있는 우크라이나는 장기전에 취약하고 경제적 어려움에 직면한 러시아의 약점을 용납하지 않을 것이기 때문이다. 이에 유럽 전문가들은 우크라이나의 러시아화는 실패했다고 강조한다.

다. 러시아의 침공 실수 인정 및 전면 철수

많은 러시아 국민들은 이번 푸틴의 결정이 '비정상적 전쟁'이었다고 평가한 것을 근거로 한다. 특히 러시아 내 산업체와 민간 기업들은 미국과 EU만이 아닌, 국제사회로부터의 금융제재와 에너지 수입 차단 등으로 심각한 피해를 보게 되며, 우크라이나 전쟁이 장기화되면 '푸틴 세금'(Putin Tax)으로 알려진 세금이 부과될 것이 우려되는 상황을 전제로 한 가정이다. 이미 러시아 중앙은행은 푸틴 대통령의 우크라이나 침공 결정에 따라 루블화 진정과 주가시장 안정을 위해 금융 개입을 하고 있는 실정이다. 하지만 장기 집권을 노리는 푸틴은 자신만이 결정을 내릴 수 있다는 전략적 오판에 빠져 있다. 과연 러시아 고위 정책입안자 중에 누가 푸틴 대통령에게 직언을 할 수 있는가는 여전히 의문이다. 궁극적으로 『뉴욕타임스』는 이번 러시아의 우크라이나 침공이 당사국만이 아닌, 세계에 전후 변혁기적 딜레마를 제공하는 빌미를 줬다고 평가했다.

Ⅳ. 우크라이나 전쟁이 한반도 안보에 미치는 영향

러시아의 우크라이나 침공에 따라 국제질서가 위기를 맞고 있는 상황에서, 이 전쟁이 한반도 안보에도 부정적 영향을 끼칠 가능성을 배제할 수 없다. 우크라이나 전쟁은 어떤 측면에서 한반도 안보에 영향을 미칠 것인가?에 대해 살펴 보기로 한다.

첫째, 북한은 이 전쟁을 계기로 핵과 미사일에 더욱 집착하게 될 것이며, 북핵 문제 해결이 더 어려워 질 것이다. 1994년 핵 폐기 대신 안전보장을 담보 받았던 우크라이나가 군사적 침공을 당한 것을 보고 북한은 국제사회의 안전보장을 경시할 가능성이 크다. 즉 우크라이나가 핵을 보유하고 있다면 러시아가 침공할 수 없을 것이라고 북한은 생각할 것이다. 따라서, 북한은 핵을 포기하면 오히려 자국의 안전을 보장받을 수 없다고 판단하고 향후 핵 및 미사일 발전을 가속화 할 것으로 보인다.

둘째, 유엔 및 미국을 비롯한 서방국가들은 러시아는 물론 북한에 대한 제재를 더욱 강력하게 실행할 것이다. 러시아의 우크라이나 침공을 옹호하고 미사일 발사를 지속한 북한에 대해서도 추가 제재가 이루어질 것으로 보인다.

셋째, 중-러 관계 강화 또는 북-중-러 결속은 북핵문제 해결에 부정적 영향을 미칠 것이다. 중국이 표면적으로는 중립적인 태도를 취하면서 '대화를 통한 문제해결'을 강조하고 있지만, 작금의 양국관계의 전략적 공고함을 감안하면 중국은 러시아와의 긴밀한 협력관계를 지속할 것이며, 여기에 러시아의 침공을 지지하는 북한까지 가세하여 북-중-러 결속으로 이어질 움직임도 보이고 있다. 즉, 러시아와 중국이 힘을 합쳐 미국의 제재를 무시하고 북한에 대한 지원을 강화하는 등 대북 영향력을 확대하려 할 경우 이는 향후 북핵문제 해결에 있어 더욱 큰 걸림돌로 작용할 가능성이 있다.

넷째, 강대국의 이해관계가 맞물릴 경우 중견국가들의 자주권이 크게 훼손될 수도 있다. 국제정치에서 강대국들간의 국가이익의 상충은 중견국가의 주권에 크게 영향을 줄 수 있다는 점을 유의하고, 우리는 군사적, 외교적 대비를 철저히 할 필요가 있다.

끝으로, 러시아의 우크라이나 침공에 대해 미국을 위시한 NATO와 서방국가들은 확실한 억지력을 보여 주지 못함으로써, 관련국들에게 전략적 과제를 안겨 주었으며, 이러한 상황은 향후 주권 국가들의 군사력 강화, 나아가 군비경쟁을 초래하고 또한 치열한 기술력 경쟁으로 이어질 가능성이 크다.

V. 결론 및 제언

중국에게 러시아의 우크라이나 침공은 적지 않은 부담으로 작용한다. 지난 수년간 미-중 전략경쟁의 여파로 러시아와 전략적 협력관계를 공고히 한 상황에서 러시아의 일방적인 침공으로 인해 중국에 대해서도 비판적 여론이 나타나고 있다. 베이징 동계 올림픽 개막식에 유일한 강대국 지도자로 방문한 푸틴을 극진히 환영한 시진핑 주석이 올림픽 이후로 우크라이나 침공을 연기해 줄 것을 요청하였다는 러시아와의 밀약설이 나도는 것이 대표적인 사례. 트럼프에 언이어 대중 압박을 강화한 미국에 대항하여 러시아와의 전략적 협력을 강화해 온 중국도 대러시아 제재에 동참할 것을 요구하는 세계 여론을 피하기도 어렵다. 전통적으로 타국의 내정간섭과 주권 침해를 비판해온 중국의 원칙과도 배치된다. 우크라이나 침공을 계기로 중국의 대만에 대한 군사 위협 등의 행위에 대한 국제사회의 비난이 거세지면서 대만과 미국과의 군사협력이 한층 강화될 것이라는 예측도 있다. 무엇보다 이번 사건이 중국에게는 대만을 함부로 무력침공해서는 안 된다는 반면교사로 작용할 것이라는 분석이 지배적이다. 그러나 우크라이나 전쟁이 미국의 중국 압박전략에 차질 초래했다는 점, 중국의 협조가 없는 러시아 제재의 효과 미지수라는 점, 중국의 우크라이나 전쟁에 대한 표면적 중립이 중국의 대미 또는 대서방 협상력을 제고한다 점, 중-러 전략적 협력 관계 강화가 중국의 입지르 더욱 강화한다는 점 등에서 중국에게 이득을 주고 있다는 시각도 존재한다.282)

올해 후반기에 개최될 중국공산당 20차 당대회, 즉 시진핑의 장기 집권을 선포하는 '3연임 대관식'을 앞두고 대내외적 안정이 절대적으로 요구되는 상황에서 향후 중국이 우크라이나 전쟁에 대해서 어떻게 대응해 나갈 것인지가 초미의 관심이 되고 있다.

우크라이나 전쟁은 우리에게도 시사하는 바가 적지 않다.

첫째, 우리나라 역시 우크라이나처럼 지정학적 단층선 위에 위치한 국가로서 미-중 전략경쟁 등 주변 강국들의 상황 전개에 따라 직간접적인 영향을 받기 때문에 이에 대한 대응에 만반을 기해야 한다. 둘째, 우리나라는 자유민주주의 주권국가로서 우크라이나 전쟁의 현 상황과 영향에 대해 깊이 인식하고, 국제사회와 함께 다방면으로 우크라이나가 본래의 독립국가 지위를 회복하도록 지원의 손길을 뻗어야 할 것이다. 셋째, 수출주도형의 우리 경제가 의존해 온 글로벌 공급망이 영향을 받고 있기 때문에, 체제와 가치를 공유하는 국가군과의 공급망 및 판매망을 강화할 필요가 있다. 넷째, 한미 동맹의 능력과 신뢰도를 대폭 강화하고 우크라이나 전쟁에서 핵무기의 필요성을 한층 더 확신했을 북한의 핵 및 미사일 능력 강화에 대해 상응하는 전략을 새로이 수립해야 할 것이다.283)

---

282) 신성호, 우크라이나 사태와 미중 관계 및 한반도 (2022)
283) 박용민, 우크라이나 사태의 가설과 전망 (2022)

끝으로, 우리도 러시아의 우크라이나 침공을 반면교사로 삼아야 한다. 자기 스스로를 지켜내기 위해서는 우선적으로 타국이 감히 넘볼 수 없는 국방력을 육성해야 하고, 차선책으로는 동맹국 또는 우방국들의 협조와 지원을 받는 체제를 구축하는 것이다. 현재 한반도 주변 강국들 중에서 중국과 러시아는 이미 장기 집권의 기반을 확고하게 다져놓은 스트롱맨(strongman)이 통치하면서 미국과 패권경쟁을 하고 있다. 한국은 미-중 전략경쟁에 더하여 미-러 갈등이라는 대외적으로 곤혹스러운 국면에 처해 있다. 우크라이나 전쟁은 한반도 정세에 불확실성을 키우고 미-중 전략경쟁을 더욱 가열시킬 수 있다는 점에 우리는 주목해야 한다.

강대국에 둘러싸인 우크라이나의 지정학적 리스크는 대한민국의 처지와 비슷하다. 이 기회에 우리도 우크라이나 전쟁을 타산지석으로 삼아 자주국방 및 한·미 동맹을 기반으로 하여 국가안보에 한 치의 빈틈도 허용하지 않아야 할 것이다.

참고 자료

김규철, 「러시아의 우크라이나 침공: 위협인식과 의도」. 한국군사학회 '군사논단' (제109호, 2022.3.25.).

박용민, 「우크라이나 사태의 가설과 전망」. 국립외교원 외교안보연구소 'IFANS FOCUS' (2022-09호, 2022.3.11.).

신성호, 「우크라이나 사태와 미중관계 및 한반도」. 서울대학교 아시아연구소 '아시아 브리프' (제2권 19호 [통권 58호], 2022.3.28.).

연성흠, 「러시아의 유라시아 강대국 정책과 우크라이나의 친서방정책의 충돌과 반동」, 한국세계지역학회 '세계지역연구논총' (제39집 4호, 2021.).

이강규, 「권위주의 체제와 전쟁: 왜 푸틴은 성공하지 못했는가?」, 한국국방연구원 '동북아안보정세분석' (22-14호, 2022.3.31.)

정경영, 「우크라이나 전쟁과 한국 시사점」. 서울대학교 국제문제연구소 '이슈브리핑' (No.177, 2022.3.21.).

조현규, 「연합훈련을 통한 중러 협력강화와 대한반도 함의」. 글로벌국방연구포럼 '글로벌국방' (2021년 11월호, 2022).

한국군사문제연구원, 「러시아-우크라이나 전쟁 종료 시나리오」. 'KIMA Newsletter' (제1196호, 2022.3.7.).

세계일보, http://www.segye.com/ newsView/20220327508399 (검색일:2022.3.29.).

중앙일보, https://www.joongang.co.kr/ article/25058752 (검색일:2022.3.29.).

ECONOMIST, https://www.economist.com/leaders/2022/03/19/the-war-in-ukraine

-will-determine-how-china-sees-the-world　(검색일:2022.3.29.).

South China Morning Post, https://www.scmp.com/news/china/ military/article/ 3171892/china-close-russia-it-has-looked-ukraine-military-technology　(검색일:20 22.3.30.).

THE DIPLOMAT, https://thediplomat.com/2022/03/no-limits-understanding-chi nas-engagement-with-russia-on-ukraine/ (검색일:2022.3.30.).

中國外交部, https://www.mfa.gov.cn/chn/pds/gjhdq/gj/oz/1206_40/sbgx/t7133.htm (검색일:2022.3.28.).

_____, https://www.mfa.gov.cn/chn/pds/gjhdq/gj/oz/1206_13/sbgx/ (검색일: 2022. 3.28.).

_____, http://new.fmprc.gov.cn/web/wjbzhd/t1844069.shtml (검색일:2022.3. 29.).

中國政府网, http://www.gov.cn/xinwen/2018-09/11/content_5320908.htm?_zbs_b ai-du_bk (검색일:2022. 3.28.).

中国共产党新闻网, http://cpc.people.com.cn/n1/2022/0205/c435113-32345722.ht ml (검색일:2022.3.29.).

环球网, https://world.huanqiu.com/article/40POYRd4hpp　(검색일:2022.3.28.).

知乎, https://zhuanlan.zhihu.com/p/ 487265674 (검색일:2022.3.29.).

自由時報, https://talk.ltn.com.tw/article/breakingnews/3871717 (검색일:2022.3.29.).

聯合新聞網, https://udn.com/news/story/122699/6125681 (검색일:2022.3.29.).

한국국방외교협회, 「주간 국제안보군사정세」, KDDA 주간정세 187/188/189/190/ 191호 (2022.2.21.~3.27)

| 저자소개 |

조현규 | 한국국방외교협회 중국센터장, 중국 復旦大 객좌교수, 국제정치학박사.

　육군사관학교 41기로 졸업 후 한국외국어대학교에서 중국어를 전공하였고, 中國人民大學 國際關係學院 국제정치학 석사 및 박사(수료) 과정을 수학했으며, 단국대학교 대학원 정치외교학과에서 박사학위를 취득하였다. 국방정보본부에서 중국분석총괄장교, 아시아과장, 중동아과장을 역임했다. 주중한국대사관 무관, 주대만한국대표부 연락관으로 근무함으로써 양안(兩岸)에서 모두 무관생활을 한 기록을 세웠다. 전역 후에는 국방일보

'최근 세계 군사동향' 칼럼의 중국분야 고정 집필진으로 활약했고, 현재 한국국방외교협회 중국센터장, 신한대학교 특임교수 겸 평생교육원 부원장, 중국 복단대(復旦大) 객좌교수, 대륙전략연구소 이사, 한중안보평화포럼 자문위원, 국군군사안보지원사령부 자문위원으로 활동하면서, 중국 문제(군사·정치·대외관계), 한중관계, 북중관계, 미중전략경쟁, 동아시아 및 아태지역 안보를 주로 연구하고 있다. 이 외에도, 육군본부·국방대학교·합참대학·군사안보지원사령부·정보사령부·국방어학원·육군정보학교, 그리고 사단급 이상 사령부 등에서도 국제 정세 및 중국 정치·군사 분야 강연을 하고 있다.

우크라이나 전쟁 종결 시나리오 및 한국 함의

송 승 종 박사 (대전대 교수, 선 유엔참사관)

Ⅰ. 들어가며: 억제의 실패

아마도 21세기의 미스터리 중 하나는 유럽(특히 NATO와 EU)이 러시아가 저지른 우크라 무력침략의 원인 제공자라는 점일 것이다. 외형상 유럽과 러시아는 비교의 대상이 되지 못한다. 2021년 기준으로 NATO의 총 GDP가 약 18.35조달러인데 비해, 러시아는 한국보다 규모가 작은 1.7조달러에 불과하다. 연간 국방비도 NATO가 1조달러(미국이 약 80% 지출)인데 비해, 러시아는 700억달러에도 미달한다. GDP와 국방비 면에서 NATO는 러시아를 10배 이상 앞선다. 상기 수치에서 미국의 몫을 제외하더라도 러시아보다 훨씬 많다. 그런데도 유럽대륙은 2014년 러시아의 크림반도 강탈 이후, 냉전시대를 연상시키는 러시아의 안보위협에 시달리고 있다. 우크라 무력침략이 벌어지기 직전까지 드러난 유럽 주요국들의 지리멸렬한 대응은 푸틴으로 하여금 적전분열의 어부지리에 대한 기대감을 높이기에 손색이 없었을 것이다.

러시아의 우크라 침공의 대표적인 '억제의 실패' 사례로 기록될 것이다. 억제 성공의 2가지 요건은 능력과 의지. 전자의 유지에는 막대한 비용(국방비 등)이 든다. 반면, 후자에는 물리적 비용을 수반하지 않지만, 그 가치는 측량불가(priceless)할 정도로 엄청나다. 우크라 위기에서 바이든 행정부는 능력을 사용할 의사가 없다는 신호를 보내 스스로 억제력을 심각하게 약화시켰다. 미국 관리들은 자신들이 대응하려는 최대치가 무엇인지를 친절하게 푸틴에게 알려 주었다. 일례로 작년 12월 바이든 대통령은 우크라에 미군이 주둔하는 방안을 "고려 불가능한 옵션"이라고 밝혔다. 금년 1월에는 뜻밖에도 러시아의 "경미한 침입(minor incursion)"은 별 문제가 아니라고 말했다. 2월에 "어떤 미군도 우크라로 이동시키지 않을 것"이라며, "러시아와 싸울 생각이 전혀 없다"고 했다. 특히 당혹스러운 것은 이런 메시지가 러시아의 침공이 임박했다는 정보가 공개되는 와중에 나왔다는 점이다. 나아가 가장 최근에 미 국무장관은 우크라 저항군을 지원하기 위해 NATO 전투기를 배치할 가능성을 제거했다. 그렇게 하면 NATO와 러시아 간 공개적 충돌이 벌어질 있다는 우려를 자상하게 덧붙였다. 하지만 역설적으로 위기고조 의사가 없다는 바이든 행정부의 거듭된 언급은 의도한 것과 정반대로 위기고조의 핵심 원인으로 지목된다. 푸틴은 보고 들은 것을 바탕으로 미국의 의지를 저울질하고 했던 것이고, 그런 이유로 러시아는 마치 우크라 군대 외에는 어떤 제3국으로부터의 저항도 없는 것처럼 행동하는 것이다. 그렇다고 반드시 우크라에 미군을 배치하거나 우크라 영공에 비행금지구역을 설정해야 함을 의미하지 않는다. 현재 미국 내에서의 초당적 합의는 이런 바이든 행정부의 유약한 행보가 미국의 국익에 전혀 부합되지 않는다는 것이다. 바이든 행정부는 모호성을 유지하는 대신, 소극적 입장과 약점을 공공연히 드러낼 필요가 없다. 왜 이처럼 중차대한 전략적 결정을 적에게 소상히 알려주려 했는지 이해하기 어렵다. 과연 미국의 결의를 보다 설득력 있게 보여줌으로써 이 갈등을 피할 수 있었을까? 그 대답은 아무도 모를 것이다. 억제는 science가 아니라 art의 영역이기 때문이다. 역설적으로 들리겠지만, 갈등을 억제하려는 미국의 의지를 회복하려면 전장에서 그 의지가 훨씬 더 강하게 표현될 수 있어야만 한다. 억제력이 약화되는 세상에서 평화에 대한 열망은 오히려 갈등과 분쟁을 더욱 확실하게 악화시킬 뿐임을 명심해야 한다.

세인의 관심사 중 하나는 "러시아의 우크라 침략전쟁이 언제 끝날 것인지?"일 것이다. 이 글의 목적은 지금까지 알려진 우크라전 종결 시나리오들을 종합적으로 분석함으로써, 전쟁의 안개(fog of war) 속에서나마 엔드게임을 추정해 보고, 이것이 우리에 미치는 전략적 함의 짚어보는 것이다. 전쟁이 여전히 진행되는 상황에서, 이런 부류의 시도는 마치 '이동표적(moving target)'을 맞히려 사격하는 것처럼 정확성에 착오를 빚을 위험부담이 크지만 시기적실성(timeliness)에 초점을 맞추는 것도 의미있는 시도로 사료된다.[284]

II. 우크라 전쟁 종결과 관련된 다양한 시나리오

1. 뉴욕타임스(NYT)의 4개 시나리오[285]

가. 외교적 해결: 제재와 압박의 성과(최선의 시나리오)
다양한 채널(프랑스, 이스라엘, 터키 등)에서 푸틴을 설득하기 위한 외교적 노력이 진행 중이다. 외교적 해법에서 최상의 시나리오는 서방의 경제제재, 특히 중앙은행 무력화와 디폴트(채무불이행) 가능성에 직면한 푸틴이 스스로 침공 목표를 축소하는 것이다. 다만 아직까지는 푸틴과의 대화가 동일 쟁점을 맴돌아 러시아군에게 시간만 벌어주는 건 아닌지 의문이 든다는 평가가 우세하다. 4회째 진행된 우크라-러시아 휴전협상도 답보상태다. 아직까지는 민간인 대피를 위한 인도주의 통로 마련이 합의의 전부다.

나. 전쟁 장기화: 느리지면 결국에는 무자비한 장악
푸틴이 전쟁을 강행하여 결국에는 우크라를 완전 장악하는 시나리오다. 러시아군은 병참 문제 등에도 불구하고 키이우와 제2도시 하르키우 및 여타 요충 도시들을 진격을 계속하고 있다. 미 CIA 국장은 "좌절하고 분노한 푸틴이 민간인 사상자를 고려하지 않은 채 우크라군 격멸에 혈안이 된 상태"라고 발언했다. 키이우 점령까지 최소 1개월에서 수개월 동안 우크라 시민들이 끊임없는 폭격과 시가전을 겪게 될 수 있다.

다. 우크라 양분: 푸틴의 '플랜 A' 포기
서방의 강력한 제재와 우크라군의 거센 저항에 직면한 푸틴이 플랜A(완전 점령)를 포기하고 우크라 반쪽을 점령하는 것으로 전쟁을 끝낼 가능성도 있다. 지금까지 러시아군의 점령이 임박한 곳만 치더라도 2014년 강탈한 크림반도에서 흑해와 남부를 잇는 육로를 확보하고, 동북부의 러시아/벨라루스 접경지 일부를 장악할 수 있다. 일각에서는 1990년대 발칸전쟁 결과를 예로

---

284) 관련 자료들은 본고의 작성 시점인 2022년 3월 23일까지로 그 시한이 제한됨을 밝혀 둠.
285) David E. Sanger and Eric Schmitt, "How Does It End? A Way Out of the Ukraine War Proves Elusive," *New York Times*, 13 March 2022.

들며, "애석하게도 가장 가능성 높은 결말은 우크라 분단"이라며 "우크라 남동부를 러시아에 내주고 나머지 지역이 주권국가로 계속 유지되는 것"이라는 주장을 제시한다.

라. 확전: 최악의 시나리오

바이든 대통령은 NATO 영토 침공을 '레드라인'으로 설정하고, 이를 엄격히 지키고 있다. 그러나 러시아군이 의도적으로 NATO 영토를 침공하는 경우뿐만 아니라, 실수로 NATO 영토로 미사일이 떨어지거나 NATO 항공기를 격추시키는 상황 등이 확전으로 이어갈 수 있다. 또한 푸틴이 非NATO국인 몰도바·조지아로 확대할 수도 있다. 생화학무기와 핵무기를 통한 확전 가능성도 여전히 남아 있다.

2. 파이낸셜타임스(FT)의 5개 시나리오[286]

가. 러시아 승리 및 젤렌스키 정부 전복

러시아가 예상과 달리 속전속결로 전쟁을 끝냈지 못했지만 다수의 서방 분석가들은 러시아의 압도적인 군사력을 고려할 때 러시아가 결국 승리할 것으로 전망한다. 러시아가 무차별 폭격을 가하고 인구 밀집지역에 집속탄과 진공폭탄을 투하하면서 민간인 사망자 수도 예상보다 훨씬 더 많을 것이다. 대부분의 전문가들은 우크라 장악 이후 러시아가 젤렌스키 정부를 제거하고 친러 꼭두각시 정권을 세울 것으로 예상한다. 이로 인해 서방의 지원을 받는 우크라 망명 정부가 수립되고 우크라에서 폭동이 벌어질 가능성이 있다.

나. 러시아의 부분적 승리 및 우크라 분단

젤렌스키 대통령은 미국의 탈출 주선 제안을 거부하며 "(도주에 필요한) 차량이 아니라 탄약이 필요"하다고 말했다. 그러나 많은 국방·정보 관리들은 러시아가 점령을 시도조차 못하고 있는 우크라 서부 지역으로 후퇴하는 것이 젤렌스키의 최종 대안이 될 수 있으며, 폴란드 국경과 인접한 도시를 새로운 수도로 지정할 수 있다고 예상한다. 러시아군이 화력을 키우우 북쪽 그리고 우크라 동부·남부 지역에 집중하고 있다는 점은 푸틴이 이를 수용가능한 결과로 보고 있음을 시사한다. 또 푸틴은 작년 7월 발표한 에세이에서, 러시아인과 우크라인은 하나의 민족이라며 러시아어를 사용하는 동부와 유럽에 가까운 서방이 분할될 수 있음을 암시했다.

다. 협상 타결

우크라 정부의 기본 입장은 러시아의 병력 철수를 전제로 "외교적 해법을 위한 준비"가 되어 있다는 것이다. 다만 러시아가 병합한 크림반도와 친러 반군이 장악한 돈바스 지역의 지위를 놓고 대화할 용의가 있다면서도, 러시아의 중립화 및 비군사화 요구는 거부했다. 그러나 전쟁이

---

286) Henry Foy, "Endgame in Ukraine: How Could the War Play Out?," *Financial Times*, 11 March 2022.

길어지고 양측 모두 손실이 커지는 수렁에 빠진다면 어떤 형태로든 합의를 모색할 수 밖에 없을 것이다.

라. 러시아 퇴각과 푸틴의 몰락

일부 전문가들은 우크라의 저항강도를 볼 때 때 우크라군이 서방으로부터 무기를 계속 공급받으면 핵심 도시들을 장악하려는 러시아군을 막아낼 수 있을 것으로 예상한다. 이러한 교착상태와 서방의 강력한 제재로 푸틴이 '실패한 침공의 희생자'가 될 수 있다는 관측도 나오고 있다. 러시아를 22년긴 통치한 푸틴이 크렘린궁 엘리트들 또는 러시아 군부나 관리들 혹은 분노한 러시아 시민들의 소요사태로 무너질 수 있다는 주장이다.

마. NATO-러시아 전면전

이번 전쟁이 우크라 내로 국한되지 않을 가능성은 여전히 남아 있다. NATO의 對우크라 무기지원과 對러 제재조치로 NATO가 직접로 러시아와 충돌할 수 있다는 것이다. NATO는 우크라 상공에 대한 비행금지구역(no-fly zone) 설정을 거부하는 등 신중한 행보를 보이지만, 저쟁이 확대될 위험은 여전하다.

3. BBC의 5개 시나리오[287]

가. 단기전

이는 러시아가 군사작전 강도를 높이는 시나리오다. 우크라 전역에서 무차별 포격과 미사일 공격을 퍼붓고, 지금까지 별로 개입하지 않던 러시아 공군이 엄청난 공습을 개시한다. 또한 우크라 전역에 주요 인프라를 겨냥한 대규모 사이버공격이 감행되어, 에너지 공급과 통신망이 끊긴다. 강력한 저항에도 불구하고 수도 키이우가 얼마 후 함락되고 현 우크라 정권은 교체되어 러시아의 꼭두각시로 전락한다. 그러나 이렇게 수립된 우크라 괴뢰정권은 정당성도 없으며 내부 반란에 취약할 것이다. 따라서 언제든지 분쟁이 재연될 불안한 상황이 지속될 것이다.

나. 장기전

더 그럴듯한 시나리오는 현 상황이 장기전으로 접어드는 것이다. 러시아군은 사기 저하, 물자 보급 실패, 리더십 무능 등으로 교착상태에 처했다. 러시아군이 장기적으로 키이우 같은 도시들을 포위한 상황에서 도시 점령에 더 오랜 시간이 걸린다. 러시아군이 우크라 도시들을 점령하더라도 통제력 유지에 고군분투할 것이다. 아마도 러시아는 우크라의 광대한 지역 전체를 통제할 만큼 충분한 규모의 군대를 계속 보내지 못할 것이다. 우크라군은 반란군으로 변신해 지역 주민들의 지지 속에 계속 항전의지를 굳힌다. 결국에는 세월이 흘러 러시아 지도자가 바뀌면 러시아

---

287) James Landale, "Ukraine: How Might the War End? Five Scenarios," *BBC*, 3 March 2022.

군은 고개를 숙이고 피를 흘린 채 러시아로 돌아갈 것이다. 과거에 소련이 겪었던 '아프간 비극의 시즌-2'인 셈이다.

다. 유럽전쟁

이번 전쟁은 우크라 국경 밖으로도 번질 가능성이 있다. 푸틴은 NATO 회원국이 아니지만, 구소련 영토였던 몰도바와 조지아 등에 군대를 보내 러시아 제국의 고토회복에 나설 수 있다. 아니면 푸틴이 우크라에 대한 서방의 무기지원을 '침략행위'로 규정하며 보복을 정당화할 수 있다. 또는 리투아니아 등 NATO 회원국인 발트해 3국에 군대를 보내겠다고 협박할 수 있다. 이처럼 극히 위험한 선택은 NATO와의 전쟁을 초래할 수 있다. NATO 헌장 제5조는 1개 회원국에 대한 침략을 회원국 전체에 대한 침략으로 간주한다. 하지만 푸틴이 자신의 입지를 회복할 수 있는 유일한 길이라고 판단한다면 위험을 감수할 수도 있다. 푸틴은 오랜 국제규범에 아랑곳하지 않고, 핵무기 사용을 고려할 수도 있다. 최근에는 러시아 핵운용 부대에 경계강화를 명령했다. 그렇다고 러시아의 핵사용이 임박했음을 의미하지는 않는다. 그러나 이번 행보는 러시아가 전장에서 전술핵무기를 사용할 수 있다는 점을 세계에 상기시켜 줬다.

라. 외교적 해결

동 시나리오에 의하면, 전황이 러시아에 불리하게 돌아가고, 대러시아 제재로 피해가 심해지고, 러시아군 사망자가 늘어나면서 국내에서의 반전 여론이 거세진다. 푸틴은 자신의 욕심이 과했는지 고민한다. 전쟁을 종결하는 굴욕보다 전쟁 지속이 오히려 러시아 내에서 입지를 위협할 수 있다고 판단한다. 한편 우크라는 파괴된 자국 상황을 보며 정치적 타협이 엄청난 인명손실보다 낫다는 결론을 내린다. 그렇게 양측이 나서 타협안을 성사시킨다. 우크라는 돈바스 일부와 크림반도를 러시아의 영토로 인정한다. 대신 푸틴은 우크라가 독립적 자주국가로서 서방세계와의 관계를 지속할 수 있다고 인정한다. 현재로서는 가능성이 높지 않은 시나리오일 수 있지만, 전쟁의 유혈사태가 심각해진다는 전제하에 전혀 타당하지 않은 것도 아니다.

마. 푸틴 축출

푸틴은 침공을 개시하며 "우리는 어떤 결과도 받아들일 준비가 되어 있다"고 선언했다. 하지만 그 결과가 자신의 실각으로 이어진다면 어떨까? 일부 전문가는 "우크라와 마찬가지로 러시아에서도 정권교체가 이뤄질 가능성"을 거론한다. 처참한 전쟁이 계속된다고 가정해 보자. 러시아군 사망자가 급증하고, 경제제재가 더욱 러시아를 조인다. 푸틴은 러시아 국민의 지지를 잃고, 시민혁명이 벌어질 수도 있다. 푸틴이 러시아 치안부대를 동원해 반정부 시위를 진압하려 할 수 있지만, 사태가 더욱 악화되어 러시아 군부와 다수의 정치·경제 엘리트 다수가 등을 돌린다. 크렘린궁 내부에서 권력투쟁이 벌어져 푸틴이 축출된다. 이 시나리오는 지금 당장 불가능해 보인다. 그러나 푸틴의 측근들이 더 이상 그가 자신들의 이익을 보호할 수 없다고 믿게 된다면 아주 불가능한 이야기는 아니다.

4. 워싱턴포스트(WP)의 6개 시나리오[288]

가. 우크라 승리

전세계 대부분이 바라는 결과지만 우크라가 아무리 영웅적 투쟁을 벌이더라도 승리할 가능성은 희박하다. 만일 우크라가 승리한다면 새로 태어난 유럽연합(EU)과 더욱 견고히 연결되고 민주적 서구로의 통합을 가속할 것이다. 또 대만을 바라보는 중국의 시각에도 영향(예: 대만침공 재고)을 줄 것이다. 반면, 푸틴 입장에서는 자신이 정치적 패배에서 살아 남을 수 없다는 것을 잘 알기에 결코 그런 시나리오가 발생하도록 용납지 않을 것이다. 대신 푸틴은 다음의 3개(나·다·라) 시나리오 중 하나를 택할 것이다.

나. 우크라 점령 및 공포 통치

푸틴은 드라마틱하게 재래식 공격을 확대시킬 수 있다. 사상자가 끔찍할 정도지만 푸틴은 신경쓰지 않을 것이다. 그는 우크라를 명목상 독립국처럼 보이는 꼭두각시 국가로 만들거나, 벨라루스와 함께 '大러시아(Greater Russia)'의 일부로 통합할 것이다. 우크라와 러시아의 반대를 진압하려면 러시아를 경찰국가로 만드는 작업을 완료하여 언론의 자유를 완전 박탈하고, '새로운 철의 장막(a new Iron Curtain)'을 내릴 것이다. 이로 인해 국제사회로부터 '영원한 불량국가(a permanent pariah)'로 낙인찍힐 것이다.

다. 제2의 아프간

푸틴은 재래식 공격을 '덜' 드라마틱하게 강화하여 패배를 피할 정도의 추가적 군사력을 우크라에 파병할 수 있다. 하지만 1979년 브레즈네프, 그리고 2001년 이후 미국과 동맹국들이 아프간에서 겪었던 수렁에 빠질 것이다. 우크라인과 러시아 군인은 물론이고, 제재조치와 정치적 탄압으로 러시아 국민들도 충격적 고통을 받겠지만, 푸틴은 크렘린에서의 권좌가 안전하다고 여기는 한, 신경쓰지 않을 것이다.

라. '비확전을 위한 확전(Escalate to De-escalate: E2D)': 전술핵 사용

2015년 처음 등장한 E2D의 방점은 '비확전'이 아닌 '확전'이다. 한마디로 전술핵을 사용하여 재래식 전쟁에서 승리하겠다는 것이다. 즉 제한적 핵전쟁을 감수하면서, 강압적 위협을 통해 재래식 갈등을 '완화'하는 전략이다. NATO가 무기제공 및 기타 수단으로 우크라를 지원하여 자신을 궁지에 몰아넣고 있다고 주장하면서, 저위력(low-yield) 핵탄두(전술핵)로 '제한적' 핵공격을 시작할 수 있다. 푸틴은 그렇게 하더라도 절대로 서방이 우크라 편에서 보복하지 못할

---

288) Andreas Kluth, "Putin, His Rat and Six Ways the War in Ukraine Could End," *Washington Post*, 4 March 2022.

것으로 확신할 것이다. 이유는 '전략핵'을 동원한 전면 핵전쟁이 벌어져, 냉전 시기에 그토록 피하려 했던 MAD(상호확증파괴)로 끝날 것이기 때문이다.

마. 제2의 러시아 혁명

이는 한결 낙관적 시나리오다. 나발니(Alexey Navalny) 같은 야당 지도자 및 정치 엘리트들이 내부 쿠데타나 반란을 일으켜 푸틴을 몰아낼 수 있다. 불행하게도 이런 상황은 가능성이 높지 않다. 러시아인들은 인접한 벨라루스에서 시민들이 독재자에게 영웅적으로 저항했지만 실패한 것을 알고 있다. 그럼에도 불구하고 러시아 혁명이 벌어져 푸틴이 실각하면 러시아는 정치적 부담 없이 즉각 철수할 것이고, 국제사회는 쌍수를 들어 민주화된 러시아를 환영할 것이다.

바. 중국의 개입

두 번째로 바람직한 시나리오는 중국이 개입하는 상황이다. 공식적으로는 아니지만 중·러는 미국 주도의 서방세계를 바라보는 관점이 일치한다. 한편 중국은 자신을 '떠오르는 강대국', 러시아를 '몰락하는 강대국'으로 여긴다. 시진핑에게 푸틴의 러시아는 양날의 칼이다. 미국과 서방세력의 견제에 쓸모가 있지만, 잠재적 책임도 따른다. 특히 중국은 러시아가 다른 국가의 주권을 침해한 행위에 번민한다. 이는 장차 시진핑이 점령하려는 대만에 대한 외부세력의 개입과 간섭을 차단하는데 유용한 '원칙'이기 때문이다. 또 핵보유고를 빠른 속도로 늘리고 있는 중국이지만, 분명히 러시아의 전술핵 사용과 그에 따른 글로벌 대혼란을 용납지 않을 것이다. 시진핑이 푸틴을 제어하기로 결정(예: 對러 경제적·외교적 생명선을 차단 또는 제한)하면 영향력이 있을 것이다.

III. 나가며: 우리에게 주는 함의

첫째, 북한의 E2D(Escalate to De-escalate), 즉 전술핵을 실제로 사용할 가능성에 대비해야 한다. 이미 작년 1월 김정은은 노동당 대회에서 "핵기술의 고도화·소형화·경량화·전술무기화"를 강조하며, 핵 선제타격/보복타격 능력의 고도화를 목표로 제시했다. 또 아산정책연구원과 RAND 연구소가 발표한 시나리오에는 △ 핵협박으로 NLL 포기 강요, △ 서해5도 중 일부 점령 후, 핵공격 경고, △ 서울을 핵인질화하고, 주요도시 핵공격으로 주한미군 철수 강요, △ 정치·군사목표 핵타격 후 미국의 개입/반격 차단 등, 북한이 실전에서 전술핵을 사용할 가능성을 경고했다.

이와 관련하여 북핵 대응전략에 패러다임의 대전환이 절실히 요구된다. 이미 많은 전문가들은 북한의 완전한 비핵화(CVID)는 고사하고, 부분적 비핵화도 불가능하다는 점을 지적한다. 한반도 안보위기의는 핵 보유 북한과 철저한 비핵국 남한이라는 '기울어진 운동장'에서 비롯된다. 따라서, 외교적 협상을 통한 비핵화라는 부질없는 기대를 접고, 실질적 대응책을 강구해야 한다. 예를 들어, 미사일방어망 대폭 확대, 북한이 대남 군사도발을 엄두도 내지 못할 정도로 압도적인 재래식 군사력 증강, 미국 확장억제 전략의 실효성 제고 등의 가시적 조치들을 취할 필요가 있다.[289]

둘째, 대선 유세 과정에서 본격적으로 제기되었던 부분적 모병제 도입, 병력감축 등 핵심현안들을 우리 안보현실의 현주소, 특히 이번 러시아의 우크라 침략과 예상되는 대만위기 상황 등을 고려하여, 원점에서 신중하게 재검토해 볼 필요가 있다. 우크라 전쟁 계기로 대만이 고질적 '안보불감증'에서 벗어나는 모습이 주목된다. △ 모병제(2018년)를 징병제로 전환, △ 복무기간 연장(4개월→1년), △ 예비군 훈련 강화(기간/강도) 등의 획기적인 상기 병역개혁안에 대만 국민의 70% 이상이 찬성한다. 이와 관련하여, 예컨대 여러 특성을 가진 것으로 평가되는 MZ 세대 장병들을 대상으로 '적과 싸워 이기는' 군대 육성의 필요성에 광범위한 공감대가 형성될 필요가 있다. 물리적 군사력이 압도적으로 우세한 러시아군을 상대로 한 우크라 국민들의 결사항전 의지는 감투정신, 대적관, 안보의식 등의 무형전력의 중요성을 새삼 일깨워 주는 것으로 보인다.

셋째, 우크라에서의 억제실패 사례를 한반도의 반면교사로 삼아야 한다. 바이든 행정부는 우크라 사태에서 △ 러시아의 '경미한 침입(minor incursion)' 용인 발언, △ 군사적 개입 옵션을 처음부터 배제, △ 폴란드 Mig-29 전투기의 우크라 이전 반대, △ 비행금지구역(no-fly-zone)' 설정 반대 등 중대한 과오를 반복했다. 일견 이는 위기를 고조시키지 않기 위한 신중한 행보로 보이지만, 푸틴이 '후과(consequence)'를 우려하지 않으면서 마음껏 사태를 악화시킬 수 있는 것으로 오판할 여지를 제공한 측면도 있다. 어떤 명분과 이유를 들더라도 이번 우크라 사태는 명백한 억제의 실패를 의미한다. 적에게 도발이나 공격으로 얻는 이득보다 더 큰 손실과 비용을 치러야 한다는 점을 확신시키는 것이 한반도 정세안정의 첫걸음이다. 북한의 '사소한 도발'을 묵인한 결과로 오늘날 북한의 도발이 일상화된 현실은 억제실패의 부정적 결과를 강력히 암시한다.

넷째, 예상되는 대만위기와 관련하여 새로운 한·미 작계에 중국 대응방안도 포함시킬 필요가 있다. 우크라 전쟁은 대만문제에 심대한 함의를 시사한다. 유력한 시나리오는 중국의 △ 대만본토 침공, △ 진먼다오(金文島) 군도 점령, △ 대만 봉쇄 등이 거론된다. 이미 「이코노미스트(Economist)」는 대만을 '세계에서 가장 위험한 곳'으로 평가했다.[290] 아울러 북한의 핵·화생무기·재래식무기 등 위협 외에도, 중국이 제기하는 장기적 안보문제에 대비해야 한다. 우크라 전쟁의 연장선상에서, 대만위기 상황이 발생하여 예컨대 남중국해·동중국해 등으로의 접근이 차단되는 상황은 우리에게 사활적 위협이 될 수 있다. 뿐만 아니라, 이어도 영유권 위협, EEZ에 인접한 영공 및 한반도 서쪽 지역에 대한 위협 등에 대한 대비도 요구된다. 이런 맥락에서 한·미 상호방위조약이 비단 북한뿐 아니라 지역정세 불안정·위협에 대응하도록 명시되어 있다는 점을 상기해야 할 것이다.

289) 이용준, "북핵 대응 전략, 대전환이 필요하다," 「조선일보」, 2022.3.19.
290) Editorial Board, "The Most Dangerous Place on Earth," *Economist*, 1 May 2021.

참고 자료

David E. Sanger and Eric Schmitt, "How Does It End? A Way Out of the Ukraine War Proves Elusive," *New York Times,* 13 March 2022.

Henry Foy, "Endgame in Ukraine: How Could the War Play Out?," *Financial Times*, 11 March 2022.

James Landale, "Ukraine: How Might the War End? Five Scenarios," *BBC,* 3 March 2022.

Andreas Kluth, "Putin, His Rat and Six Ways the War in Ukraine Could End," *Washington Post*, 4 March 2022.

이용준, "북핵 대응 전략, 대전환이 필요하나," 「조선일보」, 2022.3.19.

Editorial Board, "The Most Dangerous Place on Earth," *Economist,* 1 May 2021.

| 저자소개 |

송승종 | 대전대학교 군사학과 교수

송승종 교수는 대전대학교 군사학과 교수 겸 한국국가전략연구원(KRINS)의 미국 센터장으로 활동 중이다. 육군사관학교 졸업 후 국방대학원(현 국방대)에서 석사학위, 미국 미주리 주립대(University of Missouri-Columbia)에서 국제정치학 박사 학위를 받았고, 하버드대 케네디 스쿨의 국제안보 고위정책 과정을 수료했다. 주요 연구분야는 한·미동맹, 미·중관계, 미국 국방·안보정책 및 군사전략, 민군관계 등이다. 국방부 미국정책과장, 유엔대표부 참사관(PKO 담당), 駐바그다드 다국적군사령부(MNF-I) 한국군 협조단장, 駐제네바 대표부 군축담당관 등을 역임하였다. 2014년 전역 이후, SSCI 및 KCI 등재/등재후보 저널에 20편 이상의 논문 게재 및 『전쟁과 평화(Peace and Conflict Studies, 공동번역)』 출간 등, 활발한 학술 활동을 하고 있다.

우크라이나–러시아 군사력 비교(출처 : 연합뉴스에서 CSIS 인용)

우크라이나 ▧ 군사력 비교 ▧ 러시아

국방비

우크라이나		러시아
43억	달러(2021년)	458억
2.36	GDP 대비, % (2021년)	2.78
0	핵탄두 보유 수(2021년)	6,255기

병력 (명)

우크라이나		러시아
20만	정규군	90만
10만	비정규군	55만
90만	예비군	200만

화력

육군

우크라이나		러시아
3,309대	장갑차	15,957대
1,820문	야포	4,894문
500대	대전차 무기	535대
81가	지대공 미사일(SAM)	1,520기
90기	지대지 미사일(SSM)	150기

해군

우크라이나		러시아
0	잠수함	51척
프리깃함 1척	전함	항공모함 1척, 순양함 4척, 구축함 11척, 프리깃함 16척
12척	초계함 및 연안전투함	129척
2척	수륙양용함	49척
1척	기뢰전함	42척

공군 (지상/공중)

우크라이나		러시아
322기	지대공 미사일(SAM)	744기
322대	장갑차	2,603대
142문	야포	600문
187대	고정익 항공기	1,846대
46대	회전익 항공기	832대

헌병대 / 예비군 국경경비대

우크라이나		러시아
157대	장갑차	2,650대
24대	고정익 항공기	115대
14대	회전익 항공기	271대
21대	연안경비함	207대

우크라이나 개요

1. 우크라이나 지도(러시아 침공일 기준)

2. 우크라이나 동부 분쟁지역(러시아 침공일 기준)

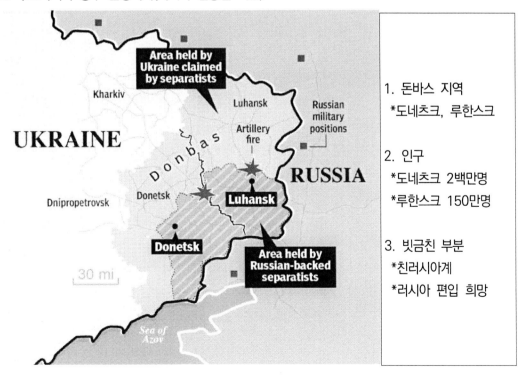

3. 주요 통계치 및 참고사항

○ 총 인구 43,467,779명

○ GDP 1,556억달러(세계 54위)

○ 국기문양(청색-노란색) : 스텝 지방의 금빛 밀밭 위 푸른 하늘의 모습을 상징

○ 주요 도시 : Kyiv(296만명), Kharkiv(143만명), Dnipro(98만명), Lviv(72만명),
Odesa(1백만명), Donetsk(90만명), Luhansk(39만명), Mariupol(43만명)

○ 1986년 수도 Kyiv 북쪽 벨라루스와의 국경지역 근처인 체르노빌에서 세계에서
최악의 원전폭발 사고가 발생하여 2,600㎢가 오염됨.

○ NATO 회원국은 아니나, 미국에서의 군사원조 규모가 세계 4번째 해당됨.

○ 러시아로부터 서방으로 가는 천연가스의 통로 국가로서, 1990년대는 대부분 우크라이나를 경
유하였으며, 그대신 통행세를 받아왔음. Nord Stream, Turk Stream 등 새로운 가스라인이
생겨남에 따라 가스 통과량이 2001년 대비 1/3 수준으로 급감하고 통행세 징수도 감소함.

○ 농지가 국토의 70%를 차지, 전쟁 여파로 전세계 곡물시장에 큰 타격이 예상

○ 남쪽 크림반도는 흑해로 통하는 러시아의 유일한 부동항으로, 2014년 러시아가 강제 병합해버
렸으며, 푸틴의 개인 별장이 있음.

○ 우크라이나는 냉전당시 구소련 영토에 해당했으나, 구소련 해체로 1991년 독립하였고, 그후 정
치불안정과 러시아의 위협으로부터 시달려왔음.

○ 우크라이나를 구성하는 민족은 78%가 우크라이나계이고, 러시아계는 17%로써 러시아 민족이
가장 많이 거주하는 곳임.

○ 역대 대통령(임기 5년) : 젤렌스키(2019-), 포로센코(2014-, 친서방), 야누코비치(2010-, 친
러파), 유셴코(2005-, 친서방)

○ 돈바스 전쟁 : 2014년 발발한 친러 성향의 반군과 우크라이나 정부군 사이의 내전으로 8년간
14,000명이 사망함. 2022년 러시아의 침공으로 친러 세력이 러시아군에 합류함. 도네츠크의
절반, 루간스크의 1/3이 반군의 통제 상태

○ 소련 붕괴 이후 소련군의 주요 유산들을 물려받아 한때 세계 3위 수준의 핵탄두(4,800발)와 세
계 4위 수준의 군사력을 보유했지만 예산 부족과 러시아, 영국, 미국 등 핵보유국들의 반발로
대부분 퇴역 및 폐기시킨 상황

○ 부패한 정치가들이 320여억 달러 규모의 주요 무기들을 중국이나 분쟁 지역 등지로 팔아먹어
이익을 챙긴 것도 우크라이나 군사력 약화의 한 원인으로 지적

○ 2014년 당시 러시아군과 친러반군에게 계속 패퇴하는 수모를 겪었지만 이를 악물고 서방의 보
병장구류를 적극적으로 도입 중. 장비들이 부족한 상황 속에서도 자체적인 역량을 총동원하고
나토군의 지원을 받아 군 전력을 현대화시키고 있음. 미군과 나토군으로부터 체계적인 군사 훈
련도 받고 있는 상태임.

홍규덕 교수의 국방혁신 대전략

러시아의 우크라이나 침공과
한국의 국방혁신

초판 인쇄 2022년 4월 18일
초판 발행 2022년 4월 20일

필　　진　권태환 김광진 김규철 김종태
　　　　　박종일 박주경 방종관 송승종
　　　　　신경수 안재봉 양 욱 윤원식
　　　　　이흥석 장태동 장원준 정재호
　　　　　조현규 홍규덕

펴 낸 곳　로얄컴퍼니
주　　소　서울특별시 중구 서소문로9길 28
전　　화　070-7704-1007
홈페이지　http://royalcom.co.kr/

ISBN 979-11-978277-9-2

해커가 **보안**을 말합니다

스틸리언의 세계 최고수준 전문가들이
사이버 분야의 고난도 연구&개발,
작전 수행, 정보 분석 등 문제를 해결해드립니다.

정부기관, 연구소 등 국가 차원의 해킹/보안 난제들을
가장 효율적이고 효과적으로 해결해 드리는
믿음직한 파트너로 함께 하고 있습니다.

문의 : 02-2088-4834
www.stealien.com

최근 5개년 평균 당기순이익 4배, 3,483억원 달성

역대 최대폭의 회원 이자율 인상 및 회원기금 안정성 확보

역대급 당기순이익 기록

군인공제회는 장기화된 코로나 팬데믹 등 급변하는 경영환경 속에서도 역대 최대 흑자를 달성했다. 군인공제회는 지난 3월 25일 내의원회를 개최해 '21년 회계결산을 의결했다. 회원복지비(회원퇴직급여 이자 등)로 2,736억 원을 지급하고도 3,483억 원의 당기순이익을 달성했으며, 이는 전년대비 1,980억 원 증가한 것으로 최근 5개년 평균 당기순이익(887억원)의 4배 수준이며, 창립 이래 역대 최대로 높은 실적이다.

최고 수준의 기금안정성 확보... 역대 최대폭 회원이자율 인상

지난 연말기준, 군인공제회 자산은 14조 3,673억 원으로 전년대비 역대 최대폭인 1조 6,714억 원 증가했으며, 회원들의 원금과 이자를 일시에 지급하고도 남는 초과금을 뜻하는 자본잉여금은 4,945억 원이 증가한 1조 2,327억 원으로 설립이후 최고를 기록했다. 회원 원리금을 초과하여 보유하고 있는 자본잉여금 비율인 지급준비율도 전년 108.5%에서 5.5% 포인트 오른 114%로 상승하여 공제회 중 최고수준이며, 외형적 성장과 함께 회원기금의 안정성을 확고하게 다졌다.

이와같은 성과와 함께 회원저축 이자를 역대 최대폭으로 인상했다. "회원퇴직급여"는 설립이후 2번째로 기준금리의 3.28배인 3.60%로 인상하였고, "분할급여"는 종전 2.70%에서 3.00%로, "예금형목돈수탁저축"은 종전 2.34%에서 2.80%로 인상하였으며, 신규출시한 "적립형목돈수탁저축('22. 1월)"은 2.80%로 설정하는 등 공제기관 중 최고수준을 유지하게 되었다.

⚱ 숫자로 보는 군인공제회 2021년 결산 ⚱

역대 최대 자산
14조 4천억원
연평균 증가액(4,000억)의
4.2배(1조 6,700억) 달성

역대 최대 회원기금
9조원
연평균 증가액(2,600억)의
1.5배(4,000억) 달성

역대 최대 투자자산
9조 3500억원
최초로 회원기금 상회(104%)
안정적 수익창출 기반 공고화

역대 최대 당기순이익
3483억원
최근 5년 평균(887억)의 4배 달성
최초로 3,000억 당기순이익 시대 진입

최대폭의 이자율 인상
퇴직급여 3.43% ➔ 3.60%
분할급여 2.70% ➔ 3.00%
목돈수탁 2.34% ➔ 2.80%
(공제회 최고 수준)

역대 최고 자본잉여금
1조 2300억원
회원 원리금 일시 지급하고도 남는 금액
회원기금 지급준비율 114%
(공제회 최고 수준)

※ 군인공제회 투자사업 : 주식/채권/대체/부동산 … 최근 글로벌 해외투자 지속 확대

M 군인공제회
MILITARY MUTUAL AID ASSOCIATION